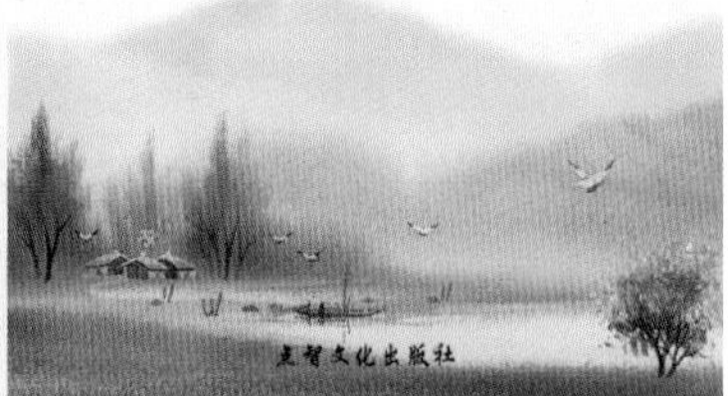

名称：《奇境》书籍装帧设计　位置：第5章/5.2节

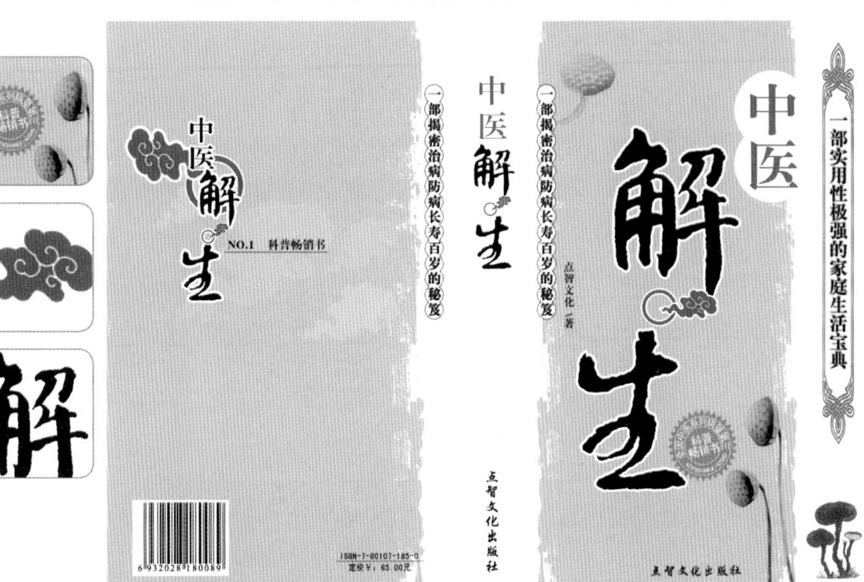

名称：《中医解生》书籍装帧设计　位置：第5章/5.3节

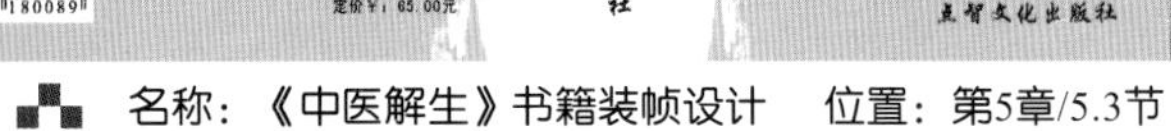

名称：《国宝》书籍装帧设计
位置：第5章/5.12节

名称：《狂飙》书籍装帧设计
位置：第5章/5.5节

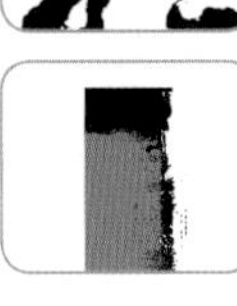

名称：《温州访古》书籍装帧设计
位置：第5章/5.7节

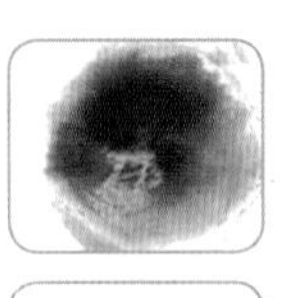

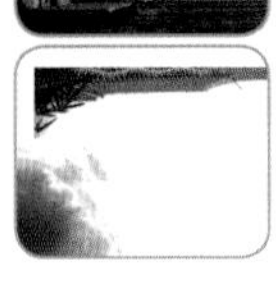

名称：《司马志伟谈红楼》书籍装帧设计
位置：第5章/5.8节

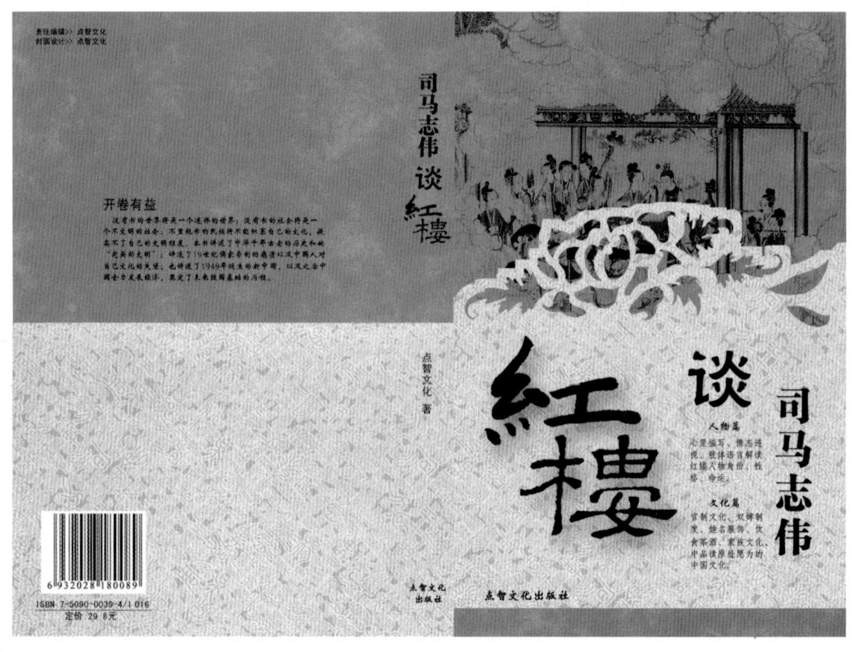

本书案例欣赏

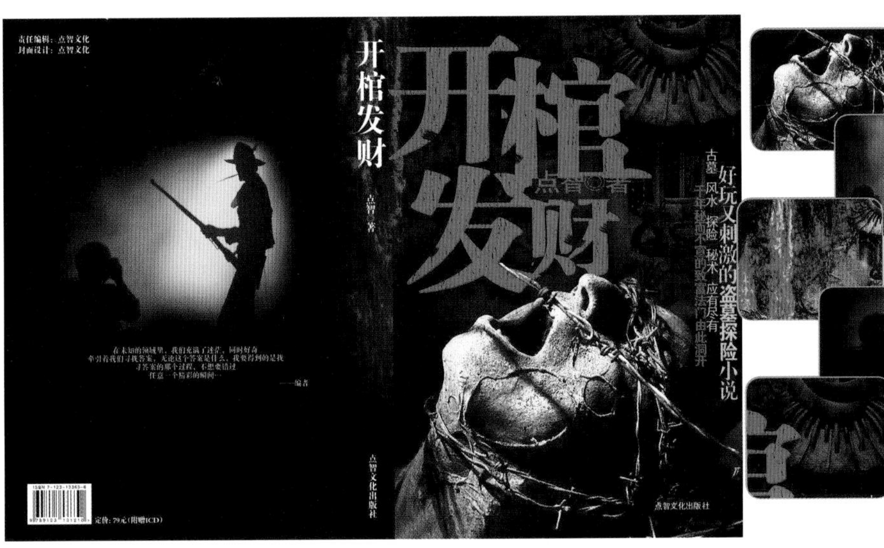

名称：《开棺发财》书籍装帧设计
位置：第5章/5.9节

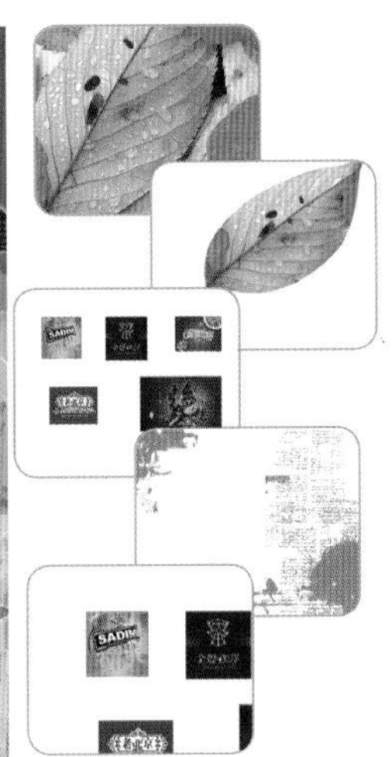

名称：《PS文字艺术》书籍装帧设计
位置：第5章/5.13节

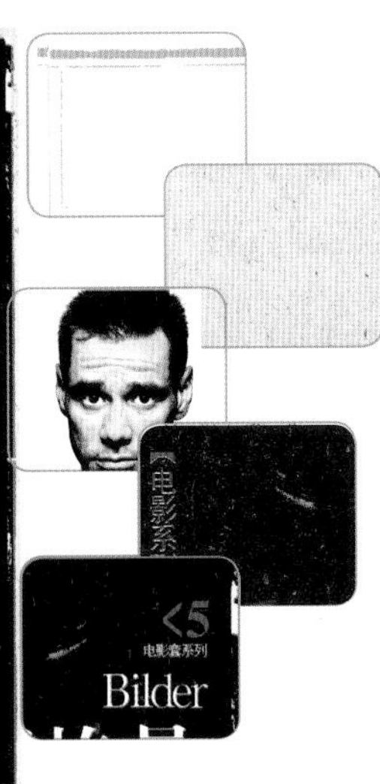

名称：《罗格曼论》书籍装帧设计
位置：第5章/5.4节

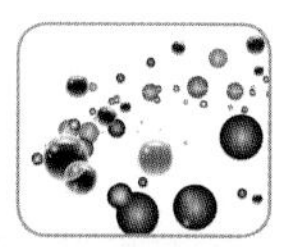

名称：《Photoshop矢量设计艺术》书籍装帧设计 位置：第5章/5.14节

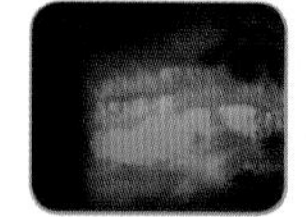
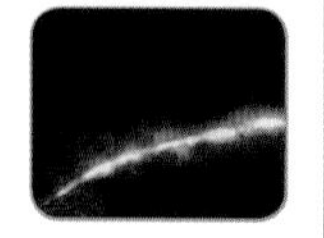

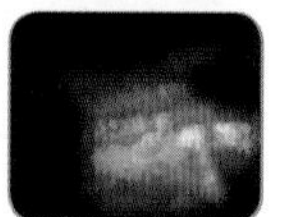
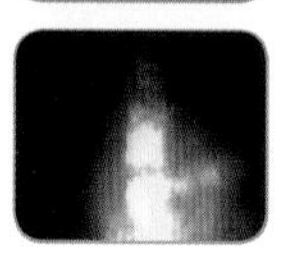

名称：《3ds max质感传奇》书籍装帧设计 位置：第5章/5.15节

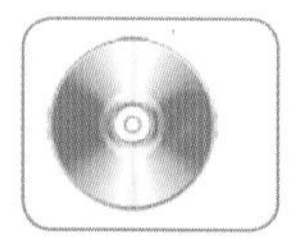
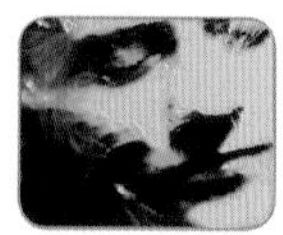

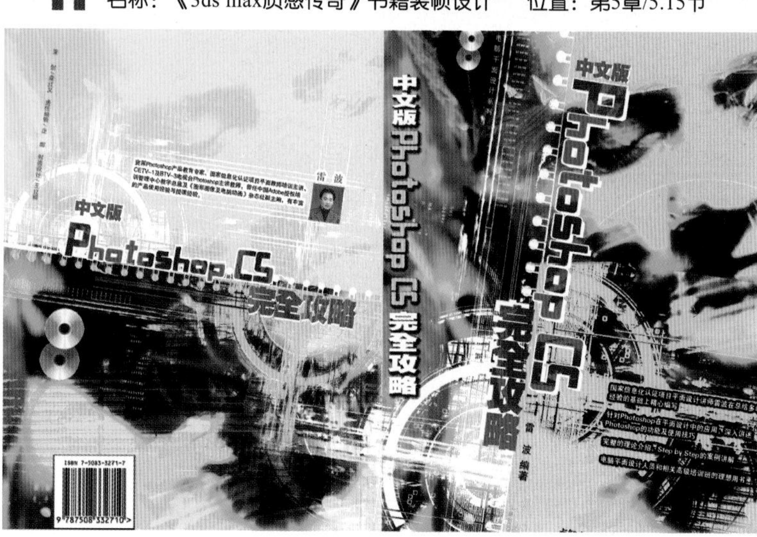

名称：《中文版PhotoshopCS完全攻略》书籍装帧设计
位置：第5章/5.16节

本书案例欣赏

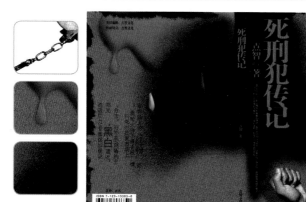

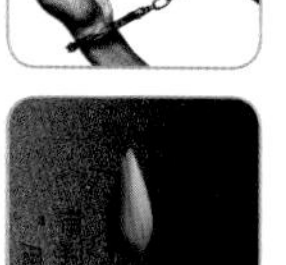

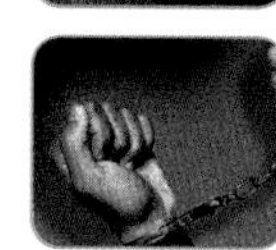

名称：《死刑犯传记》书籍装帧设计
位置：第5章/5.11节

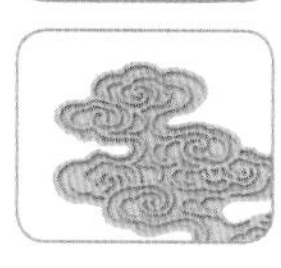

名称：《绝密档案》书籍装帧设计
位置：第5章/5.1节

名称：《男人底线》书籍装帧设计
位置：第5章/5.10节

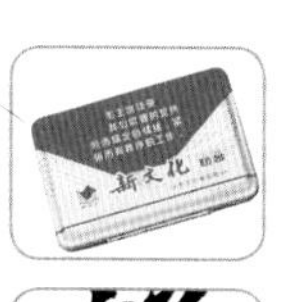

名称：《涅磐》书籍装帧设计
位置：第5章/5.6节

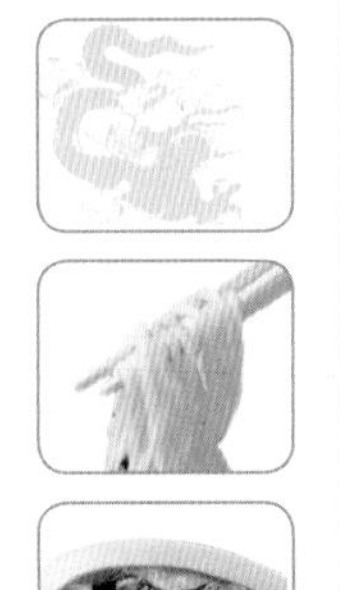

名称：国圆老汤弹面包装设计
位置：第7章/7.8节

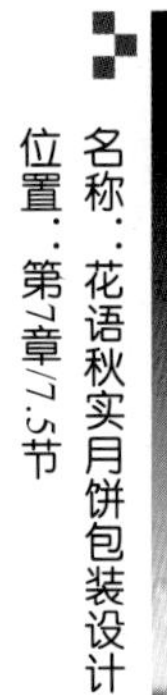

名称：花语秋实月饼包装设计
位置：第7章/7.5节

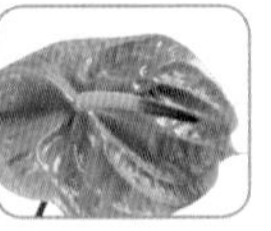

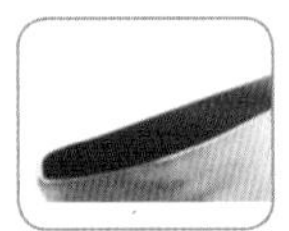

名称：果饮包装设计
位置：第7章/7.2节

名称：错不了食品包装袋设计
位置：第7章/7.4节

名称：相当饮料罐装设计　　位置：第7章/7.9节

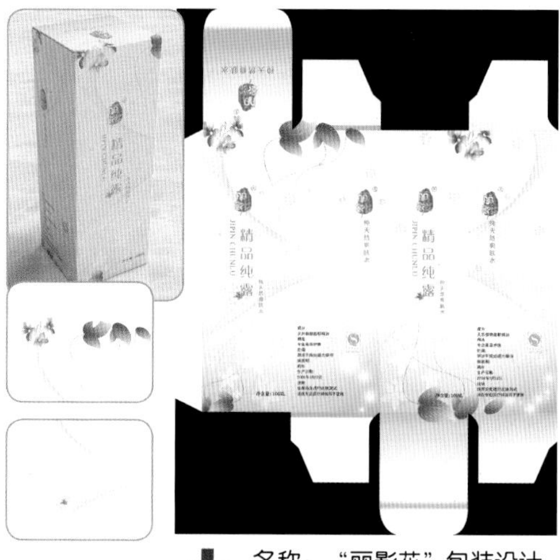

名称：“丽影花”包装设计
位置：第7章/7.1节

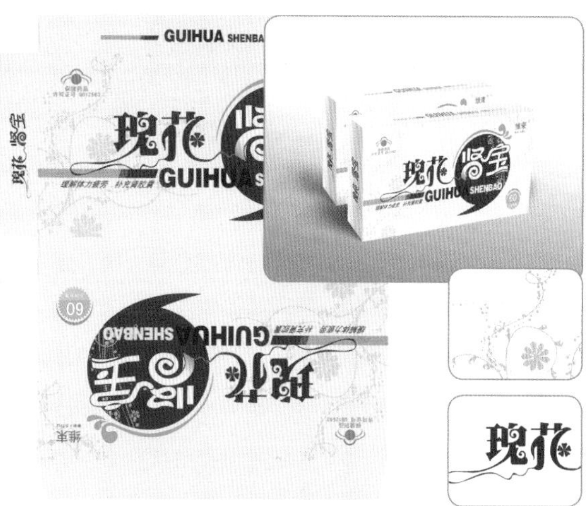

名称：肾宝药品包装盒设计
位置：第7章/7.14节

名称：点智啤酒瓶贴设计
位置：第7章/7.10节

名称：墨宜岩茶包装设计
位置：第7章/7.13节

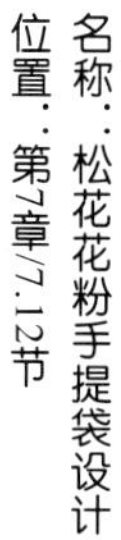

名称：松花花粉手提袋设计
位置：第7章/7.12节

名称：繁花似锦月饼包装设计
位置：第7章/7.6节

名称：蜂王浆包装盒设计
位置：第7章/7.7节

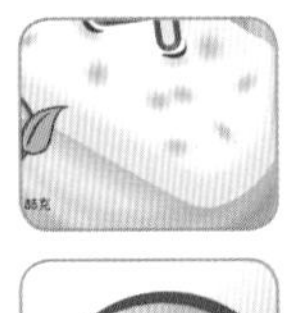
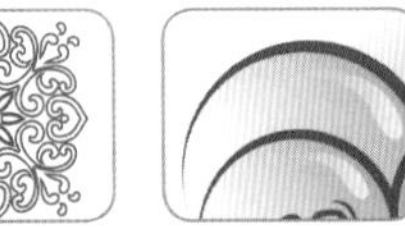

名称：蜜桃沙丁雪糕包装袋设计
位置：第7章/7.3节

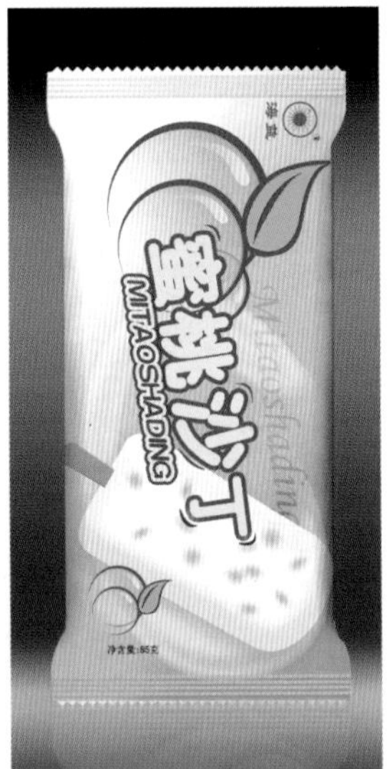

名称：馨香卫生纸平面包装设计 位置：第7章/7.11节

SOHO创业真经

Photoshop CS3 中文版书装与包装设计技法精粹

点智文化 编著

電子工業出版社
Publishing House of Electronics Industry
北京•BEIJING

内 容 简 介

本书是SOHO创业系列图书中的一本，第1章带领读者重新认识了SOHO，第2章通过多位SOHO名家详细介绍了作为SOHO人应掌握的各种技巧，第3章详细讲解了各种在平面设计与制作领域进行SOHO创业的必备知识，例如软硬件方面的准备、各类平面设计业务常规报价、获得SOHO业务的若干途径、SOHO设计与印刷必备合同以及灵活的SOHO收款方式等。第4章、第6章详细讲解了书籍装帧、包装设计的设计理论知识，包括设计思路、设计手法、工艺流程等。第5章、第7章讲解了数十个书籍装帧、包装设计方面的实例，这些案例均融技术性、实用性与欣赏参考性于一身，有不少案例稍加改动，就可以应用到新的设计项目中。

本书附赠DVD光盘1张，光盘中附有本书所有案例的PSD格式源文件及大量分类设计作品欣赏图片、模板文件，这些文件能够帮助各位读者在学习与工作时提高效率。

本书特别适合希望快速在书籍装帧与包装设计方面进行SOHO创业的人员阅读，也可以作为各大、中专院校或相关社会类培训班作为平面设计就业辅助课程的学习用书。

图书在版编目（CIP）数据

Photoshop CS3中文版书装与包装设计技法精粹 / 点智文化编著.—北京：电子工业出版社，2009.1
(SOHO创业真经)
ISBN 978-7-121-07448-6

I. P… II.点… III.①书籍装帧－计算机辅助设计－图形软件，Photoshop CS3②包装－计算机辅助设计－图形软件，Photoshop CS3 IV.TS881-39 TP482-39

中国版本图书馆CIP数据核字（2008）第150581号

责任编辑：朱沭红
印　　刷：中国电影出版社印刷厂
装　　订：三河市皇庄路通装订厂
出版发行：电子工业出版社
　　　　　北京市海淀区万寿路173信箱　邮编100036
开　　本：787×1092　1/16　印张：23.75　字数：539千字　彩插：4
印　　次：2009年1月第1次印刷
印　　数：5000册　定价：79.00元（含DVD光盘1张）

凡所购买电子工业出版社图书有缺损问题，请向购买书店调换。若书店售缺，请与本社发行部联系，联系及邮购电话：（010）88254888。

质量投诉请发邮件至zlts@phei.com.cn，盗版侵权举报请发邮件至dbqq@phei.com.cn。

服务热线：（010）88258888。

前言

系列丛书前言

自由的身心 /Free Body and Mind

SOHO是自由职业者的缩写，全文是 Small Office Home Office，可以理解为在家工作的人。

纵观所有职业，可以说没有几个行业比设计行业更适合于SOHO。从外部环境来看，首先，设计行业是一个强调个性的行业，许多工作不必团队即可完成（大型设计项目除外）。其次，互联网的出现使世界变得扁平，从根本上改变了沟通的方式与成本，从而使居室办公成为可能。从内部环境来看，随着我国设计人员每年以几十万的数量增长，设计行业的职场门槛明显越来越高，行业竞争的加剧使行业总体平均薪酬待遇处于停滞不前的状态，而SOHO却能够为能力优秀的设计师带来不菲的回报。在就业难度越来越高的今天，SOHO无疑为广大求职者开启了另外一条成功之路。

更重要的是，SOHO的生活使他们有了更加自由的身与心。

系列丛书介绍 /Introduction to the Series

国人一向崇尚技术，所以才有了“一招鲜吃遍天，一技傍身走遍天下都不怕”的说法。在这个信息技术极度发达的今天，优秀的技术人员从来都不会为自己的工作发愁。

在所有的设计行业中我们精心选择了当前最流行的几个设计领域，包括平面设计、效果图设计制作、Flash设计制作、网页设计制作等，针对每一个设计领域撰写了相对应的图书，希望通过阅读学习这些图书使读者走上成功的SOHO的创业道路，从而避开就业大潮，独辟蹊径。

我们的目的就是：

- 唤醒SOHO创业激情，用成功者的案例感召你沉睡的创业激情，从此改变生活的轨迹。
- 降低SOHO进入门槛，书中介绍的详细推广指南、创业指南以及成功SOHO访谈将完全推倒挡在你与成功之间的城墙，使你快速驶入成功SOHO的快行线。

- 传授SOHO吸金法则，书中全面地介绍了寻找潜在客户的方法、步骤以及各类设计业务的常规报价，使你按图索骥便不难掌握SOHO的吸金法则。
- 打造新的SOHO财富阶层。

新颖的内容特色 /Novel Content

本系列丛书虽然仍然属于技术性图书，但最大的特色在于图书中融入了对于 SOHO 创业理念的讲解与常用 SOHO 信息的披露，包括：

- 成功SOHO人访谈，披露独家成功秘决。
- 知名设计工作室访谈，揭示设计大师成功技巧。
- SOHO推广指南，全面打响个人设计品牌。
- 平面SOHO在软件、硬件方面的准备。
- 各类平面设计业务常规报价。
- 获得平面设计SOHO业务的若干途径。
- 寻找潜在客户的方法大全。
- 威客网接单指南。
- 优秀设计网站汇总，吸收与借鉴同行先进经验。
- SOHO平面设计与印刷的必备合同。
- SOHO收款指南，以更灵活的方式收取设计费用。

此外，本书的部分内容通过新颖的双栏编排方式，在有限的页码中加入了大量精品设计作品以供读者欣赏，更有优秀设计网站索引帮助读者汲取设计与创意精华。

关于本书

本书共包括 7 章，第 1 章至第 3 章详细讲解了成为一名合格的、高收入的 SOHO 设计人员应该掌握的必备信息，包括如何寻找客户、如何推广自己、如何在威客网上寻找设计项目以及如何收款等。第 4 章、第 6 章详细讲解了书籍装帧、包装设计的设计理论知识，包括设计思路、设计手法、工艺流程等。第 5 章、第 7 章讲解了数十个书籍装帧、包装设计方面的案例，这些案例均融技术性、实用性与欣赏参考性于一身，有不少案例稍加改动，就可以应用到新的设计项目中。

为了方便各位读者进行 SOHO 创业、掌握必备软件技术，笔者在随书 DVD 光盘中提供了大量教学视频文件。此外，还附赠书装、包装等各个平面设计类型欣赏参考图片各数百张，合计数千张，以方便各位读者学习借鉴优秀作品。

学习环境与交流

本书写作时使用的软件版本是 Photoshop CS3 中文版，操作系统环境为 Windows XP SP2，因此希望各位读者在学习时使用与笔者相同的软件环境，以降低出现问题的可能性。

尽管在讲解概念与案例时笔者尽量使用了通俗易懂的语言，并核查每一个案例的步骤，但仍然不能保证这些理论及案例步骤不出差错，因此建议各位读者在遇到阅读学习困难时与笔者以邮件的方式进行交流，笔者的邮件地址是 LB26@263.net 及 LBuser@126.com，关于我们更多的图书请浏览 http://www.dzwh.com.cn。

本书的主要撰写工作虽然由笔者完成，但在撰写过程中雷波、范玉婵、徐波涛、李美、刘志伟、刘小松、雷剑、邓冰峰、潘瑞旺、田莉、潘瑞红、马志坚、唐文杰、唐红连、尹承红、刘志珍、张桂莲、刘爱华、刘孟辉、徐正坤、任根盈、张养丽、张艳群、张绍山、于广浩、边艳蕊、李倪、肖允、柴晓林、吴腾飞、姜玉双、卢金凤、肖辉、李静、张雪、吴晴、陈红岩等人也做出了大量工作，在此致谢。

笔者

2008-05

第 1 章 重新认识SOHO

第 2 章 威客名人及设计名家访谈

第3章 平面SOHO必备常识

第4章 书籍装帧设计理论

第4章 书籍装帧设计理论

第5章 书籍装帧设计实战

第5章 书籍装帧设计实战

第6章 包装设计理论

第6章 包装设计理论

第 7 章 包装设计实战

第7章 包装设计实战

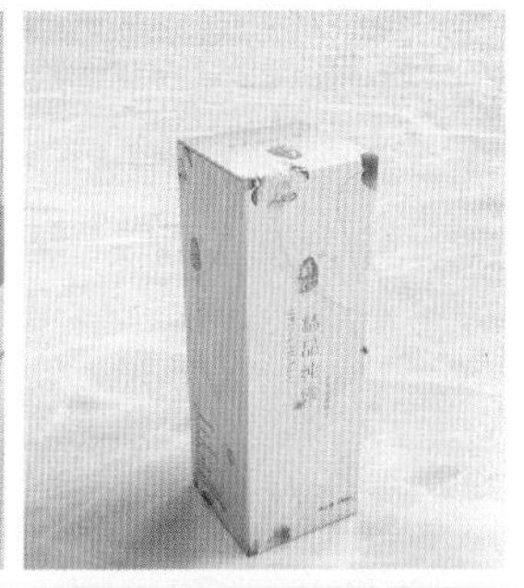

第1章 重新认识SOHO

1.1 SOHO你的新生活

SOHO——Your New Life

1.1.1 什么是 SOHO

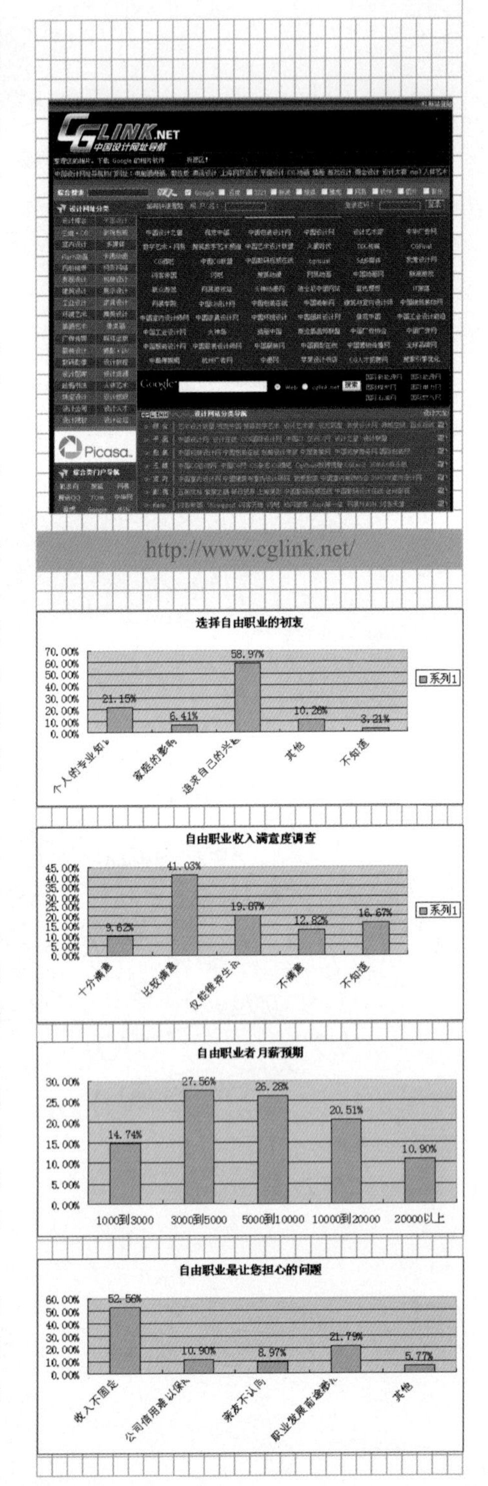

SOHO 是英文 Small Office Home Office 的第一个字母的拼写，意即在家里办公、小型办公，是人们对自由职业者的另一种称谓，代表着一种自由、弹性而新型的工作方式。SOHO 族免于驱车、挤公交、地铁上班之累，不为堵车和停车难苦恼，不仅节约了时间，减少空气污染、城市噪声和交通事故发生率，而且还扩展了就业的可能性，使部分生育妇女、老人和残疾人有了更多的工作机会。

自从互联网普及以来，SOHO 就越来越受到很多人特别是年轻人的喜欢和选择。他们不隶属于任何公司，却在为各个公司打工；他们没有固定的老板，自己就是自己的老板；他们没有固定的工作时间，想何时工作就何时工作；他们就像是倒挂在网上的蝙蝠，独来独往、昼伏夜出，这就是他们——SOHO 族的写照。他们中不乏编程高手、高级设计师、网页高手、自由写手、创意天才，他们以自己的智慧与劳动换得高额收入，成为许多人羡慕的一群人。

虽然，在国内 SOHO 是最近几年的新鲜事物，但在国外已经是一个成熟的社会阶层，在澳大利亚，有超过十分之一的人在家里办公，成为 SOHO 族。其中有 70%的人全部或者大部分时间在家里办公，他们主要是从事 IT 行业的经理人和专业人员，依靠互联网、传真和电话等现代信息传输工具与外界联系。

调查还显示，目前在职的超过 50%的人考虑在自己失业后或许会成为 SOHO 族。因为在多劳多得的今天，能在家里挣钱是令人羡慕的事，这样有了好的工作状态，可以随时开始，而工作状态不佳时，则可以随时停止。

右侧的图表是针对 SOHO 进行的关于进入初衷、满意度、收入、担心的问题等进行调查的结果，了解这些结果，有助于分析自己是否适合成为 SOHO 族。

1.1.2 任何人都可做SOHO族

SOHO不受年龄、身高、外貌、学历、性别、经验等条件的限制，如果这是一个标准的职业，那么这个职业对每一个人都是公平的。

当然，要成为一名优秀的SOHO人，还需要满足以下基本要求：

首先，你必须能够熟练应用互联网，因为当前绝大多数SOHO都要通过网络获得客户，为客户提案，进行无地域的合作。因此，必须具有收发电子邮件、使用搜索引擎、论坛、留言版、QQ、MSN等网络工具的能力。

第二，必须精于某一个行业，例如，平面设计、网页设计、编程、效果图、写作、摄影等，总之必须有一项高于社会平均水平的技能。

第三，必须会打字，速度是越快越好，因为在网上可能会跟客户进行很频繁的沟通，这就对打字的速度提出了要求。

最后，还应有较强的自信、毅力、自制力，原因是不言自明的。

据估计，我国的SOHO族至少不少于2000万人，随着就业压力的加大，此数量呈现一直上升的趋势。

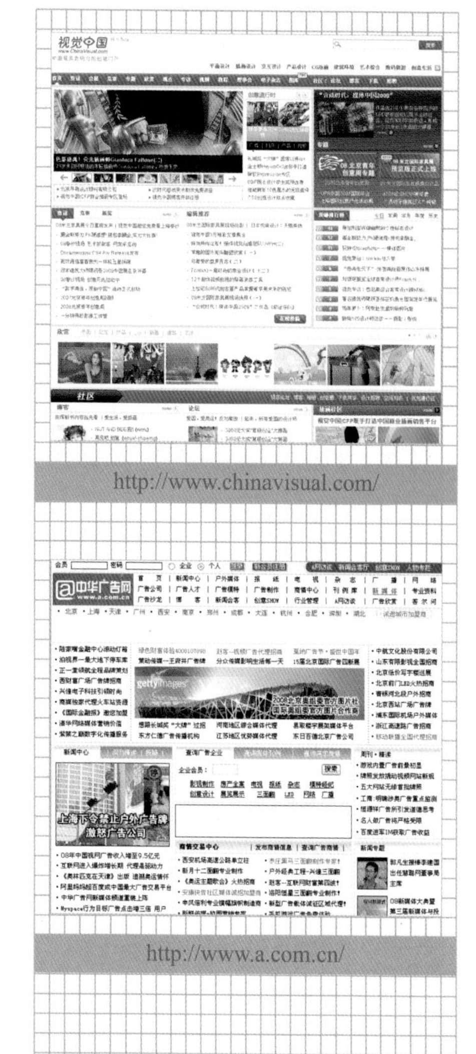

http://www.chinavisual.com/

http://www.a.com.cn/

1.2 客户——SOHO的生命线

Clients——Lifeline of SOHO

没有客户，SOHO的生活就是一句空谈，因此客户是每一个SOHO的生命线。

获得客户的第一要件就是取得客户信息，至于在获得客户信息后采取登门拜访还是邮件的形式，则因每个人具体情况而异。

在信息社会中，要获得客户的信息并非难事，下面列出了几条成本比较低、可行度比较高的方法，供各位读者参考。

http://www.asiaci.com/

1.2.1 通过黄页

几乎每一个城市、每一个行业都有自己的黄页电话簿，这是获得该城市客户最直接、最准确的方法之一。

黄页中有每一家企业的电话、地址，这对于需要自己开拓客户的SOHO人而言就是一张寻宝图。

通过电话、面访都能够与这些企业取得沟通的机会，并进一步探讨展开设计合作的可能性。

1.2.2 通过企业名录

并不是所有企业都会出现在黄页中，因此购买相应的企业名录就是第二种大规模获得客户信息的方法。

企业名录是指包含有企业名称、详细地址、邮政编码、联系电话、联系传真、E-mail、网址、法人或业务负责人姓名、从业人数、注册资本、销售额、经济性质、企业规模、企业类型、行业分类、隶属关系、主要业务、产品介绍等方面内容的、有商业价值的信息。

1.2.3 通过招聘网站

如果要在网络中寻找一个企业信息相对集中的地方，招聘网站应该就是其中的一个。

大凡招聘设计岗位的单位都会或多或少的需要外包一些设计业务，因此对于这样能够轻松获得的企业信息应该重视起来。

右侧中间图展示了一个企业的招聘信息，从这里不难看出该企业需要平面设计方面的设计人才。通过公司信息可知该公司专业从事图书出版，因此在书籍装帧方面应该能够找到合作机会。

右侧下方图所示为一家医药公司和一家珠宝公司的招聘信息，对于这样的公司，在画册与包装方面可能会找到合作机会。

由于这些招聘信息有完善的联系方式与公司主页信息，因此很容易找到联系方式，至于采取哪一种联系方式，则因人而异。

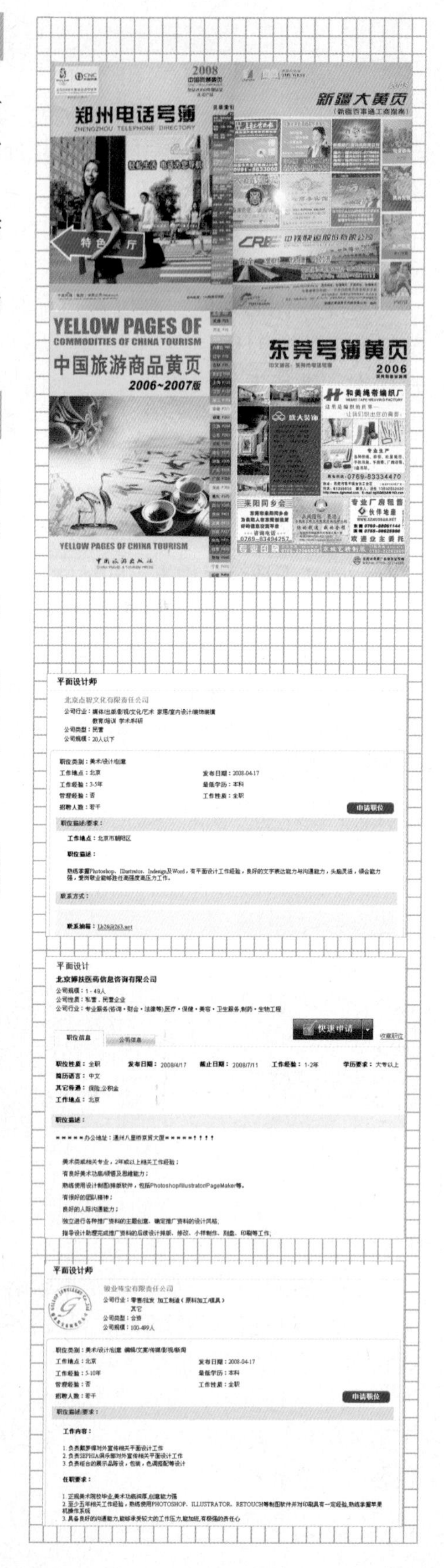

1.2.4 通过展会

参加各类展会也可以发现潜在客户的信息，在国内一线城市常年有各种大小规模不等的展会，经常参加这样的展会也能够获得很多优质潜在客户的信息。

如果在现场观摩同行为参展商家设计的各类作品，还能够提高对于相关行业的认识，更能够在现场有跟多个客户面对面交流的机会。

例如，每年一次在北京进行的图书定货会是每一个书籍装帧从业人员学习与寻找客户的好机会。各个城市一年四季均有若干场次的房地产交易会，则是学习楼书设计的最佳场所。

1.2.5 通过朋友介绍

朋友介绍是一个很重要的客户来源，笔者的某位SOHO朋友90%的客户来自于身边朋友相互介绍。中国在很大程度上还是一个人情社会，许多公司都本着找熟不找生的原则选择合作伙伴，因此通过朋友介绍获得客户的成功率往往自己找上门高很多。

如果希望不断通过朋友获得新的客户，就需要结交不同层次、领域的朋友，这对于SOHO人而言是很重要的一门功课。

1.3 推广计划——SOHO的通行证

Promotion Proposal——Passport of SOHO

所有成功的SOHO都曾经寂寂无名，但他们从零开始经过了一系列手段，将自己展现给了潜在的客户，并最终赢得了他们的认可。

下面详细列举了几项笔者认为切实有效的推广方式，如果能够综合运用，相信必定能够在一定时间内打开局面，获得客户。

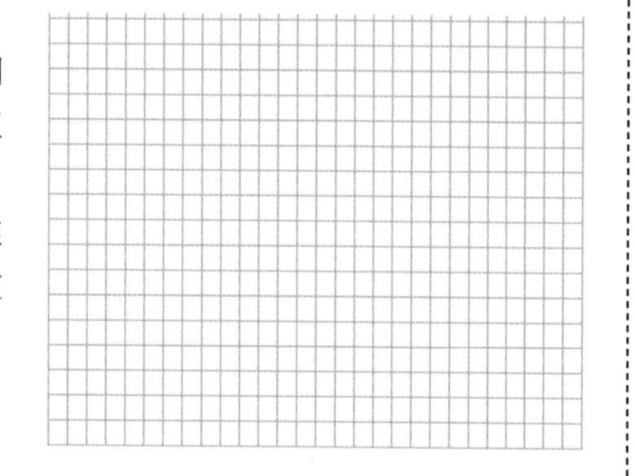

1.3.1 网站推广

为自己制作一个精美的设计作品秀网站，并通过各种方法使自己的网站，在浏览者搜索关键字排名尽量能够靠前，是一类非常好的推广方法。

这样不仅能够从浏览网站的人当中获得一部分潜在的客户，而且还为意向型客户提供了欣赏各人作品的固定位置。

由于这样的网站空间大多需要额外付费，因此无形中也增加了客户对于 SOHO 人实力的认可程度。

推广自己网站的方法很多，例如，论坛推广、博客推广、QQ 群发、邮件群发、链接交换、网摘推广、文本链、软件推广、电子杂志等，有兴趣的读者可以自己阅读相关图书。

右侧图展示了两个优秀设计师的网站。

1.3.2 E-mail 营销

如今获得潜在目标客户的邮件地址并不困难，但接下来如何写一封言简意赅的邮件并发到潜在客户的邮箱中才是最困难、最重要的事。

下面是一封相对标准的设计营销推广邮件，供各位读者参考。

尊敬的负责人您好：

感谢在百忙之中阅读这封邮件。衷心祝愿您及您的家人身体健康、心情愉快！

XXX 多年服务于医疗、教育、食品、工业产品、政府、出版社及社会各类企业。致力于企业形象策划、平面设计印刷、数据光盘、网站建设及展览展示等综合性业务。本人专注于为客户提供实效新颖的宣传解决方案，协助客户更为迅速的开拓市场，提升企业及产品品牌形象。

本人愿为贵公司的腾达快速发展尽绵薄之力，真诚期待与您的合作！

业务范围：

设计印刷：视觉识别 / 企业画册 / 书籍装帧 / 期刊杂志 / 台历挂历 / 产品包装 / 封套折页 / 招生简章 / 海报招贴 / 纸袋纸盒 / 地产楼书 / 贺卡请柬

展览展示：展架展板／会议布置／喷绘写真

网站光盘：网站网页／数据光盘／电子课件／电子画册

电话：010-84966159

网址：www.dzwh.com.cn

QQ：399639466

MSN:Lbuser@126.com

顺颂商祺！

XXX

以上邮件中的业务范围很广、很杂，各位读者可以在具体写作时进行筛选。这种营销推广方法由于使用人较多，因此85%左右的邮件在发出后都如石沉大海，因此首先要了解这样一个事实，其次，要有打持久战的准备。

还有一种邮件营销的方法是将自己的业务范围写作成为面试者的应聘简历，这种方法被邮件服务器当作垃圾邮件拒收的可能性会小一些，如右图所示就是一封典型招聘简历代替业务广告的例子。

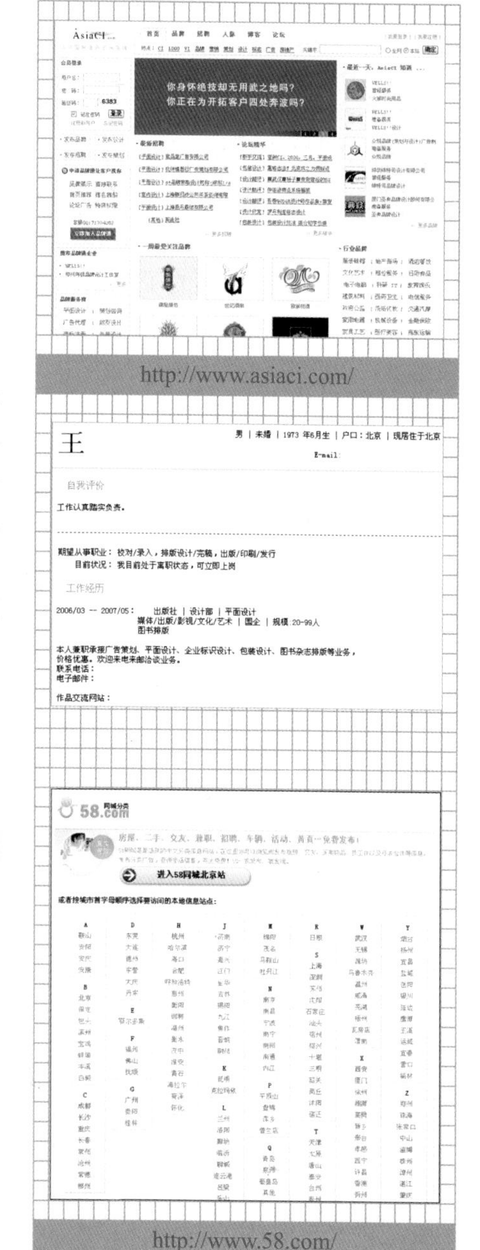

http://www.asiaci.com/

http://www.58.com/

1.3.3 同城网推广

同城分类网是最近兴起的、以同一城市居住的人群为目标群体的社区型门户网站。

发布的信息通常以易物、交易、交友、兼职为主，由于浏览这一类型的网站的群体都居住在同一个城市中，因此作为SOHO在这样的网站中发布寻找潜在客户信息，被认可的机率相对高一些。

下面介绍两个比较大的同城网站。

1. 58同城分类

58同城网（www.58.com）开通于2005年。目前已经在全国100多个主要城市开通分站为本地用户提供服务。

该网站定位于本地社区及免费在线分类信息站点，搭建了资源丰富、信用度高、交互性强的城市分类信息平台，帮助生活在快节奏都市里的现代人解决衣、食、住、行、娱乐、情感、教育、职业等生活和工作方方面面所遇到的难题。右侧图展示了一个设计SOHO发布的信息。

2. 赶集网

赶集网（www.ganji.com）是一家座落在北京清华留学生创业园的初创企业，致力于下一代本地生活资讯网络平台的开发与运营。

通过赶集网（www.ganji.com）的本地城市资讯网络平台，本地用户可以实现对所在本地的生活消费信息服务或商品的了解和交易。

赶集网分设房产、交友、招聘、兼职、易物等最本地化的信息服务，免费提供用户人性化的信息服务。

图1.1所示为该网站的首页，可以看出城市与信息类型非常丰富，其中的“设计／策划”、“电脑／网络相关”是需要重点关注的栏目。

图1.1 赶集网首页

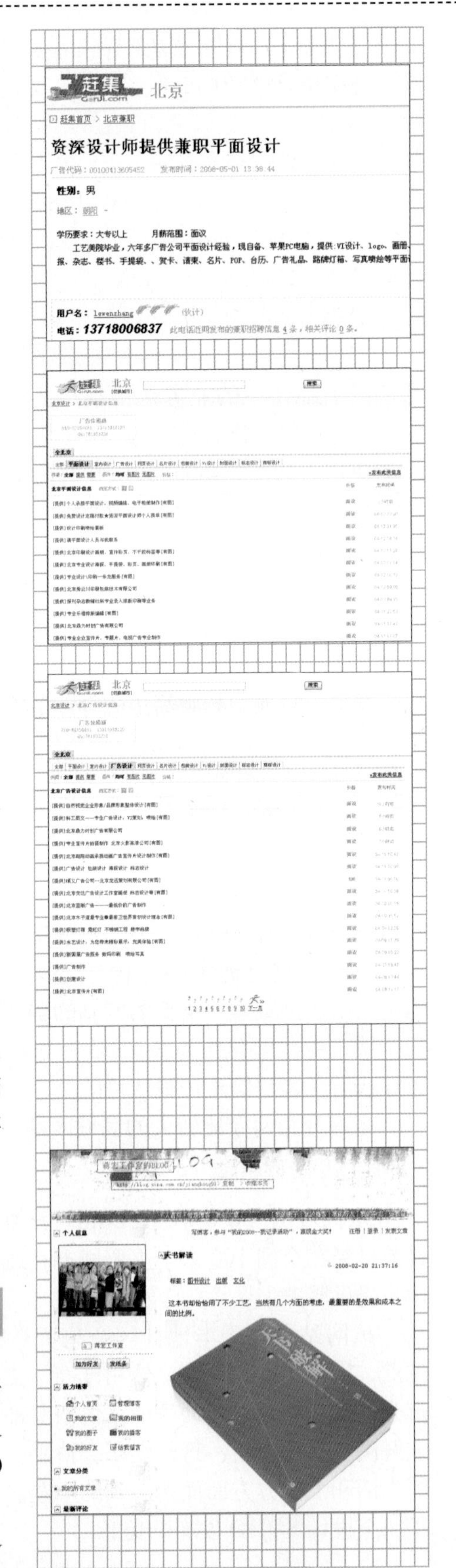

右侧展示了3组与平面设计相关的需求信息。

实际上不仅仅是SOHO们经常在这样的网站中发布信息，一些专业的设计公司也没有放过这样能够免费发布信息的地方。

这就要求SOHO们更加主动、频繁地更新自己的信息，以确保自己的信息不会被“淹没”。

1.3.4 博客

博客是2006～2007年最热的网络现象，由于互联网将世界改变成为一个平面世界，因此任何人都有机会以博客这种形式向世人展示自己，SOHO人自然也不例外。

由于，在这个Web 2.0的时代，博客成为各大网站竞相争夺的阵地，因此可以轻易在各大门户网站中申请开通自己的博客。很显然多开通几个博客，就能够多一些机会将自己、自己的作品介绍、展示给更多的潜在客户。

对于一个搞设计的SOHO而言，由于较少直接面对客户，博客自然就是必须要重视的宣传方式之一。

图1.2展示了博艺智联书装博客的页面，右侧图展示了大象工作室、蒋宏工作室、耀午书装、威客陈怡、威客沈晓明等工作室、个人的博客。

图1.2 博艺智联书装博客的页面

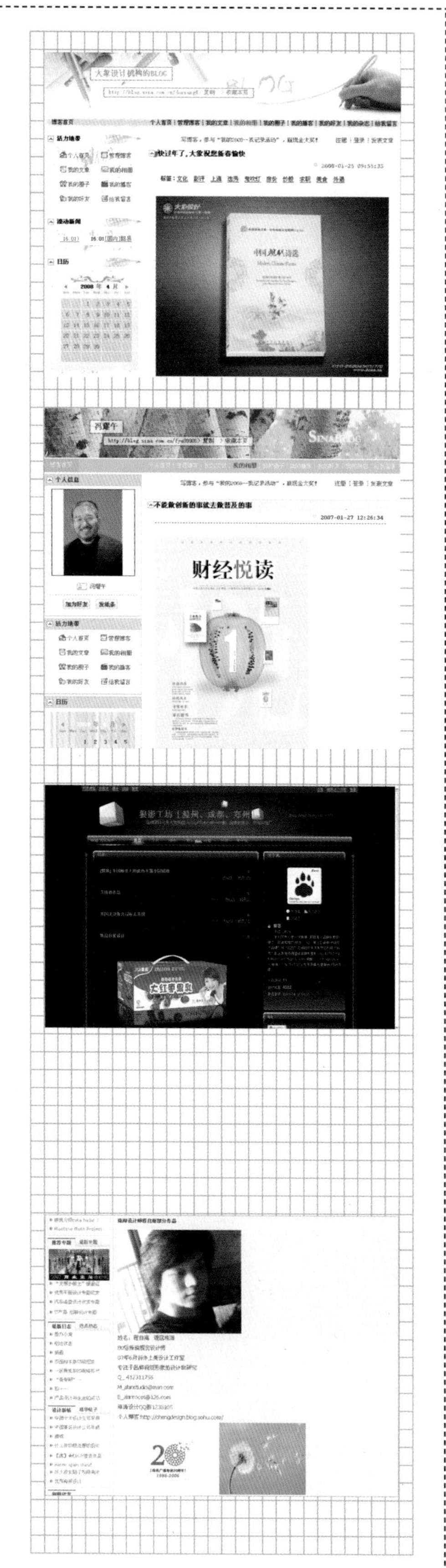

关于如何推广自己的博客，用BaiDu一搜索就能够列出长长的一个列表，因此希望想在此方面深入研究的读者可以自己探索。

1.3.5 论坛推广

正所谓人以群分，互联网上整天都上演着千人聚会的故事，基本上知名的设计网站都聚集着上千号设计师及潜在的客户。

这里既是学习交流的地方，也是扬名立万的舞台，更是最容易被潜在客户发掘的淘金场之一。

在论坛上进行推广有两种形式，下面分别进行讲解。

1. 通过发布作品

在专业的论坛中发布自己的优秀作品，很容易引起同行及潜在客户的注意。

这些作品不仅有展示自己的设计水平的作用，还能够通过作品中的联系方式，告知客户自己的所在，图 1.3 及右侧图均展示了比较典型的论坛推广作品。

图1.3 典型的论坛推广作品

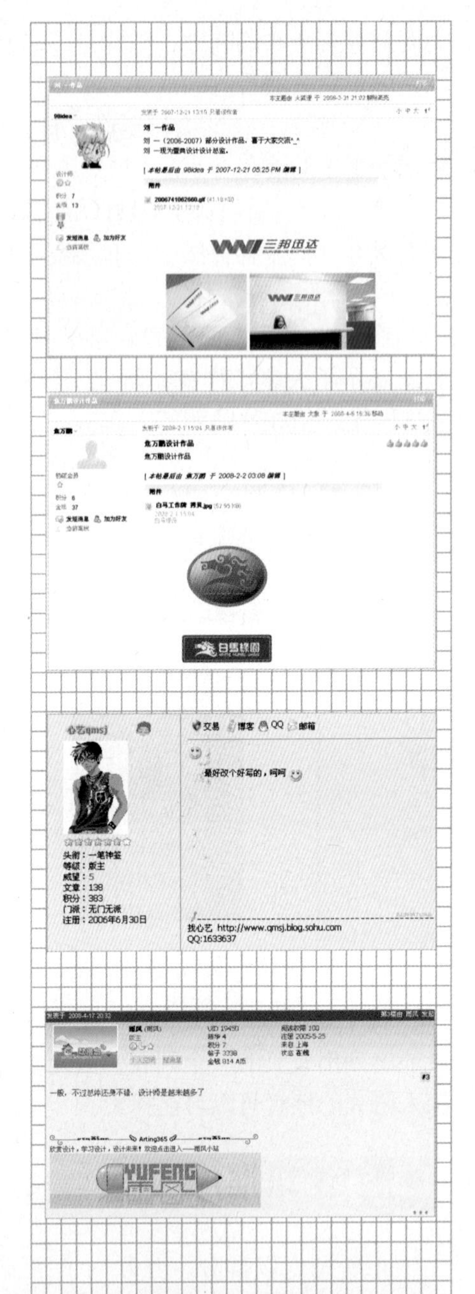

2. 通过签名

在网络社会中，几乎每个网民都拥有多个“马甲”，从而便于自己出现在不同的论坛中。

为自己制作一个性化的签名，其中包括自己的业务范围、网址，并在各种论坛（不局限于设计类）中使用，也能够在不经意间被客户发现。图 1.4 展示了典型的网络签名。

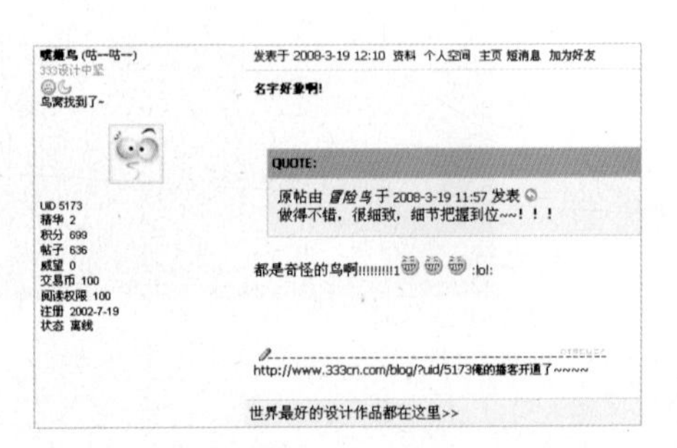

图1.4 网络签名

1.4 情绪与健康计划——SOHO革命的本钱

Mode and Health Plan——Essential for SOHO People

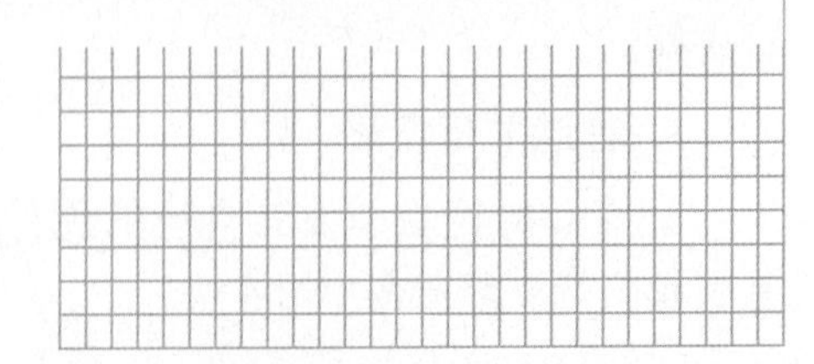

SOHO 人表面上享受着无拘无束的自由工作及高收入带来的快乐，但他们中的大多数却也有不为众人所知的艰辛面，即情感上的落寞与健康状况的下滑。

1.4.1 寂寞高手

SOHO是一个寂寞的职业，长时间孤军奋战，成功时没有人同庆，失败时没有人安慰，这种生活状态很容易导致SOHO人对工作和生活产生厌倦心理。

由于SOHO人身边缺少了同事甚至朋友的交往，整日面对冰冷的计算机，心理上的不安、焦虑，有时不能及时与好友、同事交谈和渲泄，逐渐积郁过多，就会产生一系列的心理问题：失眠、焦虑、工作效率下降等。

SOHO人往往在呆板、单调的环境中工作，这样的环境也容易出现懒惰、压抑、头昏、头痛、工作质量下降，甚至对工作产生厌烦的情绪。

当然，并非所有的SOHO人都容易产生心理问题，某些SOHO之所以成为SOHO就是因为喜欢独自一人且不会感到寂寞，他们能够忍受长时间的寂寞。

但对于大部分SOHO，还是要注意调节自己的作息时间、交际范围、工作强度与压力，以免产生心理问题。

工作环境尽量布置得轻松而有序，注意遵守健康合理的作息时间，多与朋友、同学交往，发展体育或文艺爱好，都能够有效调节心理。

除了工作环境外，由于存在“吃了今天的，不知道明天的在哪里”的生存压力，因此许多SOHO对这种不稳定的收入来源感觉到很不安全。

当然，如果有了稳定的客源，这种情况就会大大减轻。但以上种种现实状况仍然在很大程度上会引起SOHO人的焦虑。

1.4.2 健康换金钱

许多SOHO都反映“忙的时候忙死，闲的时候闲死”，这虽然是由设计行业与SOHO工作的特性所决定的。

但在这种不确定的工作规律下，使许多SOHO感觉十分疲惫，压力空前。

有时需要连续工作好几天，吃喝拉撒能省就省，有时一休息就是好几天，这种工作状态严重透

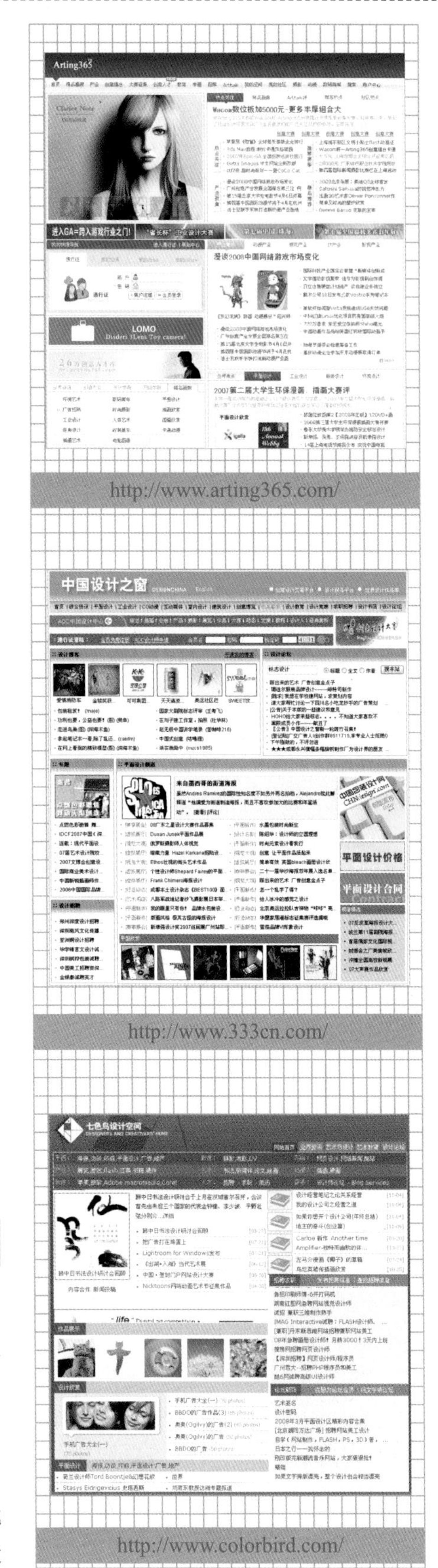

http://www.arting365.com/

http://www.333cn.com/

http://www.colorbird.com/

支的SOHO人的身体。

因此，每一个SOHO人都必须为自己的健康制作详细的计划，并一丝不苟的执行，这样才可以保证有更好的明天。

正是基于情绪与健康方面的考虑，许多SOHO人仅将这种状态作为过渡型短期安排，并非长期职业规划。

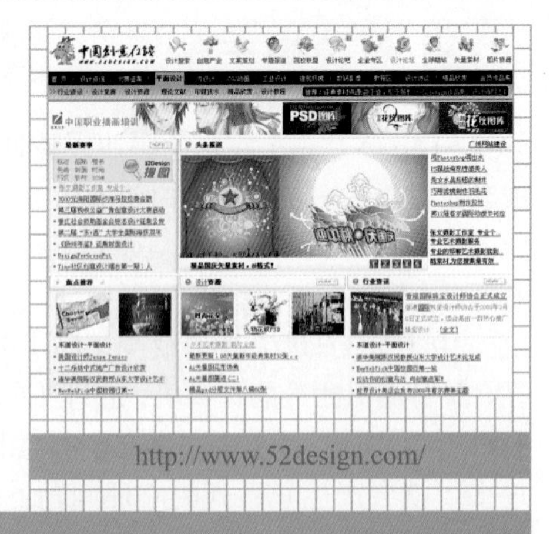

http://www.52design.com/

1.5 “学先进”、“傍大款”计划

“Learn from the Advanced” and “Excellent Service for Big Clients”

1.5.1 如何“学先进”

每一个行业中总有一些是佼佼者，他们成为佼佼者的原因很多，其中有一些必然因素，也有一些偶然因素。

但无论是什么因素使他们成为其中的佼佼者，他们都是值得我们学习的一群人。

所以，有句话讲：遵循成功者的脚步，虽然我们可能无法真实成功，但绝对不会掉到沟里面。

对于以平面设计为主的SOHO人而言，要向两类佼佼者学习：

一类是优秀的设计师，第二类是SOHO中的佼佼者。

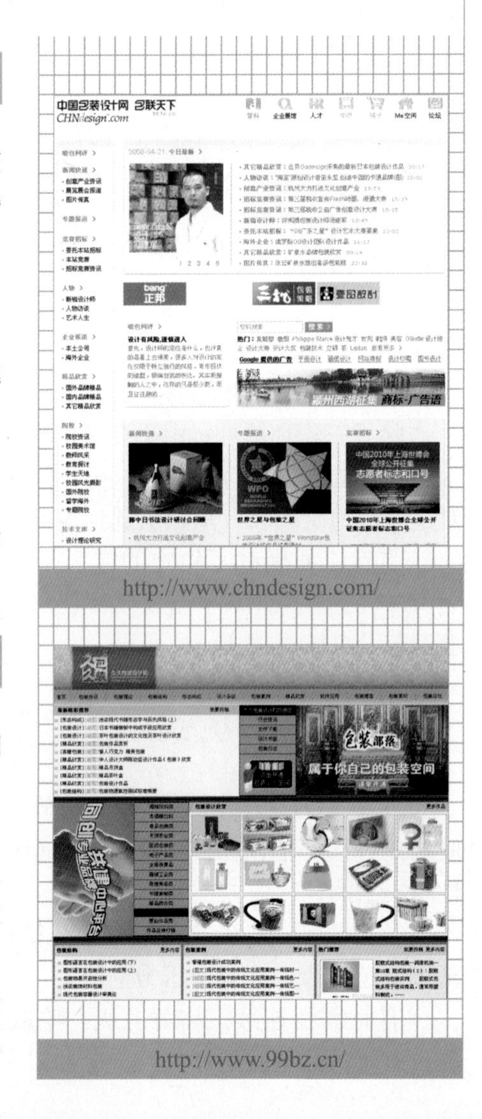

http://www.chndesign.com/

http://www.99bz.cn/

1.5.2 怎样“傍大款”

“傍大款”是指重视那些优质客户，为他们提供的服务应该是最优质的，他们应该能够享用SOHO的绿色通道。

因为从本质上来说，设计行业也属于服务行业的范畴，因此只有善待每一个优质客户，才能够使这个客户成为SOHO的“摇钱树”。

实行“傍大款”计划最本质上的原因是二八法则的存在，根据测算，一个业务稳定的公司，八成的利润来源于二成客户。

虽然对于SOHO而言面对的客户种类与数量都很庞杂，但基本比例不会发生太大的变化，因此必须重视那些能够提供大部分利润来源的客户。

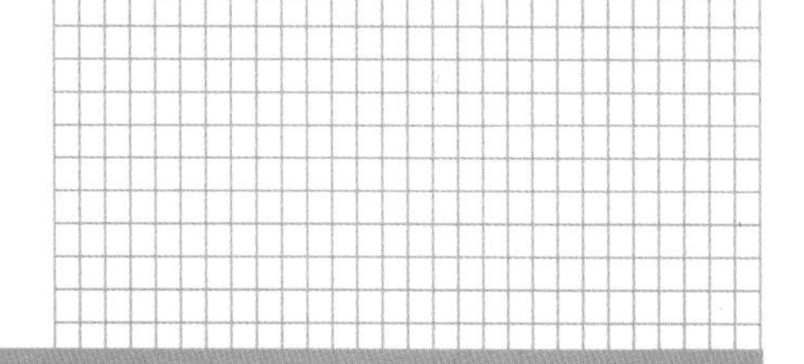

1.6 威客——SOHO人的新身份

Witkey——New Identity of SOHO People

1.6.1 什么是威客

威客是指在网络时代，凭借自己的创造能力（智慧和创意）在互联网上帮助别人，而获得报酬的人。通俗地讲，威客就是在网络上出卖自己无形资产（知识商品、设计智慧）的人。

从更广泛的意义来看，威客是SOHO人的一种选择，而不是全部。对于SOHO人而言，只是多了一种选择而已。

因此，威客与SOHO两者不可相互代替。

1.6.2 成为威客的几个理由

传统SOHO人始终无法摆脱一种困扰，那就是除了出众的专业能力以外，还必须自己去找客户。这就要求SOHO人要有良好的人际关系与资源、稳定的客户来源或者良好的业务能力，以及一定的银行存款以保证在生意淡季时生活无忧，然后才能享受在家自由办公的休闲与舒适。

而威客，改变了SOHO的生活。

威客不用到处奔走找客户，国内几大威客网上有上千项业务可供选择，因此为SOHO人的工作方式带来巨大变革。

此外，成为威客还有以下几个优点。

1．安全，由于发布任务的单位事先将钱打入威客网站账号，任务完成后，再由威客网将钱转到中标威客的账号上，因此不会出现许多SOHO曾遇到的做了活拿不到钱的情况。

2．稳定，随着中标的任务越来越多，客户会

http://www.pack.net.cn/

http://www.fhnp.cn/

有更多的任务主动发给你，好的客户还会介绍其朋友，从而形成稳定的客户群体。

3．广泛，每一个威客都可以在不限地域的情况下接到天南海北的任务。

4. 包容，大到一个网站规划，小到做一张名片，任务的种类非常丰富。

5．方便，只要你有一台电脑、一个账号即可，进入的门槛非常低。

6．高收入，如果你能做上一个大项目，可能出现二、三个月不用接活的情况。

1.6.3 如何成为威客

要成为一名威客，必须在某一威客网站上进行注册，注册成为威客的过程各个威客网站都非常简单，因此不再冗述。

注册成为会员后，就可自由选择任务报名并提交创作成果参与竞争了。只要作品能获得客户的认可，就可以获得该任务的酬金。

通常各威客网站都会示任务中标结果，公示期满，中标结果若未有任何抄袭、作弊、侵权举报投诉，任务赏金就会将自动转入中标威客会员的账户。

需要指出的是，绝大部分威客网站都会对中标后威客获得的奖金进行分成，一般中标威客会获得任务赏金总额的80%，任务入围作品会员平均分享赏金总额的10%，另外的10%是由威客网收取，作为任务信息发布、任务管理及网站运营维护费用。

1.6.4 威客心理“五戒”

做一名威客，除了要具备相当的实力外，还应具备一定的心理修养与良好的心理素质，具体来说就是在心理方面要做到“五戒”。

1. 戒“疑”

许多威客在失败时都会怀疑自己的能力与水平，其中有少人因此放弃威客生活，曾经，有一位名人说过，穷人和富人相比，最缺什么？是野心。这对于威客来说，也非常贴切，做威客，就应当有一颗锐意进取的野心，充分相信自己，相信自己能做到最好。

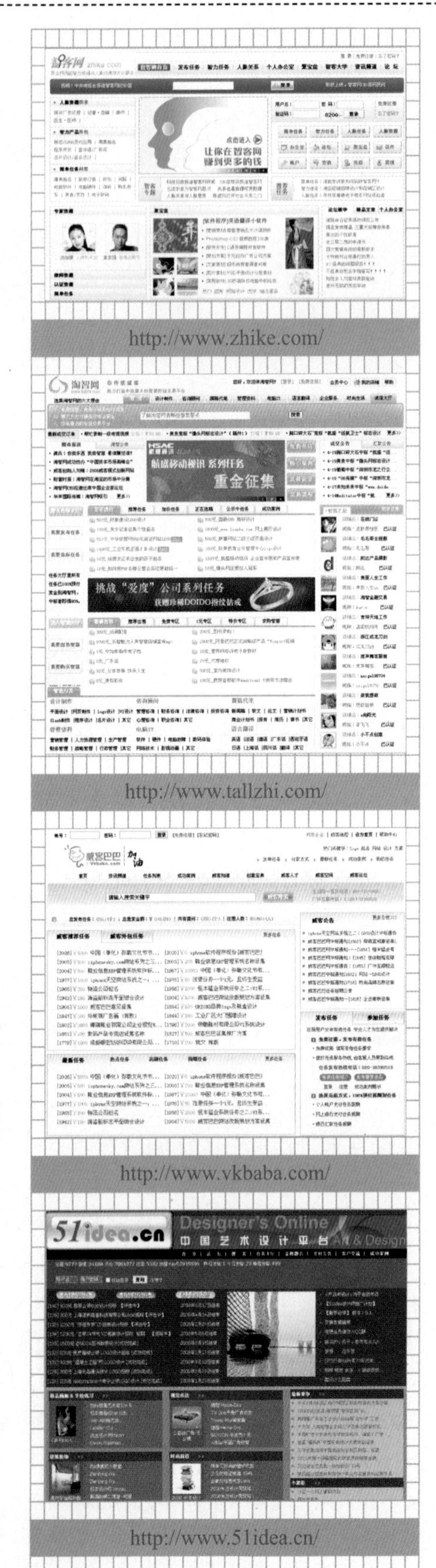

2. 戒"浮"

"浮"的心理，就是做事浮于表面，处理事情过于浮躁。具体表现为作品过于肤浅，给别人的感觉是作品并没有用心去做，这样的作品很难得到客户认可。作为一个威客，一定要摆正自己的心态，态度决定一切。做每一个任务时，都应当做到气定神闲，真正投入，用心去表现自己的全部，这样才会制作出让客户满意的作品。

3. 戒"滥"

每天，当我们打开威客网后，都会有五花八门各式各样的新任务映入视线，如果这些任务都去做，会导致你在花费了大量的时间和精力后而一无所获，因为没有时间打造一件精品。因此，在对待任务的心理上还要做到戒"滥"。学会在比较中选择，在平衡中舍弃，确定最适合自己的任务，从而更好地发挥自己的水平，充分展现自己的能力。

4. 戒"骄"

每一个威客都因具备了与众不同的能力，具有别样的才华，才投身到这个行业中来的。因此，每一个威客都是有个性的，而当凝聚着自己心血的作品能够为任务发布者所赏识、所接受时，也就是威客价值的最好体现了。但作为一个威客，不能总是沉浸在自己的作品中，始终认为自己的作品是最好的，而不愿意去改变。

应充分尊重客户的要求，客户的感受，因为他们的满意才是威客的成功。每一个威客都应当戒"骄"，学会与人沟通，学会借鉴他人，只有不断的借鉴、提炼、总结、升华，你的创造力才会如源源不断的泉水，永不枯竭。

5. 戒"馁"

在威客这个行业中，遇到挫折，面对失败是非常正常的，因为上百万的人同时来做这些有限的任务，而最后中标的也就是极少部分的人，因此，每一个威客，都将会面临无数次的失败。

要想成为一名合格的威客，就要戒"馁"，正如一位名人所言，做任何事都贵在坚持，难在坚持，成在坚持。唯有坚持，永不气馁，才是做威客最重要的制胜法宝。

1.7 知名威客网介绍

Introduction to famous Witkey Websites

虽然，威客网站在国内发展的时间并不长，但产业集中度非常高，比较大的威客网站几乎集中了网络中 85% 以上的任务，因此一名威客如果能够在这些网站上同时接活，就能够找到源源不断的设计任务。下面分别介绍同内 5 家比较大的威客网站。

1.7.1 K68 在线工作平台

K68 在线工作平台（http://www.k68.cn）定位于数字化工作，只要通过互联网可以完成的工作都能承接，包括：各种设计、创意、策划、起名、网站建设、程序开发、撰稿、发贴等。

K68 的目标是建立一个完美的互联网协同作业平台，其首页如图 1.5 所示。

图1.5 K68的首页

右侧图所示为笔者在该网站上找到的 2008 年 4 月左右发布的平面设计相关任务。

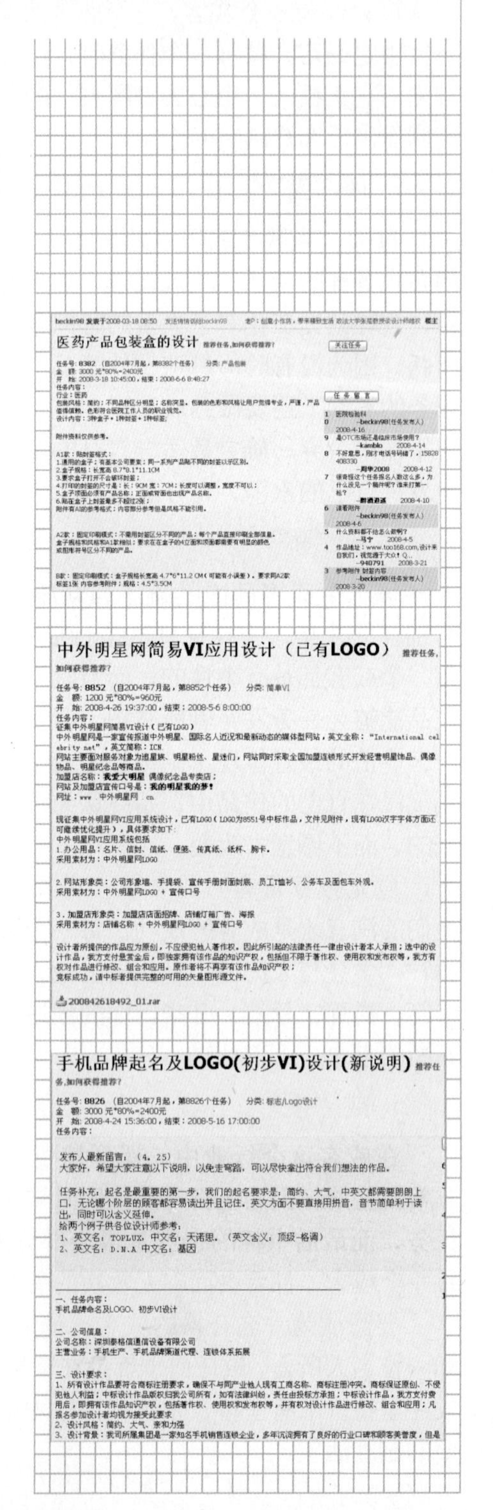

截止笔者3月登录该网站时，威客数量、任务数量等指标如下所示。

- **注册威客**：1096265人
- **发布任务**：8561个
- **共计悬赏金额**：3549121.50元
- **发放赏金**：2855870.50元
- **竞标成功**：6791人

1.7.2 任务中国

任务中国（http://www.taskcn.com/）由北京亿信互动网络科技有限公司运营，该公司是由多家业界领先的公司共同投资的互联网高新技术企业，已获中关村高新技术企业证书以及信息产业部批准的电信增值业务运营许可证。其首页效果图如图1.6所示。

图1.6 任务中国首页

右侧图所示为笔者在该网站上找到的2008年4月左右发布的平面设计相关任务。

截止笔者3月登录该网站时，威客数量、任务数量等指标如下所示。

- **提交威客任务**：20303个
- **发布威客任务**：7007个
- **悬赏总金额**：2369709.00元
- **已发放赏金**：2151119.00元
- **注册威客**：1753417人

任务信息

logo修改制作及部分VI制作　　任务金额：1500.00元

任务状态：进行中　选标中　已结束　　参加此威客任务

开始时间：2008-04-15 15:06　截止时间：2008-05-15 15:06　　剩余时间：12天21小时

任务序号：21199　任务分类：设计 > 平面设计　　收藏此任务

中标模式：单人中标　入围人数：3人

任务中国申明：
中标作品在本站支付费用之后，该作品的全部知识产权转移给客户；未中标作品可自行处理。

雇主已全额预付本任务金额的任务款到任务宝，确保中标者能获得款项。

任务描述

公司为四川绵樱鸭业有限公司，是专注于推广和发展中国肉鸭产业的现代化农牧企业。公司下设三大产业：种禽苗，饲料和食品加工。绵樱和天合饲料的logo已经注册，现考虑为绵樱logo做部分改进、为其下的食品子公司-天樱食品设计新的logo，并且为绵樱，天和饲料及天樱食品进行部分VI的设计。

关于绵樱鸭业

四川绵樱鸭业有限公司成立于四川省绵阳市高新技术开发区。早在1985年，公司就率先在中国引进樱桃谷父母代种鸭进行繁育、研究并推广成功。1992年由四川绵樱鸭业有限公司与英国樱桃谷农场合资组建了四川绵英种鸭有限公司，是中国最早的樱桃谷父母代种鸭提供商。多年来公司员工始终恪守“团结，务实，敬业，创新”的企业精神，坚持“诚信第一，以人为本，以质取胜，顾客至上”的经营理念，通力协作，使公司从一个区域性的小企业一跃成为中国西部樱桃谷肉鸭产业化的龙头。

在农业产业化发展的浪潮中，绵樱人也希望贡献出自己的力量。公司将一如既往的以高品质的产品，高效率的售后服务回报广大客户对我们的信赖。我们将通过现代化的企业管理模式，大力推进农业产业化，服务“三农”。在公司“新五年计划”的征程中，绵樱鸭业将努力打造自己的产业链条，成为集樱桃谷鸭的繁育、食品加工、饲料生产为一体的集团化公司。

关于旗下食品事业

四川天樱食品有限公司是由绵樱鸭业和英国樱桃谷农场有限公司共同合资成立的现代化食品加工企业。公司将于08年9月竣工投产，届时将形成年宰杀1000万只肉鸭的生产规模。公司严格按照HACCP标准建造，拥有一流的硬件设施。待公司投产后，将更好的满足西南地区对鸭肉产品的需求。公司主要产品是各类冻品鸭肉和熟食鸭肉产品。

网站logo形象设计　　任务金额：2100.00元

任务状态：进行中　选标中　已结束　　参加此威客任务

开始时间：2008-04-23 10:34　截止时间：2008-05-23 10:34　　剩余时间：25天17小时

任务序号：21846　任务分类：设计 > 平面设计　　收藏此任务

中标模式：多人中标　入围人数：无入围

任务中国申明：
中标作品在本站支付费用之后，该作品的全部知识产权转移给客户；未中标作品可自行处理。

雇主已全额预付本任务金额的任务款到任务宝，确保中标者能获得款项。

任务描述

大奖等你拿！！！
Logo形象设计，中标前10名，均可以获得100元奖励；第一名，额外获得1000元大奖，并可能获得工作机会。
1 了解主题：手机网址：gggly.cn；web网址：www.gggly.cn，
2 根据网站，尤其是手机网站，和软件的样式，和经营理念，设计3G旅游的logo形象
3 主题可以表现手机旅游，手机导游，导游小G等
4 自由发挥，天马星空，上述要求以参考，可以是人，可以是动物，可以是字…，重要的是传递手机导游，手机旅游的理念！
5 依据设计的形象，完成与手机网站logo和web网站logo，保证尺寸相同。中标版权归gggly.cn所有。
所有竞标前10名将在web网站上面予以宣传，产品和个人介绍！
信游天下科技有限公司，了解更多请加入qq群 41695130
邮箱：lgdwork@yahoo.com.cn

公司卡通形象设计　　任务金额：2000.00元

任务状态：进行中　选标中　已结束　　参加此威客任务

开始时间：2008-04-29 16:13　截止时间：2008-05-29 16:13　　剩余时间：26天22小时

任务序号：21843　任务分类：设计 > 平面设计　　收藏此任务

中标模式：单人中标　入围人数：3人

任务中国申明：
中标作品在本站支付费用之后，该作品的全部知识产权转移给客户；未中标作品可自行处理。

雇主已全额预付本任务金额的任务款到任务宝，确保中标者能获得款项。

任务描述

1、公司名称：湖南娄底金宝灵塔园开发有限公司；
2、公司网址：www.jinbaolingta.com
3、公司经营：为往生者提供骨灰安放墓地和塔格位，并提供包括物业管理在内的各种有效服务；
3、公司经营对象为灵塔园：陵园占地44.5万平方米，是一家集园林艺术、多元文化、追思祭祖和旅游观光为一体的现代陵园。整个陵园建设以中国塔文化为基调，并充分体现适合本地需求的佛文化和寿文化。其自然天成的绝好风水、仿古通今的园区布局、气势恢宏的东方灵塔、交相辉映的楼台殿亭、点缀得体的池水花木，构成天人相通的美景；
4、陵园广告词为：金宝灵塔园，人生后花园；
5、卡通设计要求：
(1) 内涵要深远。几千年的殡葬观念在人们思想中尚未根本转变，殡葬产品并不容易被人接受。因此在设计公司卡通时，寓意要深刻，既要反映公司是做什么的，又不能太直观，因此使人产生忌讳感；
(2) 需充分体现公司的文化内涵，具有较高的文化品位；
(3) 简单明快，设计新颖精美，便于记忆；
(4) 卡通能以不同的比例尺寸清晰显示。
(5) 可参考七喜广告中的三毛卡通人物广告。
6、知识产权说明：
(1)、卡通设计都应是投标人自主创意，不得构成对他人注册商标、设计专利以及受知识产权法保护的其他文体、图像构成侵犯。
(2)、与任何一个商品标识、卡通不能雷同；
(3)、须原创，不能抄袭，如涉及第三方知识产权由设计者负责；
(4)、最终中标的设计，其知识产权（包括但不限于版权、著作权)归湖南娄底金宝灵塔园开发有限公司所有。
7、所设计的卡通需附注灵感来源及文字说明。

任务信息

The ARK的LOGO设计　　任务金额：2000.00元

任务状态：进行中　选标中　已结束　　参加此威客任务

开始时间：2008-04-11 16:15　截止时间：2008-05-11 16:15　　剩余时间：8天22小时

任务序号：20998　任务分类：设计 > 平面设计　　收藏此任务

中标模式：单人中标　入围人数：3人

任务中国申明：
中标作品在本站支付费用之后，该作品的全部知识产权转移给客户；未中标作品可自行处理。

雇主已全额预付本任务金额的任务款到任务宝，确保中标者能获得款项。

任务描述

1，The ARK原意是指“平底船”；
2，这个名字将用在一栋6层楼的购物中心上；
3，这座购物中心是一种及新颖的生活方式的体现，其中包括有超市（但是超市中全部都是市面上找不到的物品，主要以食物和有机产品为主），有咖啡厅（咖啡厅在周末的时候晚上7点至凌晨3点会变为LOUNGE吧），有服装服饰类（其中包括2大类消费群体--牛仔类及比较流行的款式[illegible]，适合人群为18-30岁；比较稳重经典类[illegible]，适合人群在30岁至50岁；），有化妆品类，主要以有机产品或者自然纤维为原料的产品；
4，LOGO要求：只要“THE ARK”字体LOGO（可以小写也可以大写），不需要任何图案；（但是需要底盘，地盘的形状根据自己字体的设计风格）
5，颜色要求：不同方式的颜色组合，但是其中的一种要求黑白色组合（地盘白色字体黑色，或者地盘黑色字体白色）；
6，字体要求：要求字体简单，线条明朗；（不需要花体字体）
7，其他：要求设计风格独特，个性化，能同这种全新的生活方式协调统一；需要设计遵循以便以后的延伸；

1.7.3 猪八戒威客网

猪八戒威客网（http://www.zhubajie.com）是中国最诚信和安全的威客平台之一，也是中国 WORK2.0 代表性网站，其首页效果如图 1.7 所示。分布在世界各地的威客通过猪八戒威客网将自己的知识、智慧、创意等转化为“真金白银”。

猪八戒威客网现有 50 多万名威客，他们主要为各种机构、企业组织、社会团体以及个人提供在线创意工作服务。此网站由重庆市伊沃客科技发展有限公司独立运营。猪八戒威客网核心团队坚信自己所从事的威客行业是一项颠覆性的事业，他们坚信互联网可以改变一部分人的工作地点和工作方式，让他们真正从互联网获得养家糊口，甚至实现事业和抱负的收入。

图1.7 猪八戒威客网首页

右侧图所示为笔者在该网站上找到的 2008 年 4 月左右发布的平面设计相关任务。

截止笔者 3 月登录该网站时，威客数量、任务数量等指标如下所示。

- **工作室**：628390 个
- **悬赏**：5844 个
- **悬赏金额**：2605899.00 元
- **中标**：28745 人次

贸易公司LOGO征集 收藏此任务

任务号:6502 任务分类：设计
任务金额：1000 元 × 80% = 800元
任务开始时间：2008-04-30 10:30:36
任务结束时间：2008-06-15 10:30:36
任务中标模式： 单人中标模式，一人独享赏金。

我要报名 我要交稿
现在状态： 任务进行中 离结束时 12天16小时48分27秒

猪八戒申明
本站已经收到客户的汇款,确定此任务总金额的80%可以支付给被客户选中的会员。
如果被客户选中，在本站支付给费用之后，该作品的全部知识产权转移给客户；如果没有被选中，可自行处理。

任务要求 报名名单 查看交稿 任务交流 我有异议
当前任务已有：1308人关注 67人报名 54个稿件 8篇交流 发表评论

公司名称：万维（WONWILL）国贸
公司简介：[illegible]，主要经营机械类、化工类、汽车配件类产品。
公司LOGO设计：
1、LOGO设计样式具有整体美感，有灵气，大方，大气，健康向上，能体现出公司贸易的全球性，持久性，稳定性 以及繁荣和谐的 [illegible]。
2、LOGO应可以用到公司对外交往所使用的网站、公文、信件、信纸、信封、文件袋、手提袋以及其它需要公司视觉再现的场所。不局限于目前公司的产品经营范围，具有较大的适用范围和使用延伸。
3、中标作品请提交完整的、可用的图形源文件，注明各部分比例、尺寸、颜色，以便进行修改、完善和印刷，并附有详细的LOGO设计创意说明。

某行业门户网站LOGO组合 收藏此任务

任务号:6479 任务分类：设计
任务金额：1000 元 × 80% = 800元
任务开始时间：2008-04-29 13:02:39
任务结束时间：2008-05-29 13:02:39
任务中标模式： 单人中标模式，一人独享赏金。

我要报名 我要交稿
现在状态： 任务进行中 离结束时 28天19小时18分9秒

猪八戒申明
本站已经收到客户的汇款,确定此任务总金额的80%可以支付给被客户选中的会员。
如果被客户选中，在本站支付给费用之后，该作品的全部知识产权转移给客户；如果没有被选中，可自行处理。

任务要求 报名名单 查看交稿 任务交流 我有异议
当前任务已有：1158人关注 37人报名 22个稿件 3篇交流 发表评论

1、为中国名片网设计LOGO一个，域名为:www.mingpian.net 网站名称为 中国名片网(网站为中国名片行业门户网站)
2、要求设计组合标志一套，包括：LOGO一个，LOGO+中国名片网（汉字组合），LOGO+域名（英文组合）
3、LOGO要求简介大气，有行业特点，便于识别和记忆。域名和中文名称为创意字体，美观大方。
4、参考网站 www.mpdai.com www.mp86.net

公司LOGO征集 收藏此任务

任务号:6349 任务分类：设计
任务金额：1000 元 × 80% = 800元
任务开始时间：2008-04-22 10:19:22
任务结束时间：2008-05-22 10:19:22
任务中标模式： 单人中标模式，一人独享赏金。

我要报名 我要交稿
现在状态： 任务进行中 离结束时 20天16小时34分22秒

猪八戒申明
本站已经收到客户的汇款,确定此任务总金额的80%可以支付给被客户选中的会员。
如果被客户选中，在本站支付给费用之后，该作品的全部知识产权转移给客户；如果没有被选中，可自行处理。

任务要求 报名名单 查看交稿 任务交流 我有异议
当前任务已有：6037人关注 183人报名 166个稿件 11篇交流 发表评论

公司性质:
综合性进出口贸易公司.公司英文名称:Richland
设计要求:
1 简洁明快.
2 颜色在2-3个色.
3 符合欧美审美情趣

福建永定土楼系列任务，旅游形象主题宣传口号征集 收藏此任务

任务号:6338 任务分类：文案
任务金额：29000 元 × 100% = 29000元
任务开始时间：2008-04-22 09:56:53
任务结束时间：2008-06-21 09:56:53
任务中标模式： 多人中标模式， 1等奖 1人，平分奖金的68.9% 2等奖 9人，平分奖金的31.1%

我要报名 我要交稿
现在状态： 任务进行中 离结束时 49天16小时11分18秒

猪八戒申明
本站已经收到客户的汇款,确定此任务总金额的80%可以支付给被客户选中的会员。
如果被客户选中，在本站支付给费用之后，该作品的全部知识产权转移给客户；如果没有被选中，可自行处理。

任务日志
该任务为100%支付的模式，一等奖中标会员得到20000元，其余9人平分二等奖，每人1000元。（客服16号发布于2008-04-23 10:20:47）
此任务有去景点确实们在其他途径上征集过作品，为了更加公正，我们现在将所有作品提交上来，进行展示，届时，这些稿件将与大家的交稿一同进行评审。请大家放心参与。（客服16号发布于2008-04-24 14:11:49）

任务要求 报名名单 查看交稿 任务交流 我有异议
当前任务已有：10600人关注 349人报名 1265个稿件 61篇交流 发表评论

一、背景介绍：
在福建省龙岩市永定县2223平方公里的土地上屹立着2,3000多座客家土楼。现存土楼的种类有30多种，主要有长方形楼、正方形楼、府第式方楼、宫殿式方楼、[illegible]式方楼、五凤楼、三角形楼、五角形楼、六角形楼、八角形楼、圆楼等，可谓千姿百态，各具特色。而由数百座形态各异的土楼组成的“客家土楼长城”更成为了震撼世间的奇观。无怪乎联合国教科文组织专家盛赞永定土楼为“世界上独一无二的、神话般的山区建筑模式”。

中德互联-征集网站LOGO设计及简单应用 收藏此任务

任务号:6118 任务分类：设计
任务金额：3500 元 × 80% = 2800元
任务开始时间：2008-04-14 15:10:25
任务结束时间：2008-05-14 15:10:25
任务中标模式： 单人中标模式，一人独享赏金。

我要报名 我要交稿
现在状态： 任务进行中 离结束时 11天21小时24分14秒

猪八戒申明
本站已经收到客户的汇款,确定此任务总金额的80%可以支付给被客户选中的会员。
如果被客户选中，在本站支付给费用之后，该作品的全部知识产权转移给客户；如果没有被选中，可自行处理。

任务要求 报名名单 查看交稿 任务交流 我有异议
当前任务已有：6430人关注 250人报名 284个稿件 19篇交流 发表评论

发放金额： 2084719.20 元

1.7.4 威客中国

威客中国（http://www.vikecn.com）是一个通过互联网解决科学、技术、生活、学习问题的交流平台，其首页面效果如图 1.8 所示。它致力于打造一个让英雄展露头角的舞台，一个让知识变成财富的平台，一个用时间换取金钱的空间！

威客中国悬赏项目囊括平面设计、室内设计、网站建设、软件编程、方案策划、劳务服务等多个领域。威客中国没有门槛，只要有本事就能拿悬赏金，知识和智慧充分体现价值。

图1.8 威客中国首页

右图所示为笔者在该网站上找到的 2008 年 4 月左右发布的平面设计类相关任务。

截止笔者 3 月登录该网站时，威客数量、任务数量等指标如下所示。

注册威客： 271318 人

发布项目： 1472 个

悬赏金额： 1073754.00 元

项目编号：[6706]

项目名称：【急】中美仕家LOGO设计
悬赏金额：1000 元
所属分类：设计 - LOGO设计
开始时间：2008-4-29 14:30:00
结束时间：2008-5-5 11:40:00
所在地区：天津市-天津市
加入时间：2008年4月28日

项目详细要求

参与此项目
关注此项目
讨论此项目

一、 公司基本信息

天津中美仕家汽车贸易有限公司坐落于天津港保税区，是中国大陆地区进口原装雷佛兰多功能高端房车系列的总代理，是集整车销售、零配件供应、售后服务、信息反馈“四位一体”的汽车销售服务公司。公司自成立以来始终秉承“汽车终身服务方案”理念，以先进的技术设备、现代化的服务管理，高度职业化的气氛，良好的服务设施，充足的零配件供应，迅速及时的跟踪服务体系及遍布全国的专营店，为顾客提供全方位的服务。

“中美仕家”致力于进口高档商务车全国性的市场渠道建设和品牌推广，将以先进的市场理念和品牌理念在全国建立自有品牌的连锁汽车营销体系，最终成为中国最著名的高级原装进口汽车的连锁销售与服务机构之一。

二、 LOGO设计要求：

体现公司经营类别特性，图案要新颖有创意，简洁大方、醒目易识别、色调协调，有强烈的视觉冲击力和美感，应体现高档进口原装汽车的宗旨含义（色彩不要太多，另附带LOGO的单色应用）。另要求设计者根据音译或意译提出专属英文名称方案，要求英文必须为独创性的。

LOGO提交内容：

（1）附带多种配色方案，方便本公司选择和修改。
（2）设计图案应注明各部分比例、颜色、尺寸。
（3）LOGO中文及英文创意设计及寓意的文字说明。
（4）各作品设计的效果图及排版文件。
（5）设计方必须提供设计作品完整的、可用的矢量图源文件和所用到的字体，必须能进行修改、排版和印刷。

项目编号：[6615]

项目名称：[急]logo及部分应用设计
悬赏金额：1000 元
所属分类：设计 - LOGO设计
开始时间：2008-4-25 11:06:00
结束时间：2008-5-3 13:04:00
所在地区：北京市-北京市
加入时间：2008年4月16日

项目详细要求

北京融景慧谛教育科技有限公司 LOGO设计征集案

一、设计要求：

1. 应能凸现公司特点。
2. 应着重突出现代感，同时要简洁、大气。
3. 应构图精巧、易记、易识别， 有整体美感，艺术性。
4. 构图不局限，由设计人自由创作。如果把“PowerFollows”、“融景慧谛”考虑在内更好。5. 采用便于印刷的色彩，色彩深度不超过16位，最好不超过8位。
6. 要求在较低分辨率下（32 x32 点）仍能较好显示（用于软件图标）。
7. 设计的LOGO将应用于公司网站、公司徽标、名片、信封、信签、手提袋、文件封皮、印刷品、宣传样本、看板、卡片、赠品等，我们作广度展开运用，设计时请一并考虑。
8. 提供原创作品，并附有详细的LOGO设计创意说明。
9. 必须是可以注册的商标。

二、LOGO提交内容：

1. 提供多种形式：
a. 单独的图形LOGO （包括彩色、单色，最好包括彩色3D）
a. LOGO图标 （32 x32 点，彩色， 最好是 彩色 3D）
a. 图形LOGO+公司中文名称（包括彩色，单色，最好包括彩色3D）
a. 图形LOGO+公司中文简称（包括彩色，单色，最好包括彩色3D）

项目编号：[4583]

项目名称：铁观音茶叶包装礼盒设计
悬赏金额：3000 元
所属分类：设计 - 产品包装
开始时间：2008-1-11 13:09:00
结束时间：2008-5-19 13:09:00
所在地区：福建省-泉州市
加入时间：2008年1月4日

项目详细要求

一、简介：

福建安溪宝福茶叶包装是一家专业生产茶叶包装的厂家，详情了解公司网站：http://www.searchtea.cn ，现征集设计两款包装礼盒

二、要求

1. 礼盒主要是包装铁观音茶叶，两款风格要不同，给人感觉高档简约美观大方。
2. 投标设计图案应注明各部分比例、尺寸、颜色、创意说明文字稿。
三、知识产权说明：
1. 设计都应属投标人自主创意，需原创，不能抄袭

有不清楚的请联系：13599231911 陈亚文

项目编号：[6715]

项目名称：[急]盐焗熟食品及冷饮连锁专卖之LOGO及系列VI设计
悬赏金额：3000 元
所属分类：设计 - VI设计
开始时间：2008-4-28 18:11:00
结束时间：2008-5-28 18:11:00
所在地区：广东省-东莞市
加入时间：2008年4月20日

项目详细要求

公司和产品简介：

我公司为连锁经营有独特口味的休闲小食品，主打产品为盐焗类熟食，卤水，凉拌等系列食品（如盐焗鸡翅、盐焗鸭物、盐焗鸡脚、泰式凤爪等），经营历史悠久，秘方精制，风味独特，香脆可口，咸香味美，健康，方便，也兼以经营冷饮（如沙冰、果汁等），日后增加经营烧烤、烤肉等产品。店面在10-30平方米之间。

基本理念：连锁经营、味道独特、咸香味美、健康、方便，走老字号品牌路线。

项目需求： LOGO/商标及一系列VI设计

一、LOGO/商标设计要求：
1. LOGO适用于连锁店。
2. LOGO/商标设计须包含“香江”两个字，即在“香江”后或前加合适的字——“香江××”或“××香江”，如“香江美味源”，请发挥您的想象和创意，在“香江”后加字和（最好结合图案及其他有创意的形象）形成老字号式的，有创意，有视觉冲击力，朗朗上口，独特又醒目的LOGO，易于识别与传播。
3. 最好也结合英文设计
4. 须符合盐焗食品之历史悠久，秘方精制，风味独特，香脆可口，咸香味美，健康，方便等特色及连锁经营专卖店的特色，及突出盐焗食品行业特色。
5. 可申请注册商标。
6. 请辅助详细说明LOGO品牌含义/意义，包括创意及象征意义，制图规范。

项目编号：[6422]

项目名称：“时尚速食甜品店”LOGO & VI设计
悬赏金额：2000 元
所属分类：设计 - LOGO设计
开始时间：2008-4-19 11:38:00
结束时间：2008-5-3 11:38:00
所在地区：上海市-上海市
加入时间：2008年3月23日

项目详细要求

“甜蜜于—营养速食专家”是位于上海的新兴特色餐饮连锁品牌，主营营养速食，包括港式甜品，新鲜茶饮等等。下面第一部分是设计需求，具体品牌及产品信息可以查看第二部分的介绍。
联系：QQ：11020076

第一部分

一、现我们需要为我们的连锁店设计新的logo以及一些VI系统，主要包含以下内容。
二、设计要求：时尚新颖、有创意，适当参考现有的logo和VI，最重要的，符合我们的“营养速食”的健康、甜蜜、营养等理念（可见第二部分）。
三、附件中包括有现用logo、部分产品图片，VI样稿，店面照片等。

1 Logo
2 吉祥物
3 企业标准色
4 企业字体
5 应用系列（包含以下部分）

1.7.5 创易网

toidea 创易网（http://www.toidea.com）是通过互联网实现无形的创意服务产品在客户与创意人之间进行获利交易的平台，其首页效果如图1.9所示，它被称为是从事创意服务产品电子商务的“阿里巴巴”。

该网站服务于有创意需求的各种规模的企业客户及希望实现自身价值的各专业美术院校学生、在家办公期望获得更多收入的SOHO创意人。

图1.9 创易网首页

截止笔者3月登录该网站时，威客数量、任务数量等指标如下所示。

- **创意人**：49903人
- **客户**：8413人
- **金额**：1292132.00元
- **发放金额**：913796.00元
- **投标作品**：219093元
- **完成任务**：1006人

第2章

威客名人及设计名家访谈

2.1 威客名人访

Prominent Witkeys Interview

威客圈中以设计见长者不少，但通过完成设计任务获得大量定单并在很长一段时间内一直保持较高成功率的人就不多了，了解这些人对于威客生活的所思所想，有助于各位读者快速成为一名合格且成功的威客。

2.1.1 访陈怡/Chen Yi

陈怡是一个妈妈级的威客，因为接触威客较早并接受过中央电视台的采访而知名，但她最成功之处还在于她同时是几个威客网站任务成功率最高的前三名之一。笔者于近期通过网络聊天的形式就威客这一话题对她进行了专访。

陈怡

1993-1996 江阴职业技术学院--广告装璜设计，自幼喜爱绘画，具有十余年丰富的设计经验。

2003 年怀孕后便辞职在家开始开始了SOHO的道路，通过现实中客户的积累和网络上业务的不断拓展，先后与国内外客户（中国香港、新西兰、英国、美国、加拿大等）成功合作数百次。在各大竞标网站上名列前茅，以优秀的技术和信誉多次被中央电视台、北京电视台、电脑报、新京报、京华时报、北京晨报、法制晚报等各大媒体和各大网站争相采访报道，是央视第一个报道的优秀威客。

QQ：19463810

作品地址：http://chenyi.myqueue.net/

1. 您是怎样走上SOHO威客道路的？

陈：我工作已有十余年之久了，从十多年前开始接触设计这个行业。

2003年，由于怀孕的缘故，医生要求我安心在家保胎，我便告别了朝九晚五的上班族生活。

在家的时间很清闲，但一些老客户陆续的会有活给我，所以我的这条设计之路并没有像大多数女性设计师那样因为生孩子而断掉，而是一直在保持着，并且走得更自由，更得心应手起来。

成为一名威客也是在那段日子，一个偶然的机会我上了一个威客网站，并注册成为其威客会员，发现在这样的网站上能够更容易地找到客户，因此一发不可收拾。

直至后来孩子出生，因为要照顾他，所以也一直在家。现在慢慢做上手了，发现当知名度打开，客户源积累到一定的数量，不一定非要去朝九晚五的打卡上班才能体现自己的价值。

在家快乐自由的工作同样可以有不菲的成绩，所以至今我还在继续着这样的生活。

2. 作为一名SOHO您的苦恼是什么？

陈：SOHO虽然是自由的，但也是孤独的。我的苦恼就是觉得目前生活中最缺乏的就是工作技术上的沟通交流。

不像在公司工作，一个团队来负责一个项目，大家各取所长，互相探讨，有什么困难可以相互帮助，协商解决。而SOHO一族遇到什么难题时，只能自己想办法去解决，最多在网上跟位认识的网友沟通一下。虽然这比不上现实中面对面的交流，但至少可以不让自己和社会群体太脱节。我在网络上有很多同行的朋友，大家常常交流。

3. 您工作与生活的时间如何分配？

陈：作为一名家庭女性，我当然还是以照顾好家里为主。

现在孩子上了幼儿园，除了早送晚接，料理完家里的基本杂务后我就可以安心地工作了。

其实和一般上班族也差不多。只是更自由一些，不用按时起床，天天打卡。

另外，工作也是随心情来接，懒时就少接一些，多玩一会；忙时也会顾不上吃饭睡觉的。

通常我晚上会干得多一些，这时更能静下心来，白天处理一些家事和客户进行一些沟通，做一些设计前的准备工作。

4. 您在某威客网上接单中标额排行第一，是如何做到这一点的？

陈：威客网是一个很锻炼人的网上平台。不仅考验人的技术，还考验人的意志、沟通能力，当然运气也很关键。

我从事设计这行十多年了，多少也积累了一些技术经验和对客户喜好、行业特性的认知度。

我大概总结出了以下几点：

1．精挑选

威客网上有形形色色成百上千条任务，不要盲目的什么任务都参加，这样很容易浪费大量的时间精力，而一无所获。

首先要从自身的能力出发，知道自己比较擅长干哪一类的工作，在哪些方面的技能比较出类拔萃，然后就专挑那一类的任务去参加。这样才有利于在数百份交稿中脱颖而出，获得中标的可能。

2．细分析

当挑到数个自己有把握的任务时，不要马上就开始做。威客网还是一个新兴的事物。有很多的漏洞缺陷，比如作弊、套稿、假任务等。一定要细读任务内容，留意一下客户的联系方式，必要时通过电话、邮件或者搜索引擎进行搜索查证。

3．多交流

和客户有效的沟通是中标的关键要素。首先可以让客户在数百位参选者中对你有一个初步良好的印象。在制作过程中实时的和客户进行交流也可以让自己不走歪路，完成作品后和客户进行交流可以把你的创意想法更深入直接地传达到客户那边，这样能大大提高中标的机率。

4．擅学习，重积累

网上的各路高手很多，强中自有强中手。

平时在网上看到有用的资料或者优秀的设计作品，应及时存到电脑里，在参加任务时，多学习对手对同一问题的不同解决办法，以及优秀的表现手段、漂亮的配色。

5．广结友

俗话说，朋友多了路好走，威客网上除了一些技术类竞技项目外，还有很多是靠投票来选出优胜者的，所以需要平时在网上要多交朋友，会员间有什么困难的要尽可能地多帮忙，从而树立自身良好亲和的形象。这不仅在一些任务的评选中会有利，更重要的是可以相互交流一些设计的心得体会，了解一些任务的进行状况。

另外，朋友多了，会有很多业务上的交流和互通，客户源也会增加不少。

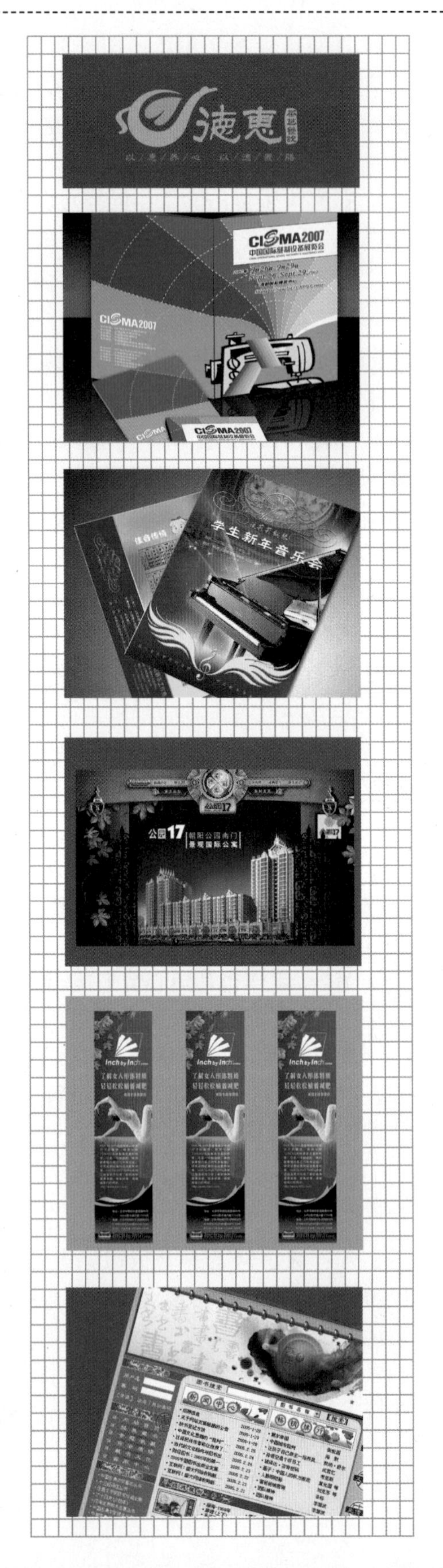

6．重信誉

威客网上的中标是一个开始，更重要的工作是在今后不断展开的。每一个中标的客户都是一份宝贵的财富。良好超值的服务会让客户更加信赖你，今后就会有更多的活直接找你做了，并能介绍他的朋友，朋友的朋友。

一定要在客户和业界建立起良好的信誉口碑，一旦失去了这份信任，今后的工作会很难开展下去。

5. 您感觉对于平面设计行业的SOHO，应该掌握什么样的软件？

陈：首先是Photoshop，这是最基本图形处理软件。其次，Illustrator、CorelDRAW这样的图形绘制软件可以视各人爱好任选其一。

其他的软件就在需要时慢慢再衍升加强了，例如目前有些标志设计开始走向三维化，所以可以学一些简单的三维软件，做软件LOGO时要使用到的ICON软件，做出版印刷时要用的排版软件InDesign等。

6. 依据您的经验，哪一类业务（比如封面标志包装……）接单率高一些？

陈：标志的设计接单率高一些。因为这类任务更看中设计者的构思创意，而对于制作上的繁杂度确没有太高的要求。只要创意到了，可能几十分钟就能完成。但有时一直没有好的想法，也许要不断地尝试好多天。一个好的标志往往价格不比网站的价格低，有的甚至会高许多。

相比较一些网站设计，包装设计等任务，在制作工艺上也有很高的要求，要考虑到程序的安排，特效的实现，印刷的工艺等……所以工作周期会相对长一些。

7. 从您的设计经历出发，平面设计中的什么技能是您感觉最重要的？

陈：很多朋友都会来问我同样的问题，说自己刚刚接触设计，学什么好？学什么软件好？

我倒觉得软件并不重要，可以以后慢慢在制作的过程中边做边学。

对于空间和颜色上的感觉才是最重要的，这种技能不是一朝一夕加强一下就能马上学会的。

还是和上面所说的一样，平时一定要多看多

积累，多浏览一些著名的如视觉中国、红动中国、七色鸟之类的设计论坛，看一些高手的作品，学习他们的版面编排、配色方法、表现技巧。

看大量的标志案例，最好是有创意说明的案例，熟悉各行各业的行业表现特色，元素运用喜好。知道如何概括、如何提练。

必要时，在不涉及到商业行为，不违反法律的自我练习中，可以先从模仿做起，多模仿自然有感觉，再形成自己的风格。

8. 新入行的人员需要些什么样的装备？

陈：电脑是必须的了。另外，不要吝啬钱买大量的设计工具书，可以时常翻着看设计案例，不断地陶冶自己的审美。

建议在网上找一些知名的设计站点，看设计大家的作品。所以上网是必须的，最好是包月的，不用考虑上网时间及流量的多少。

扫描仪、打印机、绘图板等可以将来再配。

9. 除了设计技能，您感觉对于一名SOHO来说还有什么技能是很重要的？

陈：设计师是个杂家，啥也要知道一些。不能只钻自己的技术，应该每天看一些新闻，了解一下当年的流行元素及最新动态。

另外沟通能力也很重要，适当地学一些心理学方面的东西，能通过交流抓住客户的心理知道他要什么，喜欢什么。

学习一些法律常识，知道在没有公司保障时如何通过法律法规保障自身的设计和利益。

再者就是有一个好心态，开始的时候工作不好开展，客户不知道你，同行不认可你，需要坚韧的态度来从事自己的事业，需要谦虚的态度来加强自身的素质。

10. 对新入行的SOHO人员您的建议是什么？

陈：重在坚持，别因为开始的失败就放弃了。局面打开了，天地就是你的了。

SOHO别懒惰，自由的生活很容易养成懒惰的生活状态，给自己订一个月目标，完成多少份额后才可以休息，这样可能更好一些。

应注重交流，这是SOHO生活中最缺乏的。也别老闷在家里，多出去和朋友交流，多和同行交流，网上也有很多朋友，总之尽可能多珍惜一切交

流的机会，不要闭门造车。珍惜一切宣传自己的机会。你不像公司一样有大量的资金投入到广告宣传中，你身边的朋友、你的亲戚、你的客户，都可以成为你宣传自己的工具。

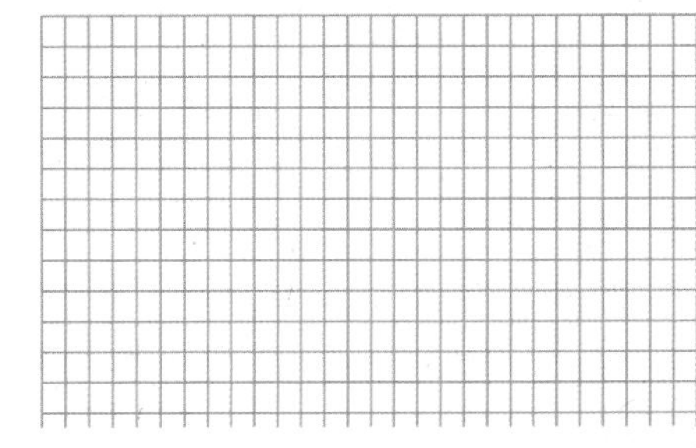

2.1.2 访沈晓明 /Shen Xiao Ming

沈晓明

1996年毕业于中国美术学院，曾在杭州一品设计有限公司、新加坡顶鑫食品国际集团（中国）有限公司主持设计部门工作。2007年组建WOIF品牌管理机构，任设计经理。

QQ：447023545

TEL：13839172276

MSN：xm76@163.com

E-mail：xx2003@126.com

作品地址：http://xm76.blog.163.com

沈晓明是猪八戒威客网的标王，本着“榜样的力量是无穷的”的朴素想法，我们通过猪八戒威客网联系上了他，并进行了采访。

1. 您是怎样走上SOHO道路的？

沈：那是在2006年的12月底，我正单位调休在家。

一次偶然的机会见到某IT杂志对SOHO这个职业的介绍和评论，并列举了一些SOHO的网站和相关操作程序。凭借相对熟悉的专业知识，两天后我接到了第一笔SOHO业务。5天后交易完成。自那时开始SOHO就成了我生活的一部分。

2. 作为一名SOHO您的苦恼是什么？

沈：如果说到苦恼，我想SOHO作为一种新的职业模式，相对自由的工作时间和空间给了我们便利，但是也搅乱了平时正常的生活和工作秩序。

3. 您工作与生活的时间如何分配？

沈：我的工作时间和生活时间是这样分配的：上午10点起床，中午12点开始工作，下午5点结束，晚上10点～凌晨2点再工作一段时间。工作时间尽量不做其他事情，休息娱乐时间绝对不考虑工作上的事！

4. 您在某威客网上接单中标额排行第一，是如何做到这一点的？

沈：其实要做到这点不是很难，我选择的客户一般多是他们对自己的要求有清楚的条理和清晰的思维。这样的客户容易沟通和协调。还有就是，尽量接自己熟悉的和擅长的业务任务，这样可以提高自己的中标概率。

最后一点是做任务前一定要对任务吃透，我的经验是思考两天形成初样，最后在两个小时内完成。把自己最成熟的想法展现出来。具备这样几条自然离成功就不远了。

5. 您感觉对于平面设计行业的SOHO，应掌握什么样的软件？

沈：这个要分两类来说：

（1）logo、标志等图形类：因为这类作品要求矢量的比较多，我们也强调最终作品给客户提交矢量的原文件，所以基本要熟悉下面软件的任何一款：CorelDRAW、Illustrator、FreeHand。

（2）包装、宣传等图像类：这类作品多数以图片和基本元素构成，修图、修色是常用操作，以下软件必不可少：Photoshop（图像调整），CorelDRAW、Illustrator、FreeHand（任选一款做最后设计）。

我们自己就用Photoshop（图像调整）和CorelDRAW（图像组合与矢量创作）。

6. 依据您的经验，哪一类业务（比如封面标志包装……）接单率高一些？

沈：标志类的接单率相对高一些，但是，不是说包装类不好做，实在是因为包装类的业务使用版权图片相对较多，在标的资金不多的情况下发挥就小一些，受到的束缚比较大，而logo类相对刚起步的SOHO朋友还是比较合适的。

7. 从您的设计经历出发，平面设计中的什么技能是您感觉最重要的？

沈：我觉得没有最重要的，只有相对重要的，如果一定要说一个的话，我选择“领悟”这个词！领悟目标的含义、领悟客户的要求、领悟作品的理念！领悟太重要了。

用最少的笔墨展现最多的含义与精华，领悟每个不同对象的要求和细节，这个是每个设计师多应该具备和提高的。即使不具备很高的软件技能的朋

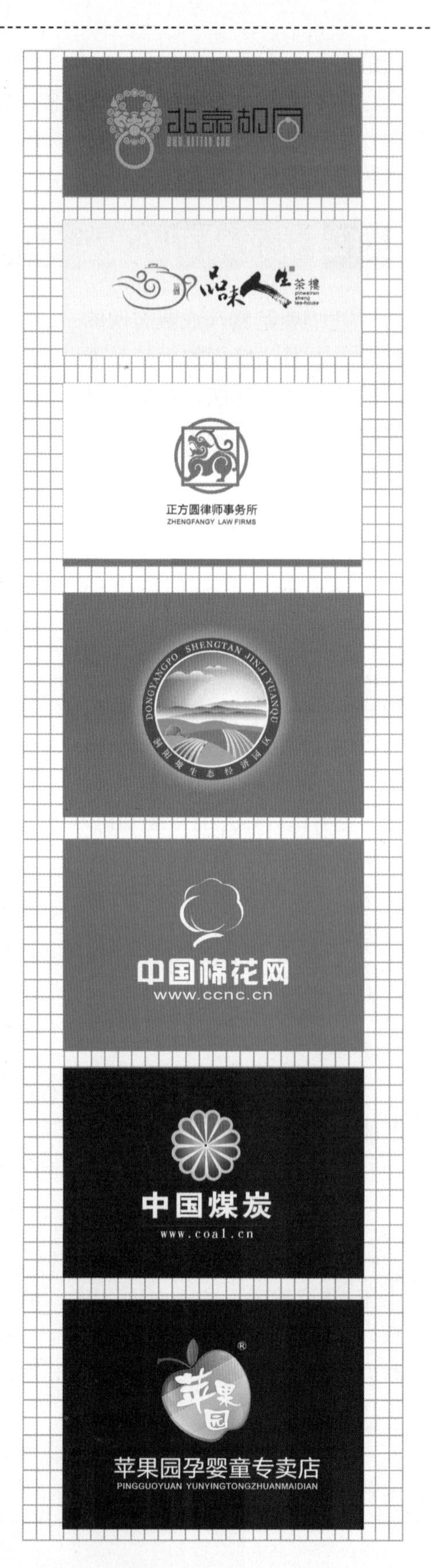

友，只要能很好地领悟业务的要求和业务深层要求，那么也可以用很普通的图案表达很深刻的含义。

8. 新入行的人员需要些什么样的装备？

沈：一台配置相对较高的电脑就可以胜任现在很多SOHO设计业务了，若有条件还可以增加打印机等设备，当然，必要的平面设计的素材图库还是需要的。

9. 作为一个优秀的SOHO有什么好经验可以跟新入行业的人分享？

沈：这个需要分几个方面进行阐述：

（1）业务定位。首先要确定自己的专业取向和自己的专业水平线位置，自己要清楚自己做哪一类的业务比较在行，这样做的目的是：不会在接任务的时候很盲目，同时可以提高成功率。

（2）工作敬业。这个很重要。一定要把网上的客户与现实的客户同等对待，详细分析任务，多与和客户沟通，真正做到和现实中的客户一视同仁。认真地做每一个作品，并对作品的原创性与含义详细描述给客户，网络上很大一部分客户相对现实中的客户来说沟通不易、联系不便，这样做不要怕麻烦，让客户领会你的意思，是对作品和业务的负责。

（3）售后服务。每成功接到一个业务，以后要经常和客户多沟通，帮助客户排除使用自己作品中的难点，这样客户以后有什么业务还会找你，广大的客户资源当然为自己奠定了丰富的业务资源。

（4）多宣传。刚入行的朋友一定要多走几个网站啊bbs啊，不要怕自己的作品不好，多听取别人的意见，一方面提高自己，另一方面也是宣传自己。

（5）多学习。许多刚入行的朋友，怕自己的作品不好，羞于见人，就很少参加业务活动，这是不对的，要多参加。多和成功作品比较，找出自己的差异，存在的缺点，思路的方向。多练手，多比较，多学习。

（6）广开思路。平时多接触好的作品，多欣赏优秀的作品，临摹优秀的作品能更快地提高自己的业务技能，在临摹中学习，在临摹中提高。

10. 除了设计技能，您感觉对于一名SOHO还有什么技能是很重要的？

答：广泛地接触其他艺术行业，提高自己的

艺术修养，培养自己的综合能力。谦虚学习，快乐设计。

11. 您对新入行的 SOHO 人员建议是什么？

沈：（1）不求量，求质！刚入行的朋友大多想马上出成绩，其实这正是不应该要的，应该认真地做好每个业务，多角度地思考，多和客户沟通，听取客户的建议和意见，多分析别人的作品，学习优秀作品。只有高质量的作品才能赢得客户的喜欢，这样才能真正提高自己的设计水平。

（2）虚心学习，不耻下问。多接触比自己水平高的朋友，虚心的求教，多收集好的作品，经常揣摩，多接触好的教程书，提高自己的技术水平。现在网上有很多威客网站，可以经常去看看，挑选适合自己的任务，认真地做。在时间和精力允许的情况下，多参加任务，失败并不可怕，将每次参加业务看成是自己锻炼和提高的机会！

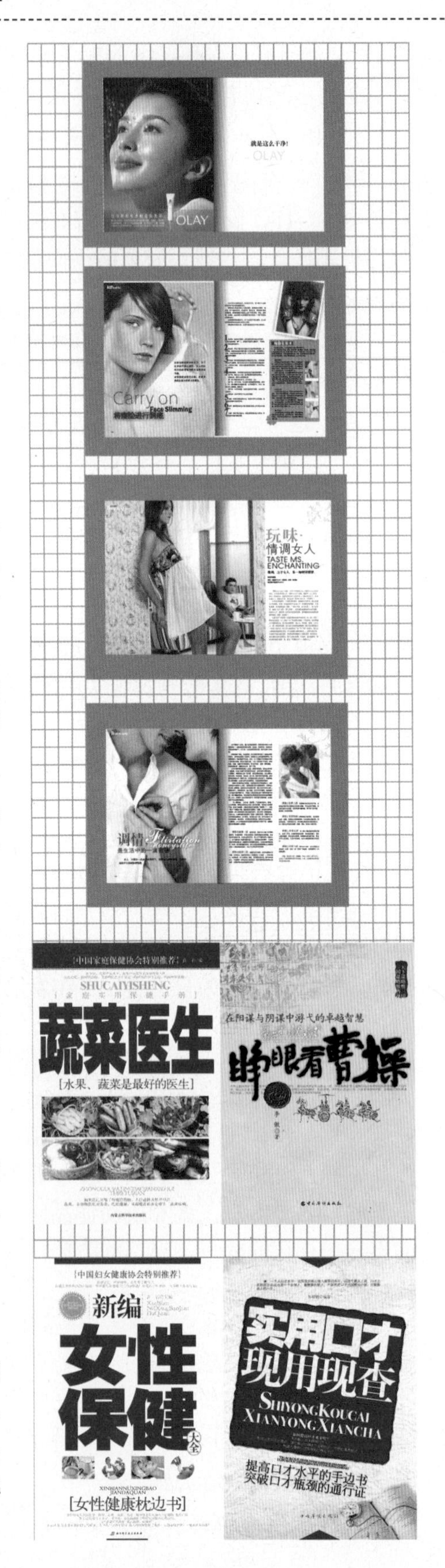

2.1.3 访孙希前 /Sun Xi Qian

采访孙希前（纸衣裳）的想法，起源于我希望采访一、两个专业从事书籍装帧方面设计工作的SOHO，考虑到熟人介绍可能导致我的采访面狭窄，因此我采用了先在市场中寻找热门书籍，再寻找相关设计人员的方法，孙希前（纸衣裳）就这样进入我的采访名单。孙希前业务繁忙，采访过程中不断有电话打入，加之不属于健谈型人物，因此采访进行的时间并不长，下面是我们谈话的一些片断。

1. 您是怎样走上 SOHO 道路的？

孙：这似乎是水到渠成的事，我中学毕业后就来到了北京，在一家专业的书装工作了五年。之后，感觉自己可以做更多的事，所有就出来自己做了 SOHO。

2. 作为一名 SOHO 您的苦恼是什么？

孙：工作时间在生活中的无尽延续，使我们有时感觉到苦恼，因为不会有人帮你，客户什么时间要求改稿，我们就必须什么时间进行配合，有时感觉整天生活在工作中，所以有时感觉也比较累。

3. 从您的设计经历出发，平面设计中的什么技能是您感觉最重要的？

孙：如果只是指软件，掌握Photoshop、Illustrator、FreeHand等软件即可。如果还包括设计理念，那么学习能力很重要，要不断上网学习新的设计动向与元素。

孙希前（纸衣裳）
2004年开始进行SOHO生活，目前他的“纸衣裳书装”已经成为书装行业的一个知名品牌。一年的设计任务量达到300本左右。
QQ：42343707
TEL：13839172276
MSN：emilsxq@126.com

4. 作为一名优秀的SOHO有什么好经验可以跟新入行业的人分享？

孙：理解客户，从他们的位置出发考虑问题，而不是单纯从设计的角度出发，要在成本、效率等方面多为他们考虑，要低调谦虚，他们做的书也许比我们见过的都多。

5. 有些客户同时会让几个人帮他们设计同一个方案，再从中选择优秀的，也就是比稿，您怎么对待这种客户？

孙：我基本不接这样客户的业务，这种行为扰乱了市场，而且也轻视了设计人员的劳动付出。

6. SOHO相对于客户仍然属于弱势群体，在收款方面有什么好的建议吗？

孙：对于不熟悉的客户建议采取预付定金的方法。

7. 您采用这种方法吗？

孙：我很少，基本都是熟悉的客户，这就已经忙不过来了，都是些书商，打款比出版社还主动自觉。

8. 一般您以怎样的流程完成一个封面的业务？

孙：简单来说，有创意后先制作正封，等正封确认通过后再制作书脊、封底。

9. 您一天能出几个方案？

孙：有感觉时一般一天3个左右，没有感觉

一个也出不来，设计这个东西全在感觉，不像炒菜。

10. 能谈一下图书的工艺吗，现在图书市场中的图书好像越来越看重工艺了，是吗？

孙：这是个好的现象，但工艺不是制胜的法宝，因为常见的工艺就那么些，特别的工艺考虑到成本客户较少使用。

11. 您常用的工艺类型有哪些？

孙：跟大家都一样，UV、磨砂、模切（镂空）、烫金（银）、专色等。

在所有我认识与采访的优秀设计师中，孙是一个特例，经过交谈得知，他并没有进入专业的设计学院进行学习，也没有美术的背景。但这并没有妨碍他成为一名非常优秀的书装设计师，这无疑给许多希望从事专业设计的非设计专业人员很大的鼓励。

王红柳

在中国电力出版社第一美编室主持设计部门工作，其在计算机图书书装设计方面有自己独到的见解。

QQ：178444813
E-mail：hongliu-wang@vip.sina.com
http://blog.sina.com.cn/hongliuwang2008

2.1.4 访王红柳 /Wang Hong Liu

严格意义上来说，王红柳不是专业的SOHO，因为他有专职工作，只是在业余时间才上网接一些单子，而且也多属于计算机图书的领域，正因为他对计算机图书封面有自己独到的见解，因此笔者请其为本书写作了一些心得体会，与各位读者分享。

从入行到现在，我一直从事着科技类图书的包装工作。并非偶然，我所为其工作过的出版社，大多数都是以出版科技书为主，慢慢地，对于科技图书的装帧设计，也积累了一点点的感受。10周年总结，也希望能把自己的这点感受集合成文字，回顾过去，继而展望未来。

科技类的图书和其他类型图书相比，装帧设计上有其自身的规律。

首先，科技类图书在表现手法上，也许不需要你有多绝妙的创意（当然有个好的想法也很重要），但相对于其他类型图书，是更注重形式感和装饰方面的东西的，也就是说，首先要满足大众的审美，毕竟科技书通常都希望在短期内见到销售效益的。

其次，科技类图书对于读者而言实用性很强，这就要求设计者要用最直观、最准确的方式去表现。例如Photoshop类的书就要元素丰富、设计感强（毕竟学Photoshop的绝大部分也是学设计的）。

如果是电脑编程类的，就要给人感觉沉稳、专业，画面元素尽量简洁，但各方面又要十分到位。

科技类图书和图书市场的联系相比其他类图书更紧密、周期短，因此图书的装帧所起的作用也就更大。这就要求设计者要尽可能去了解图书市场，把握读者的需求，这样才能够更快、更准确地确定设计风格和方向。

最后，还有对于电脑印前知识、印刷和纸张材料工艺的了解和把握，这一点也至关重要。

设计师头脑中的想法要很好、很到位地实现在纸面上，而且要保证从产生构思到构思变成印刷成品的过程中不出现任何问题。科技类图书的开本尺寸不如其他类型图书丰富，但纸张材料和印刷工艺上已经丰富了许多。

很多时候，从最初构想开始，就要综合考虑纸张材料和印刷工艺如何搭配，才能最大限度地提升你的设计构想和最终的效果。

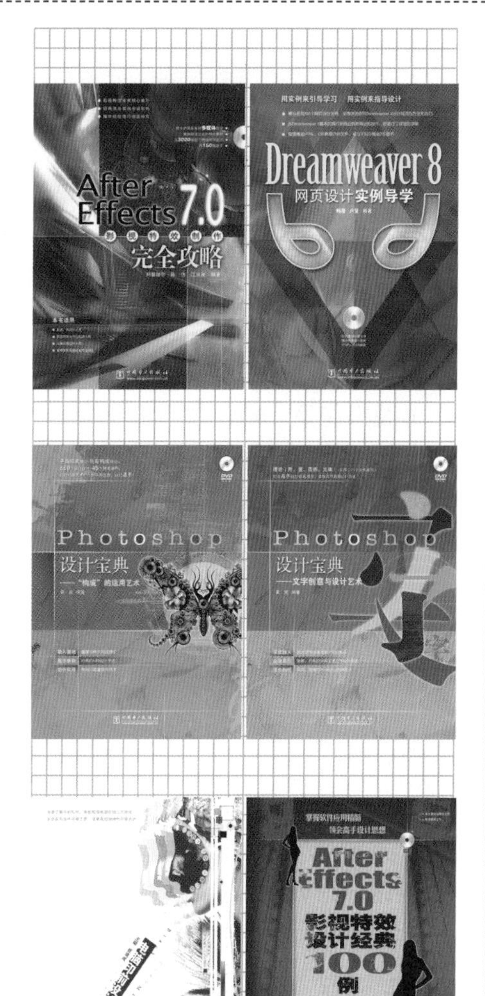

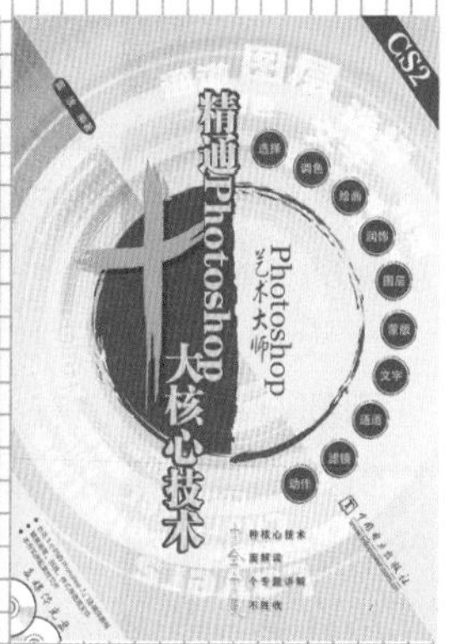

计算机图书的封面设计工作，是典型的技术与艺术的融合体。

2.2 知名书装工作室访谈

Prominent Book Design Studio Interview

2.2.1 大象工作室 /Da Xiang Studio

大象是被采访的第一家专业书装工作室，他们距离我们最近。由于刚刚从一楼搬家到26楼，正如大象博客中说的这次从一楼平步青云到26楼，是个好兆头。

在大象工作室的二楼，见到了大象工作室的创始人龙传人——一个很中国特色的名字。

龙传人

2002年创办大象设计机构，2004年成为中国装帧设计行业规模最大、市场占有率最多、影响力最高的设计公司。服务的出版社近200余家，设计作品近2万件，培养和拥有中国行业顶尖设计师近30名，规范和创造了行业的管理标准，其规模化、标准化、流程化、专业化的思想推动和提高了中国装帧设计行业的发展和整体水平。

博客：http://blog.sina.com.cn/u/1301051592

雷：如何成为一名优秀的书装设计师？

龙：境由心造，像由心生。设计来源于生活，又高于生活。书装设计师就是选择了这条路来表达自己的内在和修炼、调整、完善自己的内在。

字如其人，设计作品更是深入地反映自己。借用《论语》中的半句话："诚意、正心、修身、齐家"然后再"表达"。所以看起来是提高设计水平，其实关键是要提高自己内心的境界。

天赋至关重要，兴趣也很关键，如果把设计纯粹当成工作就很难达到优秀的层面，必须把设计当成是享受，包括过程中你当时所认为的"痛苦"。

设计人通过努力能够达到一定的境界。因为，一切都有规律，也有方法。只是在于我们是否能够找到和吻合规律。例如，练习书法，从一开始是描红、然后是用米字格练习，再后来可以用九宫格、空格、无格临摹，多少书法大家不也是这么练出来的吗？

音乐也是一样，看上去虽然只有七个音符1、2、

3、4、5、6、7，但通过一定的规律组合起来就成了乐曲，所以规律是普遍存在的，人的审美感受也同样有规律可循。

要成为优秀的书装设计师，例如，你在中国做设计师，你就要研究中国的特色，中国的市场，中国人的审美，作者的的意图，同类书的市场，客户的喜好，编辑的"口味"，出版社的风格，读者的眼光等……你可以大量阅览全世界的优秀作品，找到美国、欧洲、日本、新加坡、韩国各类优秀的设计作品，看看他们都是什么风格之后再"得意忘形"，就是感受到创作者所表达的意境，感觉，然后你要忘掉他的表现形态。

再通过自己的分析汲取得他们的精华，最终形成自己的设计思维，这就其中一种学习规律，所以重点在于我们如何寻找这些规律，以及找到以后如何汲取。在互联网上，"世界是平的"，不缺乏资源，不缺乏知识，缺乏的是学习力！

成为一名优秀的书装设计师肯定是需要一个过程的，因为设计是体验式积累的，一定是要进行大量的练习实践才能够积累、成熟。

雷：您怎么看设计的方法？

龙：法无定法，一个优秀的设计师不能够局限于某一个设计的套路、技法，个人看好的设计方法未必会得到客户的认可，商业设计是以市场、客户为导向的。

例如，有些书的目标读者可能是县级市场的家庭妇女，这时书的设计风格肯定就要符合她们的审美倾向，而面向小资群体的就要在表现上稍显雅致一些，所以法无定法，每一个作品都需要全新创作。

不要过份地强调对软件功能的熟练程度，关键是要完善自己内在的心智模式和思维模式。

雷：许多设计师或者借鉴欧美的设计手法，或者借鉴日韩的设计手法，您怎么看确立自己的设计风格？

龙：借鉴欧美也好，日韩也好，最重要的是不能够失去中国市场特色的设计风格。

只有这样才能够使我们的作品保持大的民族风格，更加有生命力！你看北京奥运的标志及吉祥

物都是非常有中国特色的。

雷：一名合格的书装设计师，平均工作效率应该是怎么样的，一天平均应该完成几个设计方案？

龙：设计师是一个思维范畴的工种，跟经验、感受、感觉、喜好、情绪都有关系。首先快乐就是生产力！商业设计师不能把设计任务当成“行活(即工序化)”。

但要有一定先后的思考程序，这样就可以在经验中去积累和创新。因此我们没有具体的量化要求，但由于工资结构上有绩效考核，因此他们会自己给自己动力。一般设计师一天针对两种不同的书可以每种出到 2 ~ 4 个不同角度的设计方案，一个月平均下来通过的设计方案平均在 15 个左右。

雷：创建公司多年，也招聘了许多新的员工，从您的角度看，对从事书装领域这个工作而言，那些刚刚走出校园的新员工最缺乏的技能是什么，换句话说什么是他们最应该补上的一课？

龙：坦率来说，刚毕业的我们基本不予以录用，他们大多眼高手低，建议他们可以先找一些喷绘公司、广告公司锻炼一下，熟悉一些软件和市场感，还有如何与客户沟通等。

专业的书装公司对于图书封面的定位是非常犀利和细腻，作为专业的书装设计师必须明白，每一本图书设计的定位是什么，为什么要设计成这样的，是由于图书内容决定的，还是市场，还是客户。

雷：我看到许多设计师基本上是拿到一个书名就开始设计了，您怎么看这种状态？

龙：这种只提供书名的设计任务我们是不急着开始去实施的，因为客户首先没有对这本书去研究，他的思维不是很清晰，那么做出来就像买彩票，很难出好的作品。

而且每个设计任务必须要求客户提供这本书相关的资讯，如有不清晰的还要沟通，这样设计出来的作品才能是真正为客户负责任的作品。

雷：您这边是不是在设计前有一个固定的环节或流程，以保证设计师与客户之间充分沟通。

龙：我们采用装帧单的形式，在这个单子上有客户最需要表达的内容，比如读者的定位、偏好的

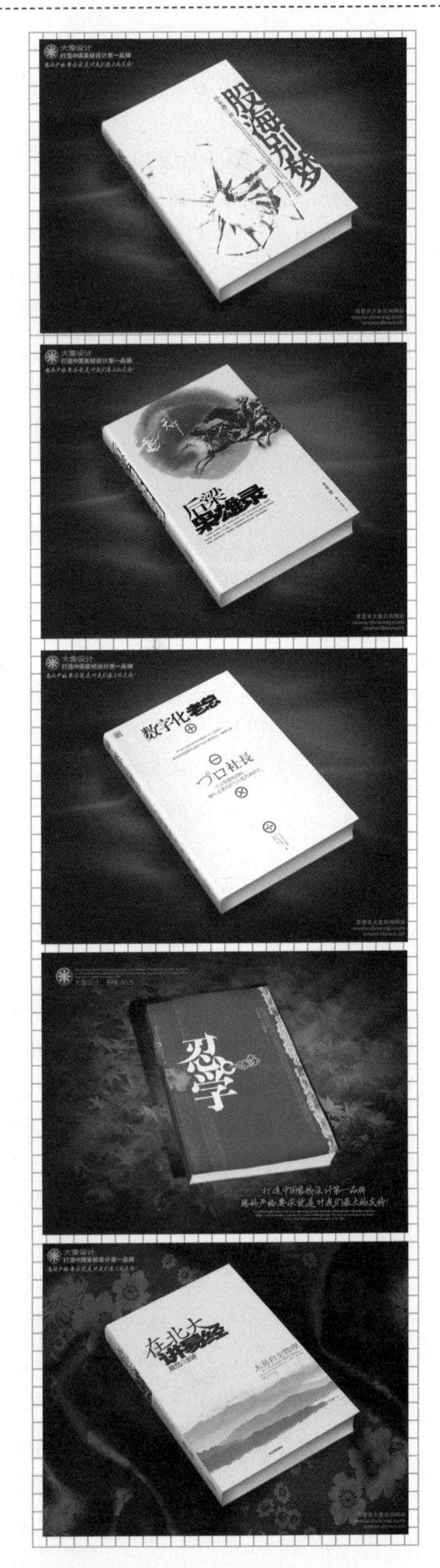

颜色、偏好的设计元素、设计的风格倾向、同类图书销售前三名的名单等，这样的单子保证了设计师能够充分了解客户的需求。

因此，规范的流程保证了设计的质量与客户的满意度。

雷：从技术角度来看，哪一种软件是希望进入这个行业的人员最应该掌握的？

龙：软件基本上就是那些常用的，比如Photoshop、Illustrator、InDesign等，熟练掌握这些软件就可以了。

但软件是最基本的，是入门的要求，最重要还是有灵性，是对设计的理解与悟性，能够在各类设计中汲取到自己需要的设计养分。

雷：目前整个设计行业的流动性非常大，您怎么看待这种流动性？

龙：我们公司的流动性还属正常，我们在一起工作的四、五年的同事很多。除了专业的定位、良好的工作氛围外，最重要是我们有一致的目标，我们共同为这个目标努力，所以整体流动性较低，但人才流动肯定必不可免的，不过适当的流动性，适当更换新鲜的血液对于公司的发展是有好处的。

雷：我知道您的公司在2003年就已经做到业内第一，如何在一个竞争如此之大的领域做到这一点的呢？

龙：“海纳百川，有容乃大”。因为这个行业的设计师比较“个性和独立性强”，基本不沟通！一个或两个人就成立工作室，裂变后又是新的一个人。风格上、经验上不能很好地保存和积累，不能相互讨论学习，共同进步，所以就得不到很好地创新。

同时，不能满足市场和客户在设计上的需求。我想要提高中国装帧行业的现状，希望创造一个可以让更多的行业人才聚集起来的一种合力，相互探讨学习，相互提升，还可以带动培养新新人才的平台的发展。

同时风格和数量上完全可以满足市场及客户的需求。大家在这个平台上总结、创新、升华。共同分享成长的经验、喜悦、财富！

雷：对正在成长的设计公司和想要建立设计公司的人，有什么忠告？

龙："君子务本，本立而道生"，凡事凡物都要追求"本"，找到了最根源的东西自然就会获得"道"，这就是方法。

所以，在成长的过程中要明确自己追求的是什么，许多人追求财富，但其实那是我们在追求更本质的东西的过程中顺带的物质，不应该是最终目的！所以只要明白这一点就会纯粹了我们的目标，会减少很多的困惑。人所追求的应是内心的和谐、自在、付出和无限的爱！

与龙传人的谈话中感受到了他的淡然与超脱，对于许多问题看得非常透彻，深聊之后，了解到他是虔诚的佛教居士，现在许多人都在说人生的境界，要以出世的心做入世的事，才能够将事情做到更好，现在看来龙传人应该是一个例证。

2.2.2 蒋宏工作室

/Jiang Hong Studio

采访蒋宏时，他正在会见一个客户，于是我在会客间中等待了一会，借这段时间正好仔细观察了一下他的工作室。由于书多、人多，因此办公空间稍显拥挤，每个人的案头都摆着若干本书，想来是他们的工作成果。

在寸土寸金的北京，多数公司都以实用为原则来规划会客间，蒋宏工作室也不例外，小小的空间摆放着历年获奖作品，算是对其知名度的一个诠释，装饰物品中竟然还有一中一西两种风格的一刀一剑，冲淡了空间的书卷气，却多了几分豪迈。

蒋宏是个忙人，采访过程中不时有客户的电话进来。采

蒋宏

其工作室始创于1996年，是国内从事封面设计时间相对较长的一家，经过多年的发展，目前书装设计的作品已近万件。

蒋宏设计的奥运会标获得了北京2008奥运会徽设计大赛第六名的好成绩。2004所为图书《水主鱼》设计的封面，在2004年全国第六届书籍装帧展上获得银奖。

网址：Http://www.jianghong.com.cn

访中正好北京银楚纸业公司的张赤兵总经理也在，而且也是一个书籍装帧行业的资深人士，因此我们就书籍设计、设计教育等问题聊着。

雷："设计是生产力"是您最近提出的概念，怎么解释这个概念？

蒋：在图书行业里，老话说"销售从封面开始"，越来越多的出版社、出版商认可封面对于图书销售的促进作用，但目前来看这种理念方面的认同并没有直接体现到书装设计者的抱酬上，恰恰相反，出版社、出版商越来越希望通过低价得到优质的设计方案，这使书装设计越来越贬值，不仅影响到了一批书装设计者的生存，更使整个书装行业进入了低价竞争的恶性循环中。

我们希望通过事实告诉出版社、出版商，好的设计也是生产力，这与其投资数十万去印书并没有本质的不同，我们不仅通过自己的设计，包装了优秀的思想，使图书成为一个商品进入到了当代社会的销售环节中，更通过书装设计增加了图书的销售量，从而使出版社、出版商的图书利润最大化。

针对这一概念，我们提出"设计版税制"的新概念，换句话说，某一图书销售量越大，我们针对这一图书所获得的回报就越多，与作者的版税概念基本相同。

雷：那么现在"设计版税制"的新概念有多少出版社、出版商认可呢？

蒋：目前看起来还不多，但这一概念及运作的模式也是很新的新生事物，人们的接受一定是会要有一个过程的，我们有信心最终让大多数出版社、出版商认可这个概念，同时希望书装行业的同仁共同向这个目标努力。

雷：书装最大的特点是什么？

蒋："独特"，只有独特才能够在众多图书中脱颖而出，当前独特的前提是符合图书的定位与内涵，不能为了独特而独特，那是没有意义的。

雷：怎么看当前图书市场上许多书"长"的都很像的现象，这与"独特"是否矛盾？

蒋：跟风是出版行业由来以久的现象，当出现一本畅销书后就会出现一大批同类图书，例如《哈

佛女孩刘亦婷》、《身体使用手册》、《鬼吹灯》等，太多了，这些书出来以后，不到半年的时间就出现了一大批无论是选题内容还是封面上都很像的跟风图书。

其中不少都是抱着捞一把就走的心态，因此在图书封面设计方面要求设计者尽量跟最销售的图书相似，这种图书的封面严格意义是将原书封面又"制作"了一次，而不是设计。

雷：这个行业是否与其他设计行业类似？

蒋：这个行业有别于广告、策划、VI 设计等其他设计领域，在上述这些设计领域中，有的有明确的方向性，有的属于团队作战，有的客户已经限定了发挥的余地，而书装不同，一本书的设计任务拿到手中后，需要设计师仔细揣摩书的内涵以及想表达的内容，并且需要具有极强发散思维的设计师，优秀的书装设计师最终不仅会成为一个博学家，而且还会更具艺术家的气质。

雷：听说您这边准备做一套"美食厨房"的书，这算是玩票吗？

蒋：也不是，我们以前就曾经策划、出版过同类图书，去年国内出版的健康类图书虽然多，但我们《健康一生》销售还是相当好。

从理解图书的角度来看，我们比许多出版商更有资格做图书出版，所以也算是对自己潜力的挖掘与多元化方向的努力吧。

雷：对于希望进入这个行业的读者有什么好的建议吗？

蒋：设计是一个不能量产的行业，每一个设计作品都需经过探索与痛苦的思索，因此要进入这个行业一定要有心理准备，真正认定这就是值得自己付出汗水、青春的行业。

因为，这个行业是一个利润并不算高的行业，因此设计师收入也一般，当然除了某些个人能力非常强的设计师外，那些希望在这个行业内获得高薪的人要慎重考虑。

另外，对于那些初出校门的学生而言，保持学习者而非打工者的心态很重要，在公司中任何任务实

际上都是锻炼自己的机会，如果只是一个打工者的心态，按点来按点走，对于工作能推能挡的绝不伸手，将会贻误自己的青春与学习的机会，很难得到好的发展。

因此，对于新手最重要的一课，我认为首先是“敬业”。采访即将结束时，他的另一拨朋友来了。走出写字楼风正吹着有些冷，但我想屋内应该聊得正热火朝天，看样子他的人缘不错。这个时代强调做事先做人，他朋友如此之多我想应该是做人不错的一个旁证吧。

2.2.3 耀午书装 /Yao Wu Studio

进入耀午书装最大的感受是书多，办公室中整整一面墙上全是插放着的各类图书，但据耀午称这仅仅是历年作品的三分之一，还有许多没有摆放出来。

冯耀午

耀午书装始创于1998年，闻名于为中信出版社创作经管图书封面，是国内从事专业封面设计时间相对较长的一家，经过多年的发展，目前书装设计的作品已近万件。

耀午博客：http://blog.sina.com.cn/fye88986

我与他打趣说可以用这些书做一个希望图书馆。采访是在耀午工作室阳台一角进行的，那里有一个可供品茶的茶桌，有人说“懂茶的人更懂生活”，耀午应该算其中一个。

耀午是我接触过的少数几个初级见面就能够消除彼此距离感的人，所以我也没有将自己当外人，由于年龄长我较多加之按他自己的话是“自己好为人师”，因此与他的沟通与其说是采访更像是一个学生与老师之间的对话，不仅轻松而且获益良多。

雷：好的书装设计师是怎样炼成的?

冯：书装这个行业与其他设计行业有所不同，设计师最好能够通晓多学科、领域的知识，这有助于他在设计时更理解图书的内涵并找到设计灵感，以我为例，我本身是学油画的，后来又在南开进修了MBA，因此在经管这一块理解就比其他没有经管学习经验的设计师更深入一些。

雷：是的，我们看到许多经管类畅销书的设计都出自您的手，例如中信出版社的《基业长青》。

冯：也不能说“都”，但确实是有一批这样的图书，而且书装行业认识耀午书装也是从经管类图书封面设计开始的。现在，许多宗教类图书也在找我们做封面，其中一个很重要的原因也是因为我不仅去过西藏等许多宗教色彩很浓的地方，而且也花了很大量的时间对宗教进行了深入学习与研究。

试想两个设计师，一个要从书本上找感觉，一个有真切的宗教感受，哪一个能够设计出触动心灵的作品呢，当然是后者，所以书装设计师一定要博学。当然，光是博学还是不足的，还需要有与敏感的艺术感受、较强的发散性思维，要对生活有悟性。

雷：那这么说，一个年轻的人通常不会成为一个好的设计师呢？

冯：也不能这么说，但如果这个年轻人不能够具备前面所指出的几点，就一定不会成为一个好的设计师，而且现在社会的节奏快了，以前三十而立、四十不惑、五十而知天命，但现在二十而立、三十不惑的人也大有人在，所以变化的社会中标准也是变化的，否则就成缘木求鱼、刻舟求剑了。

雷：您现在在公司中仍然是创意总监+管理者的角度，一年要设计上千个封面，如何保证自己具有源源不断的设计灵感呢？

冯：还是生活，是对生活的感悟与不断地学习汲取，一个设计师必须要有丰富的生活感受、阅历。学习也很重要，“活到老学到老嘛”，尤其现在是一个创意经济的时代，不汲取各方各面的知识就很难保证自己有灵活的创意思维。

当然，从商业设计的角度来看，有一些封面在设计时也还是有一些固定的模式与套路的，但必须在这些模式或套路中有创新。

检验书装设计的四个标准：

1. 是否易读？ 2. 是否有个性？ 3. 是否有冲击力？ 4. 是否有趣味性？

说到底，书装设计是商业设计中的一种，既然是商业设计就会有对经济成本、时间成本的考量，因此在当前书装整体利润率较底的情况下，我们不能够无限度地进行创新，适用是个度。

雷：我知道您对于书装有一个有趣的“袜子理论”，能不能与我们分享一下？

冯：这也是个人对于当前书装行业的一点想法，我们都知道，从得体的装束来看，袜子是绝对不可少的，除非是热带气候，但大多数人在睡前往往随手将袜子一丢，而第二天上班时就会发现袜子不知道放到那里了，有不少上班迟到的人都是因为找不到袜子，这是有调查数据做支撑的。

对于许多出版社、出版商而言，有时书装就好像是袜子，平时不重视，而图书博览会前或图书销售不理解时就会想到要找一下“袜子”了。

雷：虽然类似很通俗，但是不是至少说明这个行业目前仍然不太受重视，或者生存仍然成一个不大不小的问题。

冯：常见出版社一投数十万元印书的，哪见到出版社一投印刷费的10%数万做书装的？莫说10%有时1%都不到，但他们却还指望好的书装帮助他们提升40%的销售量，你说这不是很严重的倒挂吗？

雷：您能描述一下书装设计的前景吗？

冯：从近期来看，书装设计会更加偏向图书的包装设计，这里提到的包装是指对整个图书的推广，不仅仅包括一个封面，可能还会包括内文、版式、封面用语，甚至营销建议，是对图书的一个整体宣传。只有这样，才能够进一步提升图书的竞争力。

从远期来看，由于纸媒介的逐渐弱化，电子

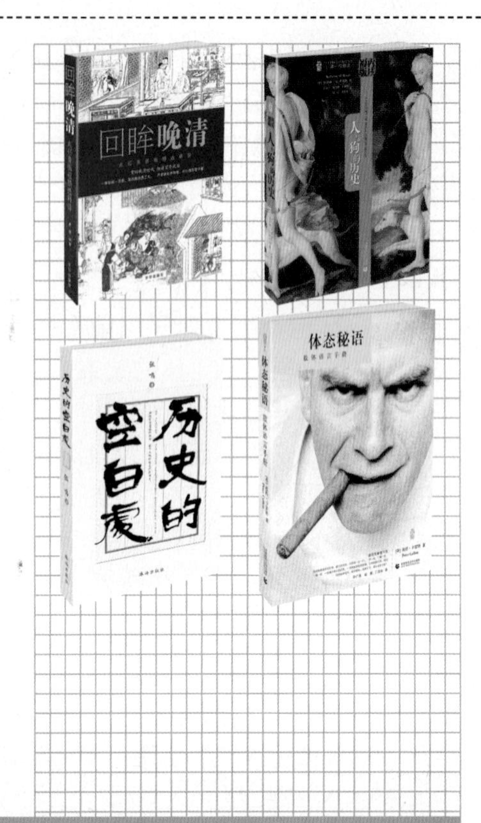

媒介的进一步兴盛，书装行业也会随之发生转变，这种转变长则数十年，短则十数年，这依赖于电子媒介的发展速度，那里书装设计可能会以另外一种形式存在。

雷：对于希望进入这个行业的读者有什么好的建议吗？

冯：耀午除了设计师、管理者、教师的身份外还是一个诗人，信手摸出来的笔记本、小纸片都记录着他的诗，其中大多数都是他对人生、社会现象、人性有感而发的创伤，只有那些足够敏感的人才会将沉淀的思想、思维的火花以这种艺术化的方法爆发出来，看来他自己打趣说退休之后更艺术，所言非虚。

与冯的谈话是痛快淋漓的，可以大声的笑、尽情的说，这是一个老朋友的感觉。如果是在古代，我想也许我们能够应了那名诗“一壶浊酒喜相逢，古今多少事都付笑谈中”。

2.3 耀午说书装的规律

The Rules of Book Design

由于身经百战，耀午常被院校、公司请去讲自己关于做书装的经验。

笔者有幸获得他讲座的文字稿提纲，再摘选于下，希望这些宝贵的经验能够帮助各位读者提高对于书装规律化的认识，快速提高书装经验。

1．最重要的是亲和力

图书的亲和力分心理和精神两个层面，让读者完全认同一本书正是他所需要的并不是一件容易的事。但如果通过设计能够让书籍的美像空气一样迷散在四方，使读者的心灵对一本书产生一种亲切的感应，并进一步产生希望拥有它的感觉，这样的书、这样的书装就达到了最高的境界。

2．设计要定位，市场要细分

每一本书都有其独特之处，每一本书都有其相应的读者对象，每一本书都会重点倾向于某一读者群。因此从本质上说，一个设计者要博览全书，并且善于洞察别人的心理，在一刹那能找到读者看到这本书的心灵感应，并为其在设计角度进行精确定位，从而找到其细分的读者市场。

3．懂得印刷工艺是必须的

书装设计者对待印刷工艺应该是了如指掌的，这样才能在有限的条件下充分发挥出想要的效果，而且还能为客户节约成本，这是耀午书装坚信的。

4．个性就是色彩

一个人选择什么色彩表明他是一个具有什么品位的人。灰暗会影响人们的情绪，尤其影响读者的购买心理，这是已被现代科学所证明的。一种鲜艳、灿烂的色彩组合，能改变以往你对封面的原有印象。

5．艺术要比现实高一些

当艺术个性与市场要求相遇时，舍谁取谁？太艺术化的设计会影响普通读者的购买认可，它离读者太远。太市场化的设计难以有强大的吸引力，提不起读者的购买兴趣。艺术个性只能比市场高一些，这个度的把握体现了一种将艺术与市场完美融合在一起的设计追求。

6．看不见设计的设计是最好的设计

一个好的封面设计是出于天然的：这本书让你看起来很顺眼、很舒服，这就对了。设计者应该让欣赏的人忘了设计者在哪里。

7．好书装让你轻松阅读

有时，影响一个人心情的不单单是人和事。

设计不需要理由　顺其自然最好

读书时枯燥的文字、呆板的版式和灰暗的色彩也会让人心烦。一个好的书装能让人轻松阅读、享受阅读。就像在高速公路上出现一个弯路，让你精神得到调节，不会疲劳。

8．经常会发现一条线或一个点

无意中拿在手中一本书，你会看到或许这里有个点,那里有条线,似乎没什么意义,其实仔细一想,你就会发现原来这些点线对视觉都是起作用的——强调、引导、分隔、限制。

9．书装不仅仅是封面设计……

一本书在内容上完成之后，不仅仅是完成封面设计就万事大吉了，扉页、环衬、目录、版式都是一个和谐的整体，不能厚此薄彼。有时，读者购买的就是一种设计方式。

10．多了一些英文就更美

大家都知道，戏装常常画花脸，新娘常常要戴花，其实这都是一种装饰，体现了一种与众不同，英文在书上常常也能体现出来这种不同。

11．书装获得了关注，基本就成功了一半

书的外表装璜要给人一种气氛，哪怕是悲剧的书也要给人一种暖的感觉，就像柔和的光，缠绵而不忧郁、柔切而不颓倦。

12．书脊更需要设计

在书架上往往最招眼的封面会被遮盖，而露在外面的只有书脊，吸引读者最初注意力的或许就是这一条小小的书脊，所以书脊更需要设计。

13．UV是锦上添花

不知道还有什么工艺没有被用上，比如烫金、压凸、UV、打孔、覆膜、荧光等。我认为其中UV最实用，看起来平淡，它既经济又出效果，还耐看。

14．设计不能太花哨

设计封面不是要去“玩”这个技法、那个构成或者是需要符合各种艺术原理，而是要解决美观、大方的问题。美观是外表的，大方是内在的，不需要搞的有多玄，让人看不懂、摸不着。

15．书装就像山，关键看你从何处看

爬山时看到山如此巨大，在飞机上看山就像看一道道水的波纹，从不同角度出发的人对书封会有不同的看法。做书关键是要找卖点，引导消费受众的眼光。

16．设计是法无定法

老子说“人法地、地法天、天法道、道法自然”。我说设计是法无定法，特别是书装设计，如果说设计走成一种套路、一种风格，可以说，前进的步伐就停止了。

17．设计大多数是减法

书装大多数应该是用极简单语言，表达最丰富的内容。

18．书装做的是文字不能表达的事

一本好书是共同力量的结晶，努力做好自己这部分。我反复研究过一些好书，它们都像是一部成功的电影，融合了剧本、演员、舞美等集体智慧的结晶。书装就像其中的舞美一样只是一小部分，书装做的是文字不能表达的事。

19．供稿只拿最好的

坚持自己的意见是一种负责任的态度。我们只给客户最好的，而不是毫无主见地拿出几款由客户去挑选，只有这样，才能保证我们对自己创作的绝对自信与负责。当然，这款不被客户接受，我们可以再改。

20．要做精品书多用特种纸

纸彰显文明，它是一种沟通的载体，设计语言令纸张生动起来，设计师在纸上创造了美的资产。

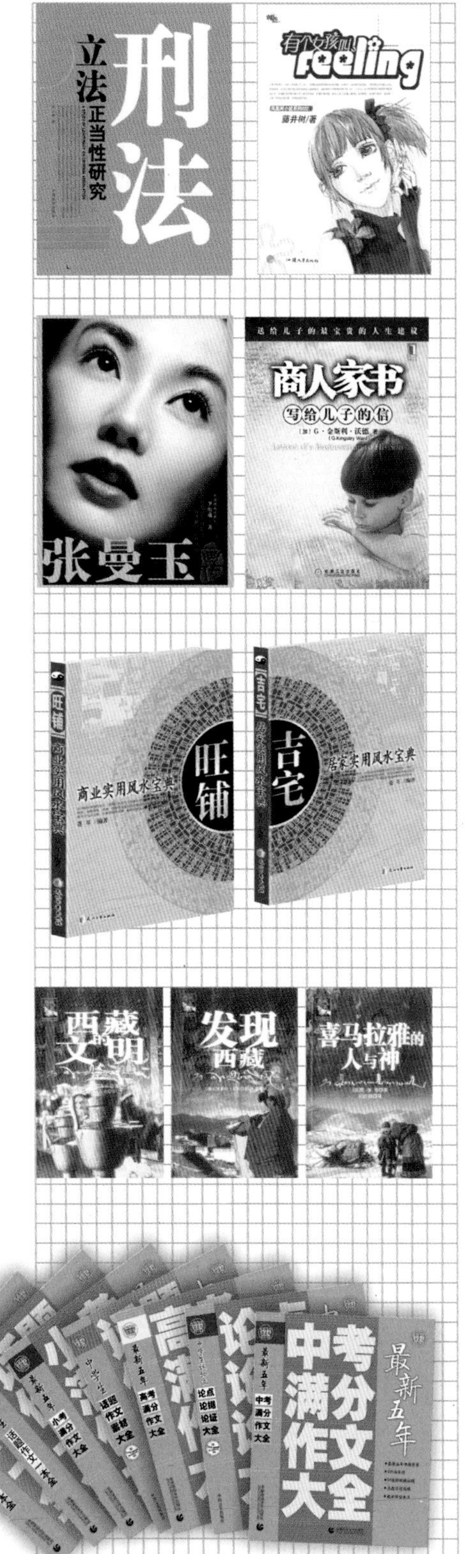

消灭艺术家的个性，
是为了更地为客户解决切实的需求。

NOTE

读书笔记

第3章

平面SOHO必备常识

3.1 平面SOHO的装备

SOHO' s Equipment for Planar Design

虽然，看起来 SOHO 是以个人从事智力劳动的职业，但正所谓工欲善其事，必先利其器。即使是这种近似于纯智力的工作类型，也需要有得心应手的工具。

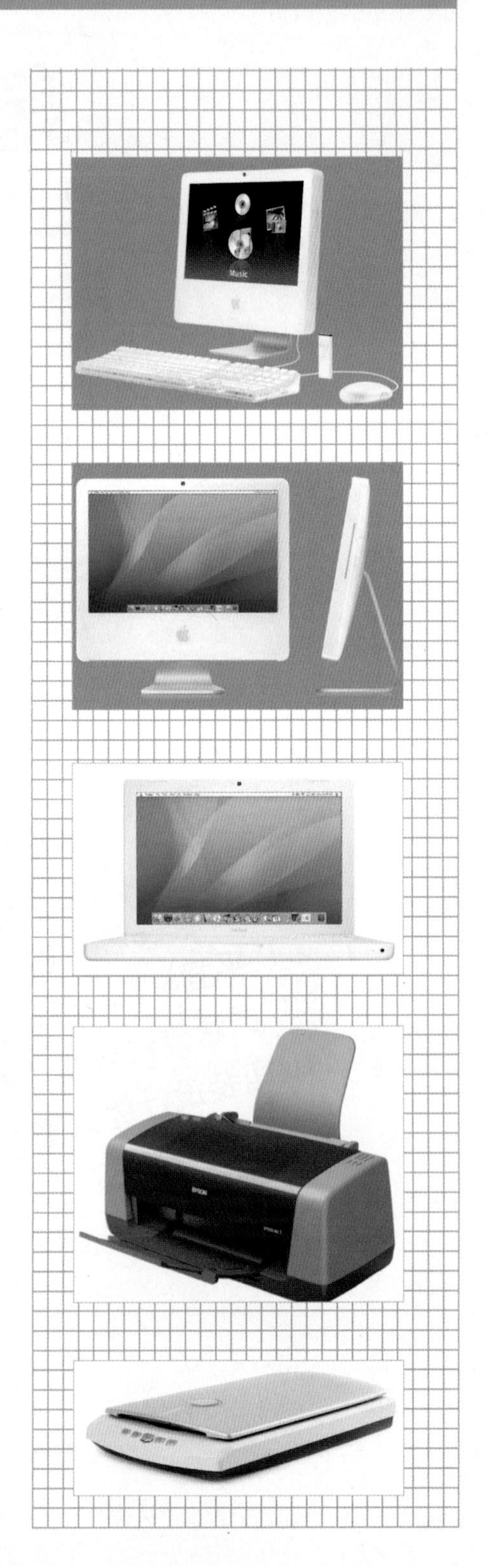

3.1.1 硬件装备

1. 电脑

电脑是一个 SOHO 人必须拥有的工具，就如同战士不能没有枪一样。一台好的电脑是 SOHO 快速提高工作效率的好帮手。

在当前的硬件行业下，CPU 应该选择双核的，内存最近降价较大，可以直接考虑 2GB，硬盘由于要保存海量的图片与素材，因此不应该小于 250GB，显卡的显存也应选择较大一些，最好高于 128MB。

显示器对于从事设计方面的 SOHO 而言，是非常重要的，由于专业级的艺卓、饭山显示器非常贵，因此可以考虑一款能够用于作图的钻石珑管的 CRT 显示器，如美格、EMC 等。

当然，如果资金量足够，而又不考虑其他在电脑上进行的娱乐，可以直接购买一台苹果电脑。

2. 电话

虽然，网络时间人们相互打电话的时间越来越少，但由于不少传统行业的客户仍然不习惯于在网络上沟通，因此电话自然是必不可少的。

在这方面应该注意，要申请独立电话线以避免家人误听客户来电，从而引起不便。

电话最好有录音功能或电话转移功能，确保客户的重要信息不会被遗漏。

3. 打印机

对于平面设计的 SOHO 而言，有时客户需要打印出来的作品稿，因此一台较好的彩色打印机自然是必不可少的。

从成本方面考虑，笔者推荐喷墨打印机，因为激光彩色打印机目前的价格仍然不属于SOHO一族能够消费的。

4. 扫描仪

客户提供的资料有些可能是一些平面的资料，因此这些资料必须要通过扫描数字化，另外这些资料也有可能是大段文字，而通过扫描后OCR处理，可以快速获得这些文字，避免了大量输入文字的麻烦操作。目前扫描仪的种类很多，建议各位读者在购买前查询专业的导购建议。

5. 数码相机

不是在图库及网络中可以寻找到所有素材，因此有时可能需要使用数码相机拍摄自己需要的素材，因此有一台较好的数码相机并掌握一些必要的拍摄技术对于一个SOHO而言是非常重要的。

目前数码相机总体上分为消费类卡片相机与单反数码相机两类，由于入门级单反相机也比较便宜了，因此建议购买一款比较不错的入门级单反相机，以取得更好的画质。

6. 传真机

传真机可能不必要单独购买，因为有些5合1、6合1的多功能机上集成了传真机，

使用传真机可以方便客户手签协议或合同，而不必一定要用快递取送。

另外，一些书面化的资料也能够通过传真机传送，从而可以快速得到最新的版本。

3.1.2 软件装备

1. Photoshop

Photoshop是从事任何一种与图形图像有关的设计工作都不可能缺少的软件。有些设计师甚至所有业务都在此软件中完成，因此其强大性及应用的广泛性是不容置疑的。

截止2008年5月此软件的最新版本是Photoshop CS3中文版，本书也是以此软件为基础进行写作的。

2. Illustrator

Illustrator与Photoshop同属于Adobe公

司的软件产品，由于具有强大的矢量绘图功能且与Photoshop具有良好的兼容性，因此应用范围越来越广泛。截止2008年5月最新的版本是Illustrator CS3中文版。

3. CorelDRAW

CorelDRAW与Illustrator同样属于矢量绘图软件，也同样具有强大的矢量绘图功能，此软件在南方应用较为广泛。截止2008年5月最新的版本是CorelDRAW X3中文版。

4. InDesign

InDesign是一款十分强大的页面排版软件，是代替PageMaker的升级产品，目前已经被广泛应用在图书、杂志、目录等多页面设计作品的排版工作中。本书就是使用此软件进行排版的。截止2008年5月最新的版本是InDesign CS3中文版。

5. 3ds max

3ds max是一款目前应用最广泛的三维软件，虽然感觉它与平面设计相关性不高，但在涉及到立体表现的包装或文字等效果时，使用此软件可以获得更逼真的表现效果。截止2008年5月最新的版本是3ds max 2009。

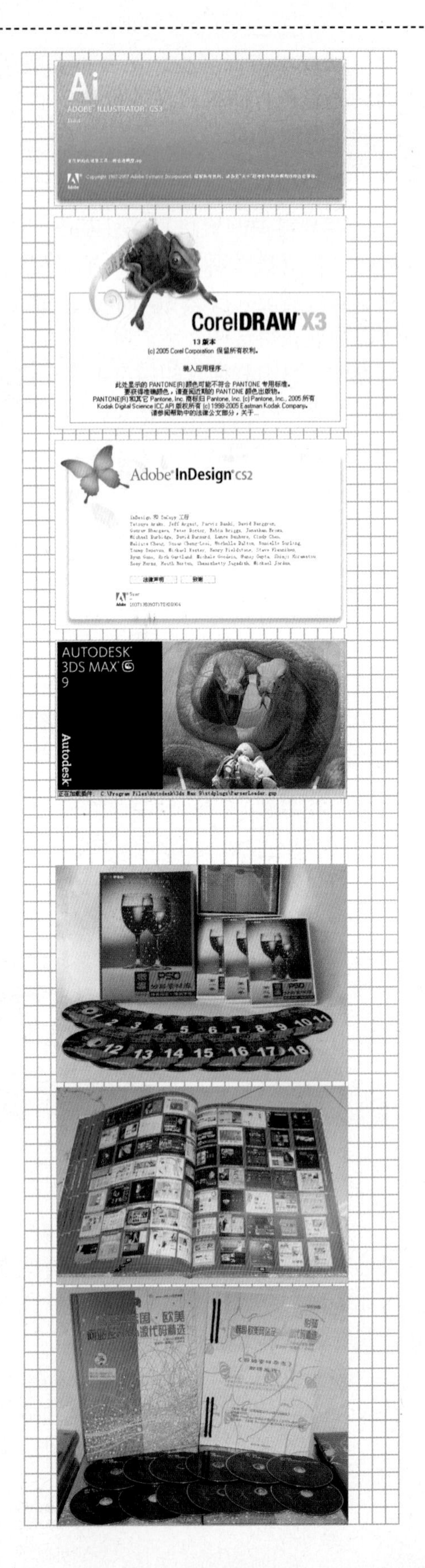

3.1.3 图库

无论从事哪一种设计，图库都是必须拥有的，好的图库可以让设计工作事半功倍。常见的图库分为以下几种：

1. 位图纯素材

在这样的图库中可以轻易获得人像、花朵、城市等实拍素材，文件格式通常为JPG、TIFF。

2. 矢量纯素材

在这样的图库中的素材大多以矢量格式文件保存，如EPS、AI、CDR，多数为花纹、边框、人像等类型。

3. 模板素材库

这一类图库是近年来最受设计师青睐的图库，因为其中的文件大多以PSD格式保存，通过组合修改，可以轻松得到符合设计主题的设计作品。

3.2 平面设计业务基本流程

The Basic Process of Planar Design

平面设计业务有一个基本的流程，每一个流程中的环节都有不同的工作重点，了解这些流程及这些流程中的重点对于新手很重要，下面就基本流程介绍如下：

1. 欣赏作品

先通过各种方法使客户能够欣赏到自己的作品，对自己的设计风格与水平有一个大概的了解，以判断设计水准是否适合。

2. 报价

如果认为水平与风格能够适应自己，客户会表示出明确的合作意向，这时应该根据客户的业务类型、难度及数量提供自己的报价。

3. 确定合作

接下来可以与客户签订委托设计合同书，支付设计项目预付款，面谈或通过线上沟通工作对合作细节进行详细沟通。

4. 索取设计资料、设计要求

向客户索取所有设计项目所需要的资料，详细的设计要求（如色彩、风格、版式等），以使自己的设计作品更容易符合客户的设计要求。

5. 设计阶段

对客户提供的资料与客户的背景进行分析，确定设计方向，开始设计初稿，这个阶段最好能够多设计几款初稿，以便于客户选择。

6. 提案设计初稿

设计初稿完成后，然后为客户设计提案，距离近的最好能够当面解释设计想法，距离远的通过网络进行详细讲解。此时，客户通常会提出对初稿方案的意见或建议，应该详细了解这些意见或建议产生的原因，以便于进行后期修改。

7. 修改设计方案

根据客户意见和建议对设计稿进行修改，并再次为客户解释。此阶段，通常允许客户方提出两次审阅意见。

8. 定稿

在客户确定设计稿后，由客户在设计稿中签字表示同意，或者发邮件表现同意。设计师此时应该根据此稿件制作能够进行批量印刷或大幅面印刷的印刷稿。

9. 交付源文件

如客户方无须印刷或由对设计稿另有安排，则面要在客户付清设计合同余款后，为其提供我司向客户方交付最终定稿设计文件。

10. 印刷

如客户委托设计师印刷，则需要另行签定印刷合同，并交付印刷定金。

11. 交付成品

设计师应该全程盯印厂，对印刷颜色与工艺应该尤为重视。将印刷品交付给客户后收取印刷余款。

3.3 了解书装、包装等平面业务报价

Knowing the Quotation for Planar Design

报价绝对是一门学问，在当前人力资源丰富的社会，一个客户会向若干家询价，因此作为SOHO不仅了解自己所在地区域的通常报价情况，还应该考虑自己在哪一些方面能够节省成本，从而使自己的报价由于得益于低成本而使报价更具有竞争力。

仔细阅读下面有关于平面设计公司各项设计业务报价，有助于各位读者掌握各地区各项设计业务报价的平均情况，从而优化自己的报价。

3.3.1 关于报价的说明

1. 指导价格的构成

设计价格应当由以下几个方面构成：设计师的工作报酬、作品许可使用费（或著作权转让费）、税金。目前国内还存在只支付设计师工作报酬免费占有作品版权的不公平的现象，设计产业又被称为“版权产业”，知识成果的价值应该在价格上体现出来。按照公平交易的原则并体现作品版权的合理价值，委托设计费用中除了支付设计师的工作报酬以外，还应当支付作品的许可使用费或著作权转让费。

提示

指导价格不包括摄影、模特、场景、制作、打样、模具、纸张、印刷、喷绘、装订、差旅以及所用资料的版权费等费用。

2. 价格合理性分析

设计作品的合理价格应综合考虑工作周期、工时工资、管理费用、材料成本、版权费用、税金、利润等因素。

以视觉识别系统分项收费中“中级设计师”900～1600元为例：北京、上海、深圳“设计师”的月人均成本7000～13000元（包括工资、办公、租金、福利、折旧等），日人均成本为320～590元。

识别系统中常用的名片一项，设计过程有构思、设计、制作、评审、修改，需要两个工作日左右，设计成本为640～1180元，加上10%左右的税金（营业税及附加、所得税、个人所得税），20%的利润（包括作品许可使用费用或著作权转让费），因此，在VI设计中，其“中级设计师”级别的分项收费为900～1600元比较合理。版权费用目前还没有一定

比例标准，由双方根据设计师的级别、成就和社会影响力进行协商，一般都包含在价格之中。

3. 价格等级差异客观体现作品价值的差异

首次采用了按设计师等级和地区交叉分类的价格体系。设计师分为五个等级，同时，根据设计师居住地的经济发展状况将地区分为三类，整个价格体系比较客观地体现了作品价值。设计师的专业水平、艺术修养、世界观、社会经验、营销策划能力、企业管理知识以及理解、分析能力等，直接影响作品的水平，因此，不同设计师创作的作品其价值差异非常之大。

4. 设计师等级评定标准

有专业职称的以专业职称为准；没有专业职称的，可参照国家专业职称工艺美术师、广告设计师的评定标准。

公司或团队为创作人的，以公司的专业成就和主创设计师的等级为准。

5. 地区分类标准以及对价格的影响

“地区分类”的标准是设计师居住地的经济发展状况，经济发达地区为“一类地区”，如上海、深圳、北京等大城市以及江苏、安徽、浙江、福建、广东等省份中的发达地区；其他经济发展一般的地区为“二类地区”；偏远欠发达地区为“三类地区”。

地区的经济发展水平必然影响该地区设计市场的价格，当地的消费水平与其他的市场因素共同影响设计师工作报酬的高低。

设计师的级别越低，收费价格的地区差异就越大；设计师级别越高，地区差异就越小，甚至没有差别。

6. 价格调整幅度的相关因素

指导价格基本上都有一个调整幅度，如2K ~ 5K元，涉及价格幅度的因素有：版权费用、付款方式、项目内容的多少或难易程度、约定的提案数量、参与创作的设计师人数等，其他如提案会议的次数、地址等也对价格幅度的调整有一定的影响。

提示

以下金额均以K计，1K=1000元，因此3K=3000元。另外以下所报价格均为一类地区的公司价格，其他地区相应调整。

3.3.2 形象设计价格

1. 标志设计（企业标志、商标、公共标识等）

级别	一类地区	二类地区	三类地区
设计员	1.5K ～ 3K	1K ～ 2K	500 ～ 1K
初级设计师	3K ～ 6K	2K ～ 3K	1K ～ 2K
中级设计师	8K ～ 20K	6K ～ 15K	3K ～ 8K
高级设计师	30K ～ 80K	20K ～ 50K	20K ～ 40K

备注：
客户的企业规模和影响力也是影响价格调整的因素，大型著名企业标志比一般企业标志的设计难度更大，因此收费标准相应提高。

2. 企业视觉识别系统（VI）设计

级别	一类地区	二类地区
设计员	20K ～ 35K	150 ～ 300
初级设计师	68K ～ 90K	500 ～ 800
中级设计师	120K ～ 200K	900 ～ 1.6K
高级设计师	300K ～ 550K	500 ～ 4K

备注：
1. 识别系统分项收费的价格不包括标志设计、标准字体设计、象征图形设计、吉祥物设计；
2. 识别系统总体价格可根据项目数量进行调整。

3.3.3 包装设计价格

1. 电子电器、油漆涂料类

级别	一类地区	二类地区	三类地区
设计员	2K ～ 3K	1K ～ 2K	800 ～ 1.5K
初级设计师	3K ～ 6K	2K ～ 3K	1.5K ～ 2K
中级设计师	8K ～ 30K	6K ～ 15K	3K ～ 8K
高级设计师	30K ～ 100K	30K ～ 80K	20K ～ 30K

2. 日用品、文体用品、工艺品、音像品类

级别	一类地区	二类地区	三类地区
设计员	2K ～ 3K	1K ～ 2K	800 ～ 1.5K
初级设计师	3K ～ 6K	2K ～ 3K	1.5K ～ 2K
中级设计师	8K ～ 30K	6K ～ 15K	3K ～ 8K
高级设计师	30K ～ 80K	20K ～ 50K	15K ～ 30K

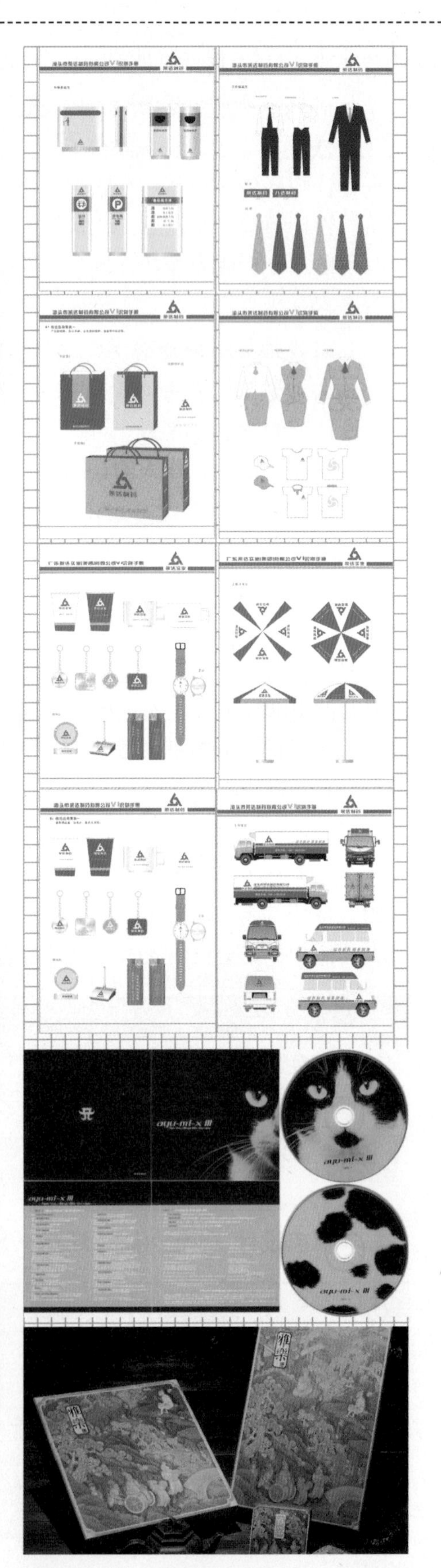

3. 礼品类

级别	一类地区	二类地区	三类地区
设计员	3K～5K	2K～3K	1K～2K
初级设计师	5K～10K	3K～5K	1.5K～3K
中级设计师	20K～50K	10K～30K	5K～20K
高级设计师	30K～100K	30K～80K	20K～30K

4. 烟酒类

级别	烟标及包装	酒标	酒包装盒
设计员	3K～5 K	1K～2K	2K～3K
初级设计师	8K～20K	2K～4 K	5K～12K
中级设计师	30K～80K	30K～80 K	30K～80K
高级设计师	60K～200K	20K～30K	80K～150K

5. 化妆、洗涤类

级别	标签	瓶型	包装盒
设计员	1K～2K	2K～3K	2K～3K
初级设计师	3K～5K	5K～8K	3K～6K
中级设计师	8K～20K	12K～25K	8K～25K
高级设计师	10K～20K	20K～60K	30K～50K

6. 药品、保健品、食品、饮料类

级别	药品	保健品	食品／饮料
设计员	2K～5K	2K～6K	1.5K～3K
初级设计师	5K～8K	5K～8 K	3K～8K
中级设计师	6K～25K	8K～30 K	5K～20K
高级设计师	20K～50K	20K～60K	20K～50K

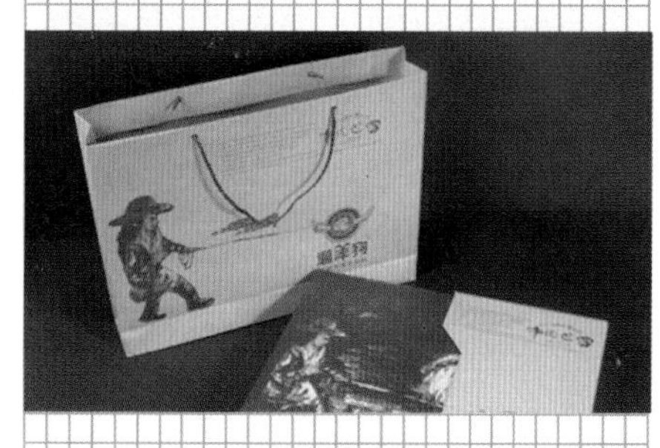

7. 纺织服装、玩具类

级别	一类地区	二类地区	三类地区
设计员	2K～3K	1K～2K	800～1.5K
初级设计师	3K～6K	2K～3K	1.5K～2K
中级设计师	8K～30K	6K～15K	3K～8K
高级设计师	30K～80K	20K～50K	15K～30K

8. 手提袋

级别	设计员	初级设计师	中级设计师
地区	600～1.2K	1.5K～2K	3K～8K

3.3.4 广告设计价格

1. 路牌、报纸、杂志广告的创意设计

级别	设计员	初级设计师	中级设计师	高级设计师
地区	2K～3K	2K～3K	3K～8K	10K～50K

2. 海报

级别	设计员	初级设计师	中级设计师	高级设计师
地区	500～1K	1K～2K	3K～5K	10K～30K

3.3.5 书籍画册设计价格

1. 企业形象画册类

级别	设计员	初级设计师	中级设计师	高级设计师
约 10P	250～400	500～1.5K	800～1.5K	2K～2K
约 50P	200～300	300～600	500～1K	1K～1.5 K
约 100P	100～200	200～350	400～800	700～1.2K
封面	500～800	1.5K~2,500	2K～5K	3K～6K

2. 产品目录类

级别	设计员	初级设计师	中级设计师	高级设计师
约 10P	120 ~ 180	180 ~ 250	350 ~ 800	900 ~ 1.5K
约 50P	100 ~ 160	150 ~ 200	250 ~ 600	800 ~ 1.2K
约 100P	80 ~ 150	120 ~ 180	220 ~ 500	500 ~ 1K
封面	500 ~ 800	1K ~ 1.5K	2K ~ 3K	3K ~ 5K

3. 宣传单页（MD 类）

级别	设计员	初级设计师	中级设计师	高级设计师
地区	600~1,200	1K ~ 5K	3K ~ 8K	8K ~ 20K

4. 书籍装帧（封面、封底、扉页、目录、版式）类

级别	设计员	初级设计师	中级设计师	高级设计师
地区	1K ~ 5K	3K ~ 8K	15K ~ 50K	30K ~ 80 K

提示

《中国平面设计指导价格》所有文字、图片、数据版权为中国设计之窗（www.333cn.com）所有，在此仅作引用。

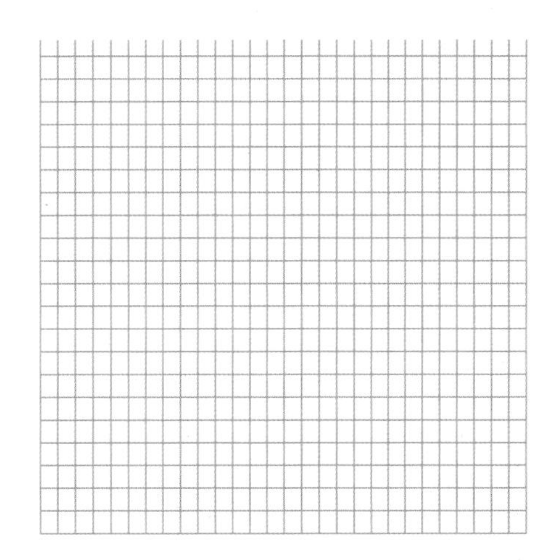

3.4 平面SOHO必备合同

Essential Contract of Planar Design Business

无论是价值比较低的名片设计，还是比较高的整体 VI、包装设计，作为弱势群体的 SOHO 都要力争与委托方签定完善的合同，这是保护自己的最佳方法。

下面展示的两份合同，是在各个方面都相对完善的合同，各位读者可以考虑使用全部的条款或部分条款。

即使不使用这些标准合同，了解一下合同的内容、双方权益的约定，也会对自己在跟客户讨论合作细节有很大益处。

3.4.1 平面设计作品委托合同

甲方	委托方	
	联系人	
	联系方式	
	通讯地址	
	电话	
	传真	
乙方	被委托方	
	联系人	
	联系方式	
	通讯地址	
	电话	
	传真	

根据《中华人民共和国合同法》、《中华人民共和国著作权法》及其他相关法律法规，双方就甲方委托乙方设计 ______________ 作品事项，在真实、充分表达各自意愿的基础上，经过平等协商，达成如下协议（简称本合同），由双方共同恪守。

第一条 [合同标的]

1．本合同委托作品的要求：

（1）设计作品的内容（如填写空格不够，可另作附件）：__________

（2）设计作品的用途及使用范围（如填写空格不够，可另作附件）：_______

（3）设计作品的交付时间：________________

（4）甲方对乙方主要设计工作人员的要：_________________________

2．在本合同履行过程中，如甲方提出新的设计要求，双方可就设计费的调整、设计成果的交付时间等相关事宜另行签订协议。

3．乙方保证所交付的设计作品具有独创性、不存在任何权利瑕疵，包括但不限于知识产权瑕疵，否则因此引起的任何法律责任由乙方负责；乙方为完成本合同委托事项而需要使用他人作品的，应保证得到该作品著作权人的有效授权。

第二条 [基础资料]

1．甲方应向乙方提供的基础资料及协作事项如下：___________________________

（1）基础资料清单：______________________________

（2）提供时间和方式：__________________________

（3）其他协作事项：______________________________

（4）本合同履行完毕后，前述基础资料按以下方式处理：

2．甲方保证所提供的基础资料不存在任何权利瑕疵，包括但不限于知识产权瑕疵，否则因此引起的任何法律责任由甲方负责。

3. 乙方在收到基础资料后应立即检查签收。如乙方认为基础资料不符合本条要求，应向甲方说明理由，要求甲方尽快重新提供。

4. 在设计过程中，如果乙方发现基础资料存在错误或前后不符的情况，应当及时通知甲方。如确属基础资料存在错误或前后不符而产生的延误及损失由甲方负责。

5. 无论乙方是否书面通知甲方，告知基础资料存在错误或前后不符的情况，均不免除甲方就其基础资料存在错误或前后不符应承担的责任。

第三条［工作计划］

1. 乙方应在本合同生效后__日内向甲方提交设计工作计划。设计工作计划应包括以下主要内容，乙方应严格按照工作计划开展设计工作：

（1）第一阶段

（2）第二阶段

（3）第三阶段

2. 本合同履行过程中，乙方应根据甲方的合理要求提交书面工作进度报告，以使甲方及时了解设计工作的阶段性进展。

第四条［设计建议］

甲方有权对乙方的设计提出建议，以使乙方设计的委托作品更符合甲方要求。甲方提出的建议，如果构成一个新的设计要求，双方可就设计费的调整、设计成果的交付时间等安排另行签订协议。

第五条［工作转让］

未经甲方同意，乙方不得将本合同委托作品设计的主要工作转让第三人承担，但在紧急情况下乙方为维护甲方的利益需要转委托的除外。

第六条［成果转让］

乙方不得在向甲方交付委托设计作品之前，自行将委托设计作品转让给第三人。双方另有约定的除外。

第七条［交付方式］

乙方应当按以下方式向甲方交付委托作品：

1. 交付时间：______年___月___日前交付。

2. 交付地点为以下第__种：

（1）甲方住所地当面交付________________

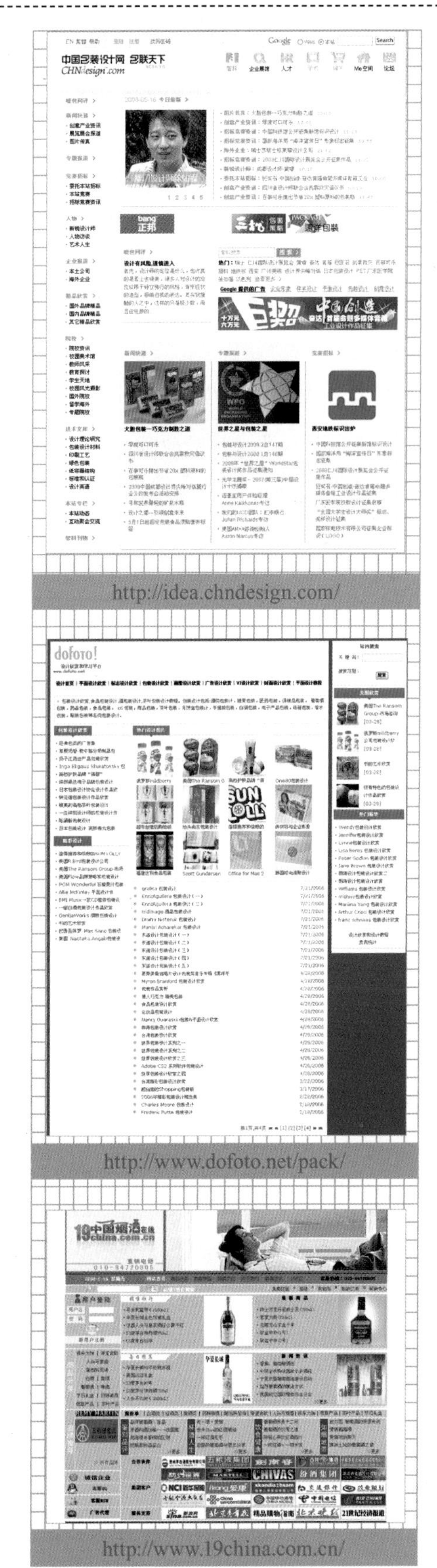

http://idea.chndesign.com/

http://www.dofoto.net/pack/

http://www.19china.com.cn/

__________；

（2）乙方住所地当面交付__________________

__________；

（3）其他__________________________。

3．交付的载体选择以下第__种形式：

（1）纸质版本__________________________；

（2）电子版本__________________________；

（3）其他形式的载体__________________

____。

第八条［评审验收］

1．双方同意将验收委托设计作品的评审标准、评审人员组成、评审程序作为本合同的附件，另行约定。

2．双方同意选择以下第　种方式对乙方完成的委托设计作品进行验收：

（1）对任一阶段的设计成果，甲方应在收到后[15]日内将评审意见提交乙方，如甲方认为不符合要求，应提供书面修改意见。双方另行约定完成修改并交付的时间，届时再次评审。对任一阶段的设计成果，如甲方在收到后[15]日内未提出评审意见，即视为该阶段的设计成果已通过验收；

（2）甲方应在收到任一阶段的设计成果后[15]日内安排双方召开评审会议，具体时间和地点由甲方安排，由此产生的相应费用由甲方负担，评审意见应由双方代表签字确认。对任一阶段的设计成果，如甲方在收到后[15]日内未安排评审会议，即视为该阶段的设计成果已通过验收；

如果评审确认设计成果不符合要求，双方另行约定完成修改并交付的时间，届时再次安排评审会议；

（3）其他____________________。

第九条［权利归属］

1．设计完成作品的著作权归___方所有。

2．委托作著作权归属乙方的，甲方在约定的使用范围内享有使用作品的权利；双方没有约定具体使用作品范围的，甲方可以在委托创作的

特定目的范围内免费使用该作品，但使用前需付清合同中约定的价款。

第十条［合同价款］

1．甲方按以下约定支付合同价款：

(1) 设计完成的作品的著作权归甲方所有的，价款总额为人民币：__________ 元整（大写），即 RMB：__________（小写）；

(2) 设计完成的作品的著作权归乙方所有的，价款总额为人民币：__________ 元整（大写），即 RMB：__________（小写）。此价款应包括委托作品设计工作报酬和委托作品著作权许可费用。

2．甲方在签订本合同时，应支付定金人民币：______________元整（大写），即 RMB：__________（小写）。剩余价款按下列第 __ 种方式支付。

(1) 一次性支付。甲方应在设计作品通过验收后__________日内支付价款人民币：______________ 元整（大写），即 RMB：________（小写）；

(2) 分阶段支付。甲方应按下表的约定向乙方支付各阶段价款：

阶段	金额（人民币）大写	支付时间
1		第一阶段设计成果通过验收后 [5] 日内
2		第二阶段设计成果通过验收后 [5] 日内
3		第三阶段设计成果通过验收后 [5] 日内

3．乙方账户信息为：

开户行 ______________________；

户　名 ______________________；

账　号 ______________________。

第十一条［诚信保密］

双方应遵守的诚信义务和保密义务如下：

(1) 对本合同的内容、双方的合作关系、来往的任何协议、文件、信函、通知中的内容及任一阶段的设计成果予以保密。双方同意，即使是本方管理人员和员工，也只能是在为履行本合同而必须知道的基础上知悉上述信息；

(2) 双方同意，在甲方足额支付全部合同价款前，甲方应对乙方交付的设计成果严格保密，除为评审设计成果外，甲方不得使用，也不得披露给任何第三方。

乙方在接受委托作品设计过程中接触到甲方的商业秘密，应当遵守保密义务，否则给对方造成损失的，应当承担损害赔偿责任。

第十二条［违约责任］

任何一方违反本合同，给对方造成损失的，按以下约定承担违约责任：

(1) 甲方迟于合同约定的期限付款的，每日按应支付价款的万分之 __________（万分之一至万分之五）向乙方支付违约金；

(2) 乙方迟于合同约定的期限交付委托作品的，每日按未交付作品应收价款的万分之 ______（万分之一至万分之五）向甲方支付违约金。因乙方迟于合同规定的期限交付委托作品导致合同目的不能实现的，应返还已收取的价款，给甲方造成损失的，还应承担赔偿责任；

（3）未经乙方同意，甲方为评审设计成果以外的目的使用本合同项下的设计成果或违反本合同的约定披露乙方设计成果的，应按合同价款的______倍（1—10倍）向乙方支付违约金；

（4）未经甲方同意，乙方将本合同项下的设计成果披露给他人或用于本合同以外目的的，应按合同价款的___倍（1—10倍）向甲方支付违约金；

（5）如一方违反其义务、承诺和保证，则应赔偿另一方的损失，以及另一方为保护其合法权益而支付的合理费用，包括但不限于律师费和诉讼费，另有约定的除外。

第十三条［合同变更］

对本合同内容的变更和补充均应由双方另行签署书面文件，变更和补充后的内容若与原合同有冲突的，以修改后的文件为准。

第十四条［合同解除］

1．发生下列情况之一，甲方可以单方解除本合同，并有权要求赔偿损失：

（1）非因甲方原因或不可抗力，乙方延迟交付任一阶段的设计成果，经甲方催告后[30]日内仍未履行的；

（2）乙方将本合同项涉及的设计成果，未经甲方同意披露给第三人或用于本合同以外目的。

2．发生下列情况之一，乙方可以单方解除本合同，并有权要求赔偿损失：

（1）非因乙方原因或不可抗力，甲方延迟交付任一阶段的设计费，经催告后30日内仍未履行的；

（2）未经乙方同意，甲方为评审设计成果以外的目的使用本合同项下的设计成果或违反本合同的约定披露乙方设计成果的。

第十五条［项目联系］

1．双方之间的所有联络均可通过项目联系人进行，项目联系人承担以下责任：

（1）______________________；

（2）______________________。

2．联络信息如果以邮寄方式发送的，以回执上注明的收件日期为送达日期；如果以专人送达方式发送，交收件人签收后视为送达。如果传真或电子邮件发送，发件人应立即用其他联络方式通知收

http://www.package-design.net/

http://www.packedu.net/

http://www.idea98.cn/article/

件人。除非收件人在传真或电子邮件发送后3个工作日内书面确认收到该传真或电子邮件，该联络信息视为未送达。

3．任何一方如更改项目联系人、地址或其他联系方式，应提前7天通知另一方。

第十六条［争议解决］

双方因履行本合同发生的争议，应当协商解决，协商不成的，按照以下第___种方式解决：

（1）向当地仲裁委员会申请仲裁；

（2）向人民法院提起诉讼；

（3）其他方式：________________。

第十七条［其他事项］

双方约定本合同其他相关事项为：________________。

第十八条［合同效力］

本合同经双方签字盖章后生效，本合同一式___份，甲、乙双方各执___份，均具同等法律效力。

双方授权代表签署如下：

甲方全称：	乙方全称：
（盖章）	（盖章）
法定代表人／委托代理人：	法定代表人／委托代理人：
（签名）	（签名）
年　月　日	年　月　日

3.4.2 印刷合同书

甲方	委托方	
	项目联系人	
	联系方式	
	通讯地址	
	电话	
	传真	
乙方	委托方	
	项目联系人	
	联系方式	
	通讯地址	
	电话	
	传真	

甲乙双方经友好协商，兹就甲方委托乙方制作甲方____达成以下协议：

1. 项目概要

____

2. 项目明细

项目名称		尺寸	
设计制作		纸张	
页数		色数	
后道加工		数量	
单价		总价	

3. 付款方式

开始制作之日起支付价格总额之 30%，小样确定后支付 20%，余款 50% 于交货当日付清。

4. 交货方式

印刷加工：在确认打样稿后 个工作日内交货。

交货地点：甲方公司北京地址，乙方承担运费，产品风险自交货时转移。

5. 印刷质量标准

1. 乙方前期制作应按提供样稿之要求按时，按质完成，印刷品质量以签字样稿为准验收；甲方应负责有关内容的及时校核确认以及收货验货。

2. 甲方委托乙方设计制作的稿件，甲方有权要求乙方提供最多不超过四次的样稿确认。在乙方提供第四次确认稿时，甲方应完成所有的确认修改工作。如因甲方原因在第四次确认稿后仍需要进行修改，甲方同意视修改内容额外支付每页不超过 100 元的改稿费用。

3. 如为甲方提供的菲林，且打样稿与菲林不一致的情况，乙方不保证印刷颜色与所提供样稿的绝对一致，而应以菲林正常的印刷效果为准。

4. 彩色印刷品的色差范围正负应不超过样稿的 10%，套印允许误差应小于 0.2mm。

其他如需检验的项目按国家新闻出版行业标准有关平版一般印刷品的质量标准验收。

5. 甲方对印刷质量有任何异议，须在交货后

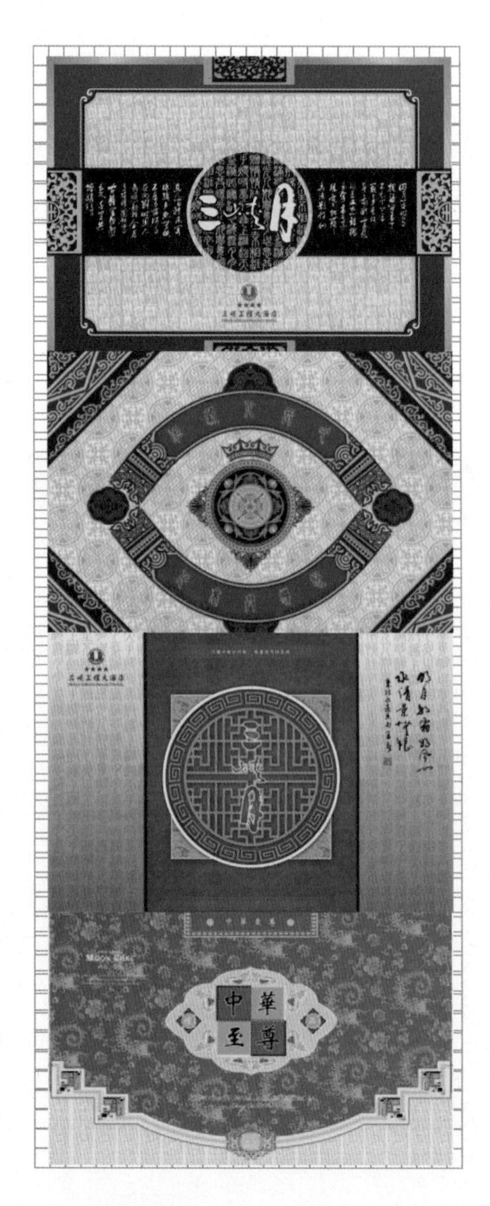

三个工作日内提出，在任何情况下乙方不负责除印刷以外发行、广告的连带责任。

6. 知识产权及保密

1. 乙方设计人员应自觉保护甲方提供的一切用于排版印刷的电子文档，不得擅自提供给任何第三方作任何用途。

2. 乙方为甲方杂志制作的平面设计，其著作权属于甲方。

3. 乙方应妥善保存杂志的所有电子设计稿件、菲林，甲方若需要，应予提供；合同终止后，若双方不再续约，乙方应将所有电子设计稿件、菲林交给甲方。

7. 合同其他条款

交货数量同意允许正负 5% 的短溢装。如溢装的情况，甲方有权选择是否按合同单价接收　超装之货品。若甲方不接收，乙方不得擅自赠送他人或以任何价格出售，作其他客户印刷业务参考样本除外。如短装在 5% 之内，乙方须按合同单价从合同总价中扣除相应金额，但不另行补足数量。如短装在 5% 以上，甲方有权要求乙方补足所缺货品。

由于政策变化、政府行政行为等人力不可抗因素原因导致其中一方无法履行合同，本合同即行终止，双方不承担违约责任。

8. 违约责任

1. 甲乙双方应严格遵守本合同的有关条款，此合同未尽事项，应由甲乙双方友好协商解决。

2. 若任何一方违反本合同并经协商无效，应由被告所在地人民法院作争议解决。

3. 因不可抗力导致合同无法执行的情况，双方应友好协商延期履行，协商不成或确实无法继续履行的，任何一方均不承担违约责任。

本合同一式两份，甲乙双方各执一份，同样有效。

甲方：　　　　　　乙方：

代表：　　　　　　代表：

签字：　　　　　　签字：

日期：　　　　　　日期：

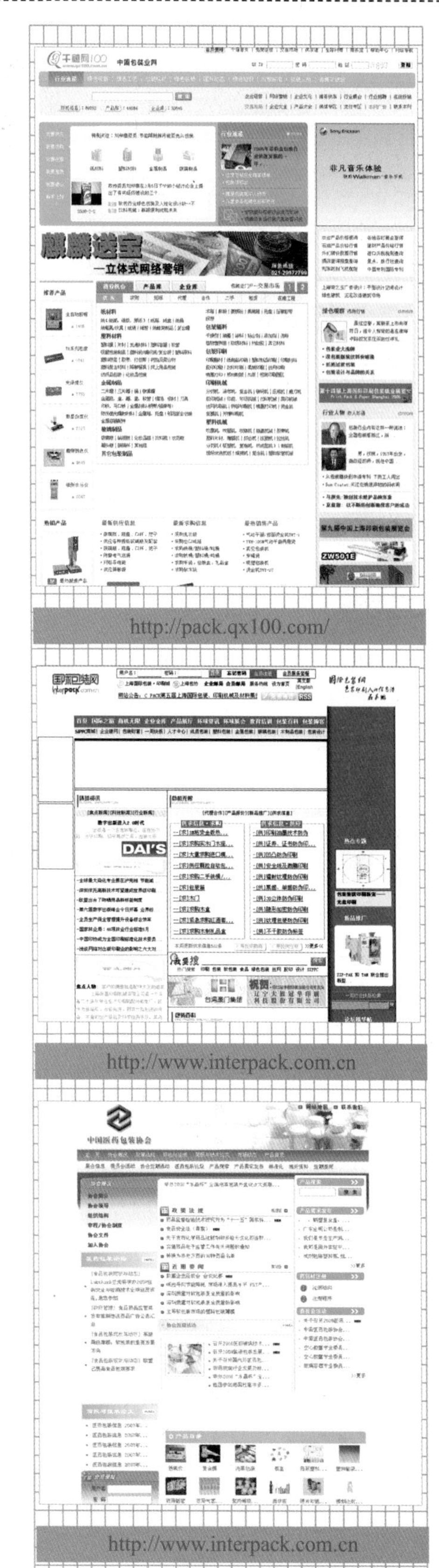

http://pack.qx100.com/

http://www.interpack.com.cn

http://www.interpack.com.cn

3.5 灵活支付轻松收款

Flexible to pay, easy to receipt

如果是全职威客，由威客网站代收设计费用，并在成功后自动划转，自然是最省心的一件事，若采用提前当面收取预付款，待任务完成后再收取余款也是很不错的选择。

但由于 SOHO 往往会接到异地设计业务，因此上述两种收款形式很显然都不适合，下面介绍了几种常见的支付方式，为了方便客户轻松灵活地支付费用，每一个 SOHO 都应该掌握这些支付方式。

3.5.1 银行柜台汇款

银行汇款是被采用最多的一种支持方式，为了方便客户支付，SOHO 们应该具备各种银行卡，这样客户就能够就近选择身边的银行汇出款项。

下面介绍了 6 个银行的汇款方式与特点，这些信息不仅每一个 SOHO 应该知晓，还应该告知每一个要汇款的客户，以体现体贴的服务细节。

1. 中国农业银行

注意要点：方式为“无卡存款”，否则有 1% 手续费

所需信息：收款人卡号、持卡人、发卡行信息、汇款人身份证

业务特点：立即到账、无手续费

所需费用：无

2. 中国建设银行

注意要点：支持个人网上业务，推荐使用“网上汇款”功能

所需信息：收款人卡号、持卡人、发卡行信息、汇款人身份证

业务特点：两小时到账（下午 15：00 点以后汇款就要到第二天才能到账）

所需费用：转账总额的 1 %、20 元封顶

3. 中国工商银行

注意要点：推荐提供存折号，不支持本地业

务，支持个人网上业务

所需信息：收款人卡号、持卡人、发卡行信息、汇款人身份证

业务特点：不支持本地业务

所需费用：转账总额的1%，20元封顶

4. 招商银行

注意要点：支持个人网上业务、推荐使用“网上汇款”功能

所需信息：收款人卡号、持卡人、发卡行信息、汇款人身份证

业务特点：即刻到账但收费高

所需费用：同城免服务费，异地10元／次

5. 交通银行

注意要点：汇费不是单独向顾客收取，而是从汇的款额中扣除。

所需信息：收款人卡号、持卡人、发卡行信息、汇款人身份证

业务特点：即时到达

所需费用：转账总额的1%、最低收取1元、最高10元封顶

6. 中国银行

所需信息：收款人卡号、持卡人、发卡行信息、汇款人身份证

业务特点：确认较慢

所需费用：转账总额的1%、20元封顶、省内汇款不收汇费

3.5.2 ATM机转账

与银行柜台汇款相比，通过ATM机转账更方便，因为ATM机24小时开放，而且基本无须排队，操作方便简单。

SOHO们只需要提供与客户相同银行的银行卡，即可由客户异地付款。

3.5.3 邮政汇款

邮政汇款是最常用、最安全的汇款方式之一。SOHO们应该提前将自己的地址、邮编和收件人名

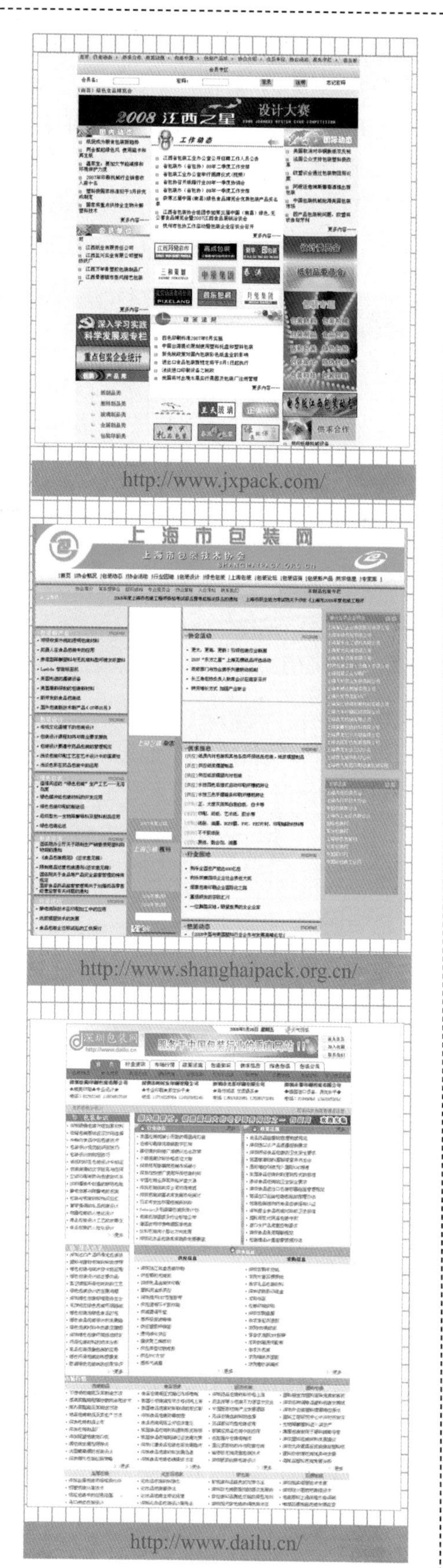

http://www.jxpack.com/

http://www.shanghaipack.org.cn/

http://www.dailu.cn/

称等信息告知客户，下面是关于邮政汇款的细节。

所需信息：邮编、汇款地址、收款人姓名

所需费用：挂号费 2 元 ＋ 汇款总额的 1 %

业务特点：网点多、速度慢，两天内到款

如果有多数客户使用这种方法，应跟邮局签订汇款入账手续，即汇款一到就自动转入账户。

3.5.4 网上银行汇款

网上银行的安全性在逐年改善，因此使用网上划转付款的客户也渐渐多了起来。

作为客户，只要有银行卡或存折就可登入各大银行网站，花几分钟注册“个人网上银行”用户后，就可以通过“网上银行”转账了。

3.6 包装设计优秀图书推荐

Recommended Book Design Books

下面的表格不完全地记录了近年来图书市场中出现的一些关于包装设计的优秀图书，通过阅读这些图书后读者必定能够在包装结构、设计思路、鉴赏能力等方面有所提高。

题名	责任者	出版项
包装材料与容器手册	陈祖云主编	广州：广东科技出版社，1998
包装促销	朱方明等编著	北京：中国经济出版社，1998.1
包装的视觉设计	刘海飒编著	沈阳：万卷出版公司，2005
包装动力学与结构设计	王瑞栋编著	重庆：重庆大学出版社，1993.11
包装分类设计 啤酒 饮品 香烟类	王章旺编著	北京：中国轻工业出版社，2001
包装分类设计 食品类	王章旺编著	北京：中国轻工业出版社，2001
包装分类设计 洋酒 国酒类	王章旺编著	北京：中国轻工业出版社，2001
包装管理、标准与法规	韩永生编	北京：化学工业出版社，2003.09
包装国际标准汇编	赵淮主编	北京：中国轻工业出版社，1994.8
包装测试	刘功等编	北京：中国轻工业出版社，1994.9
包装技术问答	李基洪等编	北京：中国轻工业出版社，1995.1
包装容器结构设计	吴波编	北京：化学工业出版社，2001
包装色彩	王子源编著	南昌：江西美术出版社，2002
包装色彩设计	尹章伟等编著	北京：化学工业出版社，2005
包装设计	杨仁敏编著	重庆：西南师范大学出版社，1996.9

题名	责任者	出版项
包装设计	德炜设计空间	南京：东南大学出版社，1999
包装设计	靳斌编	杭州：中国美术学院出版社，1993..
包装设计	孙蔚编著	武汉：湖北美术出版社，2001
包装设计	马万贞等编著	南昌：江西美术出版社，2002
包装设计	李颖宽编著	西安：陕西人民美术出版社，2000
包装设计	成朝晖编著	杭州：中国美术学院出版社，2001
包装设计	林振扬著	南宁：广西美术出版社，2003
包装设计	范凯熹编著	上海：上海画报出版社，2006
包装设计	陈希主编	北京：高等教育出版社，2003
包装设计	王焕波编著	北京：中国水利水电出版社，2006
包装设计	陈磊编著	北京：中国青年出版社，2006
包装设计	崔华春著	南昌：江西美术出版社，2006
包装设计 150 年	华表编著	长沙：湖南美术出版社，1999
包装设计教程	杨敏编著	重庆：西南师范大学出版社，2006
包装设计教学	刘小玄编著	南昌：江西美术出版社，1999.1
包装设计理论与实务	易忠著	合肥：合肥工业大学出版社，2004
包装设计师完全手册	郭湘黔编著	广州：岭南美术出版社，2004
包装设计艺术赏析	郭茂来著	北京：人民美术出版社，2001
包装网印技术	金银河编著	北京：化学工业出版社，2004
包装新材料与新技术	徐人平主编	北京：化学工业出版社，2006
包装造型设计	杨宗魁编著	北京：中国青年出版社，1998
金属包装容器	刘筱霞编著	北京：化学工业出版社，2004.10
包装装潢设计	陈海鱼编著	长沙：湖南美术出版社，1997.5
包装装潢设计	吕淑梅编著	北京：化学工业出版社，2005
包装装璜入门	陈建军著	南宁：广西美术出版社，1996..
包装装璜设计	高中羽编著	哈尔滨：黑龙江美术出版社，1996.8

NOTE

读书笔记

第4章

书籍装帧设计理论

4.1 书籍封面的基本构成

很多人直觉地以为所谓的“封面”即指一本图书的正面，而实际上，即使是一个最普通的封面，正面也仅是一个完整封面中的一部分，即“正封”，除此以外，它还包含了最基本的书脊和封底两大部分，如果是精装图书，那么封面的构成就更加复杂一些，如图 4.1 所示。

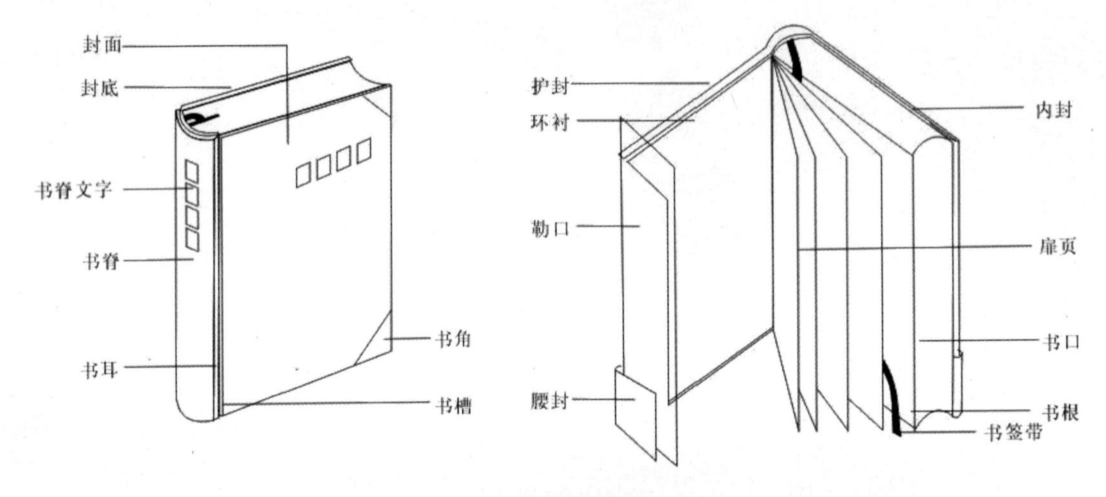

图4.1 封面示意图

在上面的示意图中，如腰封、护封、书签带等组成部分，出于成本等方面的考虑，目前使用的范围还比较小，大部分封面设计师遇到的都是普通的封面设计工作，它是由正封、书脊及封底 3 大部分组成，另外也有一些图书也会在正封或封底处增加一个向内的折页，即勒口。图 4.2 所示是一幅完整的封面设计作品，其中就包括了以上提到的封面组成部分。

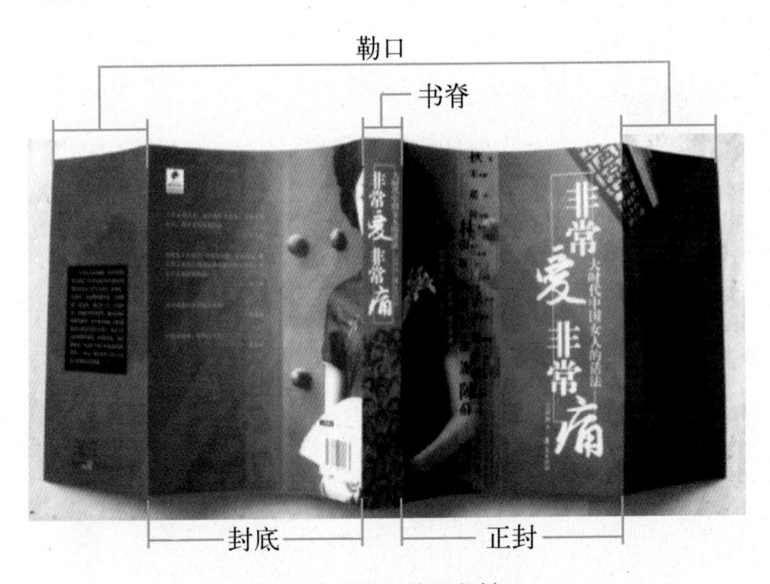

图4.2 具有勒口的图书封面

下面的内容将分别介绍书籍封面各部分的功能及常见设计方法。

4.2 正封设计

正封可以说是一个封面中最为重要的组成部分，因为在很多情况下，封面除了要传达出图书的内容外，还肩负着在第一时间抓住读者目光的重任，由此也不难看出，一个优秀的封面作品，对于该图书的销售也起着举足轻重的作用。

对于不同类别的图书，正封的设计方法也不一样，简单来说，正封的设计包括文字设计和图形设计两大类，下面来分别介绍一下这两种封面设计方法的设计重点。

4.2.1 以文字为主体的正封设计

对于以文字为主题的正封设计，各个视觉元素的重要性依次是：文字→颜色→图形图像，其中文字为表现主题，图形与图像为辅助，而颜色的设计主要是起到一个平衡文字与图像、使之相互配合、相互协调的使用。

此类设计手法主要用于主题严肃、正统、抽象、庄重，而且文字并不具备太多的装饰特性的这一类图书，因此构图是此类正封设计的重点。例如图 4.3 所示就是一些典型的文字封面设计作品。

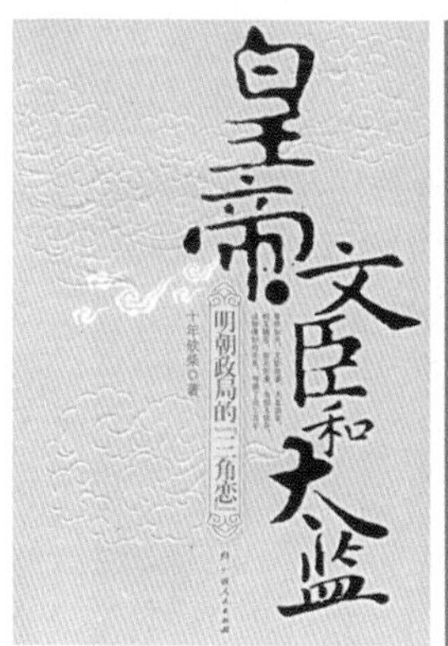

图4.3 以文字为表现主题的正封设计展示

4.2.2 以图形 / 图像为主体的正封设计

对于以图形 / 图像为主的图书正封设计，由于表现时的侧重点不同，所以其中视觉元素的重要性变为：图形 / 图像→颜色→文字。

在正封的设计过程中，首先要选择能够表现出与图书主题之间有联系的图形 / 图像，并且应确定适合主题的基本色调，以及选择适合的颜色并利用它来平衡图形 / 图像与文字之间的关系。另外，图形的绘图方式、风格，图像的处理手段及视觉效果，都是值得注意的重点。例如图 4.4 所示就是一些图形 / 图像为视觉重心的正封设计作品。

图4.4 以图形/图像为视觉重心的正封设计展示

4.2.3 正封设计手法的辩证关系

虽然我们说过，设计政治书籍要庄重大方，设计文艺书籍强调形式多样，儿童图书的设计追求天真活泼，但并不是说就要刻板地遵循此一原则。

前面所总结的这些只是一些一般规律，优秀的封面设计师应该进一步深入研究，达到对书稿理解尺度与艺术表现尺度在创作中充分和谐的表现。

例如，儿童图书的设计要追求天真活泼，但考虑到这些图书的购买群体多数是成年人，而不是儿童，因此在整体设计方面还要考虑成人的审美倾向。

只有深入图书内容、定位、购买群体的心理，进行巧妙的构思、合理的构图、大胆的想像，辅以丰富的表现手法，才可以设计出优秀的封面作品，也才能够满足购买群体多层次、多角度的需求。

4.2.4 正封中的必备元素

正封中除了用于表现图书内容的设计以外，还需要加入以下必备的内容：

- **作者姓名**：该姓名并不限于人物名称，也可能是工作室或机构的名称，其摆放的位置视正封中的版面安排而定。
- **出版社名称（社标）**：所有的出版社都有自己的VI系统，其中就包括了专门用于在封面中摆放的社名（社标）标准字，根据版面的不同需要，还可以分为水平排列和垂直排列不同的形式，通常为AI或EPS格式的矢量文件，并由出版社提供给封面设计者，通常该标识是位于正封的底部，居左、居中或居右排列。

例如图 4.5 所示的封面作品中就标识了上述的必备元素。

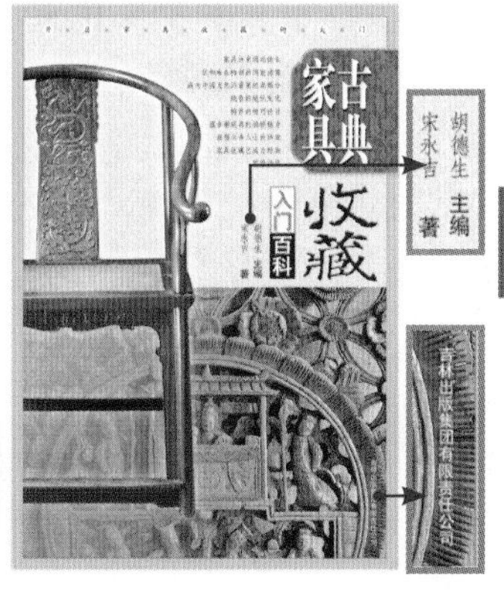

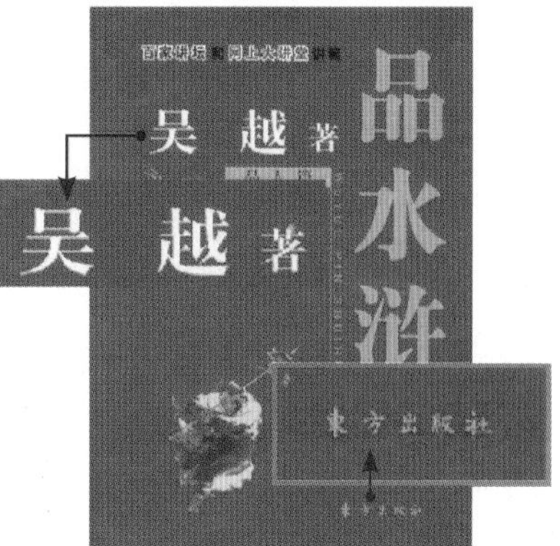

图4.5 正封中的必备元素

4.3 封底设计

4.3.1 封底的设计思路

封底通常是用于摆放一些相对次要的信息，例如图书简介、作者简介等内容，而且设计时通常不会太复杂，除了因为封底的瞩目程度、曝光率较低外，还因为在整体封面的设计中，封底不可以喧宾夺主。

封底可以采取以下几种设计方式：

- 与正封设计完全相同或大体相同，但在颜色上较淡或去掉其中的主体图像（文字）。
- 封底以整块的实色铺底，点缀缩小的正封画面或与图书主题相配的图案。
- 封底也可以是更为简单的实色，再加入必要的封底元素即可。

例如图 4.6 所示就是两幅完整的封面设计作品，对比不难看出，封底在设计上都比较简洁。

图4.6 封底设计示例

4.3.2 封底设计手法的辨证关系

以简洁的手法设计封底是为了不会抢夺正封的主体位置——即使封底看起来处于一个次主体的位置，但并不代表说要实现这样的主次关系，就一定要采用简洁的表现手法，例如以图4.7所示的两个数字艺术教育类封面来说，由于书中要表现的都是较为华丽的特效及合成效果，所以整个封面设计得都比较复杂、花哨，从整体上来看，它们并不存在喧宾夺主的问题。

图4.7 以复杂手法设计的封底

提示

关于图4.7所示两个封面作品的制作方法，可参见本书第5章第5.13节和第5.14节的讲解。

以图4.7左侧的封面作品来说，正封中以矢量人物作为正封主体，而且拥有主体文字（书名），而封底则是以矢量花纹及图形等装饰内容为主体，从视觉上来说，人形图像的主体级别要远高于封底中的图形，所以在这个封面作品中，并不存在主次关系不协调的问题。

再以图4.7右侧的封面作品来说，似乎很容易引起争议，因为从视觉上来看，正封与封底中图形／图像的主体级别是基本相同的，但不可忽略的重要一点是，正封中存在主体文字，即书名，它也是确立正封成为主体、封底成为次主体的重要元素之一；另外，正封中的图像是以拆分开的“字”字为主体，而封底则不具备这样的主体图像——封底中的图像为了更多地宣传图书内容，而采用了较为散乱的编排方式，因此不带有主体图像，这样一来，这个封面的主次关系就完全确定下来了。

4.3.3 封底中的必备元素

与正封一样，封底也需要加入一些必备的元素，其中常见的内容如下：

- **责任编辑：** 指负责该图书编审工作的人员姓名，也可能是机构名称。
- **装帧设计：** 即设计该封面的个人姓名或机构名称。
- **条形码：** 条形码可以标出商品的生产国、制造厂家、商品名称、生产日期、图书分类号、邮件起止地点、类别、日期等信息，因而在商品流通、图书管理、邮电管理、银行系统等许多领域都得到了广泛的应用，简单来说它就是一组粗细不同并按照一定的规则安排间距的平行线条图形。常见的条形码是由反射率相差很大的黑条（简称条）和白条（简称空）组成的。该图像通常由出版社提供。

- **定价**：标明该图书的价格，通常是放在条形码的下方或两侧，如果该图书附有光盘，通常也会在该位置一并标明，例如“定价：69.00 元（附 DVD 光盘 2 张）”。

例如图 4.8 所示的封面作品中就标识了上述的必备元素。

图4.8 封底中的必备元素

4.4 书脊设计

4.4.1 书脊的设计思路

在封面的所有组成部分中，书脊由于所占据的面积最小，往往最容易被初学者所忽视，甚至会将它放到封面或者封底中带过。而事实上，书脊的重要性仅次于封面，而且在很多情况下，它甚至比封面还重要。不妨回想一下，书籍通常都是被排放在书架上，此时被看到机会最多或者说唯一能够被看到的部位正是书脊，它在书架上发挥着不容忽视的广告和美观的作用，因此书脊的作用十分明显，而且需要与其他图书有明显的区分。

例如在图 4.9 所示的 3 幅封面作品中，左图是以线条加文字不规则编排的方式丰富了书脊的效果；中图是采用了图形、图像以及文字编排的多种形式，使之看起来更加与众不同；右图所示是一款数字艺术教育类教材的封面设计作品，其书脊就采用了典型的特效文字，使之看起来更加抢眼。

图4.9 丰富的书脊设计形式

提示

关于图 4.9 中《3ds max 质感传奇》封面的设计方法，可参见本书第 5 章第 5.15 节的讲解。

通常情况下，书脊中的文字都是采用竖排形式，但也有较厚的书脊上采用横排或横竖混排，然后使用与正封书名相同的字体，在书脊上安排好文字大小、疏密关系，运用几何的点、线、面和图形进行分割，与正反封面形成呼应，并与之形成节奏变化，以完成书脊的设计。

4.4.2 书脊中的必备元素

在通常情况下，书脊的组成主要包括以下两项基本内容：

- **书名：** 通常采用与正封中书名相同的字体或特效，通常位于书脊的上半部分。
- **出版社名（社标）：** 该内容通常位于书脊的下半部分靠近底部的位置。

例如图 4.10 所示的封面作品中，书脊上都包含了最基本的书名及出版社信息。

图4.10 封面作品

4.5 勒口设计

作为封面的一部分，勒口同样需要精心设计，在勒口中，我们可以刊登图书的内容提要、作者简介、出版信息以及丛书目录等文字信息。

在正封的勒口上常常会印上本书的内容简介或者简短的评论等，正封的设计因素也可以引申到勒口上来，另外还可以将勒口作为正封设计的一个调节，从而使整本书的设计更加和谐美观。在封底的勒口上可以印上作者的简历、肖像及其他一些著作名称等，这样会受到作者和读者的欢迎。

有时候，细节是封面设计中最能打动人的地方，因此，像勒口这样的细节部分，更应该是大做文章、精心处理的地方。

4.6 把握封面中的3大设计元素

4.6.1 图像元素设计

书籍封面的图像对书籍内容的表现起着重要的作用，如果运用得当，不仅能够在最短的时间内将书籍的内容正确地传达给读者，而且能够增加书籍整体的美感、提高书籍本身的档次，同时增加封面的说服力。

在封面中使用的图像，包括摄影照片、艺术插图、写实或抽象的图案、写意国画等，类别不一而足。具体而言，少儿类读物的读者文化程度较低，思想较为简单，因此在设计此类图书的封面时通常使用代表其具体形象简称具象的图像，能够使读者产生直观的联想。

科技读物及建筑、生活类图书，经常在书籍的封面中使用实拍照片，从而使图书主题的传达更加准确，而且更具有亲和力，能够迅速拉近读者与书籍的距离，如图 4.11 所示。

图4.11 封面使用实拍照片的书籍

例如科技、政治、教育等方面的书籍封面设计，有时很难用具体的形象去表现，同时可以运用抽象的形式表现，使读者体会到其中的含义，如图 4.12 所示。

图4.12 封面表现形式抽象的书籍

文学类图书的封面设计非常灵活，可以根据图书的主题，使用具象的照片、绘制的插画以及抽象的图形等，如图 4.13 所示。

图4.13 文学类封面设计作品

4.6.2 文字元素设计

文字是任何一个封面作品中都必不可少的内容，比如最基本的书名、作者姓名等，除此之外，加入一定的文字内容并配合适当的编排，可以在很大程度上帮助读者理解图书内容，同时增加封面的美观程度。

在通常情况下，我们可以采取以下两种方法设计封面中的文字：

- **基本属性变化：**即采用正规的印刷文字，通过对文字位置、字体、字号以及颜色等基本属性进行编排，从而取得满意的效果，如图 4.14 所示。另外，还有一些采用了书法文字作为设计元素的，也是近年来非常流行的文字设计手法之一，如图 4.15 所示。

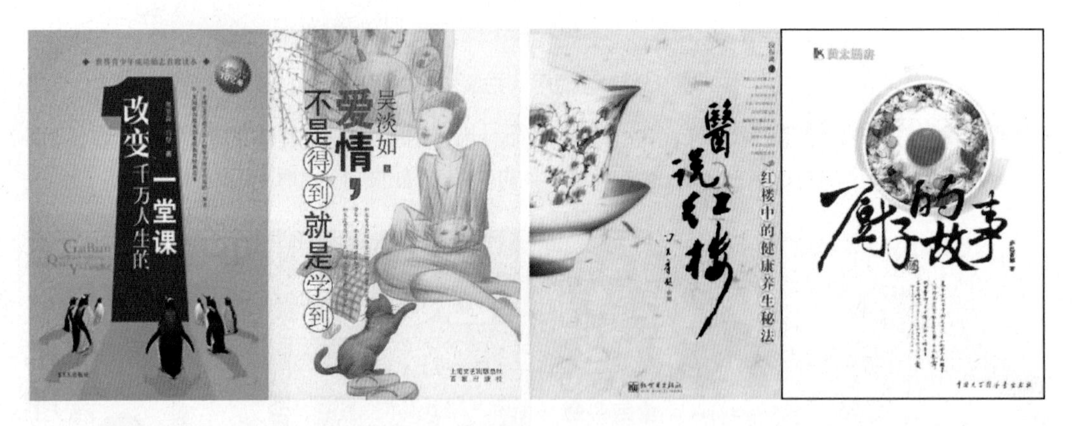

图4.14 文字基本属性的变化　　　　图4.15 使用书法字体的封面作品

- **形态变化：**指以正规的印刷字体为基础，结合软件功能改变文字的基本形态，例如使文字相连、增加拖尾图形、配合花纹素材增加文字的艺术效果以及为文字制作不规则的边缘等，如图 4.16 所示。

图4.16 字的形态变化

- **维度变化**：指模拟三维文字效果，使之具有一定的空间感，从而在视觉上抓住读者的目光，如图4.17所示。
- **质感变化**：针对图书的内容及风格，我们可以模拟一些不同的质感，使文字内容表现出图书中更深层的含义。合理的文字质感甚至能够为整个封面设计作品带来质的变化，如图4.18所示。

图4.17 文字维度变化设计

图4.18 文字质感变化设计

从上面的示例也不难看出，其实维度变化与质感变化往往是结伴而生的，以此为思维的起点，还可以联想到比如维度变化与形态变化的结合、形态的变化与质感变化的结合等更多的文字特效表现手法。

4.6.3 色彩元素设计

相对于前面讲解的图像元素及文字元素设计，本小节讲解的色彩元素设计则显得比较抽象一些，通常是用于平衡前二者之间的关系，甚至色彩搭配的优劣，决定了它是否能够在较远的距离上或者众多的图书当中脱颖而出。

另外，色彩不仅对读者具有视觉上的吸引力，还能够通过心理的暗示作用影响读者在心理上对于该图书的认可及内容的认知，因此，为图书进行色彩搭配，不仅要求美观，更要与图书的内容相适配，能够引发读者对图书内容产生正确的联想。因此，搭配颜色在封面设计中的作用就显得尤为重要了，下面通过具体实例详细说明：

- 例如在图 4.19 所示的《潮玩潮买潮吃》封面设计作品中，该书以“潮（潮流）”作为主题，针对的是追求时尚的年轻人群，所以在设计时将封面的主色设定为带有新锐、时尚气息的明黄色，并配合富有藏酷、神秘的黑色，以及恰当的文字编排，以迎合读者群的心理特征。
- 在图 4.20 所示的《心理罪》图书封面作品中，是以一幅处理过的图像为主体内容，在色彩上则是搭配了图像本身的蓝色以及裂缝中的黑色，除了图像本身的视觉效果外，黑色和蓝色的搭配也给人以强烈的恐怖、惊悚、神秘的心理感觉。
- 在图 4.21 所示的《冥贼之南蛇王朝》封面中，仅从书名中的“冥”和“蛇”两个字，就可以确立封面图像的整体风格，例如利用绿、黄两色渲染与“蛇”字相对应的有毒感觉，再配合大面积的黑色及合适的图像元素，使整个封面给人以神秘、诡异的视觉效果，顺应了图书主题的表现需要。

图4.19 《潮玩潮买潮吃》封面

图4.20 《心理罪》封面

图4.21 《冥贼之南蛇王朝》封面

4.6.4 常用色彩与视觉表现

要设计优秀的封面，首先应该选择合适的颜色用以表现图书的主题，或为封面确定某种基本色调，做到这一点，除了需要对图书的主题有一定程度的把握外，还要对各种颜色的属性有相当的了解。下面是对于一些基本颜色所可能引起的心理感受的描述。

- **红色**：是一种激奋的色彩，具有刺激效果，使人产生冲动、愤怒、热情、具有活力的感觉。
- **绿色**：介于冷、暖两种色彩之间，给人以和睦、宁静、健康、安全的感觉，
- **橙色**：也是一种激奋的色彩，给人以轻快、欢欣、热烈、温馨、时尚的感觉。
- **黄色**：具有快乐、希望、智慧和轻快的特性，除此之外能够给人高贵、辉煌的感觉。
- **蓝色**：是天空与海水的颜色，给人凉爽、清新、专业、空旷、博大的感觉。
- **白色**：给人洁白、明快、纯真、清洁的感受。
- **黑色**：给人深沉、神秘、寂静、悲哀、压抑、庄重的感受。
- **灰色**：给人中庸、平凡、温和、谦让、中立和高雅的感觉。

提示

当以白色作为图书封面的底色时，需要通过上光或压裱透明薄膜加以保护，以免书籍封面很快被弄脏。

需要注意的是，上面针对各颜色的描述，仅仅是针对该颜色本身给人的心理感受，而实际上，当某个颜色与其他不同的颜色搭配使用时，得到的效果可能完全不同，例如当绿色与金黄、淡白这两种颜色搭配时，具有优雅、舒适的感觉；当与黑色搭配时，也可以给人以有毒、恐怖的感觉。

例如图 4.22 所示是一些采用不同的颜色搭配方式，得到不同视觉效果的封面作品。

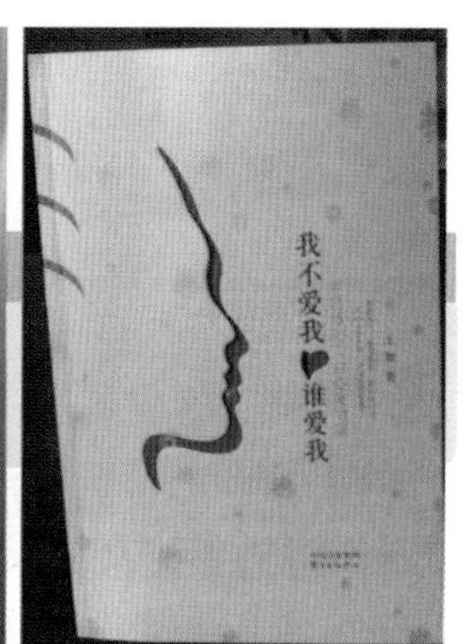

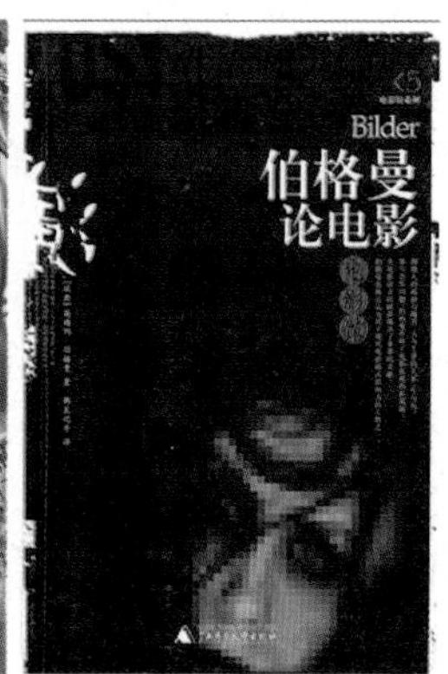

图4.22 不同色彩相搭配的封面效果

由于封面设计的色彩与绘画的色彩有所不同，封面的色彩最后是通过油墨印刷来实现的，因此掌握一定的印刷常识也是很有必要的，这些内容读者可以参见本章后面的讲解。

在上面我们提到了一些在设计封面时，在色彩、文字、图像方面应该注意的规则与方法，但实际上，设计可以说是一种纯思维性的活动，而面对的读者又是千人千面，每个人的审美角度都不尽相同。因此在实际工作中需要根据自己的判断进行实际创作，当然，在初入设计行业时，遵从一定的规则并模仿优秀的封面设计，不失为一个快速成长的方法，因为这样可以从发现前人设计中的亮点到找到其中的不足，直到形成自己独特的风格这样的一个过程中，提高自己的设计水平。

4.7 封面设计流程

任何设计工作都有一定的基本流程，封面设计作为一个比较成熟的设计行业，更是拥有了一整套完善的工作流程，下面就将依据流程中工作内容的不同，将其分解成为不同的阶段并做详细讲解。

4.7.1 封面构思

构思是设计的开始，在构思开始以前，需要对图书的内容有一个深刻、全面的了解，并对图书的主题进行归纳与总结，在构思的过程中，应全盘考虑在封面设计中可能运用到的色彩、文字、图像等各种元素。

提示

在开始构思时，我们可能会有多种想法，这些想法都值得深入挖掘与探讨，而不应该过分拘泥于某一种构思，这也正是构思的重要性所在。

构思是一个思维活动的过程，因此，可能会没有任何想法，或者有大量肤浅而无法深入的、杂乱无章的思绪，或者已经确定的想法又因为一些偶发性的因素而推翻所有的构思，这些都是极有可能发生的，但最终，一定要得到一种与图书主题相吻合并能够将图书主题明确表达的设计思路。

4.7.2 版面构图

版面构图是以构思为基础，将原来抽象的想法实现成为可见的具体形象内容，其中就包括了前面讲解的文字、图像以及色彩元素的设计。

在很多情况下，构思与构图几乎是同步进行的，例如要在封面中表现出图书的神秘、诡异气氛，这属于构思工作范围，而根据个人阅历以及设计经验的不同，大脑可以在同一时间内就能够联想到一些相关的元素，例如古塔、蝙蝠、骷髅、扭曲变形的文字、大面积的黑色并配合蓝色或绿色等，甚至包括图像的大致位置，以及摆放图像后书名文字的位置、简介文字的位置等，这样的同步进行都可能在这一瞬间闪现出来。

所以读者在实际工作过程中，不一定必须先完成构思，然后再重新进行构图，在节约时间的同时，对自身的设计能力也是一个很好的提高过程。

很多人在接到设计任务后，习惯打开计算机漫无目的地在软件中进行操作，事实上这种做法从一开始就偏离了设计的正确轨道。因为设计靠的是人的创意，而不是让人眼花缭乱的数字特效。因此，最先应该做的是确定完善的构思。

在构图期间，我们也可以利用手中的纸和笔，将脑海中闪现出的灵感或想法记录下来，此时可能记录得很散乱、很不规范，没有关系，待我们觉得已经基本完成了这个封面的构思时，可以回过头来再重新整理、雕琢各部分细节内容。

图 4.23 所示就是几个初稿时的封面草稿图，其中记录了封面中主要元素的编排，甚至包括颜色、图像内容等细节的标注。

图4.23 封面构思图

4.7.3 搜集素材

在完成构思与构图工作后，就可以开始实质性的设计工作了，那么首先需要做的自然就是将构图时想到的素材通过各种渠道将其搜集在一起，这样才能够对其进行进一步处理，直至完成封面。

以上面构思的《3ds max 质感传奇》的封面来说，笔者除了按照构思及构图找到图 4.24 中所示的一些素材外，还自制了如图 4.25 所示的封面主体 3D 文字素材。

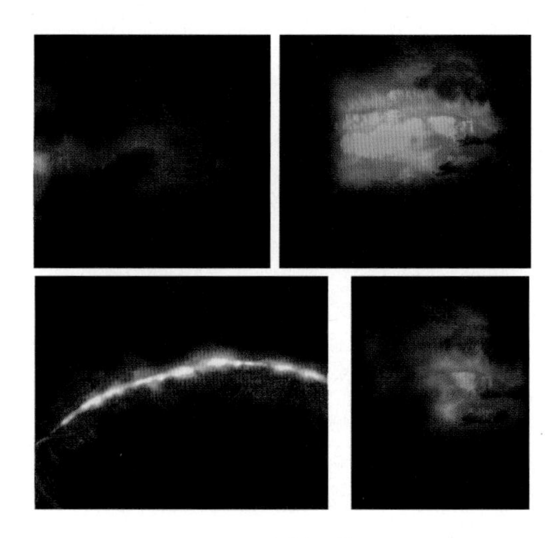

图4.24 素材图像

图4.25 自制的3D文字素材

在搜集素材的过程中，尤其要注意的是，素材图像的分辨率及其清晰程度一定要满足印刷要求，通常封面印刷的图像分辨率标准要求为 300 像素 / 英寸，250 ~ 300 像素 / 英寸也基本可以满足要求，在特殊的情况下，比如实在找不到更大、更合适的素材，也可以视情况再次降低图像的分辨率。

总之，图像的分辨率越高，印刷得到的图像质量也就越高，反之则图像质量越低。但需要所有读者注意的是，如果是强行放大图像以提高其分辨率，那么结果是不可能提高图像的印刷质量，甚至将会导致图像变得更虚、质量更低。

4.7.4 设计执行

指按照即定的思路结合软件技术，将封面中的图像内容制作出来。对于一个封面来说，好的构思与构图固然重要，但无论多么优秀的想法，如果最后无法完美地表现出来，那么这个封面也只是成为一个不完美的作品，因此，在某种程度上说，设计执行与构思构图占有着同样不可忽视的重要地位。

在 Photoshop 中结合蒙版、样式、路径、画笔等功能完成封面图像后，我们需要将其存储为 TIFF 格式的图像文件，然后即可进入下一步的工作流程。

提示

有些封面作品非常简单，只是图形及文字的编排，因此不需要在 Photoshop 中处理封面图像——即跳过本阶段的工作，直接进入排版软件中完成封面的设计及编排，但这样的情况已经超出了本书讨论的范围，感兴趣的读者可以参考其他讲解排版软件的书籍。

值得一提的是，在这一阶段中通常不包括对文字内容的编排，例如作者姓名、简介文字等，这些内容是最后在排版软件中完成的，但在制作过程中为了实时预览最终完稿时的状态，所以我们仍然会在 Photoshop 中输入这些文字，但在最后输出图像时，需要将这些文字内容隐藏起来。

例如 图 4.26 所示是在 Photoshop 中完成了初稿封面效果时的状态，关于其讲解方法，可参见本书第 5 章的相关内容。

图4.26　在Photoshop中完成初稿封面效果

4.7.5 排版完结

使用 PageMaker、InDesign、Illustrator、CorelDRAW 等具有排版功能的软件，根据构图阶段对封面的构图设计，设置合适的页面、辅助线，然后置入主体图像，根据需要输入文字并对文字的字体与字号进行设计。

提示

如果需要，可以使用各类绘图软件制作封面需要的特效文字，然后将此图像置入到具有布版功能的软件中。

经过上述过程，将会得到一个能够进行输出的封面电子文件。

4.8 封面的开本与各部分的尺寸

4.8.1 开本的概念

很多人都认为封面和开本与其尺寸是相同的，实际上这是一种由于概念混淆所导致的问题。

开本是以全开纸为基础，在不浪费纸张、便于印刷等前提下，按照合适的尺寸划分成为若干个小块，每一块即称之为一个尺寸开本。例如将全开纸两次对折，即将其划分成为4份，那么得到的就是4开纸，依此类推，其中图4.27所示的内容可以供读者作为参考。

由于国际和国内对于全开纸的尺寸略有不同，所以即使是同一开本名称的纸，其实际尺寸也不尽相同，以国内标准787mm×1092mm的全开纸（即正度纸）为例，16开纸的尺寸为185mm×260mm，而对于国际标准889mm×1194mm的全开纸（即大度纸）来说，16开纸的尺寸可为210mm×297mm。

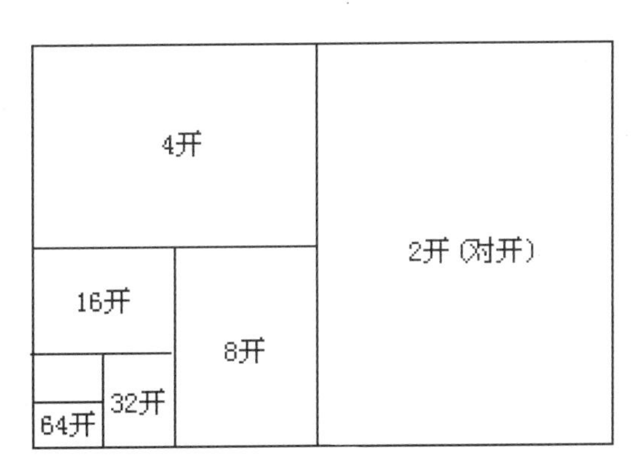

图4.27 纸张开本示意图

提示

仅针对封面设计来说，用户对于开本知识有一定的了解即可，因为在实际制作过程中，其尺寸数值都是由客户提供的，基本无须我们操心。

按照尺寸的大小，通常将开本分为3种类型：大型开本、中型开本和小型开本。以787mm×1092mm的纸张来说，12开以上为大型开本，16～36开为中型开本，40开以下为小型开本，以文字为主的书籍一般为中型开本。

开本形状除6开、12开、20开、24开、40开近似正方形外，其余均为比例不等的长方形，分别适用于性质和用途不同的各类书籍。表 4.1 列出了正度纸与大度纸分别对应的各种开本的实际尺寸。

表4.1 纸张开本及尺寸对照表

开本	正度纸尺寸（mm × mm）	大度纸尺寸（mm × mm）
全开	787 × 1092	889 × 1194
2 开	530 × 760	590 × 880
4 开	380 × 530	440 × 590
6 开	380 × 356	395 × 440
8 开	266 × 380	295 × 440
16 开	185 × 260	210 × 285
32 开	130 × 185	210 × 142
64 开	95 × 130	105 × 138

提示

上表中的数据仅供参考，实际尺寸最好直接与客户确认，因为即使同为正 16 开纸，也可以裁出 185mm × 260mm、186mm × 208mm 和 187mm × 260mm 这 3 种不同的尺寸。

4.8.2 开本与尺寸

通过上面的讲解可以看出，开本是代表一类纸形，而尺寸则代表了该纸形的宽度与高度数值。

例如封面开本与封面尺寸这两组词就代表了完全不同的含义。对于前者，我们可以说该封面为正度 16 开、大度 32 开等，而对于后者，则需要将封面的宽度及高度所包含的内容尺寸全部加在一起才算是一个完整的封面尺寸，关于封面尺寸的计算方法，将在后面的小节中进行讲解。

4.8.3 正封/封底的尺寸

通常情况下，正封与封底的尺寸是完全相同的，而且同时受到图书开本的限制，即正封／封底的尺寸 = 图书开本的尺寸。例如对于一本正度 16 开尺寸的图书来说，其正封及封底尺寸均为 185mm × 260mm。

4.8.4 书脊的尺寸

在整个图书封面的制作过程中，计算书脊厚度显然具有非常重要的意义，如果不计算书脊厚度的数值，则无法正确设置文件的大小，更谈不上得到一个能够印刷的封面。

通常，计算书脊厚度的工作由印务来进行，但如果能够掌握笔者在下面所讲述的公式，则每一个封面设计者都可以自己计算出书脊的厚度。

在图书出版行业，书脊厚度的计算公式如下：

印张 × 开本 ÷2× 纸的厚度系数。

或者也可以使用下面的公式：

全书页码数 ÷2× 纸的厚度系数。

例如：一本16开的书籍，共有正文314页，扉页、版式权页、目录页共14页，使用80克金球胶版纸进行彩色印刷，则其书脊厚度的计算方法如下：

首先，计算出整本书的印纸数：

(314+14) ÷16=20.5 个印张

然后，按书脊厚度计算公式进行计算：

$20.5 \times 160 \div 2 \times 0.098 \approx 16\text{mm}$

由于已知全书的页码数为 328，因此也可以直接使用第二个公式进行计算，即：

$328 \div 2 \times 0.098 \approx 16\text{mm}$

提示

80g 金球胶版纸厚度系数为 0.098，由于不同类型的纸的厚度系数也各不相同，因此在计算时需要与供纸商进行沟通，以得到精确的厚度系数数值。

另外，对于超过400页的图书，由于纸张太多，会将书脊一定程度上地向外扩张，所以要单独加1mm，例如按照上面的公式计算，仅将页码改为480页，计算公式如下：

$480 \div 2 \times 0.098+1 \approx 24.5\text{mm}$

提示

有些图书中带有比正文用纸略厚的彩色插页，但由于其数量通常都比较少（2～16页），所以在实际计算过程中可以忽略不计。

4.8.5 勒口的尺寸

在设计勒口大小时，一般可在不浪费纸张且

便于印刷的情况下使勒口稍大些，多数在30mm以上，但有些封面设计人员不了解纸张规格、开数及印刷机性能，在进行封面设计时，不根据纸张开数而随意把勒口的尺寸固定下来，制版后往往不符合纸张规格开数要求而造成浪费，而现在大部分图书封面印刷后需要覆膜，因而又再次提高了覆膜成本，从而使图书的成本进一步提升。

例如，一套分上、下两册的图书为850mm×1168mm的大32开本图书，上、下册各为600页左右，用52g胶版纸印刷，书脊厚度为22mm，封面采用胶版印刷，上、下册各印2万册，封面覆膜。

由于设计人员不了解纸张规格、开数，设计勒口为65mm，这样大的勒口就需用787mm×1092mm（1/6纸）印刷，如果设计时根据纸张开数，将勒口设计为40mm，就可用787mm×1092mm（1/8纸）印刷。两者的费用相差4000元左右，可见，装帧设计人员在进行封面设计时，要对纸张规格、开本数有所了解，在封面设计时尽量考虑降低图书成本，避免造成不必要的经济损失。

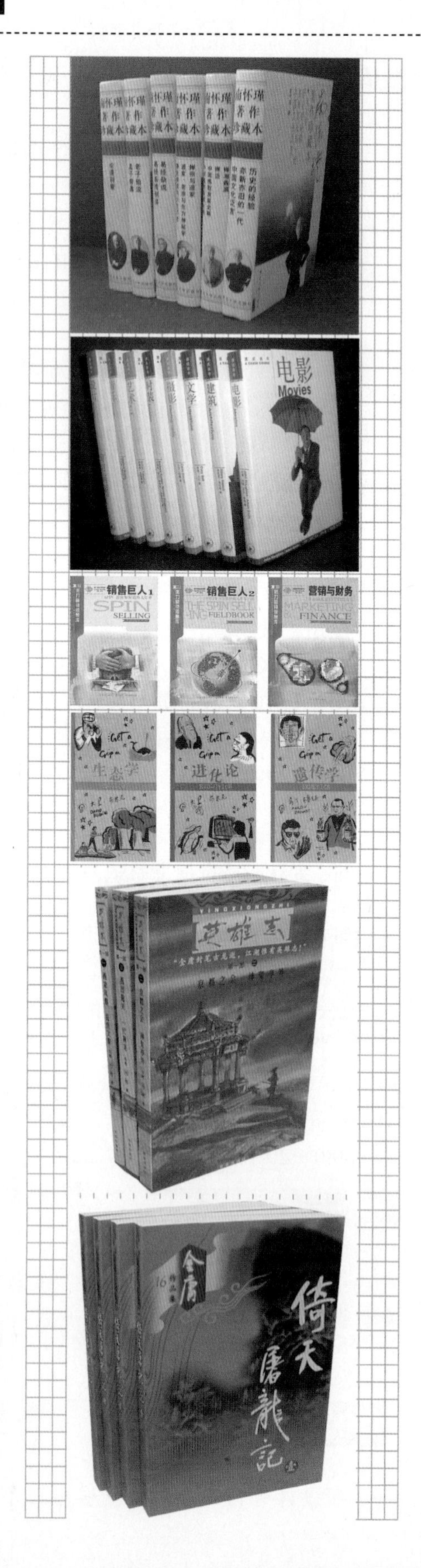

4.8.6 计算封面的宽度及高度尺寸

通过前面的学习我们已经知道，一个完整的封面包括了正封、书脊以及封底等部分，也有可能会包含有勒口，那么整个封面的高度，通常是与所选开本对应的高度完全相同，以正度16开纸为例，其尺寸为：宽度×高度=185mm×260mm，即整个封面的高度也同样为260mm。

对于封面的宽度，在设计时需要将正封、书脊、封底及勒口（如果包含正封和封底）4者的宽度尺寸相加，即：正封宽度+书脊宽度+封底宽度+正封勒口宽度+封底勒口宽度=185mm+12mm+185mm+30mm（假设）+30mm（假设）=442mm。

提示

在Photoshop中为封面制作底图时，在设计图像时应在四边分别加入3mm的出血范围，否则当我们将底图导入到PageMaker中时，将没有任何出血可用，这样可能会在最终印刷时出现不必要的问题。

4.9 封面用纸

书籍的种类繁多，其使用的要求以及印刷方式各有不同，故必须根据印刷工艺的要求及特点去选择相应的纸张。现介绍一些出版社常用纸张的用途、品种及规格，以供各位设计人员参考。

4.9.1 胶版纸

胶版纸按纸浆料配比分为特号、1号和2号3种，有单面和双面之分，还有超级压光与普通压光两个等级。除了可用于封面印刷之外，还经常用于印刷较高级的彩色印刷品，如彩色画报、画册、宣传画、彩印商标以及彩插等。其特点就是伸缩性小，对油墨的吸收性均匀、滑度好、质地紧密不透明、白度好、抗水性能强。

4.9.2 铜版纸

铜版纸又称涂料纸，这种纸是在原纸上涂布一层白色浆料，经过压光而制成的，是封面印刷较为常用的纸类。除此之外，铜版纸还常用于印刷画册、封面、明信片、精美的产品样本以及彩色商标等。此种纸的特点就是纸张表面光滑、白度较高、纸质纤维分布均匀、厚薄一致、伸缩性小，有较好的弹性和较强的抗水性能及抗张性能，对油墨的吸收性与接收状态十分良好。

需要注意的是，铜版纸印刷时压力不宜过大，需要选择胶印树脂型油墨以及亮光油墨。

4.9.3 白版纸

白版纸伸缩性小、有韧性、折叠时不易断裂，主要用于印刷包装盒和商品装潢衬纸。在书籍装订中用于简精装书的里封。

白版纸按纸面分有粉面白版与普通白版两大类，按底层分类有灰底与白底两种。

4.9.4 布纹纸

布纹纸是一种较为特殊的纸张，其纸张的表面带有一种不十分明显的花纹，因此带有较强的装饰性。通常用于高档书籍的封面。其特点是色彩较为丰富，有灰、绿、米黄及粉红等多种颜色，但纸质较脆，装订时容易出现断裂的现象。

4.9.5 牛皮纸

牛皮纸可分为平板纸和卷筒纸两种类型，另外，按照表面纹理还可以将其分为单面光、双面光和带纹理 3 种类型。较为常见的是应用于制作纸袋、信封、宣传册等，但也仍有部分图书为追求特殊效果，而采用这种牛皮纸作为封面用纸。

牛皮纸的特点是耐水性强、柔韧结实，能承受较大的拉力和压力而不破裂。

4.10 特殊工艺

除了正常的印刷方式以外，我们还可以对封面中的内容进行一次再包装，即附加各种不同的特殊工艺效果，使封面中要重点表现的内容更加显眼，或作为纯粹的装饰用途。

4.10.1 常见特殊工艺简介

常见的工艺类型包括专色、UV（上光）、烫金、烫银、磨砂、起鼓、模切、镭射等，下面来分别介绍一下这些常见工艺的特性及应用效果。

1. 专色

专色是一种特殊的预混油墨，用于替代或补充印刷色（CMYK）油墨，以产生更好的印刷效果，使用专色印刷的图书在颜色上很容易与其他普通图书区别开来。

2.UV

UV 亦称为上光，是在印刷品表面涂、喷或印一层无色透明的涂料，使成品的表面形成一层薄且均匀的透明光亮层，这种工艺不仅可以美化印刷品，还可以保护印刷品、加强印刷品的宣传效果，其效果在一定的光照条件下（比如照相机的闪光灯）效果尤为突出，如图 4.28 所示。

3. 烫金 / 烫银

烫金 / 烫银是近年来常见的工艺形式，用于提升图书的装帧档次，如图 4.29 所示，其中中间和右侧的封面中，都采用了 UV 及烫金工艺，图 4.30 右侧的封面甚至还同时用到了前面两者和烫银 共 3 种工艺。

图4.28 UV工艺示例

图4.29 UV及烫金工艺示例　　图4.30 UV及烫金/烫银工艺示例

4. 磨砂

磨砂工艺可以为对象的表面增加磨砂手感，而且看起来也更有质感，为具有特殊质感的图像增加此工艺可以得到更好的效果。

5. 起鼓

起鼓是增加图像立体感的一种工艺，常与磨砂或 UV 工艺一起使用，例如图 4.31 所示为增加了起鼓工艺的封面作品，而图 4.32 所示则是同时采用了磨砂与起鼓工艺的封面作品。

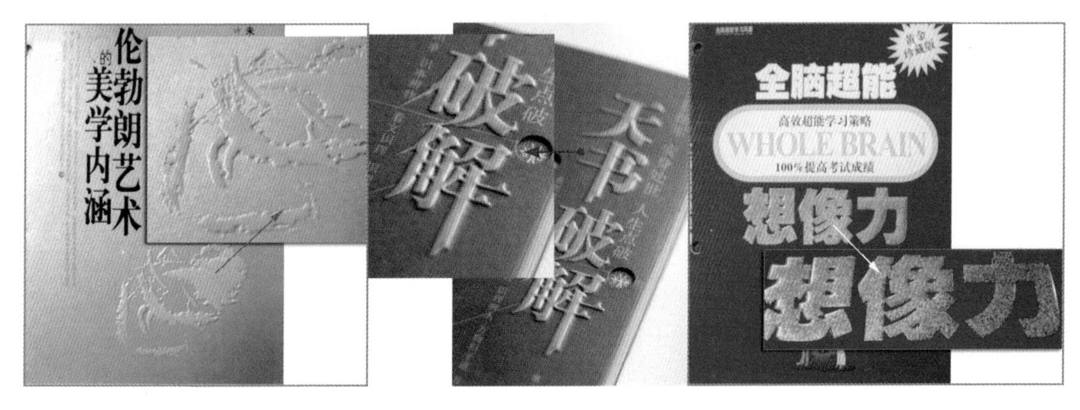

图4.31 起鼓工艺　　图4.32 起鼓与磨砂工艺

6. 镭射

镭射亦称为烫彩金，附加了该工艺后，可以使对象在不同的角度时看到不同的反光效果及反光色彩，属于比较炫丽的特殊工艺，如图 4.33 所示。

图4.33 镭射工艺

7. 模切

模切工艺近年来也开始流行起来，无论是在封面上穿孔、打洞还是制作异形的型，都可以使封面感觉起来更有情趣和档次，如图 4.34 所示。

图4.34 模切工艺示例

4.10.2 特殊工艺与工艺版

要附加特殊工艺，最重要的就是在文件中确认附加特殊工艺的区域，而用于确认的文件就被称为“XX 版文件”,或简称为“XX 版”,例如用于确认 UV 工艺的文件就被称为“UV 版文件”,简称为“UV 版”; 如果是用于确认烫金工艺的文件,则该工艺版文件就被称为“烫金版文件”，简称为“烫金版”。

4.10.3 工艺版文件的制作方法

值得庆幸的是，虽然上面提到了很多种工艺和工艺版，但实际上，所有工艺版的制作方法都是相同的，而且操作起来非常简单，简单来说，就是将要附加特殊工艺的对象在出版物文件中设置为黑色，而其他非附加工艺区域为白色即可。

在通常情况下，制作工艺版文件都是以封面的原文件为基础，另存一个新文件后，将要添加工艺以外的内容删除，然后将要制作工艺的区域保留下来并调整成黑色，其他区域调整成为白色即可。例如图 4.35 所示的封面作品为例，如果我们需要将其中的书名“开棺发财”4 个文字附加烫金工艺，那么其工艺版状态就应该为图 4.36 所示的状态，并与印刷厂说明要采用烫金工艺即可。

图4.35 封面图像

开棺发财

图4.36 工艺版图像

NOTE

读书笔记

第5章

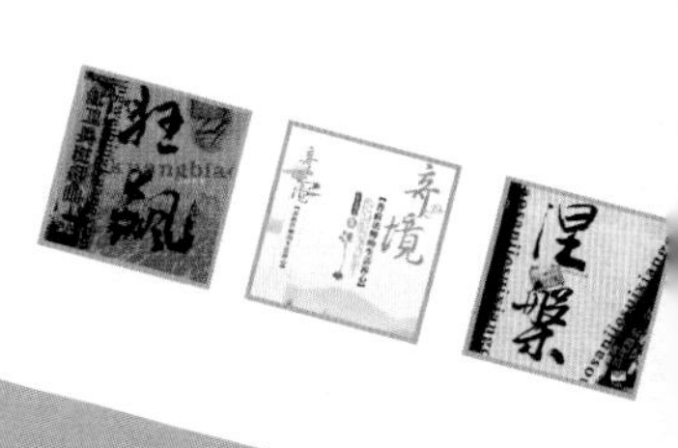

书籍装帧设计实战

5.1 《绝密档案》书籍装帧设计

5.1.1 案例概况

例前导读：

本例是关于书籍《绝密档案》封面设计的作品。在制作的过程中，将具有中国古典特色的图像作为封面的主画面。红色的纹理图像与紊乱的黑色边框图像组合，有很强的视觉吸引力，给人以先睹为快的感觉。

核心技能：

- 结合标尺及辅助线划分封面中的各个区域。
- 通过设置图层的混合模式融合图像。
- 利用剪贴蒙版限制图像的显示范围。
- 应用形状工具绘制形状。
- 应用“纹理化”命令制作图像的纹理效果。
- 应用“USM 锐化”命令调整图像的清晰度。
- 通过添加“投影”图层样式制作图像的投影效果。
- 使用“色阶”调整图层的功能调整图像的亮度。
- 使用文字工具输入文字。
- 通过复制图层结合变换功能制作多个图像效果。

效果文件：光盘 \ 第 5 章 \5.1.psd。

5.1.2 实现步骤

① 按 Ctrl+N 键新建一个文件，设置弹出的对话框，如图 5.1 所示，单击“确定”按钮退出对话框，以创建一个新的空白文件。

图5.1 “新建”对话框

提示

在“新建”对话框中，封面的宽度数值为正封宽度（210mm）+书脊宽度（20mm）+封底宽度（210mm）+左右出血（各 3mm）=446mm，封面的高度数值为上下出血（各 3mm）+封面的高度（297mm）=303mm。

提示

下面根据提示内容，对整个画面进行区域划分。结合素材图像，设置图层的属性，制作封面中的基本内容。

② 按Ctrl+R键显示标尺，按Ctrl+；键调出辅助线，按照上面的提示内容在画布中添加辅助线以划分封面中的各个区域，如图5.2所示。按Ctrl+R键隐藏标尺。

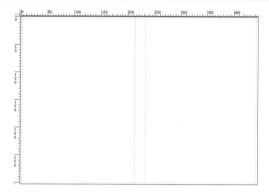

图5.2 划分区域状态

③ 打开随书所附光盘中的文件“第5章\5.1-素材1.psd”，使用移动工具将其拖至刚制作的文件中，得到“图层1”。按Ctrl+T键调出自由变换控制框，按Shift键向外拖动控制句柄以放大图像（与当前画布吻合），按Enter键确认操作。得到的效果如图5.3所示。

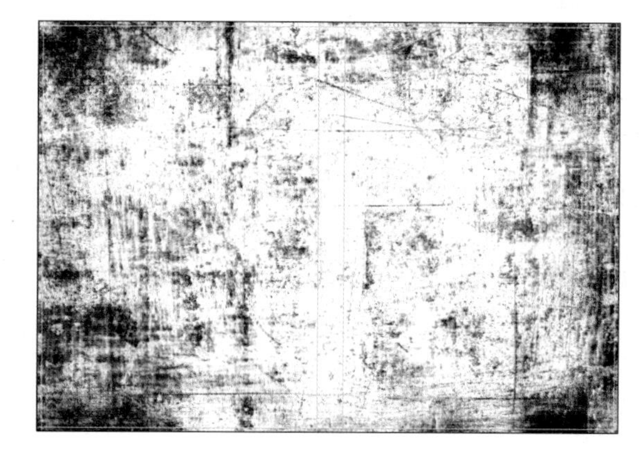

图5.3 调整图像

④ 设置“图层1”的混合模式为“点光”，不透明度为20%，以融合图像，得到的效果如图5.4所示。

提示

至此，封面中的基本图像已制作完成。下面来制作正封中的图像效果。

图5.4 设置图层属性后的效果

⑤ 设置前景色的颜色值为白色，选择钢笔工具，在工具选项条上选择形状图层按钮，在正封中绘制如图5.5所示的形状，得到“形状1”。

⑥ 设置前景色为368ad6，选择矩形工具，在工具选项条上选择形状图层按钮，

在上一步得到的图形上绘制如图5.6所示的形状，得到“形状2”。按Ctrl+Alt+G键执行“创建剪贴蒙版”操作。得到的效果如图5.7所示。

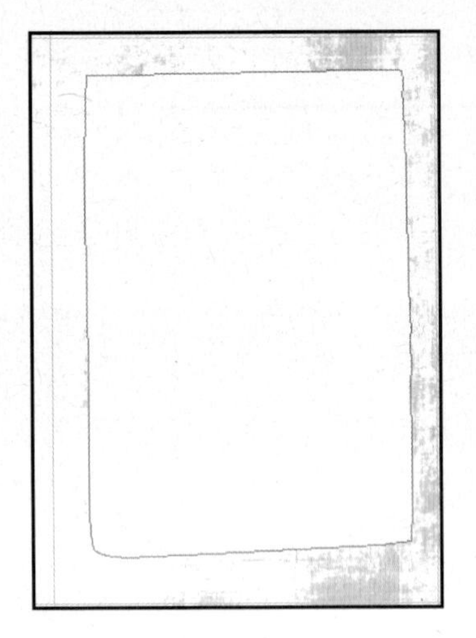

图5.5 绘制形状1

图5.6 绘制形状2

图5.7 执行“创建剪贴蒙版”后的效果

提示

在这里需注意的是，完成一个形状后，如果想继续绘制另外一个不同颜色的形状，在绘制前需按Esc键使先前绘制形状的矢量蒙版缩览图处于未选中的状态。下面为“形状2”添加纹理。

⑦ 选择“滤镜”|“纹理”|“纹理化”命令，在弹出的提示框中直接单击“确定”按钮。设置弹出的对话框，如图5.8所示，得到如图5.9所示的效果。

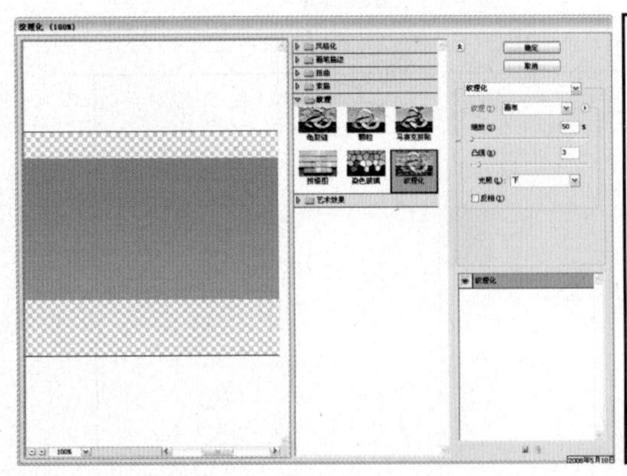

图5.8 “纹理化”对话框

图5.9 应用“纹理化”后的效果

⑧ 下面来制作建筑图像效果。打开随书所附光盘中的文件“第5章\5.1−素材2.psd”，使用移动工具将其拖至刚制作的文件中，得到“图层2”。按Ctrl+Alt+G键执行“创建剪贴蒙版”操作，再次对图像的位置做适当的调整，得到的效果如图5.10所示。

⑨ 下面来调整图像的清晰度。选择“滤镜”|“锐化”|“USM锐化”命令，设置弹出的对话框，如图5.11所示，得到如图5.12所示的效果。

图5.10 调整位置

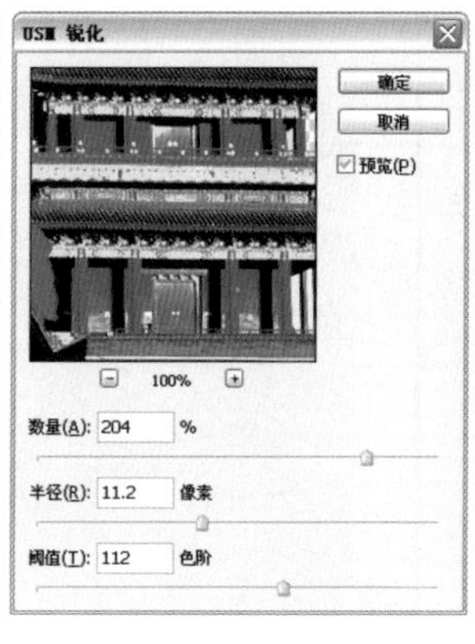

图5.11 “USM锐化”对话框

图5.12 应用“USM锐化”后的效果

提示

下面利用素材图像，结合形状工具等功能，制作建筑下方的红墙图像。

⑩ 设置前景色为ef1b2a，选择钢笔工具，在工具选项条上选择形状图层按钮，在正封的下方绘制如图5.13所示的形状，得到“形状3”。按Ctrl+Alt+G键执行“创建剪贴蒙版”操作。

⑪ 打开随书所附光盘中的文件“第5章\5.1-素材3.psd”，使用移动工具将其拖至刚制作文件中，得到“图层3”。按Ctrl+Alt+G键执行“创建剪贴蒙版”操作。结合自由变换控制框调整图像的角度（-4.5°左右），并调整到适当的位置，如图5.14所示。

图5.13 绘制形状　　图5.14 调整图像

⑫ 设置“图层3”的混合模式为“变暗”，以融合图像，得到的效果如图5.15所示。“图层”调板如图5.16所示。

提示

至此，红墙图像已制作完成。下面来制作红墙上方的墙檐图像以及边框图像。

图5.15 设置混合模式后的效果

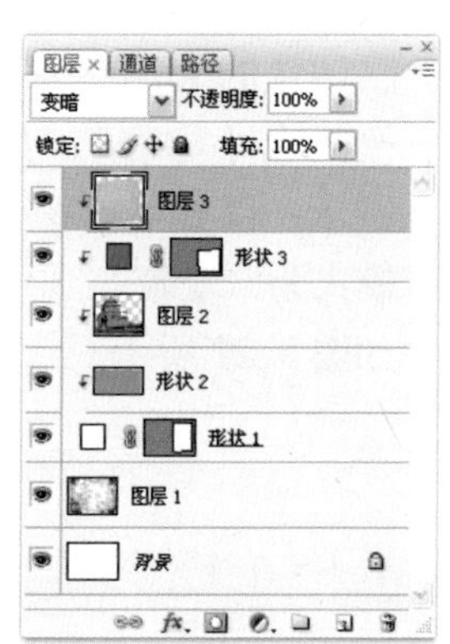

图5.16 “图层”调板

⑬ 打开随书所附光盘中的文件“第 5 章\5.1- 素材 4.psd”，使用移动工具将其拖至刚制作的文件中，得到“图层 4”。按 Ctrl+Alt+G 键执行“创建剪贴蒙版”操作。结合自由变换控制框调整图像的大小、角度（-6° 左右），并调整到红墙上方适当的位置，如图 5.17 所示。

图5.17 调整图像

⑭ 下面来制作墙檐的投影效果。单击添加图层样式按钮 fx，在弹出的菜单中选择“投影”命令，设置弹出的对话框，如图 5.18 所示，得到的效果如图 5.19 所示。

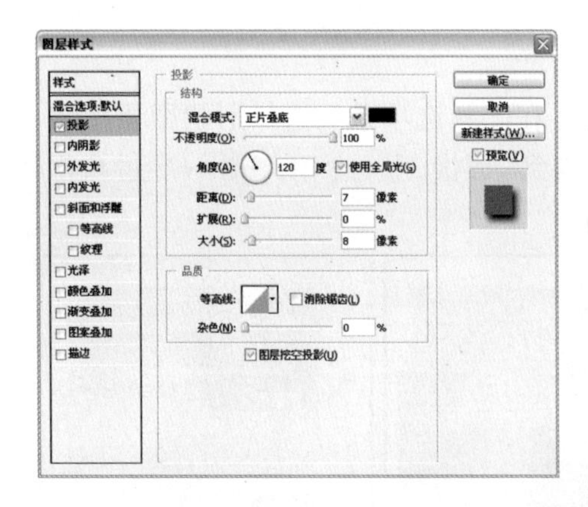

图5.18 “投影”对话框

图5.19 添加图层样式后的效果

⑮ 打开随书所附光盘中的文件“第 5 章\5.1- 素材 5.psd”，使用移动工具将其拖至刚制作的文件中，得到“图层 5”。结合自由变换控制框调整图像的大小（与形状 1 图像的大小吻合），如图 5.20 所示。设置当前图层的混合模式为“变暗”，得到的效果如图 5.21 所示。

图5.20 调整图像

图5.21 设置混合模式后的效果

提示

至此，正封中的图像已制作完成。下面来制作封底的图像。

⑯ 选择“形状1”同时按Shift键选择“图层5”以选中它们相连的图层，按Ctrl+Alt+E键执行“盖印”操作，从而将选中图层中的图像合并至一个新图层中，并将其重命名为“图层6”。结合自由变换控制框进行水平翻转，并移至封底，如图5.22所示。

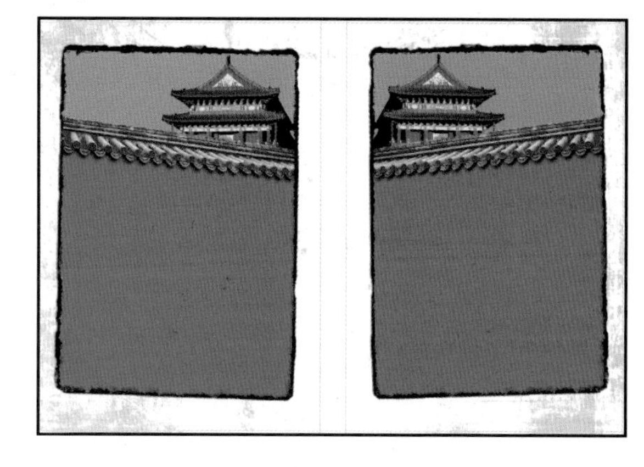

图5.22 盖印及移动位置

提示

至此，整体封面的图像已制作完成。下面制作封面中的装饰图像。

⑰ 打开随书所附光盘中的文件“第5章\5.1-素材6.psd”，使用移动工具将其拖至刚制作文件中，封底的左侧，如图5.23所示，同时得到“图层7”。设置此图层的混合模式为“差值”，得到的效果如图5.24所示。

图5.23 调整位置

图5.24 设置混合模式后的效果

⑱ 下面来调整图像的亮度。单击创建新的填充或调整图层按钮，在弹出的菜单中选择“色阶”命令，设置弹出的对话框，如图5.25～图5.28所示，单击“确定”按钮退出对话框，得到图层“色阶1”。按Ctrl+Alt+G键执行“创建剪贴蒙版”操作，得到如图5.29所示的效果。

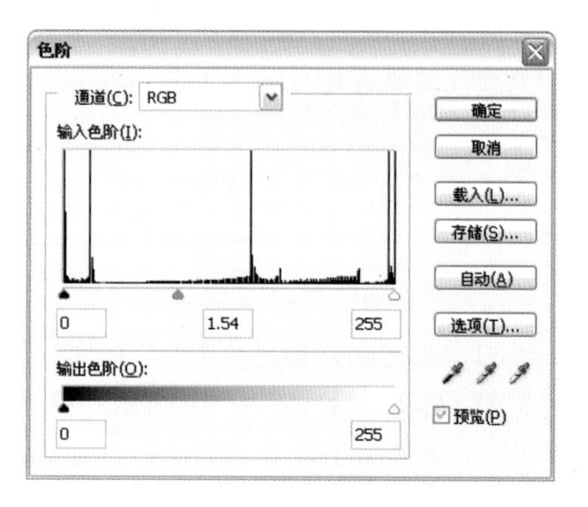

图5.25 “色阶”对话框

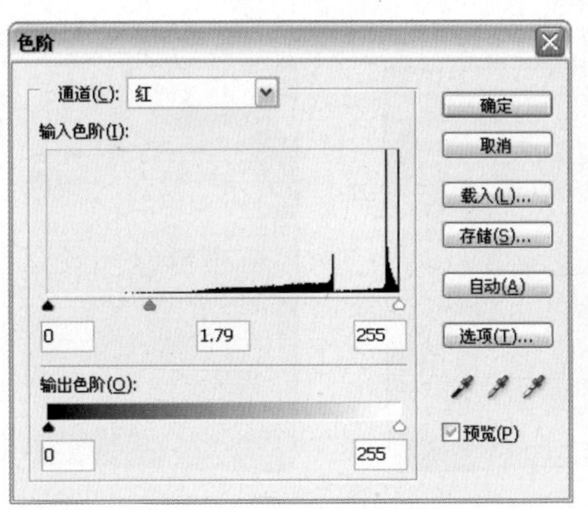

图5.26 “红”选项

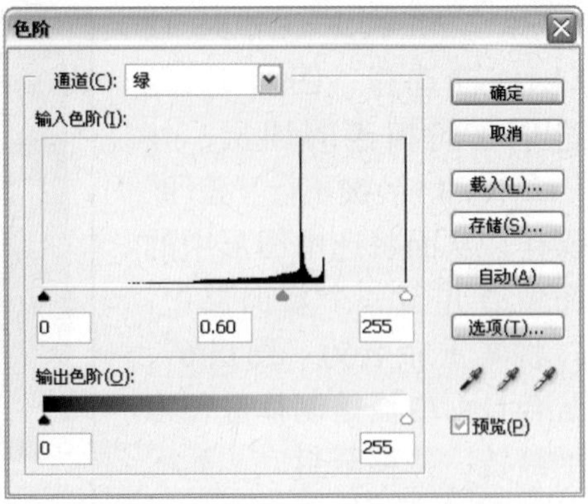

图5.27 “绿”选项

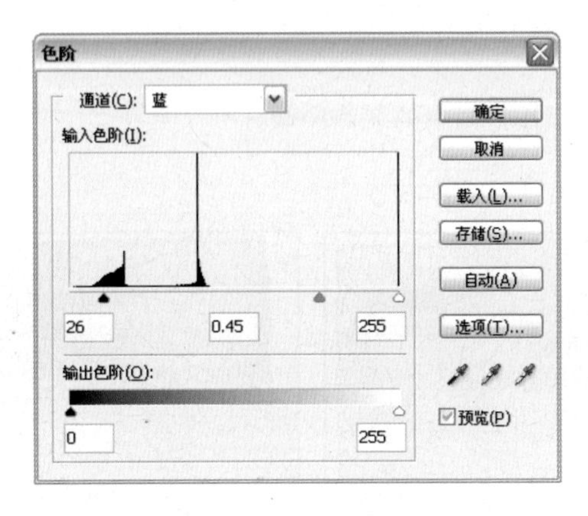

图5.28 “蓝”选项

图5.29 应用“色阶”后的效果

⑲ 下面将通过复制图层得到多个装饰效果。按住 Alt 键将“图层 7”拖至所有图层上方，得到“图层 7 副本”。结合自由变换控制框调整图像大小，并移至封底的右下方位置，如图 5.30 所示。

提示

在变换的过程中，可结合按 Ctrl 键拖动各个角的控制句柄，使图像变形。

图5.30 复制及变换图像

⑳ 按照上一步的操作方法，通过复制图层，结合变换功能制作书脊及正封中的装饰效果，如图 5.31 所示。“图层”调板如图 5.32 所示。

提示

本步得到的图层，均将图层的混合模式更改为“正常”。下面制作封面下方及右侧的喷溅效果。

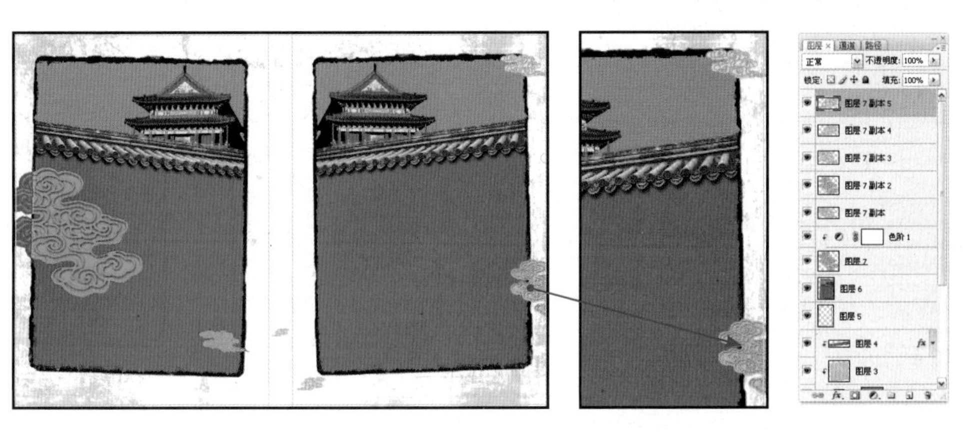

图5.31 制作其他装饰图像

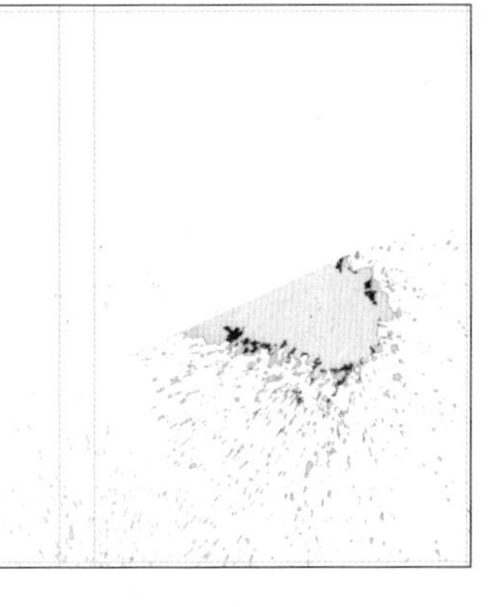

图5.32 “图层”调板

㉑ 选择“图层 1”。结合素材图像，设置图层属性以及变换等功能。制作文件下方的喷溅效果，如图 5.33 所示，同时得到“图层 8”及其副本。图 5.34 所示为单独显示“背景”图层及喷溅的效果。

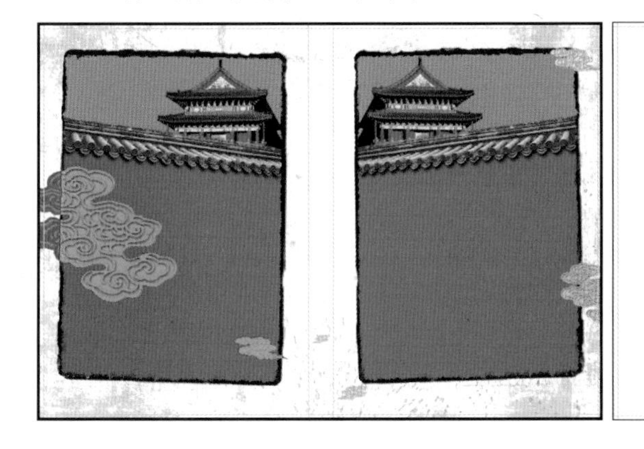

图5.33 制作喷溅效果

图5.34 单独“背景”图层及显示喷溅的效果

提示

本步应用到的素材图像为随书所附光盘中的文件“第 5 章\5.1– 素材 7.psd”。设置“图层 8”的混合模式为“排除”；“图层 8 副本”的混合模式为“差值”，不透明度为 70%。

㉒ 选择“图层 7 副本 5”。结合素材图像，直线工具，文字工具及变换等功能，制作封面中的文字、条形码等图像，如图 5.35 所示。“图层”调板如图 5.36 所示。图 5.37 为净尺后的效果展示。

图5.35 最终效果

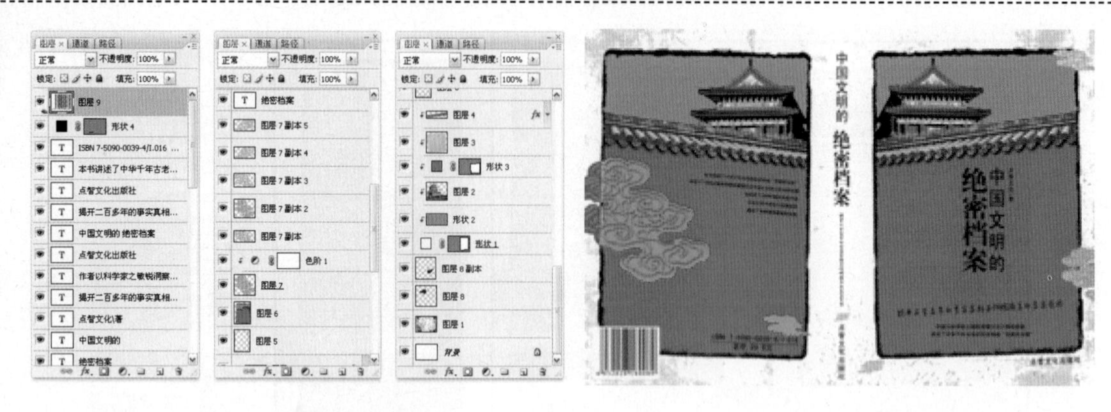

图5.36 “图层”调板　　　　图5.37 净尺后的效果

提示

本步应用到的素材图像为随书所附光盘中的文件“第 5 章\5.1– 素材 8.psd”。绘制直线与绘制其他图形一样。只是在绘制直线形状时，选择的是直线工具。

5.2 《奇境》书籍装帧设计

5.2.1 案例概况

例前导读：

本例是图书《奇境》的封面作品，此书在设计风格上比较清淅、脱俗。给人的第一感觉就是赏心悦目，就像进入世外桃园，让人身临其境。

核心技能：

- 结合标尺及辅助线划分封面中的各个区域。
- 应用渐变填充图层的功能制作图像中的渐变效果。
- 应用添加图层蒙版的功能隐藏不需要的图像。
- 应用形状工具绘制形状。
- 使用文字工具输入文字。
- 使用“喷溅”命令制作特殊的图像效果。
- 应用通道创建选区。
- 通过设置图层的属性融合图像。
- 应用钢笔工具绘制路径。
- 应用“描边”图层样式制作图像的描边效果。
- 利用画笔素材，结合画笔工具制作特殊的图像效果。

效果文件：光盘\第 5 章\5.2.psd。

5.2.2 实现步骤

① 按Ctrl+N键新建一个文件，设置弹出的对话框，如图5.38所示，单击“确定”按钮退出对话框，以创建一个新的空白文件。

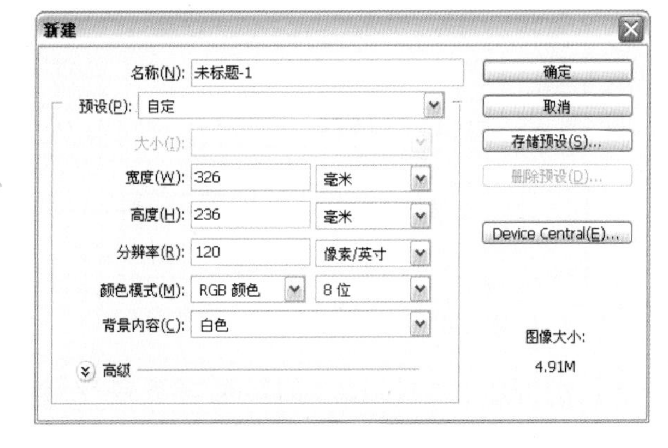

图5.38 “新建”对话框

提示1

在“新建”对话框中，封面的宽度数值为正封宽度（150mm）+书脊宽度（20mm）+封底宽度（150mm）+左右出血（各3mm）=326mm，封面的高度数值为上下出血（各3mm）+封面的高度（230mm）=236mm。

提示2

下面根据提示内容对整个画面进行区域划分，并应用渐变填充图层的功能制作背景中的渐变效果。

② 按Ctrl+R键显示标尺，按Ctrl+；键调出辅助线，按照上面的提示内容在画布中添加辅助线以划分封面中的各个区域，如图5.39所示。按Ctrl+R键隐藏标尺。

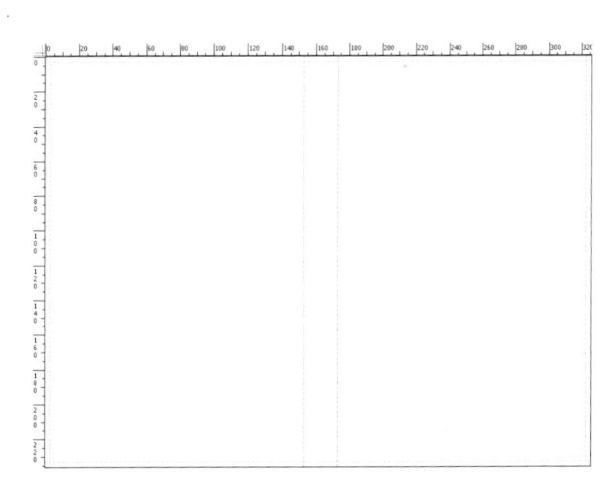

图5.39 划分区域状态

提示

下面利用素材图像，结合添加图层蒙版的功能制作正封中的图像效果。

③ 单击创建新的填充或调整图层按钮，在弹出的菜单中选择“渐变”命令，设置弹出的对话框，如图5.40所示，得到如图5.41所示的效果，同时得到图层“渐变填充1”。

提示

在“渐变填充”对话框中，渐变类型的各色标颜色值从左至右分别为e5f1c0和fbfdf3。

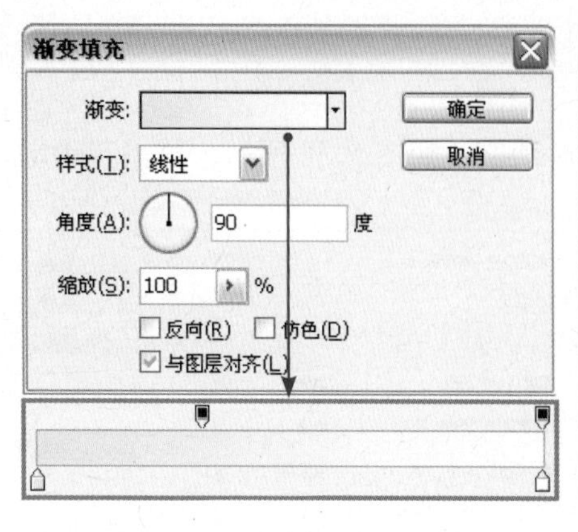

图5.40 “渐变填充”对话框

图5.41 应用“渐变填充”后的效果

④ 打开随书所附光盘中的文件“第 5 章 \5.2- 素材 1.psd”，使用移动工具将其拖至刚制作的文件中，得到“图层 1”。按 Ctrl+T 键调出自由变换控制框，按 Shift 键向外拖动控制句柄以放大图像，并移至正封下方位置，按 Enter 键确认操作。得到的效果如图 5.42 所示。

图5.42 调整图像

⑤ 单击添加图层蒙版按钮为“图层 1”添加蒙版，设置前景色为黑色，选择画笔工具，在其工具选项条中设置适当的画笔大小及不透明度，在图层蒙版中进行涂抹，以将上方部分图像隐藏起来，直至得到如图 5.43 所示的效果，此时蒙版中的状态如图 5.44 所示。

图5.43 添加图层蒙版后的效果

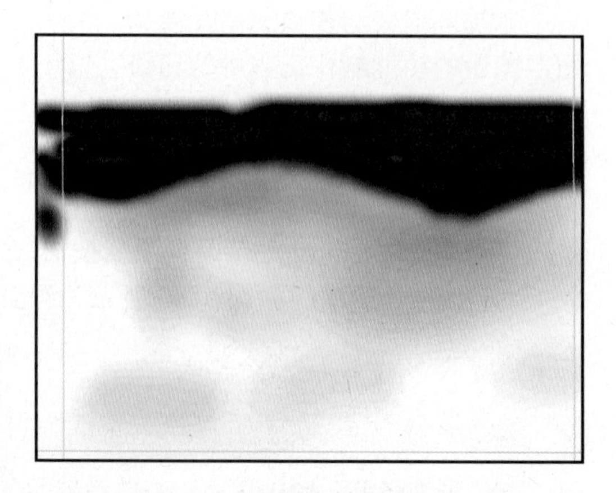

图5.44 图层蒙版中的状态

提示

下面制作正封中的文字及云彩效果。

⑥ 分别打开随书所附光盘中的文件“第5章\5.2-素材2.psd”～“第5章\5.2-素材4.psd”，使用移动工具将其依次拖入刚制作的文件中，结合自由变换的功能制作正封中右上方的文字及云彩图像，如图5.45所示。

⑦ 设置前景色的颜色值为cc0d1b，选择圆角矩形工具，在其工具选项条上选择形状图层按钮，并设置“半径”数值为10px，在文字的左侧绘制如图5.46所示的形状，得到“形状1”。

图5.45 制作文字及云彩效果

图5.46 绘制形状

⑧ 按Ctrl键载入“形状1”图层缩览图以载入其选区，切换至“通道”调板，单击“通道”调板最下排中的创建新通道按钮，得到“Alpha 1”。设置前景色为白色，按Alt+Delete键填充前景色，按Ctrl+D键取消选区。

⑨ 下面制作紊乱的边缘效果。选择“滤镜”|“画笔描边”|“喷溅”命令，设置弹出的对话框，如图5.47所示，得到如图5.48所示的效果。

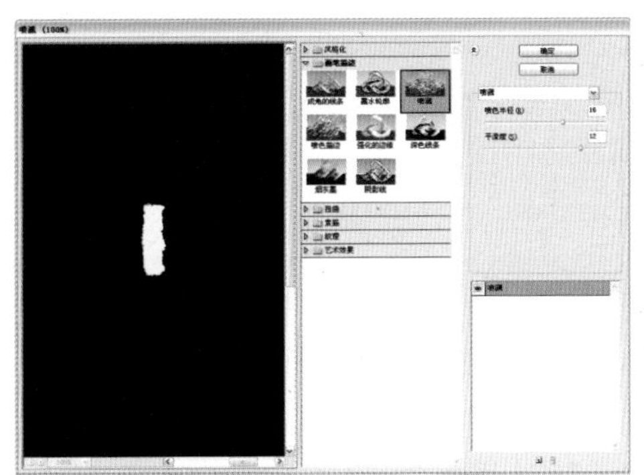

图5.47 “喷溅”对话框

图5.48 应用“喷溅”后的效果

⑩ 按Ctrl键单击“Alpha 1”图层缩览图以载入选区，切换回“图层”调板。选择“形状1”。 新建“图层5”，设置前景色为cc0d1b，按Alt+Delete键填充前景色，按Ctrl+D键取消选区。隐藏“形状1”，得到的效果如图5.49所示。

⑪ 选择直排文字工具，设置前景色的颜色值为白色，并在其工具选项条上设置适当的字体和字号，在上一步得到的图形上输入如图5.50所示的文字。

图5.49 填充效果

图5.50 输入文字

⑫ 按照第7～11步的操作方法，结合椭圆工具，横排文字工具T，“喷溅”命令等功能制作红色图像下方的文字及图形效果，如图5.51所示。“图层”调板如图5.52所示。“通道”调板如图5.53所示。

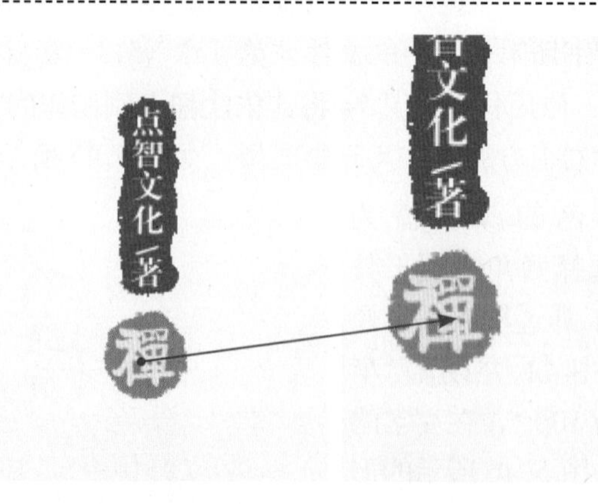

图5.51 制作红色图像下方的文字及图形效果

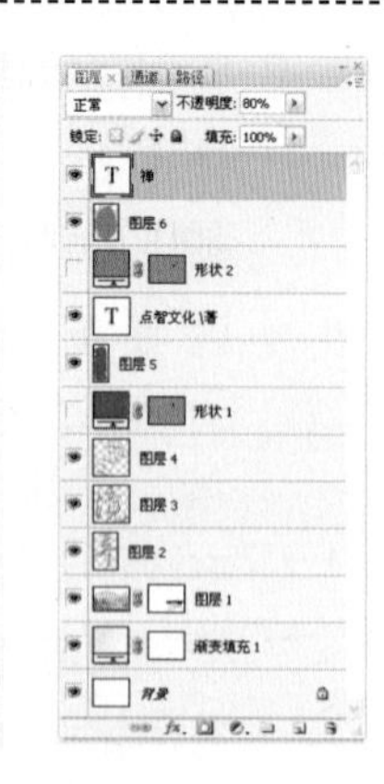
图5.52“图层”调板

提示1

在这里需注意的是，完成一个形状后，如果想继续绘制另外一个不同颜色的形状，在绘制前需按Esc键使先前绘制形状的矢量蒙版缩览图处于未选中的状态。绘制椭圆形状与绘制圆角矩形的方法一样，只是选择的工具不一样。

提示2

在本步操作过程中，笔者没有给出图像的颜色值，读者可依自己的审美进行颜色搭配。在下面的操作中，笔者不再做颜色的提示。对文字图层“禅”设置了图层的不透明度为80%。

提示3

在本步操作过程中，关于设置“喷溅”的参数值：喷色半径为9，平滑度为11。

⑬ 结合文字工具，素材图像及变换功能，制作正封中其他文字及装饰图像，如图5.54所示。“图层”调板如图5.55所示。

提示

本步所应用到的素材图像为随书所附光盘中的文件“第5章\5.2-素材5.psd”。下面制作书脊上的图像效果。

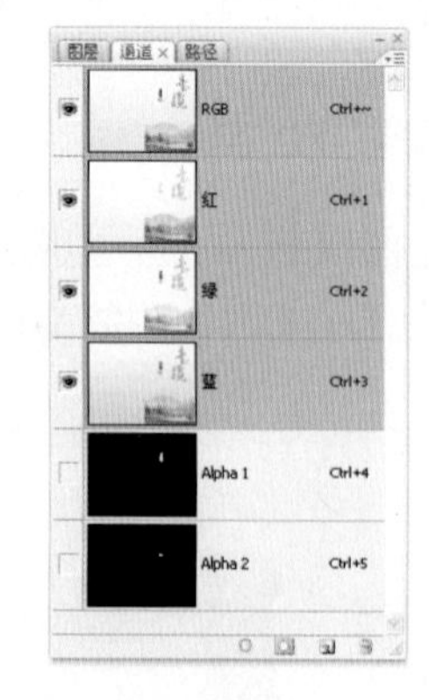

图5.53“通道”调板

图5.54 制作正封中其他文字及装饰图像

图5.55“图层”调板

⑭ 首先制作书脊中的风景图像。打开随书所附光盘中的文件“第5章\5.2-素材

6.psd”，使用移动工具将其拖至刚制作的文件中，得到“图层8”。结合自由变换控制框调整图像大小，并移至书脊上方位置，如图5.56所示。

⑮ 选择钢笔工具，在工具选项条上选择路径按钮，在图像中书脊的位置绘制如图5.57所示的路径。按Ctrl+Enter键将路径转换为选区，单击添加图层蒙版按钮，得到如图5.58所示的效果。

图5.56 调整图像

图5.57 绘制路径

图5.58 添加图层蒙版后的效果

⑯ 下面制作书脊上的文字效果。选中“图层2”及“图层3”。按住Alt键将选中的图层拖至所有图层上方。得到“图层2副本”及“图层3副本”，结合自由变换控制框分别对副本图像的大小及位置进行调整，如图5.59所示。

⑰ 下面为文字添加描边效果。选择“图层2副本”，单击添加图层样式按钮，在弹出的菜单中选择“描边”命令，设置弹出的对话框，如图5.60所示，得到如图5.61所示的效果。

图5.59 调整文字状态

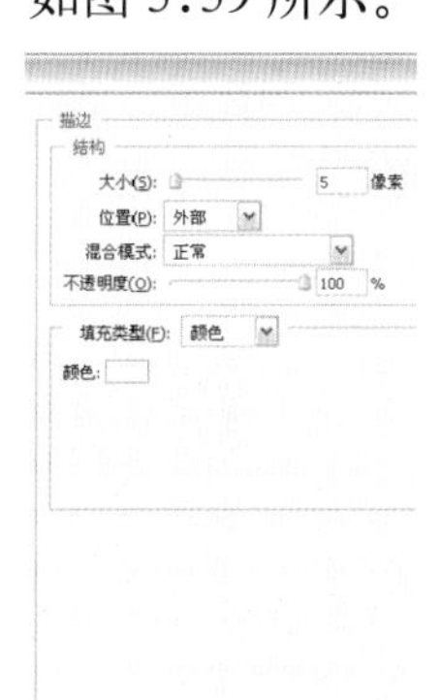

图5.60 “描边”对话框

图5.61 添加图层样式后的效果

⑱ 按住 Alt 键将“图层 2 副本”图层样式拖至“图层 3 副本”图层上以复制图层样式。得到的效果如图 5.62 所示。

⑲ 下面制作书脊中其他文字效果。结合文字工具以及复制图层的功能制作书脊上的文字效果，如图 5.63 所示。“图层”调板如图 5.64 所示。

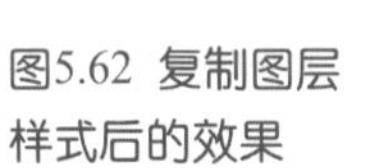

图5.62 复制图层样式后的效果

图5.63 制作书脊上其他文字效果

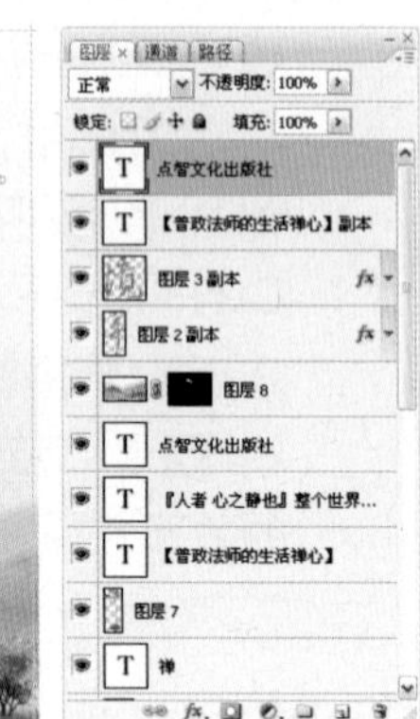

图5.64 “图层”调板

提示

至此，书脊上的图像效果已制作完成。下面来制作封底中的图像效果。

⑳ 选择最上面的文字图层“点智文化出版社”。选择画笔工具，按 F5 键调出“画笔”调板，单击其右上方的调板按钮，在弹出的菜单中选择“载入画笔”命令，在弹出的对话框中选择随书所附光盘中的画笔素材“第 5 章 \5.2- 素材 7.abr”，单击“载入”按钮退出对话框。

㉑ 设置前景色为 8ebc8c,新建“图层 9”。选择上一步载入画笔，在封底的中间位置单击，如图 5.65 所示。

㉒ 利用素材图像，结合文字工具、形状工具以及复制图层的功能，完成制作封底效果，如图 5.66 所示。完成制作。最终效果如图 5.67 所示。“图层”调板如图 5.68 所示。图 5.69 所示为净尺后的效果。

图5.65 应用画笔工具单击后的效果

图5.66 完成封底的制作

图5.67 最终效果

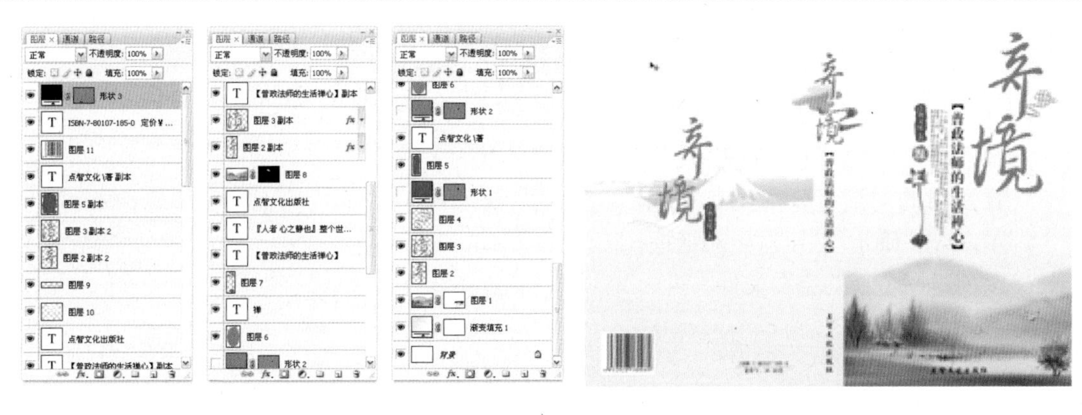

图5.68 “图层”调板　　　　图5.69 净尺后的效果

提示

在本步中所应用到的素材图像为随书所附光盘中的文件“第 5 章 \5.2– 素材 8.psd”和“第 5 章 \5.2– 素材 9.psd”，读者在制作过程中需注意图层的顺序安排。

5.3 《中医解生》书籍装帧设计

5.3.1 案例概况

例前导读：

本例是图书《中医解生》的封面作品。现代人们的生活水平提高了，对养生的认识也日益俱增，发展到今天，此类的书籍琳琅满目，让人难以决择，此时书籍的装帧设计将成为读者购买图书的重要挑选因素。在制作本例的过程中，以黄色调为基色，加上醒目的文字，体现了本书的观赏性与可读性。

核心技能：

- 结合标尺及辅助线划分封面中的各个区域。
- 应用“描边”图层样式制作图像的描边效果。
- 通过设置图层属性融合图像。
- 应用形状工具绘制形状。
- 使用文字工具输入文字。
- 应用路径，结合文字工具制作文字绕排路径的效果。
- 应用添加图层蒙版的功能隐藏不需要的图像。
- 利用调整图层的功能调整图像渐变、亮度等效果。
- 利用剪贴蒙版限制图像的显示范围。
- 应用再次变换并复制的操作，制作均匀的图像效果。

效果文件：光盘 \ 第 5 章 \5.3.psd。

5.3.2 实现步骤

① 按 Ctrl+N 键新建一个文件，设置弹出的对话框，如图 5.70 所示，单击“确定”按钮退出对话框，以创建一个新的空白文件。

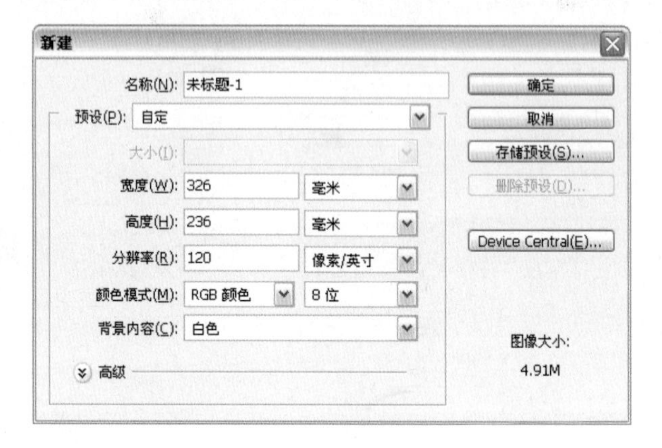

图5.70 “新建”对话框

提示

在“新建”对话框中，封面的宽度数值为正封宽度（150mm）+书脊宽度（20mm）+封底宽度（150mm）+左右出血（各 3mm）=326mm，封面的高度数值为上下出血（各 3mm）+封面的高度（230mm）=236mm。

提示

下面根据提示内容，对整个画面进行区域划分。

② 按 Ctrl+R 键显示标尺，按 Ctrl+；键调出辅助线，按照上面的提示内容在画布中添加辅助线以划分封面中的各个区域，如图 5.71 所示。按 Ctrl+R 键隐藏标尺。

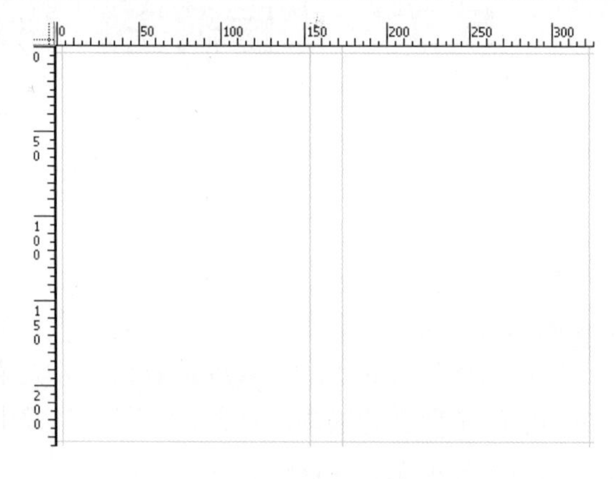

图5.71 划分区域状态

提示

下面利用素材图像，结合添加图层样式的功能制作正封中的图像效果。

③ 打开随书所附光盘中的文件“第 5 章 \5.3- 素材 1.psd”，使用移动工具将其拖至刚制作的文件中，正封中偏左的位置，如图 5.72 所示。得到“图层 1”。

④ 下面制作正封中的主题文字。分别打开随书所附光盘中的文件“第 5 章 \5.3- 素材 2.psd”和“第 5 章 \5.3- 素材 3.psd”，使用移动工具将它们拖至刚制作的文件中，正封中黄颜色图像上，如图 5.73 所示。同时得到“图层2”及“图层3”。

图5.72 摆放图像1

图5.73 摆放图像2

⑤ 下面制作文字的描边效果。选择“图层2”，单击添加图层样式按钮fx，在弹出的菜单中选择“描边”命令，设置弹出的对话框，如图5.74所示，得到如图5.75所示的效果。按住Alt键将“图层2”图层样式拖至“图层3”图层上以复制图层样式。得到的效果如图5.76所示。

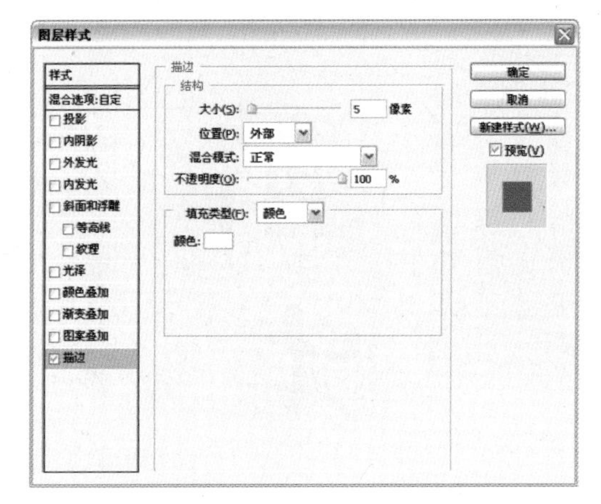

图5.74 “描边”对话框

图5.75 添加图层样式后的效果

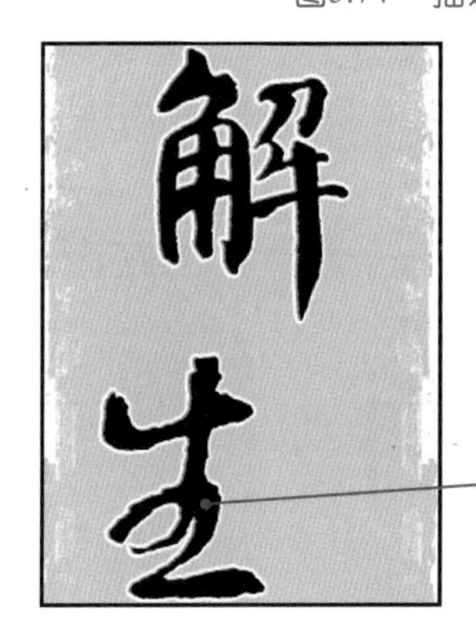

图5.76 复制图层样式后的效果

提示

下面利用素材图像，结合添加图层样式的功能制作正封右侧的图像效果。

⑥ 打开随书所附光盘中的文件“第5章\5.3-素材4.psd”，使用移动工具将其拖至刚制作的文件中的正封中右上侧的位置，如图5.77所示。得到“图层4”。

⑦ 下面制作图像中的文字效果。选择直排文字工具T，设置前景色的颜色值为黑色，并在其工具选项条上设置适当的字体和字号，在红色图像中输入如图5.78所示的文字。按照第5步的操作方法为刚输入的文字添加描边效果，如图5.79所示。

图5.77 摆放图像

图5.78 输入文字

提示

关于本步中“描边”的参数设置请参考最终效果源文件。在下面的操作中，会多次应用到此命令，笔者不再做参数的提示。

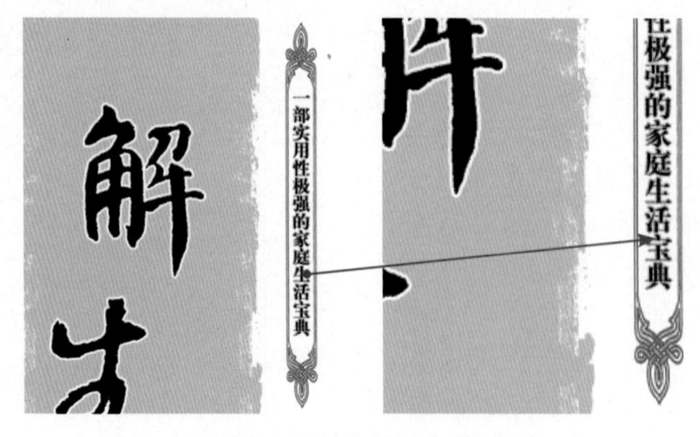

图5.79 添加图层样式后的效果

⑧ 设置前景色的颜色值为白色，选择椭圆工具，在工具选项条上选择形状图层按钮以及添加到形状区域按钮，在红色图像的左上侧绘制如图5.80所示的形状，得到“形状1”。结合直排文字工具在刚绘制的形状上输入文字，如图5.81所示。“图层”调板如图5.82所示。

提示

在本步操作过程中，笔者没有给出图像的颜色值，读者可依自己的审美进行颜色搭配。在下面的操作中，笔者不再做颜色的提示。下面制作“生”字右下侧的说明文字及装饰图像。

图5.80 制绘形状

图5.81 输入文字

图5.82 “图层”调板

⑨ 设置前景色为a88c51，选择自定形状工具并在其工具选项条上单击形状图层按钮，在画布中单击鼠标右键，在弹出的形状显示框中选择“封贴”形状，如图5.83所示。配合按Shift键在“生”字的右下侧绘制如图5.84所示的形状，得到“形状2”。

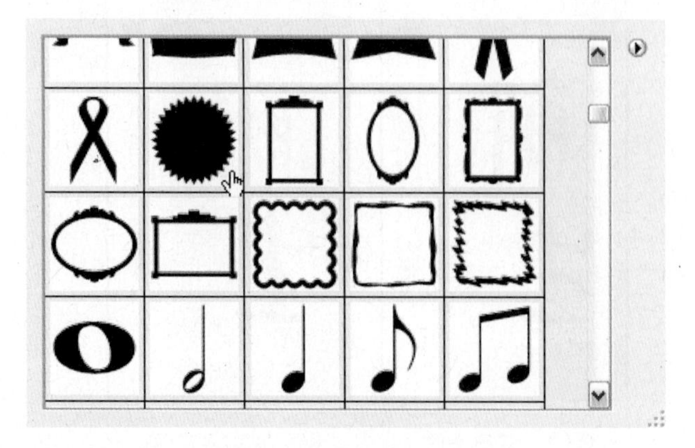

图5.83 选择形状

图5.84 绘制形状1

提示

在默认情况下，Photoshop 的形状并不包括刚刚使用的形状，用户可以单击形状选择框右上角的三角按钮▶，在弹出的菜单中选择“全部”命令，然后在弹出的提示框中单击“确定”按钮，就可以在其中找到刚刚所使用的形状了。

⑩ 结合椭圆工具在上一步得到的形状上绘制如图 5.85 所示的白色形状，得到“形状 3”。将图层的填充设置为 0%。按照第 5 步的操作方法为刚绘制的形状添加描边效果，如图 5.86 所示。复制“图层 3”得到“图层 3 副本”，结合自由变换控制框调整图像的大小，如图 5.87 所示。

图5.85 绘制形状2

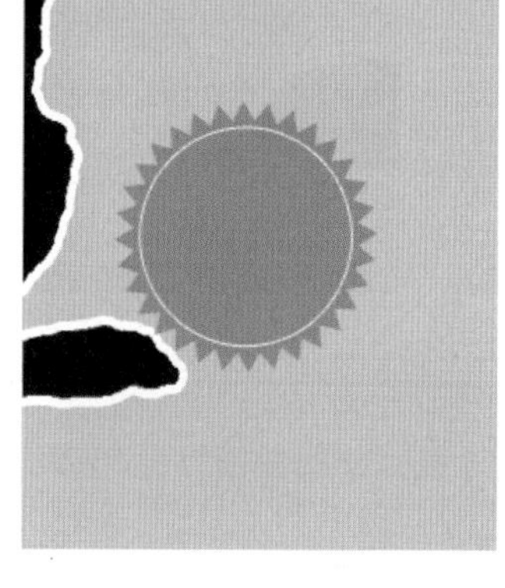

图5.86 添加图层样式后的效果

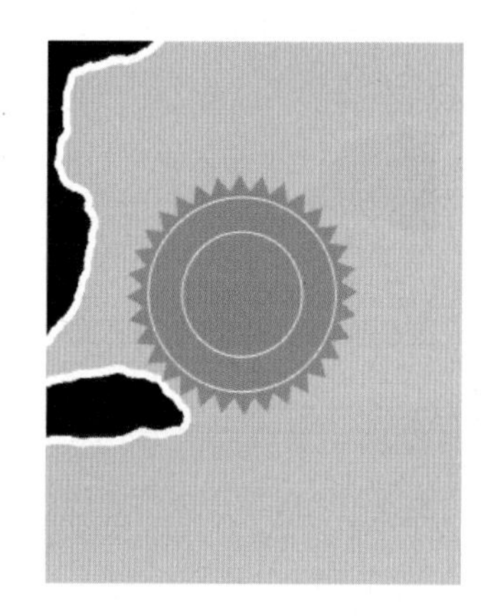

图5.87 复制及变换图像

提示

在变换图像时，可配合按 Shift+Alt 键向内拖动控制句柄以等比例缩小图像。下面制作白色圈内的文字效果。

⑪ 首先绘制路径。选择椭圆工具，在工具选项条上选择路径按钮，在白色圆圈内绘制如图 5.88 所示的路径。选择横排文字工具T，将文字光标置于路径的左下方，当变成形状时（如图 5.89 所示）单击鼠标左键输入文字，得到的效果如图 5.90 所示。

图5.88 绘制路径

图5.89 光标状态

图5.90 输入文字

⑫ 重复上一步的操作方法，制作圆圈下方的文字效果，如图 5.91 所示。再次结合文字工具及自由变换控制框，制作圆圈内的文字效果，如图 5.92 所示。“图层”调板如图 5.93 所示。

图5.91 制作圆圈下方的文字效果

图5.92 制作圆圈内的文字效果

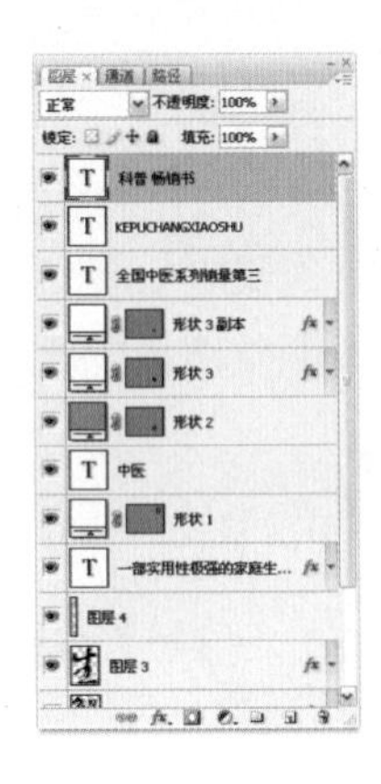

图5.93 “图层”调板1

提示

至此，“生”字右下侧的说明文字及装饰图像已制作完成。下面制作正封中的修饰图像。

⑬ 应用素材图像，结合形状工具以及添加图层样式等功能，制作正封中的药材及祥云图像，如图 5.94 所示。“图层”调板如图 5.95 所示。

提示

本步所应用到的素材图像为随书所附光盘中的文件“第 5 章\5.3-素材 5.psd”～“第 5 章\5.3-素材 8.psd”。

图5.94 制作正封中的药材及祥云图像

图5.95 “图层”调板2

⑭ 下面对莲蓬图像进行调整。选择“图层 8”。单击添加图层蒙版按钮，设置前景色为黑色，选择画笔工具，在其工具选项条中设置适当的画笔大小及不透明度，在图层蒙版中进行涂抹，以将莲蓬周围黑色的图像隐藏起来，直至得到如图 5.96 所示的效果，此时蒙版中的状态如图 5.97 所示。

图5.96 添加图层蒙版后的效果

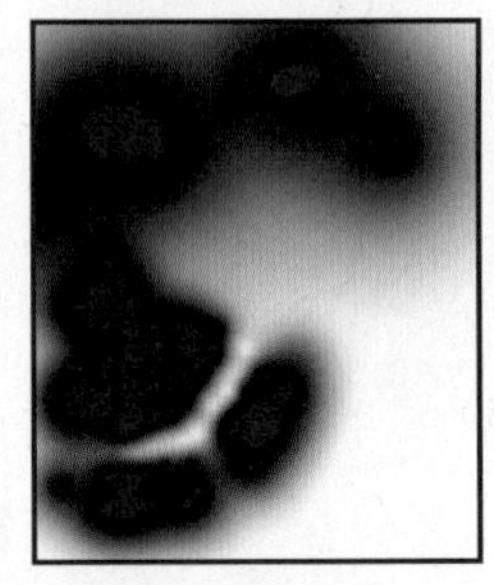

图5.97 图层蒙版中的状态

提示

在涂抹蒙版的过程中，需不断地改变画笔的大小及不透明度，随时更改前景的颜色为黑或白，以得到需要的效果。

⑮ 下面来调整图像的对比度。单击创建新的填充或调整图层按钮，在弹出的菜单中选择“亮度／对比度”命令，设置弹出的对话框，如图 5.98 所示。单击“确定”按钮退出对话框，得到图层“亮度／对比度 1”。按 Ctrl+Alt+G 键执行“创建剪贴蒙版”操作，得到如图 5.99 所示的效果。

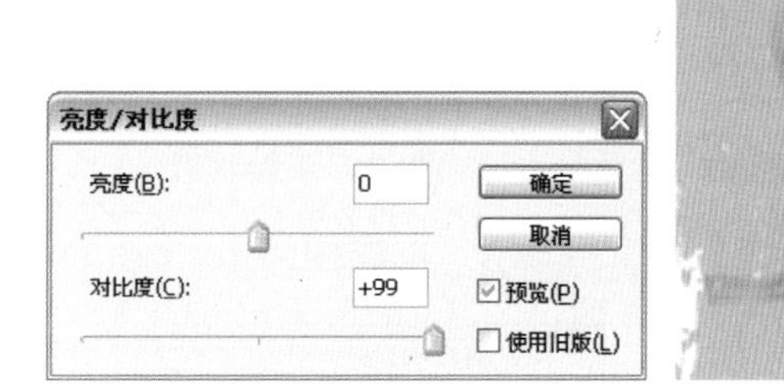

图5.98 “亮度/对比度”对话框

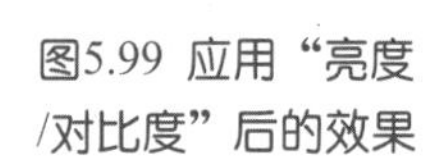

图5.99 应用“亮度/对比度”后的效果

⑯ 单击创建新的填充或调整图层按钮，在弹出的菜单中选择“渐变映射”命令，设置弹出的对话框，如图 5.100 所示，单击“确定”按钮退出对话框，得到图层“渐变映射 1”。按 Ctrl+Alt+G 键执行“创建剪贴蒙版”操作，得到如图 5.101 所示的效果。

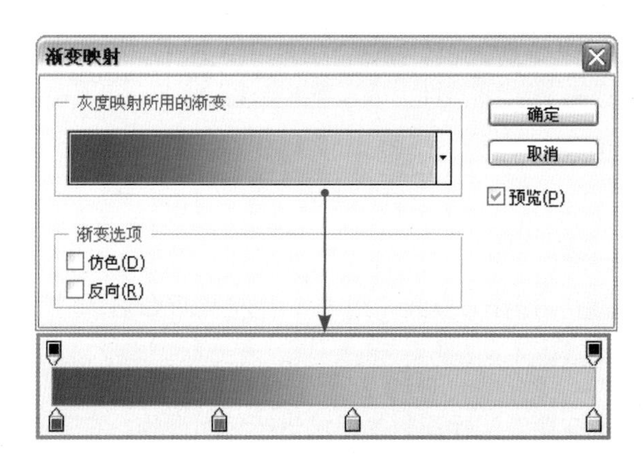

图5.100 “渐变映射”对话框

图5.101 应用“渐变映射”后的效果

提示

在“渐变映射”对话框中，渐变类型各色标值从左至右分别为 035232、067145、b1ba1f 和 dccc64。下面来制作正封中左侧的文字及装饰图像。

⑰ 结合椭圆工具在莲蓬图像的左下方绘制如图 5.102 所示的形状，得到“形状 5”。按 Ctrl+Alt+T 键调出自由变换并复制控制框，按住 Shift 键向下拖动，如图 5.103 所示。按 Enter 键确认操作。按 Alt+Ctrl+Shift+T 键多次执行再次变换并复制操作，得到如图 5.104 所示的效果。

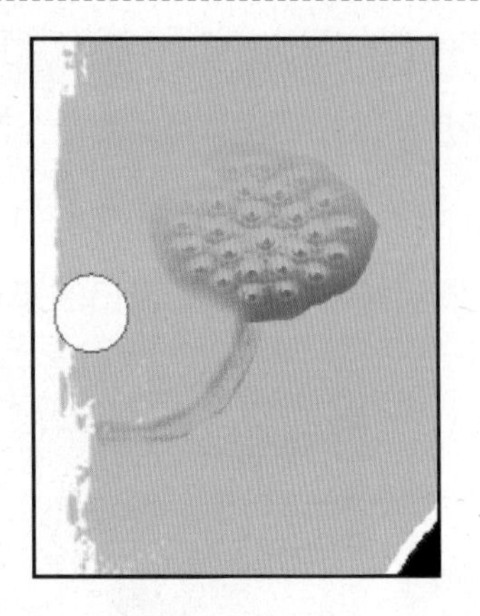
图5.102 绘制形状

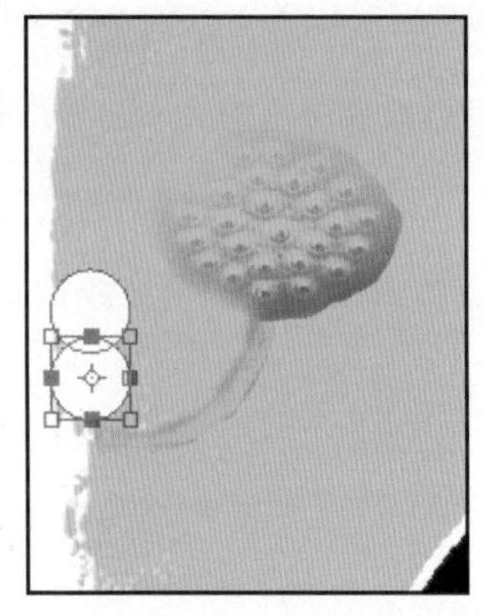
图5.103 变换状态

图5.104 应用再次变换并复制后的效果

⑱ 按照第5步的操作方法为上一步得到的形状添加描边效果，如图5.105所示。结合文字工具及“描边”图层样式，完成正封中的文字效果，如图5.106所示。“图层”调板如图5.107所示。

图5.105 添加图层样式后的效果

图5.106 制作正封中的文字效果

图5.107 “图层”调板

⑲ 选择“图层1”同时按Shift键选择文字图层“点智文化出版社”以选中它们相连的图层，按Ctrl+G键执行“图层编组”操作，得到“组1”，并将其重命名为“正封”。

提示

提示：为了方便对图层的管理，笔者在此对制作正封的图层进行编组操作，在下面的操作中，笔者也对各部分进行了编组的操作，在步骤中不再叙述。下面制作封底及书脊中的文字及装饰图像。

⑳ 利用素材图像，结合文字工具、形状工具以及复制图层等功能，制作封底及书脊中的文字及装饰图像效果，如图5.108所示。完成制作，按Ctrl+;键隐藏辅助线，最终效果如图5.109所示。“图层”调板如图5.110所示。图5.111所示为净尺后的效果展示。

图5.108 制作封底及书脊中的文字、装饰图像效果

提示

本步所应用到的素材图像为随书所附光盘中的文件"第5章\5.3-素材9.psd"和"第5章\5.3-素材10.psd"。对"图层9"及其副本图层设置了图层的不透明度，具体的设置可参考最终效果源文件。绘制直线形状与绘圆形形状的方法一样，只是选择的工具不一样。

图5.109 最终效果

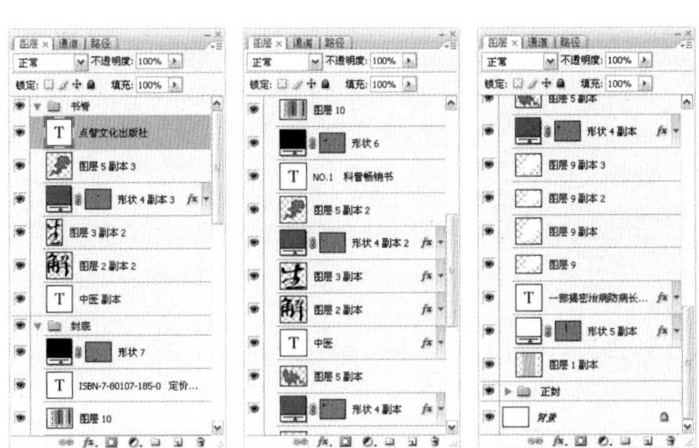

图5.110 "图层"调板

图5.111 净尺后的效果

5.4 《罗格曼论》书籍装帧设计

5.4.1 案例概况

例前导读：

本例是图书《罗格曼论》书籍装帧设计。电影是众所皆知的，演变到今天，已经在人们日常娱乐生活中成为举足轻重的角色，对于评论电影的人物也相应问世。本书讲述了罗格曼对于电影的浅谈之论，阐述详细，内容丰富，是读者的良好选择。

核心技能：

- 结合标尺及辅助线划分封面中的各个区域。
- 应用形状工具绘制形状。
- 利用"颜色叠加"命令为图像叠加颜色。
- 通过设置图层属性融合图像。
- 应用添加图层蒙版的功能隐藏不需要的图像。
- 应用选区工具创建选区。
- 使用文字工具输入文字。

- 利用调整图层的功能调整图像的亮度、对比度以及色相等。
- 应用“马赛克”命令制作具有马赛克效果的图像。
- 使用“喷溅”命令制作特殊的图像效果。
- 应用通道创建特异选区。
- 利用剪贴蒙版限制图像的显示范围。

效果文件：光盘 \ 第 5 章 \5.4.psd。

5.4.2 实现步骤

① 按 Ctrl+N 键新建一个文件，设置弹出的对话框，如图 5.112 所示，单击“确定”按钮退出对话框，创建一个新的空白文件。设置前景色的颜色值为 fdfdf4，按 Alt+Delete 键以前景色填充“背景”图层。

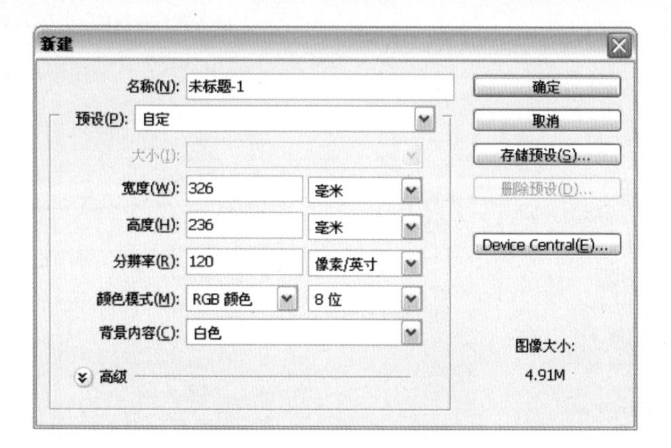

图5.112 “新建”对话框

提示1

在“新建”对话框中，封面的宽度数值为正封宽度（150mm）+书脊宽度（20mm）+封底宽度（150mm）+左右出血（各 3mm）=326mm，封面的高度数值为上下出血（各 3mm）+封面的高度（230mm）=236mm。

提示2

下面根据提示内容，对整个画面进行区域划分。

② 按 Ctrl+R 键显示标尺，按 Ctrl+；键调出辅助线，按照上面的提示内容在画布中添加辅助线以划分封面中的各个区域，如图 5.113 所示。按 Ctrl+R 键隐藏标尺。

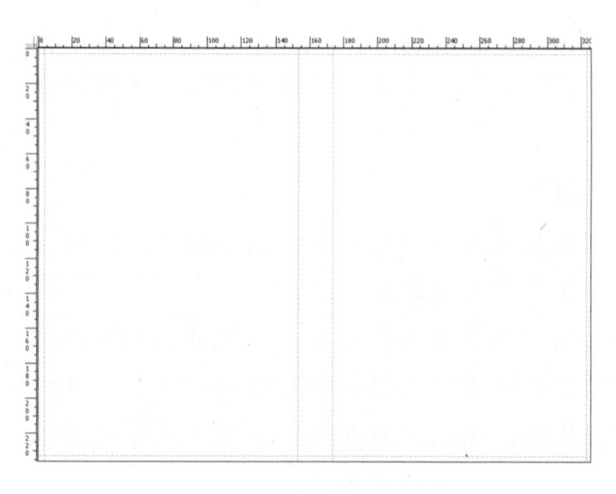

图5.113 划分区域状态

提示

下面结合素材图像、形状工具以及添加图层样式等的功能制作封面中的基本图像。

③ 设置前景色的颜色值为黑色，选择矩形工具，在工具选项条上选择形状图层按钮，在封面中绘制如图 5.114 所示的形状，得到“形状 1”。

④ 下面制作正封中的图像效果。打开随书所附光盘中的文件“第5章\5.4-素材1.psd”，使用移动工具将其拖至刚制作的文件中，得到“图层 1”。按 Ctrl+T 键调出自由变换控制框，按 Shift 键向内拖动控制句柄以缩小图像及调整位置(与正封吻合)，按 Enter 键确认操作。得到的效果如图 5.115 所示。

图5.114 绘制形状

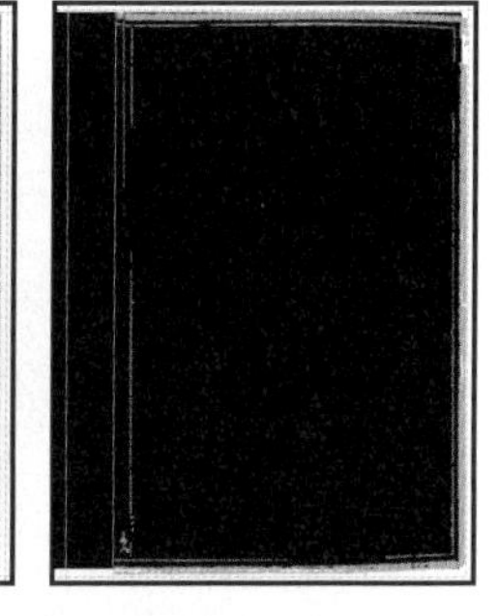

图5.115 调整图像

⑤ 下面来为图像叠加颜色。单击添加图层样式按钮，在弹出的菜单中选择“颜色叠加”命令，设置弹出的对话框，如图 5.116 所示，得到如图 5.117 所示的效果。

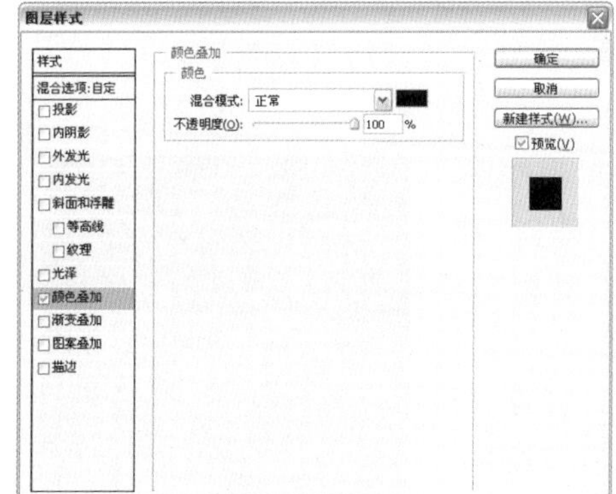

图5.116 “颜色叠加”对话框

图5.117 添加图层样式后的效果

⑥ 打开随书所附光盘中的文件“第5章\5.4-素材2.psd”，使用移动工具将其拖至刚制作的文件中如图 5.118 所示的位置，得到“图层 2”。选择魔棒工具，设置其工具选项条如 所示。在正封的左上方单击，直至得到如图 5.119 所示的选区。

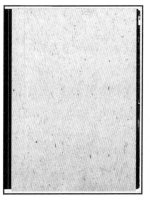

图5.118 摆放位置

图5.119 选区状态

提示

本步中，应用魔棒工具所创建的选区是随机的，读者不必担心所得到的选区不一致。

⑦ 保持选区，按 Alt 键单击添加图层蒙版按钮 为“图层 2”添加蒙版，得到如图 5.120 所示的效果。此时图层中的状态如图 5.121 所示。设置当前图层的混合模式为“明度”，不透明度为 50%，得到的效果如图 5.122 所示。

图5.120 添加图层蒙版后的效果

图5.121 图层蒙版中的状态

图5.122 设置图层属性后的效果

⑧ 下面进一步完善正封中的图像效果。复制“图层 2”得到“图层 2 副本”，删除其图层蒙版，按照第 6 ~ 7 步的操作方法，应用魔棒工具 创建新选区，并结合添加图层蒙版的功能，为正封添加白色散点效果，如图 5.123 所示。

图5.123 添加白色散点效果1

提示

下面继续制作白色散点效果，以及封底的基本图像。

⑨ 重复上一步的操作，继续添加正封中白色散点效果，如图 5.124 所示。选择“图层 1”同时按 Shift 键选择“图层 2 副本 2”以选中它们相连的图层，按 Ctrl+Alt+E 键执行“盖印”操作，从而将选中图层中的图像合并至一个新图层中，并将其重命名为“图层 3”。

图5.124 添加白色散点效果2

⑩ 结合自由变换控制框将“图层 3”中的图像进行水平翻转，按住 Shift 键移动至封底位置，并设置当前图层的混合模式为“明度”，得到的效果如图 5.125 所示。按 Ctrl+Alt+A 键选择除“背景”图层以外的所有图层，按 Ctrl+G 键执行“图层编组”操作，得到“组 1”，并将其重命名为“背景”。“图层”调板如图 5.126 所示。

图5.125 制作封底中的图像效果

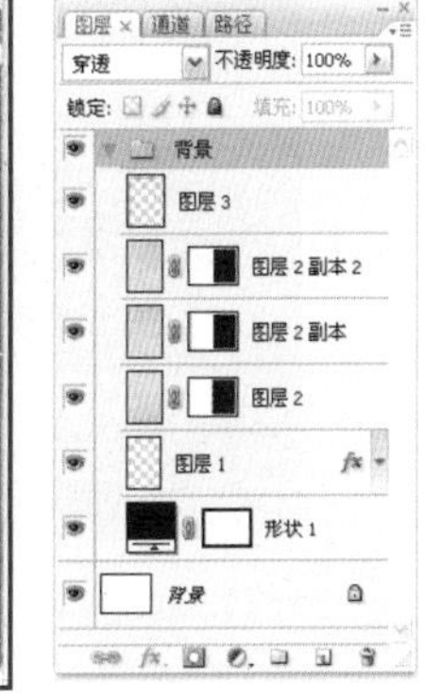

图5.126 “图层”调板

提示

为了方便对图层的管理，笔者在此对制作书封的图层进行编组操作，在下面的操作中，笔者也对各部分进行了编组的操作，在步骤中不再叙述。至此，封面中的基本图像已制作完成。下面制作正封中的图像效果。

⑪ 打开随书所附光盘中的文件“第 5 章 \5.4- 素材 3.psd”，使用移动工具将其拖至刚制作的文件中，得到“图层 4”。结合自由变换控制调整图像大小，角度（+14°左右），并移至正封的下方位置，如图 5.127 所示。

⑫ 选择“滤镜”|“像素化”|“马赛克”命令，在弹出的对话框中设置“单元格大小”数值为 7px，得到如图 5.128 所示的效果。

图5.127 调整图像

图5.128 应用“马赛克”后的效果

⑬ 单击添加图层蒙版按钮为“图层 4”添加蒙版，设置前景色为黑色，选择画笔工具，在其工具选项条中设置适当的画笔大小及不透明度，在图层蒙版中进行涂抹，以将脸部及颈部的部分隐藏起来，按照上一步的操作，应用“马赛克”命令，得到如图 5.129 所示的效果，图层蒙版中的状态如图 5.130 所示。

提示

本步“马赛克”命令是对蒙版中应用的。

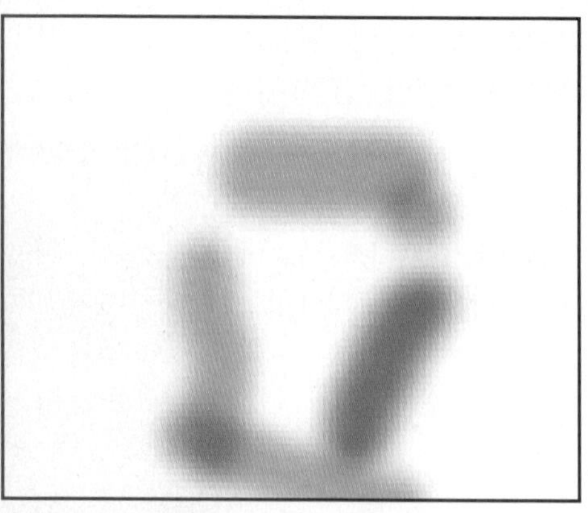

图5.129 添加图层蒙版后的效果

图5.130 图层蒙版中的状态

⑭ 在“图层 4”图层蒙版激活的状态下，将画笔设置为“柔角 300 像素”，不透明度设置为 18%。在蒙版中继续涂抹，以将人物鼻子部位的白色图像渐隐，如图 5.131 所示。

图5.131 编辑图层蒙版后的效果

⑮ 下面来调整图像的色相。单击创建新的填充或调整图层按钮 ，在弹出的菜单中选择“照片滤镜”命令，设置弹出的对话框，如图 5.132 所示，单击“确定”按钮退出对话框，得到图层“照片滤镜 1”，按 Ctrl+Alt+G 键执行“创建剪贴蒙版”操作，得到如图 5.133 所示的效果。

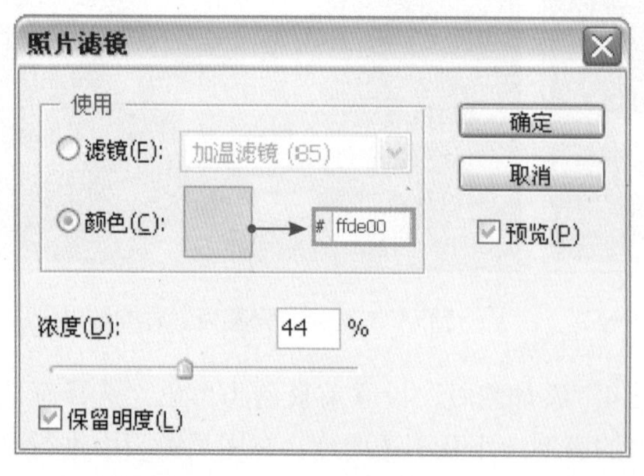

图5.132 “照片滤镜”对话框

图5.133 应用“照片滤镜”后的效果

⑯ 下面来调整图像的亮度及对比度。单击创建新的填充或调整图层按钮 ，在弹出的菜单中选择“亮度 / 对比度”命令，设置弹出的对话框，如图 5.134 所示，单击“确定”按钮退出对话框，得到图层“亮度 / 对比度 1”。按 Ctrl+Alt+G 键执行“创建剪贴蒙版”操作，得到如图 5.135 所示的效果。

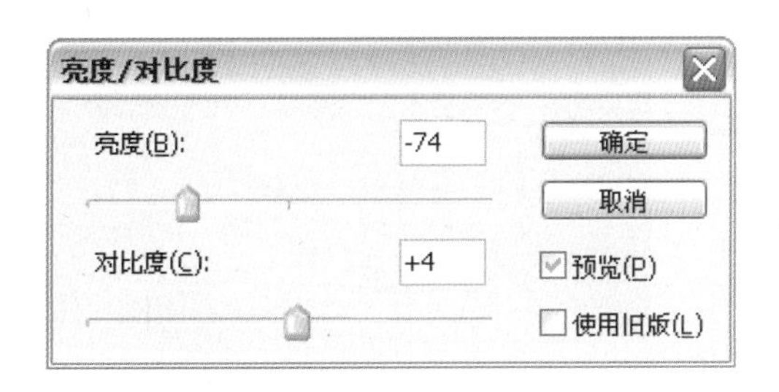

图5.134 “亮度/对比度”对话框

图5.135 应用“亮度/对比度”后的效果

提示

至此，正封中的人物图像已基本完成。下面来制作正封的装饰图像。

⑰ 首先，制作人物脸部的装饰图像。新建“图层 5”，设置前景色为黑色，选择画笔工具，并在其工具选项条中设置画笔为“尖角 15 像素”。在人物的脸部随意绘制一条线，如图 5.136 所示。选择“滤镜”|“像素化”|“马赛克”命令，在弹出的对话框中设置“单元格大小”数值为 12px，得到如图 5.137 所示的效果。

图5.136 涂抹效果

图5.137 应用“马赛克”后的效果

⑱ 下面制作人物头部的装饰图像。打开随书所附光盘中的文件“第 5 章\5.4- 素材 4.psd”，使用移动工具将其拖至刚制作文件中，得到“图层 6”，结合自由变换控制调整图像大小，并移至人物的头部位置，如图 5.138 所示。

图5.138 调整图像

⑲ 按照第 13 步的操作方法，应用画笔工具，结合添加图层蒙版的功能，隐藏除左上角以外的部分图像，并设置“图层 6”的不透明度为 80%，得到的效果如图 5.139 所示。

⑳ 结合文字工具，形状工具及其运算功能，完成正封中文字及图形的制作，如图5.140所示。“图层”调板如图5.141所示。

图5.139 添加图层蒙版后的效果

提示1

输入文字的方法非常简单，几乎在其他案例中都曾经详细讲解过，在此笔者就不一一叙述了。在本步操作过程中，笔者没有给出图像的颜色值，读者可依自己的审美进行颜色搭配。在下面的操作中，笔者不再做颜色的提示。

图5.140 制作正封中的文字及图形效果

图5.141 “图层”调板

提示2

在绘制第1个图形后，将会得到一个对应的形状图层，为了保证后面所绘制的图形都是在该形状图层中进行，所以在绘制其他图形时，需要在工具选项条上选择适当的运算模式，例如本步中选择的是添加到形状区域。

提示3

提示3：下面结合文字工具及“喷溅”命令制作书脊中特殊的文字效果。

㉑ 结合文字工具，在书脊的上方输入如图5.142所示的文字，得到文字图层“电”。按Ctrl键单击“电”图层缩览图以载入选区，切换至“通道”调板，单击“通道”调板最下方中的创建新通道按钮，得到“Alpha 1”。设置前景色为白色，按Alt+Delete键填充前景色，按Ctrl+D键取消选区。

图5.142 输入文字

㉒ 下面制作紊乱的边缘效果。选择“滤镜”|“画笔描边”|“喷溅”命令，设置弹出的对话框，如图5.143所示，得到如图5.144所示的效果。

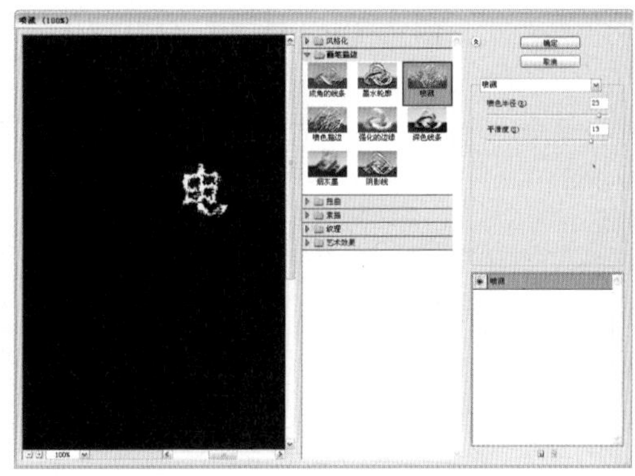

图5.143 “喷溅”对话框

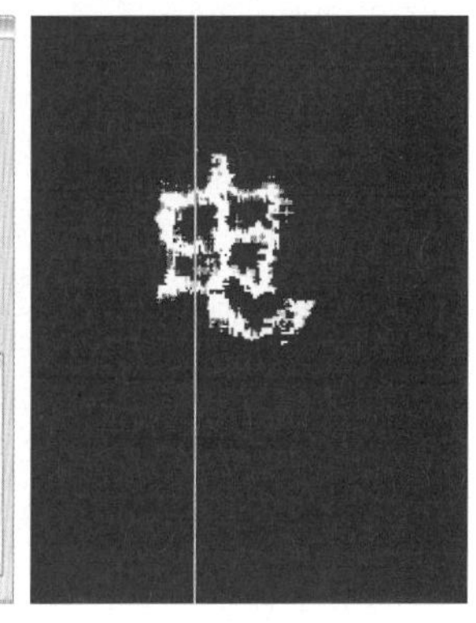

图5.144 应用“喷溅”后的效果

㉓ 按Ctrl键单击“Alpha 1”图层缩览图以载入选区，切换回“图层”调板。选择文字图层“电”。新建“图层7”，设置前景色为白色，按Alt+Delete键填充前景色，按Ctrl+D键取消选区。隐藏“电”文字图层。设置当前图层的不透明度为85%。

㉔ 按照第21～23步的操作方法，结合横排文字工具T，“喷溅”命令等功能制作文字“电”右下方的文字“影”，如图5.145所示。同时得到“图层8”。“图层”调板如图5.146所示。“通道”调板如图5.147所示。

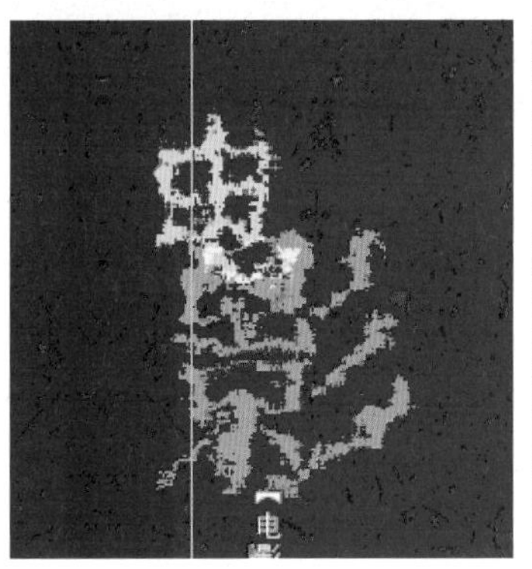

图5.145 制作“影”字效果

图5.146 “图层”调板

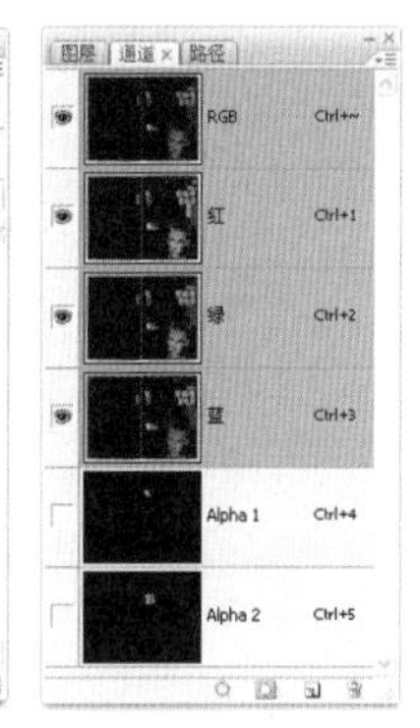

图5.147 “通道”调板

提示

在本步中，设置“图层8”的不透明度为65%。对“喷溅”命令的参数设置与第22步相同。

㉕ 下面将“影”字分开，并分布在书脊的两侧。选择矩形选框工具，将“影”字的左半部分框选出来，如图5.148所示。选择移动工具，按住Shift键将选区中的内容水平拖至书脊的左侧，按Ctrl+D键取消选区，得到的效果如图5.149所示。重复本步的操作方法，将“影”字的另外一半移至书脊的右侧，如图5.150所示。

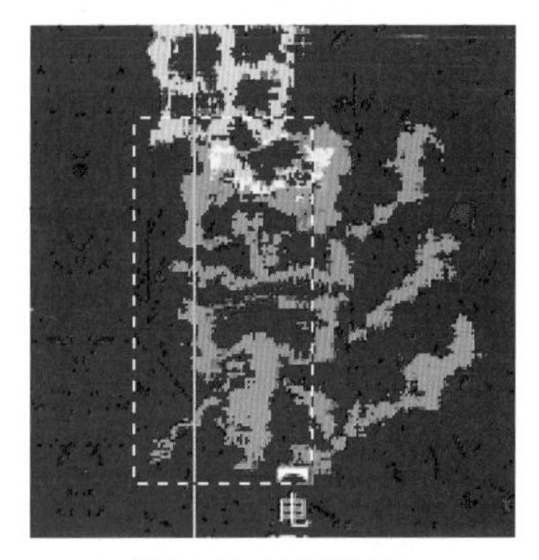

图5.148 绘制选区

㉖ 结合文字工具，形状工具，添加图层蒙版等功能，制作书脊及封底中的文字、装饰图像，如图 5.151 所示。完成制作，按Ctrl+；键隐藏辅助线，最终效果如图 5.152 所示。“图层”调板如图 5.153 所示。图 5.154 所示为净尺后效果展示。

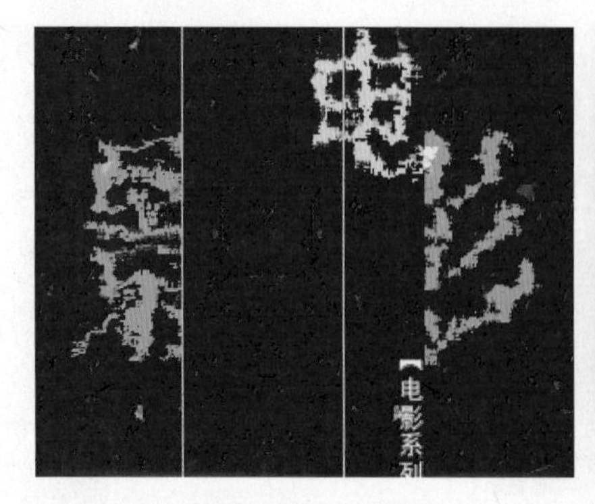

图5.149 调整位置

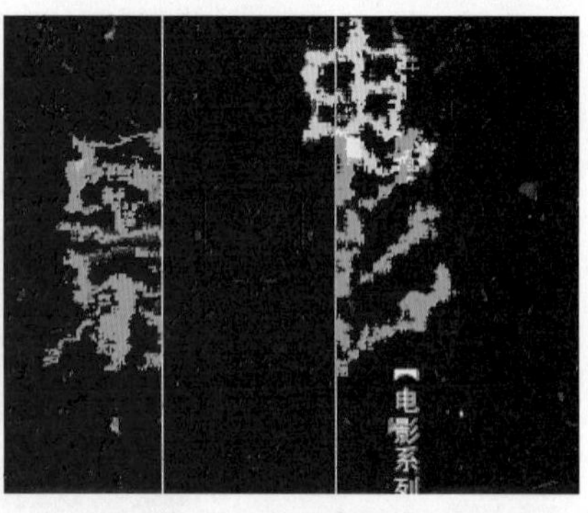

图5.150 调整位置

图5.151 制作封底及书脊中的文字、图形效果

图5.152 最终效果

提示1

在封底中相连的圆环图像（形状 4）的制作方法，可参考本章第 5.3 节“《中医解生》书籍装帧设计”中的相关步骤。绘制圆形与绘制直线形状的方法一样，只是选择的工具不一样。

提示2

本步中所应用到的素材图像为随书所附光盘中的文件“第 5 章 \5.4– 素材 5.psd”，并对个别图层还设置了图层的不透明度，具体的参数设置可参考最终效果源文件中相关图层。

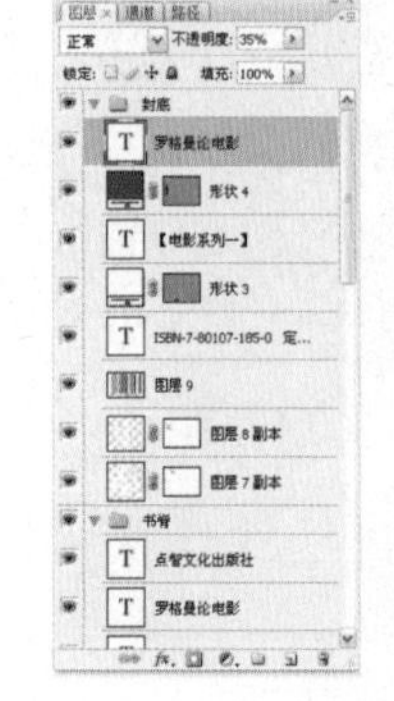

图5.153 “图层”调板

图5.154 净尺后的效果

5.5 《狂飙》书籍装帧设计

5.5.1 案例概况

例前导读：

本例是图书《狂飙》的封面作品，此书是广大青少年热爱的著作。所以在封面设计的风格上，设计师以众多的红卫兵及比较有特色的红卫兵标志作为封面的基本图像，并结合紊乱的文字边缘为封面制作非同一般的效果，使整体版面显得更加狂飙，突出主题，以在第一时间吸引浏览者的目光。

核心技能：

- 结合标尺及辅助线划分封面中的各个区域。
- 应用添加图层蒙版的功能隐藏不需要的图像。
- 使用文字工具输入文字。
- 使用“喷溅”命令制作特殊的图像效果。
- 应用通道创建选区。
- 通过设置图层的混合模式融合图像。
- 应用“描边”图层样式制作图像的描边效果。
- 应用形状工具绘制形状。
- 结合变换功能调整图像大小、角度及位置等。

效果文件：光盘 \ 第 5 章 \5.5.psd。

5.5.2 实现步骤

① 按 Ctrl+N 键新建一个文件，设置弹出的对话框，如图 5.155 所示，单击“确定”按钮退出对话框，以创建一个新的空白文件。

提示1

在“新建”对话框中，封面的宽度数值为正封宽度（249mm）+ 书脊宽度（26mm）+ 封底宽度（249mm）+ 左右出血（各 3mm）=530mm，封面的高度数值为上下出血（各 3mm）+ 封面的高度（230mm）=236mm。

图5.155 “新建”对话框

提示2

下面根据提示内容，对整个画面进行区域划分。结合素材图像及变换功能，制作正封中的基本内容。

② 按 Ctrl+R 键显示标尺，按 Ctrl+；键调出辅助线，按照上面的提示内容在画布中添加辅助线以划分封面中的各个区域，如图 5.156 所示。按 Ctrl+R 键隐藏标尺。

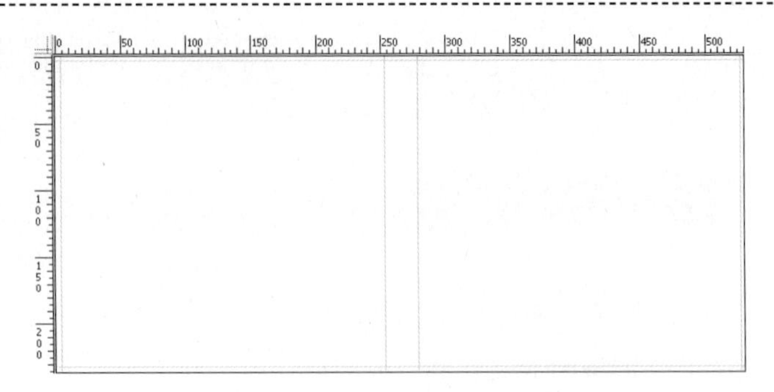

图5.156 划分区域状态

③ 打开随书所附光盘中的文件“第 5 章 \5.5- 素材 1.psd”，使用移动工具将其拖至刚制作的文件中，得到“图层 1”。按 Ctrl+T 键调出自由变换控制框，按 Shift 键向内拖动控制句柄以缩小图像，并移至正封和书脊位置，按 Enter 键确认操作。得到的效果如图 5.157 所示。

图5.157 变换图像1

④ 打开随书所附光盘中的文件“第 5 章 \5.5- 素材 2.psd”，使用移动工具将其拖至刚制作文件中，得到“图层 2”。结合自由变换控制框调整图像大小，并置于正封及右侧出血位置，如图 5.158 所示。

⑤ 设置“图层 2”的混合模式为“正片叠底”，不透明度为 50%。得到的效果如图 5.159 所示。

提示

至此，正封中的基本图像已制作完成。下面继续制作正封中的其他图像。

图5.158 变换图像2

图5.159 设置图层属性后的效果

⑥ 下面来制作正封上方的装饰效果。打开随书所附光盘中的文件“第 5 章 \5.5- 素材 3.psd”，使用移动工具将其拖至刚制作的文件中，正封的上方位置，如图 5.160 所示。得到“图层 3”。

⑦ 单击添加图层蒙版按钮为“图层 3”添加蒙版，设置前景色为黑色，选择画笔工具，在其工具选项条中设置适当的画笔大小及不透明度，在图层蒙版中进行涂抹，以将人物手臂以外的图像隐藏起来，直至得到如图 5.161 所示的效果，此时蒙版中的状态如图 5.162 所示。

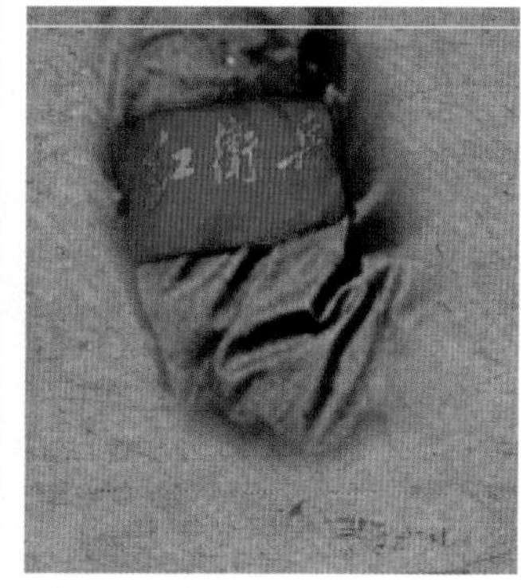

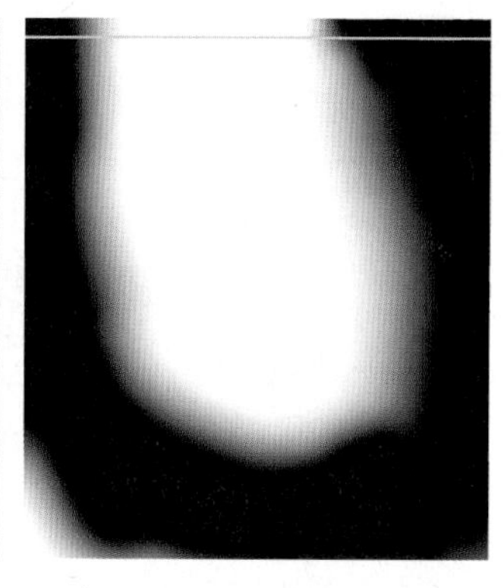

图5.160 摆放位置　　图5.161 添加图层蒙版后的效果　　图5.162 图层蒙版中的状态

⑧ 下面来制作书脊的装饰效果。打开随书所附光盘中的文件“第5章\5.5-素材4.psd”，使用移动工具将其拖至刚制作文件中的书脊及正封的位置，如图5.163所示。得到“图层4”。“图层”调板如图5.164所示。

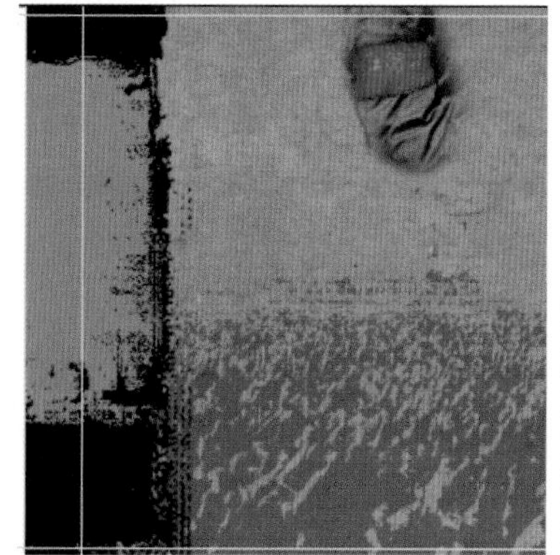

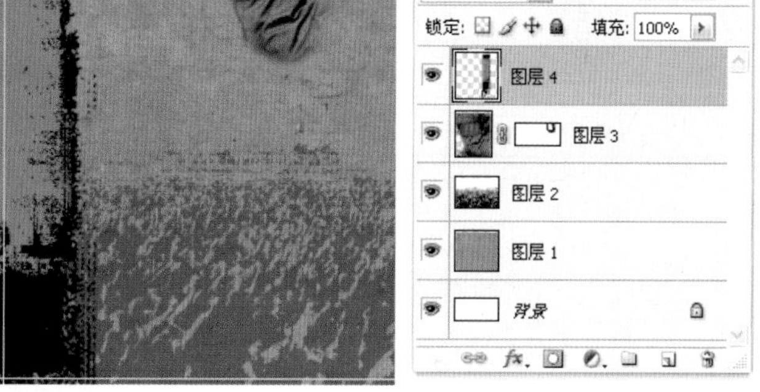

图5.163 摆放位置　　图5.164 “图层”调板

提示

下面结合文字工具及“喷溅”命令制作特殊的文字效果。

⑨ 选择横排文字工具，设置前景色为黑色，并在其工具选项条上设置适当的字体和字号，在正封中输入如图5.165所示的文字，同时得到文字图层“hongweibingkuangxiangqu”。

图5.165 输入文字

⑩ 按Ctrl键单击“hongweibingkuangxiangqu”图层缩览图以载入选区，切换至“通道”调板，单击“通道”调板最下方的创建新通道按钮，得到“Alpha 1”。设置前景色为白色，按Alt+Delete键填充前景色，按Ctrl+D键取消选区，得到如图5.166所示的效果。

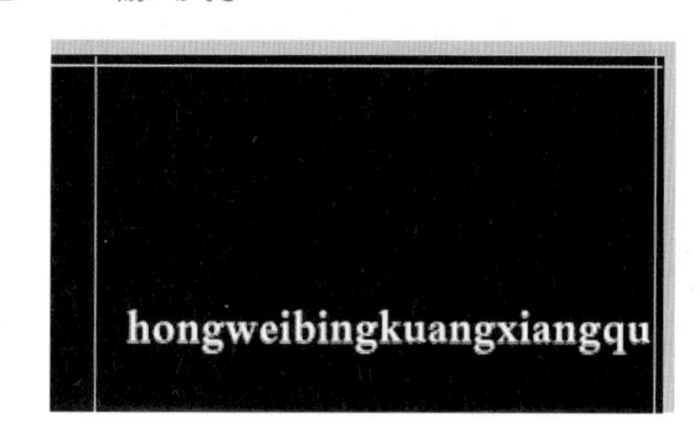

图5.166 “通道”中的状态

⑪ 下面制作紊乱的边缘效果。选择“滤镜”|“画笔描边”|“喷溅”命令，设置弹出的对话框，如图 5.167 所示，得到如图 5.168 所示的效果。

图5.167 “喷溅”对话框

图5.168 应用“喷溅”后的效果

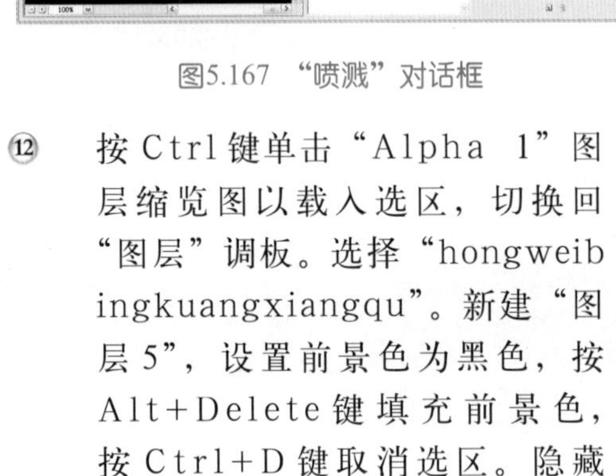

⑫ 按 Ctrl 键单击“Alpha 1”图层缩览图以载入选区，切换回“图层”调板。选择“hongweibingkuangxiangqu”。新建“图层 5”，设置前景色为黑色，按 Alt+Delete 键填充前景色，按 Ctrl+D 键取消选区。隐藏“hongweibingkuangxiangqu”文字图层，得到的效果如图 5.169 所示。

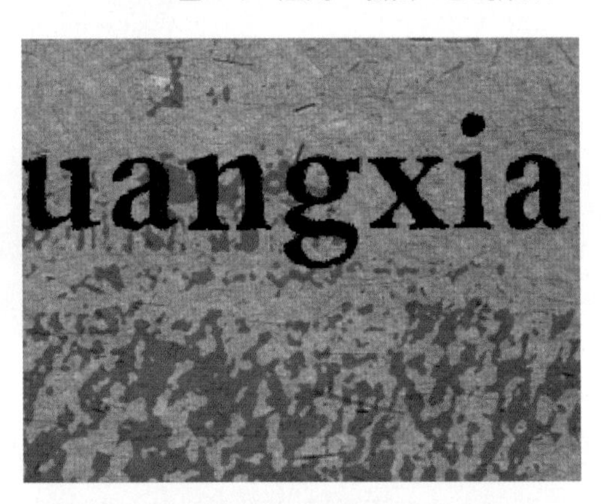

图5.169 填充效果

⑬ 结合自由变换控制框将上一步得到的图像顺时针调整 90°，并移至黑色图像的右侧，如图 5.170 所示。

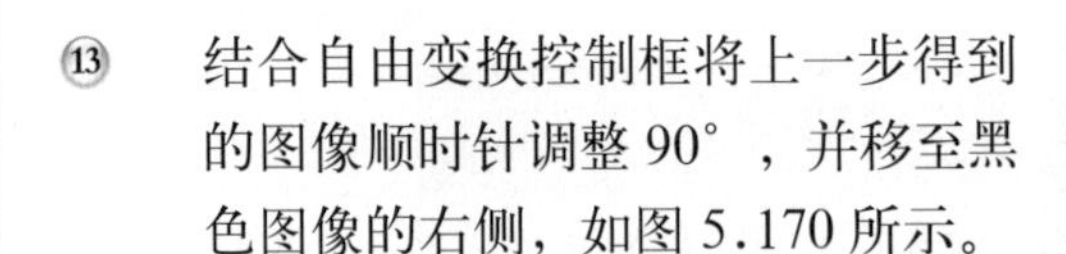

提示

关于文字“hongweibingkuangxiangqu”的效果已出来，下面利用同样的方法制作其他文字效果。

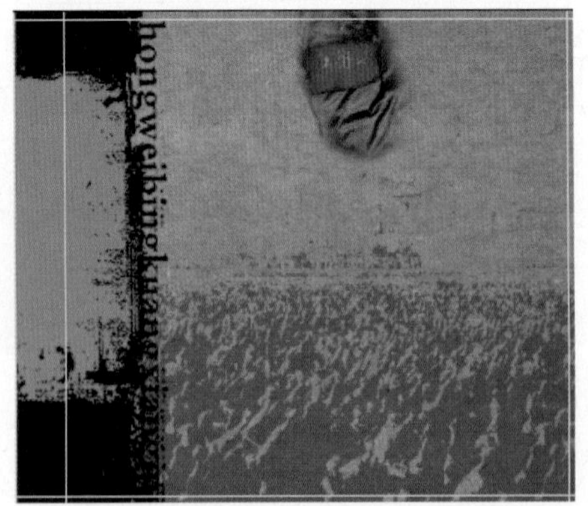

图5.170 变换图像

⑭ 按照第 9 ~ 12 步的操作方法，结合直排文字工具 T、“喷溅”命令等功能制作正封左侧的红色文字，如图 5.171 所示。“图层”调板如图 5.172 所示。

提示

在本步操作过程中，关于本步设置“喷溅”的参数值：喷色半径为22，平滑度为10。对于文字的颜色值，读者可依自己的审美进行颜色搭配。在下面的操作中，笔者不再做颜色的提示。

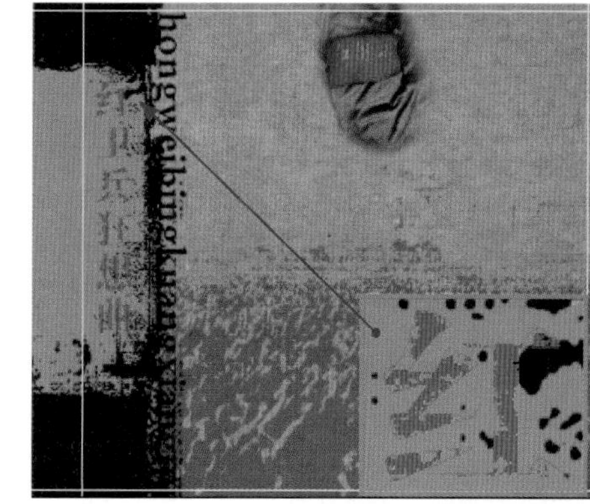

图5.171 制作红色文字效果

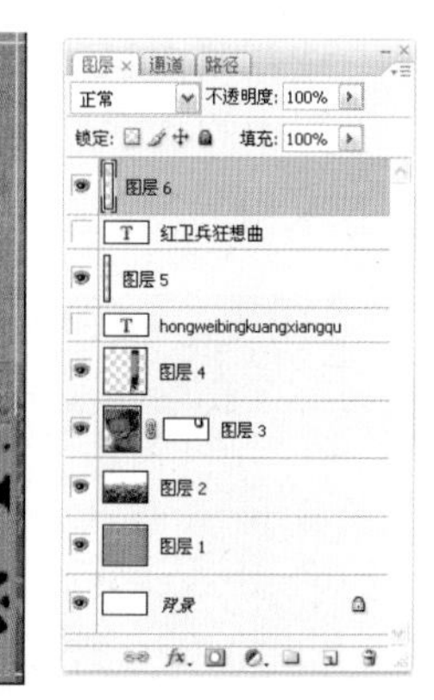

图5.172 “图层”调板

⑮ 下面来制作文字的描边效果。单击添加图层样式按钮 fx，在弹出的菜单中选择“描边”命令，设置弹出的对话框，如图5.173所示，得到如图5.174所示的效果。

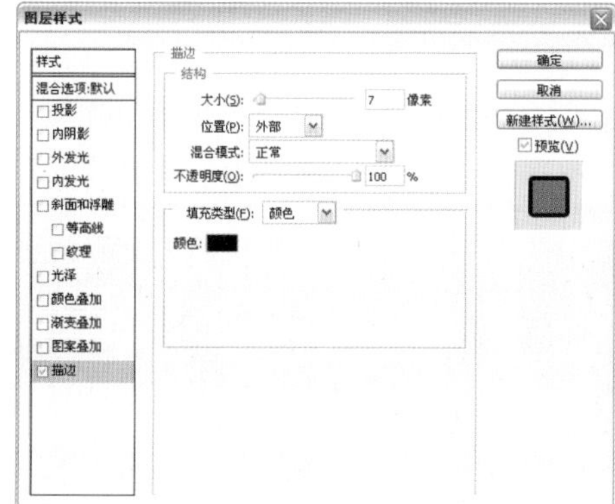

图5.173 “描边”对话框

图5.174 添加图层样式后的效果

⑯ 下面利用素材图像，制作封面的主题文字。分别打开随书所附光盘中的文件“第5章\5.5-素材5.psd”和“第5章\5.5-素材6.psd”，使用移动工具依次拖至刚制作的文件中，结合自由变换控制框调整图像大小，并摆放在正封的左侧，如图5.175所示，同时得到“图层7”及“图层8”。

⑰ 按Alt键将“图层6”拖至其上方，得到“图层6副本”。结合自由变换控制框调整图像大小，并将其摆放在正封的右上方，如图5.176所示。

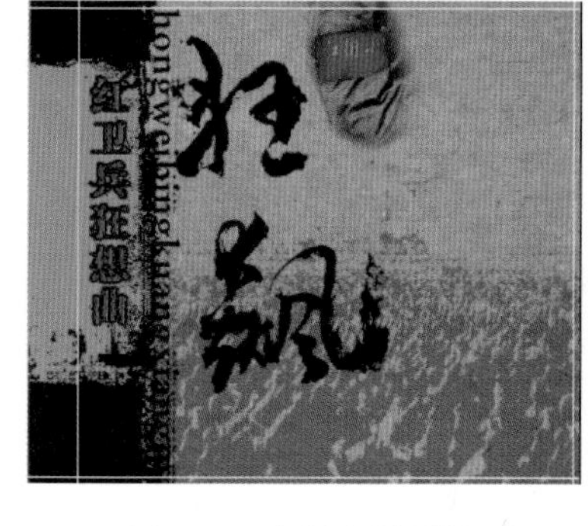

图5.175 变换素材图像

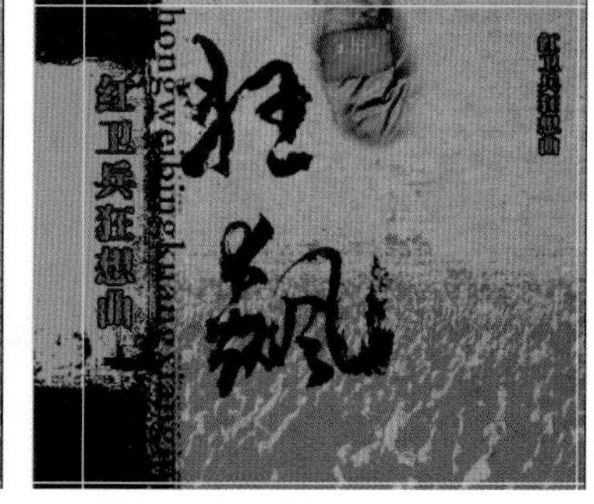

图5.176 变换文字图像

提示

下面结合文字工具以及前面制作紊乱边缘的方法，制作正封中相关说明文字。

⑱ 选择“图层 8”。结合文字工具、“喷溅”命令、形状工具及其运算等功能，完成正封中的文字效果，如图 5.177 所示。此时“图层”调板如图 5.178 所示，“通道”调板如图 5.179 所示。局部效果如图 5.180、图 5.181 所示。

图5.177 制作正封中的文字效果

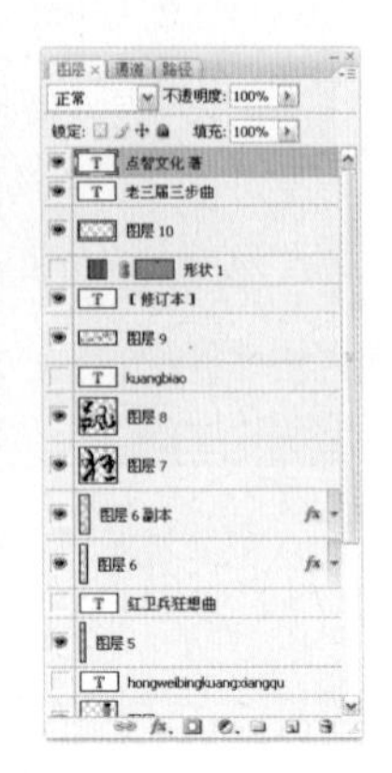
图5.178 “图层”调板

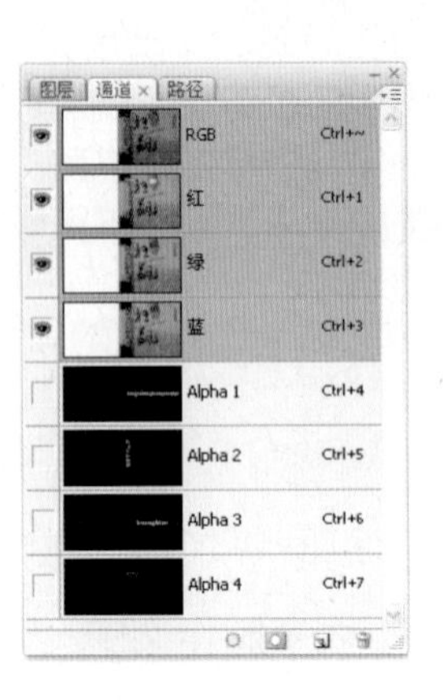

图5.179 “通道”调板

图5.180 局部效果1

图5.181 局部效果2

提示1

在制作文字“kuangbiao”时，设置“喷溅”的参数值：喷色半径为 15，平滑度为 10。在制作红色边框时，设置“喷溅”的参数值：喷色半径为 2，平滑度为 7。注意图层的显示及隐藏。

提示2

边框的绘制方法：选择圆角矩形工具，在其工具选项条上选择形状图层按钮，并设置“半径”数值为 10px，在文件中绘制一个圆角矩形。

提示3

按 Ctrl+Alt+T 键调出自由变换并复制控制框，向内拖动控制句柄以缩小图像，按 Enter 键确认操作，然后在工具选项条中选择从形状区域减去按钮。下面制作封底及书脊的图像效果。

⑲ 选择“图层1”同时按Shift键选择“图层3”以选中它们相连的图层，按Ctrl+Alt+E键执行“盖印”操作，从而将选中图层中的图像合并至一个新图层中，并将其重命名为“图层11”。然后将其拖至所有图层的上方。

⑳ 使用移动工具将上一步得到的图像拖至封底位置，如图5.182所示。下面将通过添加图层蒙版的功能将封底右侧的图像隐藏。

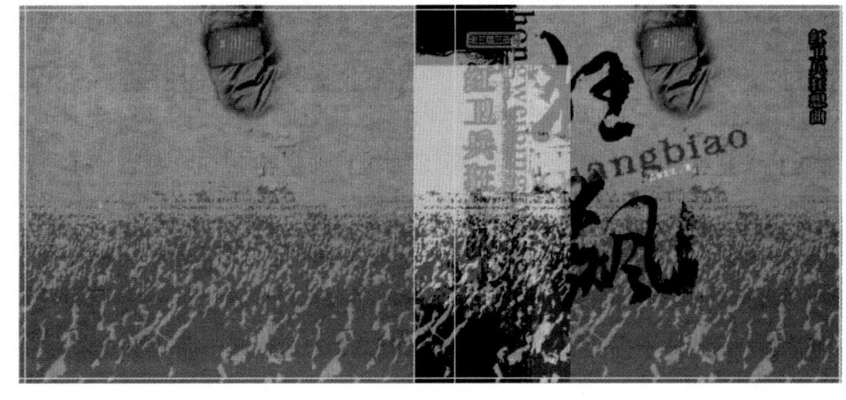

图5.182 调整位置

㉑ 选择矩形选框工具，将封底右侧多出的图像框选出来，如图5.183所示。按Alt键单击添加图层蒙版按钮，得到的效果如图5.184所示。

图5.183 绘制选区

图5.184 加图层蒙版后的效果

㉒ 结合素材图像、文字工具、直线工具以及盖印等功能，制作封底、书脊上的图像及文字效果，完成最终效果，如图5.185所示。“图层”调板如图5.186所示。按Ctrl+;键隐藏辅助线。图5.187为净尺后效果展示。

图5.185 最终效果

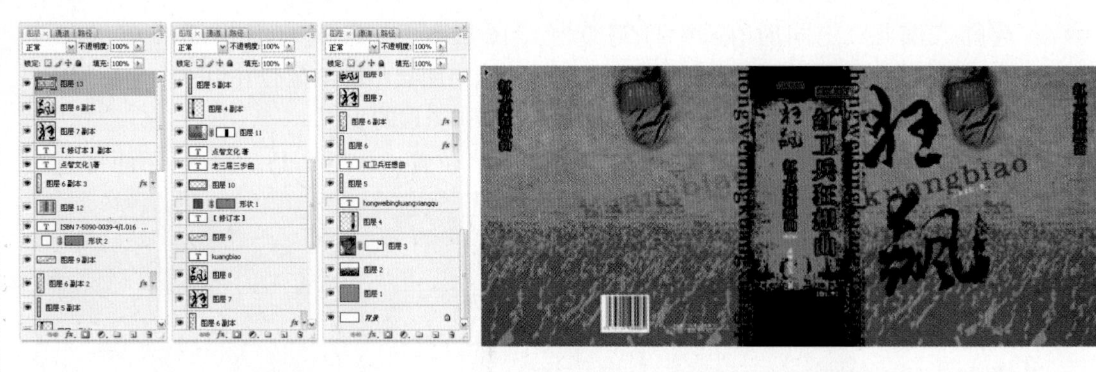

图5.186 “图层”调板　　　　图5.187 净尺后的效果

提示1

本步所应用到的素材图像为随书所附光盘中的文件“第 5 章 \5.3– 素材 7.psd”。设置“图层 9 副本”的不透明度为 35%。“图层 13”是盖印的“图层 10”及文字图层“老三届三步曲”。

提示2

绘制直线的方法与绘制矩形的方法一样，只是绘制直线时选择的是直线工具。

5.6 《涅槃》书籍装帧设计

5.6.1 案例概况

例前导读：

本例是图书《涅槃》的封面作品，此书在设计风格上与第 5.5 节《狂飙》书封设计雷同。特别是在制作文字的效果上所用到的的技术点完全一样。希望读者通过本节内容的学习，能够更加深刻地掌握学习的重点及技巧。

核心技能：

- 结合标尺及辅助线划分封面中的各个区域。
- 使用文字工具输入文字。
- 使用“喷溅”命令制作特殊的图像效果。
- 应用通道创建选区。
- 应用“描边”图层样式制作图像的描边效果。
- 利用“投影” 图层样式制作图像的投影效果。
- 通过设置图层的混合模式融合图像。
- 应用形状工具绘制形状。

效果文件：光盘 \ 第 5 章 \5.6.psd。

5.6.2 实现步骤

① 按 Ctrl+N 键新建一个文件，设置弹出的对话框，如图 5.188 所示，单击“确定”按钮退出对话框，以创建一个新的空白文件。

图5.188 “新建”对话框

提示1

在“新建”对话框中，封面的宽度数值为正封宽度（236mm）+书脊宽度（26mm）+封底宽度（236mm）+左右出血（各 3mm）=504mm，封面的高度数值为上下出血（各 3mm）+封面的高度（230mm）=236mm。

提示2

下面根据提示内容，对整个画面进行区域划分。结合素材图像及变换功能，制作正封中的基本内容。

② 按 Ctrl+R 键显示标尺，按 Ctrl+；键调出辅助线，按照上面的提示内容在画布中添加辅助线以划分封面中的各个区域，如图 5.189 所示。按 Ctrl+R 键隐藏标尺。

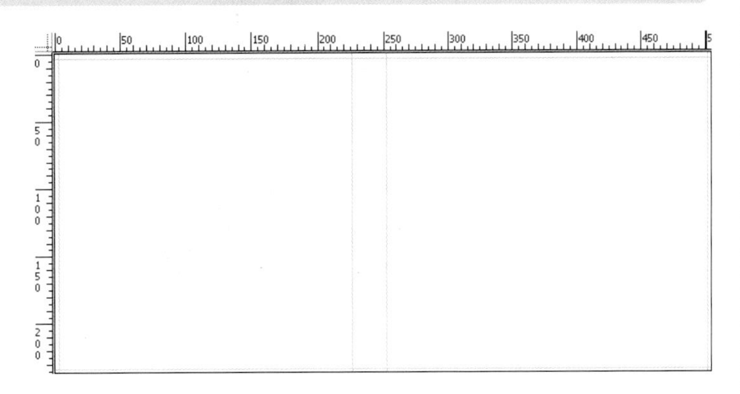

图5.189 划分区域状态

③ 打开随书所附光盘中的文件“第 5 章\5.6- 素材 1.psd”，使用移动工具将其拖至刚制作的文件中，得到“图层 1”。按 Ctrl+T 键调出自由变换控制框，按 Shift 键向内拖动控制句柄以缩小图像，并移至书脊及其以右的位置，按 Enter 键确认操作。得到的效果如图 5.190 所示。

图5.190 变换图像1

④ 打开随书所附光盘中的文件“第 5 章\5.6- 素材 2.psd”，使用移动工具将其拖

至刚制作文件中，得到“图层 2”。结合自由变换控制框调整图像的角度（−15.6°），并移至封面的右侧，如图 5.191 所示。

⑤ 下面来制作正封左侧及书脊右侧的图像。打开随书所附光盘中的文件“第 5 章\5.6-素材 3.psd”，使用移动工具将其拖至刚制作的文件中，结合自由变换控制框调整图像的大小，并移至书脊及正封处，如图 5.192 所示，同时得到“图层 3”。

提示

至此，正封中的基本图像已制作完成。下面结合文字工具及“喷溅”命令制作特殊的文字效果。

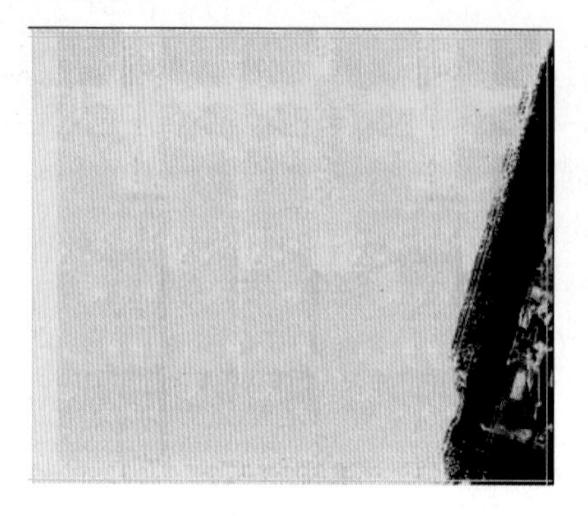

图5.191 变换图像2

图5.192 调整图像

⑥ 选择直排文字工具，设置前景色为 e60723，并在其工具选项条上设置适当的字体和字号，在正封左侧输入如图 5.193 所示的文字，同时得到文字图层“老三届随想曲”。

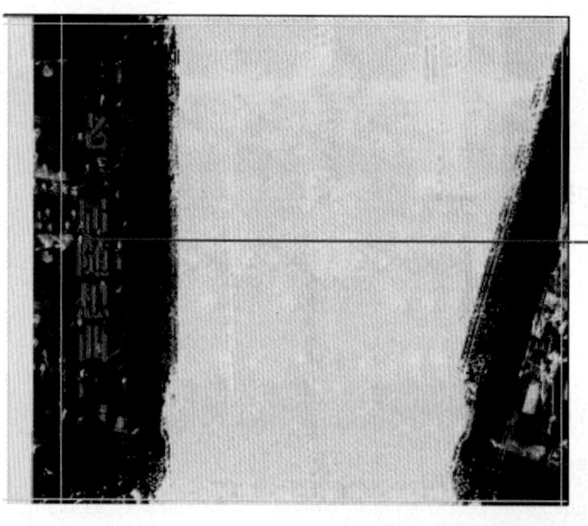

图5.193 输入文字

⑦ 按 Ctrl 键单击“老三届随想曲”图层缩览图以载入选区，切换至“通道”调板，单击“通道”调板最下排中的创建新通道按钮，得到“Alpha 1”。设置前景色为白色，按 Alt+Delete 键填充前景色，按 Ctrl+D 键取消选区，得到图 5.194 所示的效果。

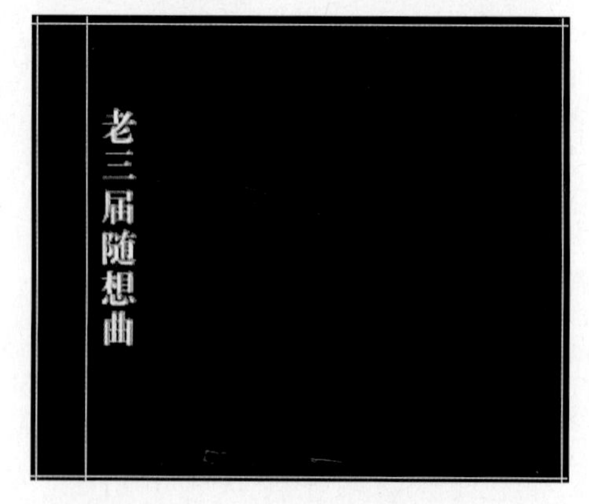

图5.194 “通道”中的状态

⑧ 下面制作紊乱的边缘效果。选择“滤镜”|“画笔描边”|“喷溅”命令，设置弹出的对话框，如图 5.195 所示，得到如图 5.196 所示的效果（局部效果）。

图5.195 “喷溅”对话框

图5.196 应用“喷溅”后的效果

⑨ 按Ctrl键单击“Alpha 1”图层缩览图以载入选区，切换回“图层”调板。选择“老三届随想曲”。新建“图层4”，设置前景色为e60723，按Alt+Delete键填充前景色，按Ctrl+D键取消选区。隐藏“老三届随想曲”文字图层，得到的效果如图5.197所示。局部效果如图5.198所示。

图5.197 填充效果

图5.198 局部效果

⑩ 下面来制作文字的描边效果。单击添加图层样式按钮 fx.，在弹出的菜单中选择“描边”命令，设置弹出的对话框及单独显示文字描边的效果如图5.199所示，得到如图5.200所示的效果。“图层”调板如图5.201所示。

提示

本步中的描边效果与文字的底图颜色类似，视觉上不是很直观，为了方便观看，笔者附带了一张单独显示文字描边的图像。至此，文字“老三届随想曲”的效果已制作出来，下面来制作其他文字效果。

图5.199 “描边”对话框

图5.200 添加图层样式后的效果

图5.201 “图层”调板

⑪ 打开随书所附光盘中的文件“第5章\5.6-素材4.psd”，使用移动工具将其拖至刚制作的文件中，结合自由变换控制框调整图像的大小，并将其移至上一步得到的文字图像右上方，如图5.202所示，同时得到“图层5”。

提示

本步的图像制作非常简单，并且在本章第 5.5 节“《狂飙》书籍装帧设计”中也详细讲解过，故在此笔者以素材的形式给出。

图5.202 摆放图像

⑫ 按照第 6 ~ 9 步的操作方法，结合横排文字工具 T、“喷溅”命令等功能制作红色文字右侧的黑色文字，如图 5.203 所示，同时得到“图层 6”。“图层”调板如图 5.204 所示。此时“通道”调板如图 5.205 所示。

图5.203 制作其他文字效果

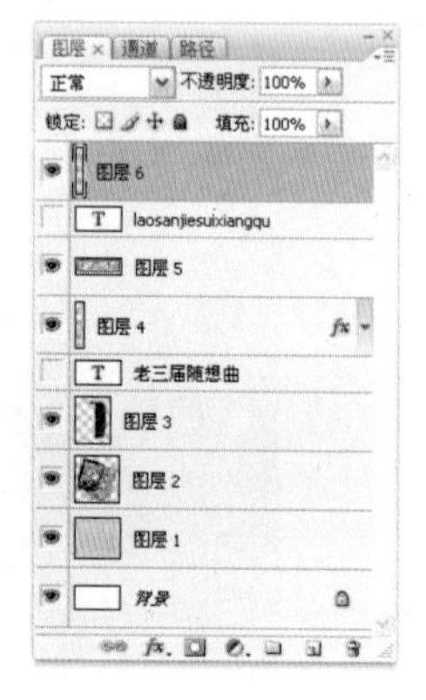

图5.204 “图层”调板

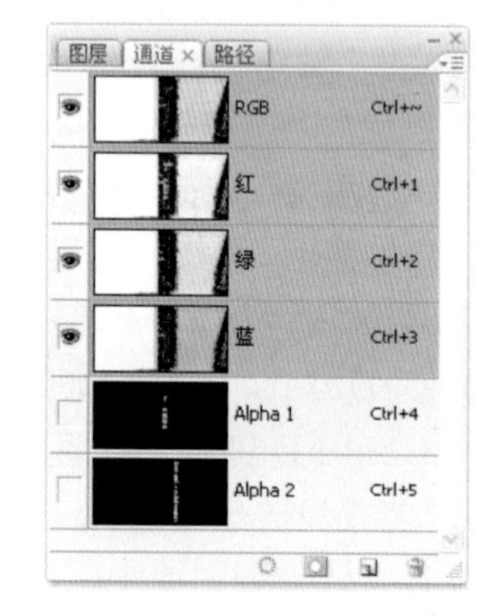

图5.205 “通道”调板

提示

在本步操作过程中，关于本步设置“喷溅”的参数值：喷色半径为 5，平滑度为 7。下面来制作主题文字。

⑬ 下面利用素材图像，制作封面的主题文字。打开随书所附光盘中的文件“第 5 章\5.6-素材 5.psd”，使用移动工具将其拖至刚制作的文件中，结合自由变换控制框调整图像的大小，并将其置于正封的中间位置，如图 5.206 所示，同时得到“图层 7”。

⑭ 按 Alt 键将“图层 6”拖至其上方，得到“图层 6 副本”。结合自由变换控制框调整图像的角度（-162°左右），并将其摆放在正封的右下方，如图 5.207 所示。

图5.206 调整图像

图5.207 复制及变换图像

提示

下面结合文字工具、素材图像制作正封中相关说明文字及装饰效果。

⑮ 选择“图层6副本”，结合文字工具、“喷溅”命令以及添加图层样式等功能，完成正封中的文字效果及装饰效果，如图5.208所示。此时“图层”调板如图5.209所示。

图5.208 制作正封中的文字效果

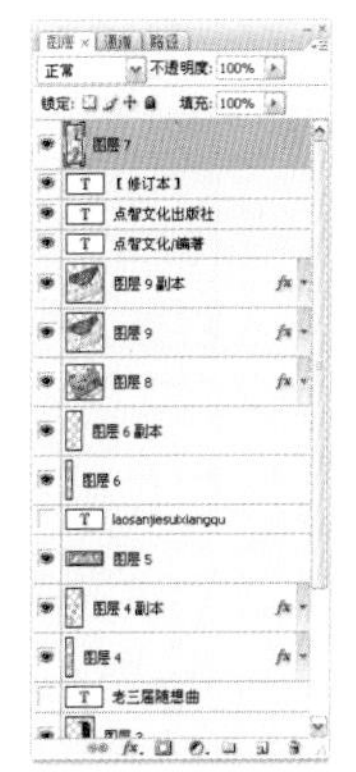

图5.209 “图层”调板

提示

本步所应用到的素材图像为随书所附光盘中的文件“第5章\5.6-素材6.psd”和“第5章\5.6-素材7.psd”，并为这两个素材图像添加了投影效果，关于对话框的参数设置可参考最终效果源文件中相关图层。下面来制作封底及书脊图像。

⑯ 下面来改变图像的色彩。选择“图层3”，设置当前图层的混合模式为“颜色加深”，得到的效果如图5.210所示。

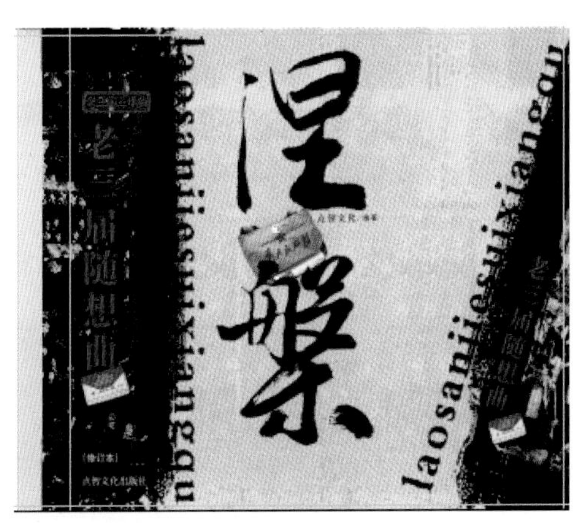

图5.210 设置混合模式后的效果

⑰ 按住Ctrl键，单击“图层1”、“图层3”以及“图层6”。按Ctrl+Alt+E键执行“盖印”操作，从而将选中图层中的图像合并至一个新图层中，并将其重命名为“图层10”，然后将其拖至所有图层的上方。

⑱ 使用移动工具将上一步得到的图像水平拖至封底位置，如图5.211所示。结合素材图像、文字工具、形状工具以及复制图层等操作，制作封底、书脊上的图像及文字效果，完成最终效果，如图5.212所示。“图层”调板如图5.213所示。按Ctrl+；键隐藏辅助线。图5.214为净尺后的效果展示。

提示

本步所应用到的素材图像为随书所附光盘中的文件“第 5 章\5.6– 素材 8.psd”。关于绘制形状的方法在本章第 5.5 节中已介绍过，在此不再赘述。

图5.211 调整图像

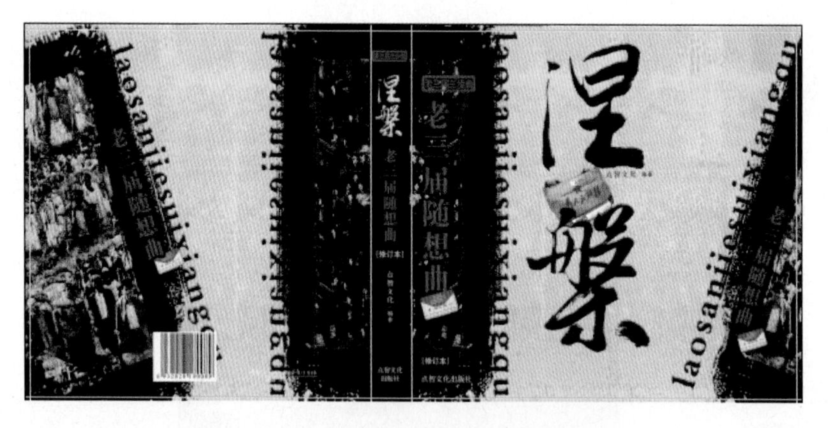

图5.212 最终效果

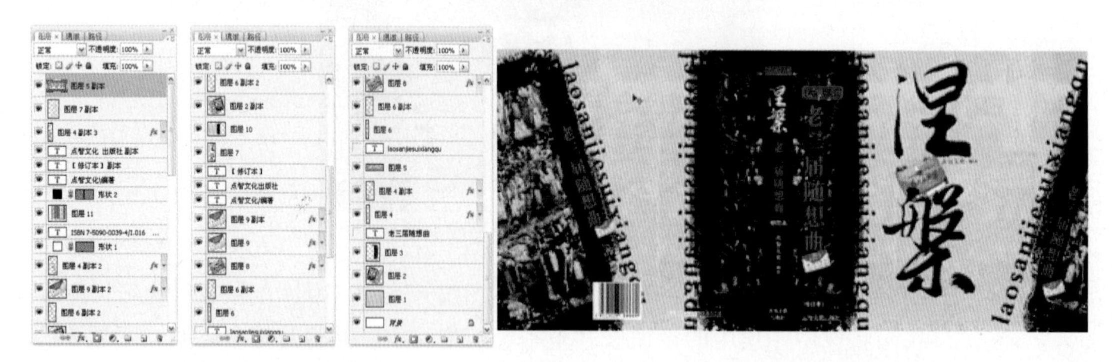

图5.213 “图层”调板

图5.214 净尺后的效果

5.7 《温州访古》书籍装帧设计

5.7.1 案例概况

例前导读：

本案例制作的是以温州访古为主题的封面设计。在制作的过程中，掌握封面中各个区域的划分，从图像的表现上来说，设计师以一个仿古的灰色调作为主色调，加上对水墨画的处理，均体现出仿古的气息。

核心技能：

- 利用辅助线以划分封面中的各个区域。
- 结合形状工具绘制各种形状。
- 结合“木刻”、“喷溅”及“干画笔”等滤镜，制作水墨画图像效果。
- 结合“曲线”调整图层，调整图像的明暗效果。
- 利用“创建剪贴蒙板”命令调整图像的显示效果。
- 结合文字工具输入多种文字。
- 利用混合模式及不透明度融合各部分图像内容。
- 结合图层蒙版隐藏不需要的图像内容。

效果文件：光盘 \ 第 5 章 \5.7.psd。

5.7.2 实现步骤

① 按 Ctrl+N 键新建一个文件，设置弹出的对话框，如图 5.215 所示，单击“确定”按钮退出对话框，以创建一个新的空白文件。

提示

在“新建”对话框中，封面的宽度数值为正封宽度（210mm）+ 书脊宽度（20mm）+ 封底宽度（210mm）+ 左右出血（各 3mm）=446mm，封面的高度数值为上下出血（各 3mm）+ 封面的高度（297mm）=303mm。

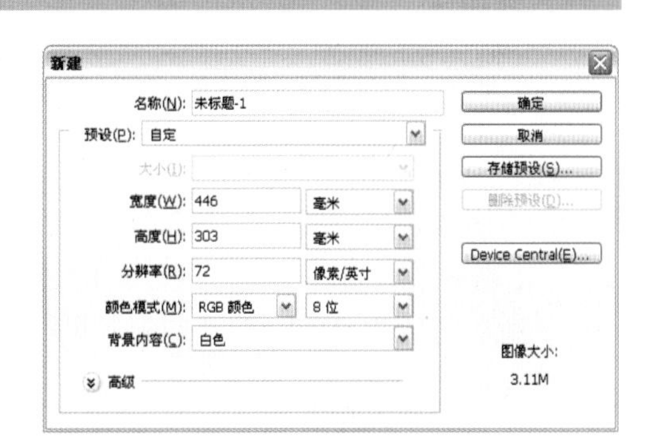

图5.215 “新建”对话框

② 按 Ctrl+R 键显示标尺，按照上面的提示内容在画布中添加辅助线以划分封面中的各个区域，如图 5.216 所示。再次按 Ctrl+R 键以隐藏标尺。

提示

下面利用素材图像制作封面上的背景效果。

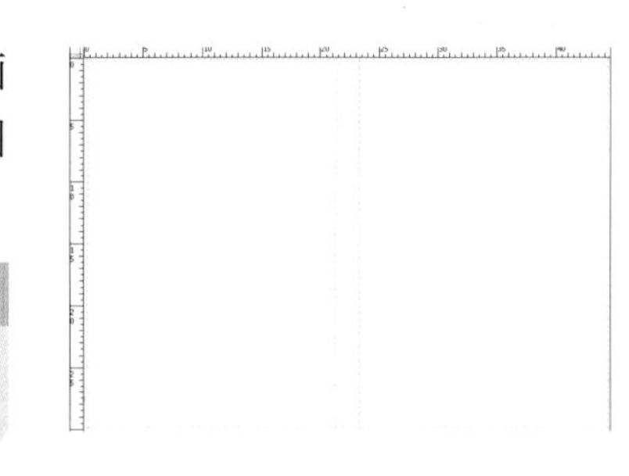

图5.216 添加辅助线

③ 打开随书所附光盘中的文件“第 5 章\5.7- 素材 1.psd”，使用移动工具将其移至当前画布中，得到“图层 1”，按 Ctrl+T 键调出自由变换控制框，调整图像大小及位置刚好覆盖画布，按 Enter 键确认变换操作，得到如图 5.217 所示的效果。

④ 设置“图层 1”的混合模式为“明度”，“不透明度”为 80%，得到如图 5.218 所示的效果。

图5.217 调整图像

图5.218 设置混合模式及不透明度后的效果

⑤ 设置前景色的颜色值为 7a634b，选择矩形工具，在工具选项条上选择形状图层按钮，在书脊上绘制矩形，得到“形状 1”，得到如图 5.219 所示的效果，设置其“不透明度”为 10%，得到如图 5.220 所示的效果。

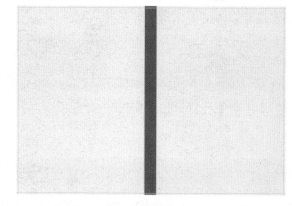

图5.219 绘制矩形

图5.220 设置不透明度后的效果

⑥ 下面通过复制图层，将背景图像纯度提高，按 Ctrl+J 键复制“图层 1”得到“图层 1 副本”，并将其移至“形状 1”的上方，更改其混合模式为“颜色加深”，得到如图 5.221 所示的效果，此时的“图层”调板状态如图 5.222 所示。

图5.221 复制图层并更改混合模式后的效果

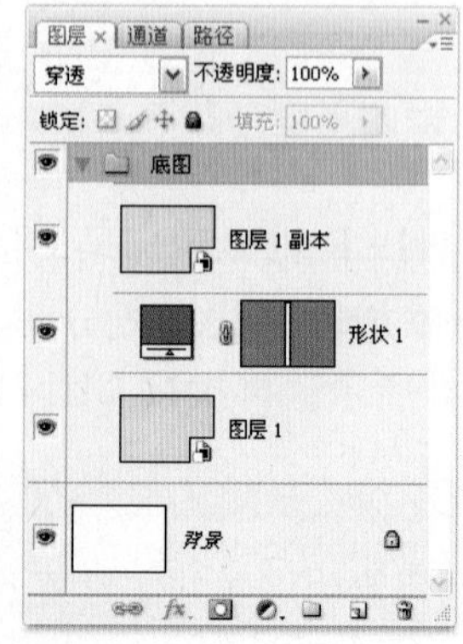

图5.222 “图层”调板

提示1

为了方便读者管理图层，故将制作封面背景的图层编组，选中要进行编组的图层，按Ctrl+G键执行“图层编组”操作，得到“组 1”，并将其重命名为“底图”。下面在制作其他部分图像时，也进行编组操作，笔者不再重复讲解操作过程。

提示2

下面利用素材图像，通过调整图层、滤镜及图层蒙版等功能，制作正封上的图案效果。

⑦ 打开随书所附光盘中的文件“第5章\5.7-素材2.psd”，如图5.223所示，使用移动工具将其移至正封下方位置，得到“图层2”，结合自由变换控制框，调整图像大小及位置，得到如图5.224所示的效果，设置其混合模式为“深色”，得到如图5.225所示的效果。

图5.223 素材图像

图5.224 调整图像

图5.225 设置混合模式后的效果

提示

下面利用滤镜将图案调整为水墨画效果。

⑧ 选择“滤镜”|“艺术效果”|“木刻”命令，设置弹出的对话框，如图5.226所示，得到如图5.227所示的效果。

图5.226 “木刻”对话框

图5.227 应用“木刻”命令后的效果

⑨ 单击添加图层蒙版按钮为“图层2”添加蒙版，设置前景色为黑色，选择画笔工具，在其工具选项条中设置适当的画笔大小及不透明度，在水墨画与背景结合生硬处进行涂抹，以将其隐藏起来融合图像，直至得到如图5.228所示的效果，此时蒙版中的状态如图5.229所示。

图5.228 添加图层蒙版

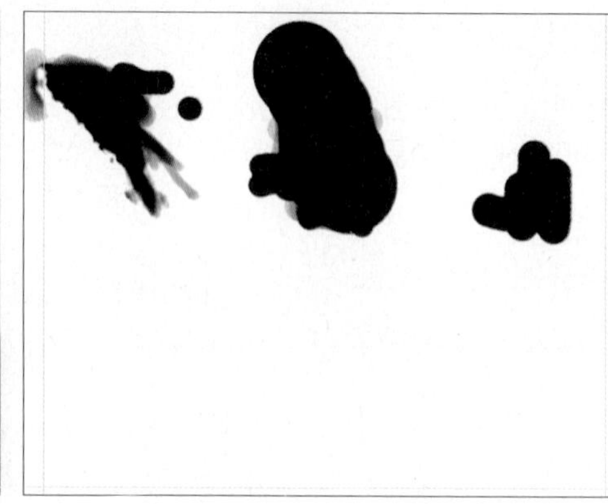

图5.229 蒙版中的状态

提示

下面通过调整图层将图案整体图像效果提亮。

⑩ 单击创建新的填充或调整图层按钮，在弹出的菜单中选择“曲线”命令，设置弹出的对话框，如图5.230所示，单击“确定”按钮退出对话框，按Ctrl+Alt+G键执行“创建剪贴蒙版”操作，得到如图5.231所示的效果，同时得到图层“曲线1”。

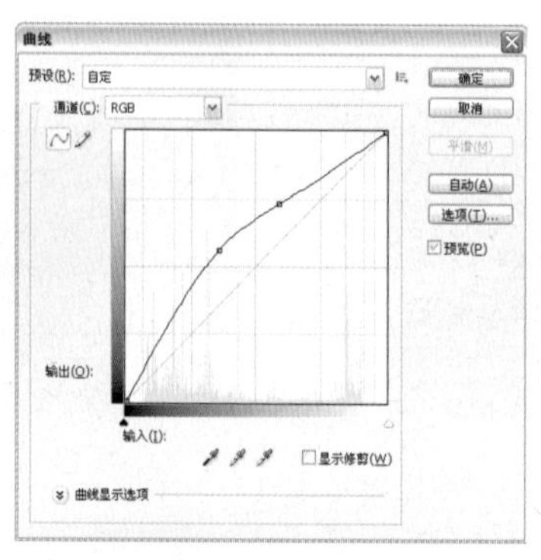

图5.230 “曲线”对话框

图5.231 应用“曲线”命令后的效果

提示

下面通过复制图层、更改滤镜及蒙版等状态，为图案添加一些纹理，使其水墨画效果更加真实。

⑪ 按住Alt键拖动“图层2”的名称至“曲线1”的上方，释放鼠标后得到“图层2副本”，将其滤镜效果删掉，为其添加新的滤镜，选择“滤镜”|“画笔描边”|“喷溅”命令，设置弹出的对话框，如图5.232所示，得到如图5.233所示的效果，更改其“不透明度”为50%，得到如图5.234所示的效果。

图5.232 “喷溅”对话框

图5.233 应用“喷溅”命令后的效果

图5.234 更改不透明度后的效果

⑫ 至此，正封下方的图像制作完毕，下面制作正封及书脊上的笔墨图像，打开随书所附光盘中的文件“第5章\5.7-素材3.psd”，将其移至正封及书脊最上方位置，得到“图层3”，结合自由变换控制框、调整图像大小及位置，得到如图5.235所示的效果，设置其混合模式为“深色”，得到如图5.236所示的效果，此时的“图层”调板状态如图5.237所示。

图5.235 调整图像

图5.236 设置混合模式后的效果

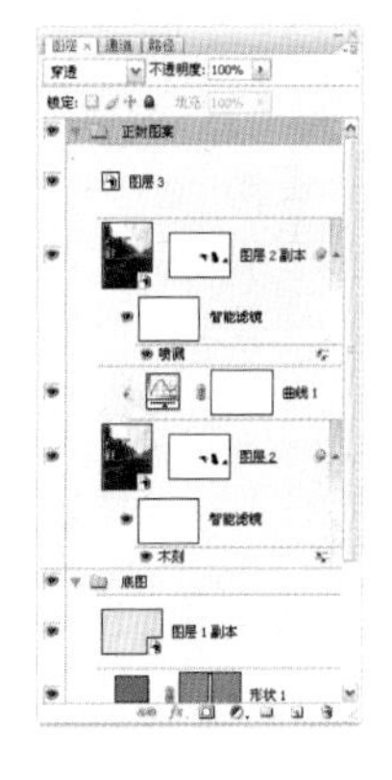

图5.237 “图层”调板

⑬ 下面按照制作正封上的图案方法来制作封底上的图案效果，直至得到如图5.238所示的效果，此时的“图层”调板状态如图5.239所示。

图5.238 制作封底上的图案效果

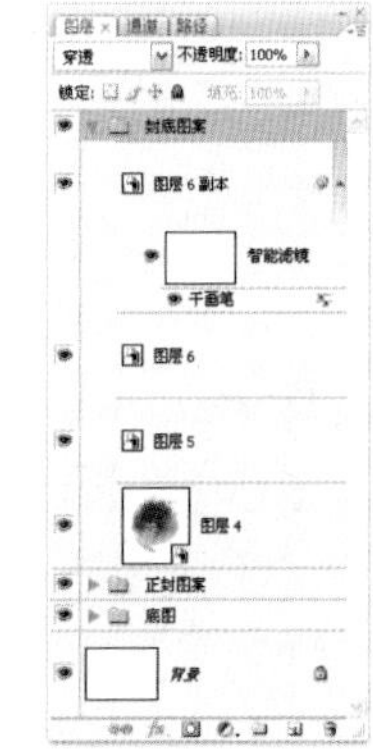

图5.239 “图层”调板

提示

用到的素材为随书所附光盘中的文件“第 5 章\5.7– 素材 4.psd”。个别图层设置了混合模式及不透明度，读者可以参照本例源文件相关图层，在这里不再详细解说操作步骤。为“图层 6 副本”添加的“干画笔”滤镜，按如图 5.240 所示设置对话框。

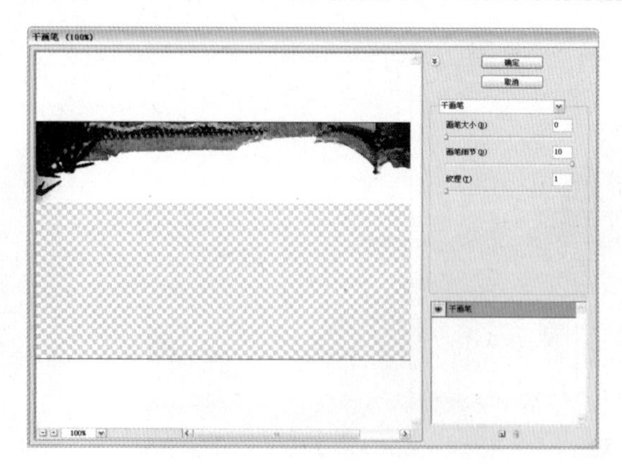

图5.240 “干画笔”对话框

⑭ 下面来制作正封、书脊及封底上的文字信息及条形码等图像，直至得到图 5.241 所示的最终效果，局部效果如图 5.242、图 5.243 所示，此时的“图层”调板状态如图 5.244 所示。图 5.246 为净尺后的效果展示。

图5.241 最终效果

图5.242 局部效果

提示1

此步制作的文字及相关信息内容是以智能对象的形式给出的，因为操作方法比较简单，但操作过程有些繁琐，故此处不再详细讲解其操作过程，若要查看具体的图层，可以双击智能对象缩览图，在弹出的对话框中单击“确定”按钮即可查看到具体的图层。

提示2

正封上的垂直虚线的制作方法是，首先使用钢笔工具 绘制路径，然后使用画笔工具 设置好参数“画笔”调板，如图 5.245 所示，最后使用画笔描边路径操作即可。

图5.243 局部效果

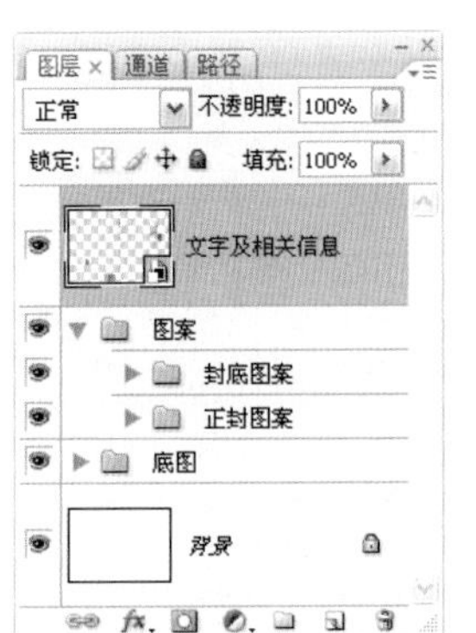
图5.244 “图层”调板

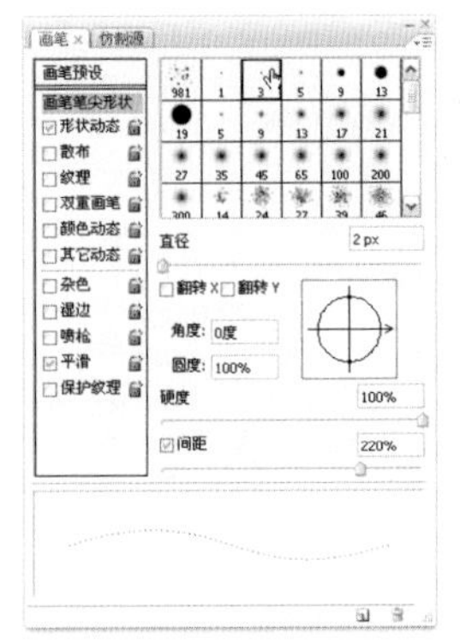
图5.245 “画笔”调板

图5.246 净尺后的效果

5.8 《司马志伟谈红楼》书籍装帧设计

5.8.1 案例概况

例前导读：

本例是图书《司马志伟谈红楼》的封面作品，而《红楼梦》则是我国四大名著之一，所以在封面设计的风格上，设计师采用了具有中国古典特色的底纹及古画作为封面的基本纹理，并结合花朵图形为封面制作镂空效果，使整体版面显得更加灵活，而不是同类书籍那样规矩、呆板的布局，以在第一时间吸引浏览者的目光。

核心技能：

- 结合标尺及辅助线划分封面中的各个区域。
- 应用形状工具绘制形状。
- 应用文字工具输入文字。
- 通过设置图层的混合模式融合图像。
- 应用添加图层蒙版的功能隐藏不需要的图像。
- 使用“投影”图层样式制作图像的投影效果。
- 使用“盖印”命令将选中图层中的图像合并至一个新图层中。
- 使用变换功能调整图像大小、角度及位置。

效果文件：光盘 \ 第 5 章 \5.8.psd。

5.8.2 实现步骤

① 按Ctrl+N键新建一个文件，设置弹出的对话框，如图5.247所示，单击“确定”按钮退出对话框，以创建一个新的空白文件。

提示1

在“新建”对话框中，封面的宽度数值为正封宽度（151mm）+书脊宽度（18mm）+封底宽度（151mm）+左右出血（各3mm）=326mm，封面的高度数值为上下出血（各3mm）+封面的高度（230mm）=236mm。

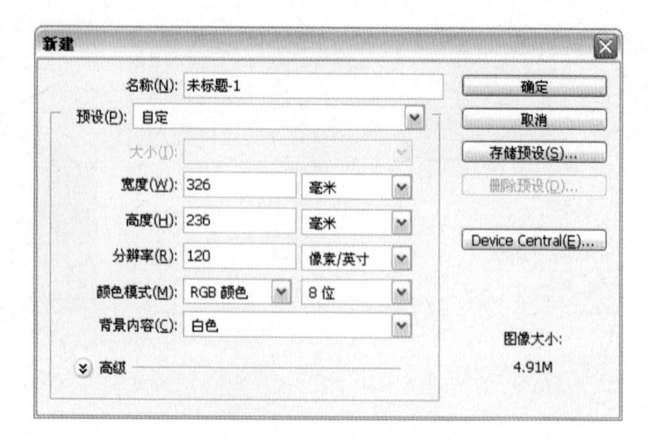

图5.247 “新建”对话框

提示2

下面依据提示的数据，对封面进行划分区域。

② 按Ctrl+R键显示标尺，按Ctrl+;键调出辅助线，按照上面的提示内容在画布中添加辅助线以划分封面中的各个区域，如图5.248所示。按Ctrl+R键隐藏标尺。

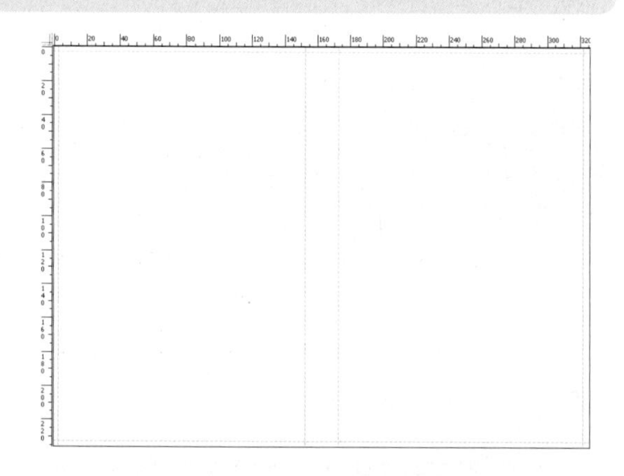

图5.248 划分区域状态

提示

下面制作封面整体的图像效果。

③ 打开随书所附光盘中的文件“第5章\5.8-素材1.psd”，如图5.249所示。使用移动工具将其拖至刚制作的文件中，得到“图层1”。按Ctrl+T键调出自由变换控制框，向内拖动控制句柄以缩小图像并与当前画布大小吻合，按Enter键确认操作。

图5.249 素材图像

提示

封面的底图已制作完成。下面来制作正封中的图像效果。

④ 打开随书所附光盘中的文件“第 5 章 \5.8- 素材 2.psd”，使用移动工具将其拖至刚制作的文件中，得到“图层 2”。结合自由变换控制框调整图像的大小，并置于正封的上方，如图 5.250 所示。设置当前图层的混合模式为“正片叠底”，得到的效果如图 5.251 所示。

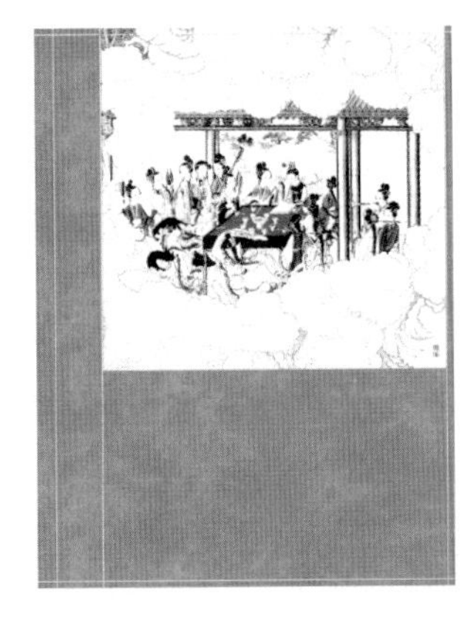
图5.250 调整图像

图5.251 设置混合模式后的效果

⑤ 设置前景色的颜色值为 464646，选择钢笔工具，在工具选项条上选择形状图层按钮，以及添加到形状区域按钮，在人物的下方绘制如图 5.252 所示的形状，得到“形状 1”。

提示

在绘制形状的过程中，对于类似的形状，可通过复制的方法得到。其方法为：选择路径选择工具选取要复制的单个形状，按住 Alt 键拖动以复制，再结合自由变换控制框调整图像的大小、角度及位置。

图5.252 绘制形状

⑥ 选择钢笔工具，在工具选项条上选择路径按钮，在上一步得到的图像周围绘制如图 5.253 所示的路径。按 Ctrl+Enter 键将路径转换为选区，设置前景色为白色，新建“图层 3”，按 Alt+Delete 键填充前景色，按 Ctrl+D 键取消选区，得到如图 5.254 所示的效果。

图5.253 绘制路径

图5.254 填充效果

⑦ 按 Ctrl 键单击“形状 1”图层缩览图以载入其选区，按 Alt 键单击添加图层蒙版按钮为“图层 3”添加蒙版，得到的效果如图 5.255 所示。

⑧ 设置前景色的颜色值为白色，选择钢笔工具，在工具选项条上选择形状图层按钮，在正封的下方（含右侧出血）绘制如图 5.256 所示的形状，得到“形状 2”。

提示

至此，白色图像的基本轮廓已制作出来，下面为其添加纹理图像。

⑨ 选中“形状 1”～“形状 2”，按 Ctrl+G 键执行“图层编组”操作，得到“组 1”。隐藏“形状 1”。

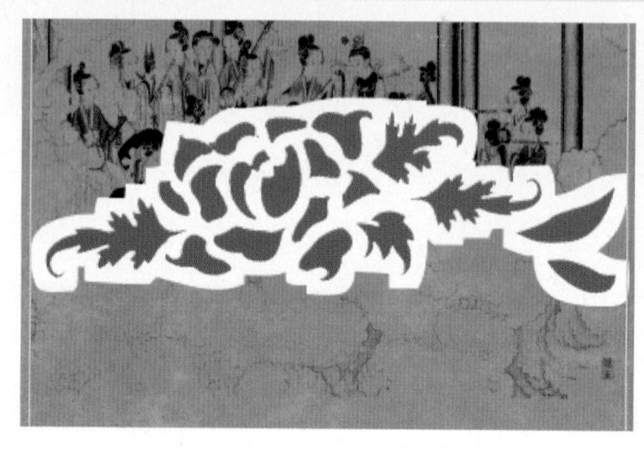

图5.255 添加图层蒙版后的效果

图5.256 绘制形状

⑩ 按 Ctrl+Alt+E 键执行“盖印”操作,从而将选中图层中的图像合并至一个新图层中，并将其重命名为“图层 4”。隐藏“组 1”。得到的效果如图 5.257 所示。

⑪ 打开随书所附光盘中的文件“第 5 章 \5.8- 素材 3.psd”，使用移动工具将其拖至刚制作的文件中，得到“图层 5”。按 Ctrl+Alt+G 键执行“创建剪贴蒙版”操作，使用移动工具对图像的位置再做适当的调整，效果如图 5.258 所示。“图层”调板如图 5.259 所示。

图5.257 隐藏“组 1”后的效果

图5.258 创建剪贴蒙版及调整位置后的效果

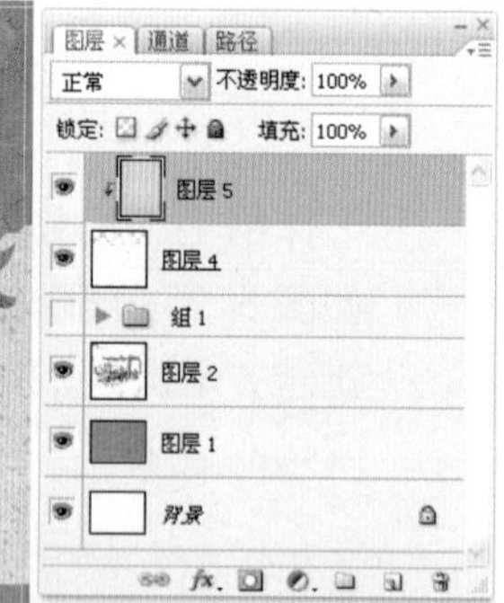

图5.259 “图层”调板

提示

至此，正封下方的图像已制作完成。下面来制作正封中主题文字。

⑫ 打开随书所附光盘中的文件“第 5 章 \5.8- 素材 4.psd”，使用移动工具将其拖至刚制作的文件中的正封的左下方位置，如图 5.260 所示，同时得到“图层 6”。

⑬ 下面为文字添加投影效果。单击添加图层样式按钮，在弹出的菜单中选择“投影”命令，设置弹出的对话框，如图 5.261 所示，得到如图 5.262 所示的效果。

图5.260 摆放图像

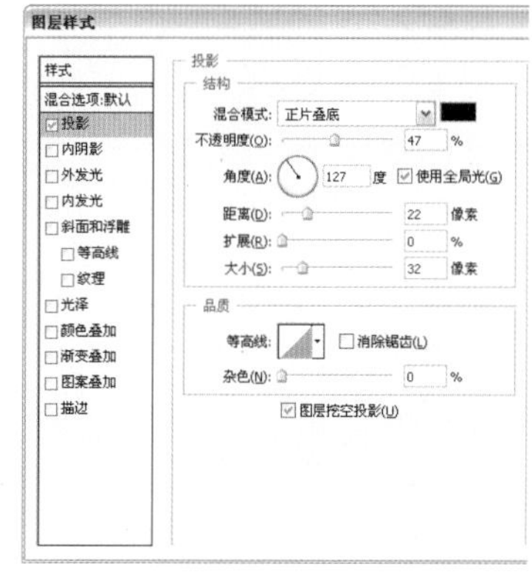

图5.261 “投影”对话框

图5.262 添加图层样式后的效果

⑭ 下面输入其他文字。选择横排文字工具T，设置前景色的颜色值为黑色，并在其工具选项条上设置适当的字体和字号，在正封下方输入文字“谈”，如图5.263所示。

⑮ 保持前景色不变，结合文字工具，在正封下方继续输入相关文字，如图5.264所示。“图层”调板如图5.265所示。

图5.263 输入文字

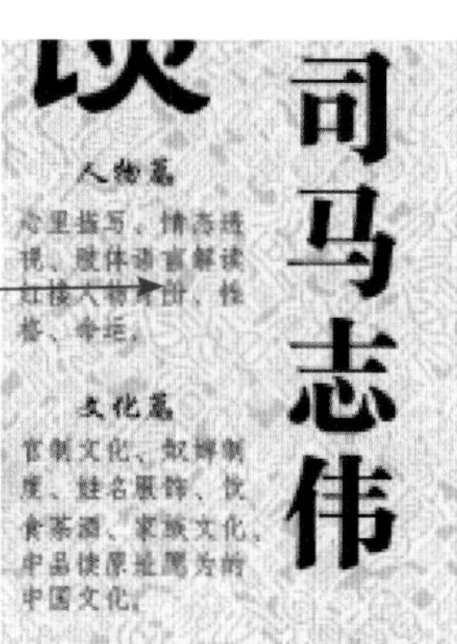

图5.264 输入其他文字

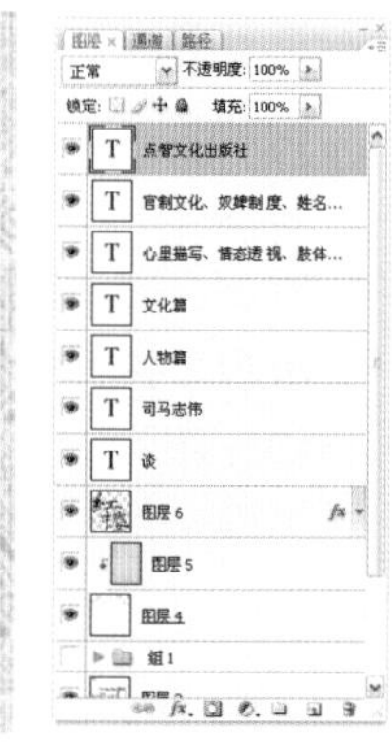

图5.265 “图层”调板

提示

至此，正封中的内容已制作完成。下面来制作封底以及书脊上的文字效果。

⑯ 按Alt键将"图层5"拖至所有图层的上方,得到"图层5副本"。使用移动工具将其拖至封底下方,如图5.266所示。

⑰ 下面将正封上的图像去除。选择矩形选框工具,将多出在正封处的图像框选出来,如图5.267所示。按Delete键删除选区中的内容。按Ctrl+D键取消选区,得到如图5.268所示的效果。

图5.266 复制及摆放位置

图5.267 绘制矩形

图5.268 删除后的效果

⑱ 利用素材图像,结合文字工具、复制图层等功能完成封底和书脊上的文字及左下角的条形码图像。如图5.269所示。"图层"调板如图5.270所示。按Ctrl+;键隐藏辅助线。图5.271为净尺后的效果展示。

图5.269 最终效果

提示1

本步所用的素材图像为随书所附光盘中的文件"第5章\5.8-素材5.psd"。绘制直线时,与使用钢笔工具绘制形状是一样的,只是在绘制直线时选择的是直线工具。

提示2

对于书脊中的"红楼"没有添加图层样式,复制图层后,可将图层样式拖至"图层"调板最下方的删除图层按钮上,以删除其图层样式。

图5.270 “图层”调板

图5.271 立体效果图

5.9 《开棺发财》书籍装帧设计

5.9.1 案例概况

例前导读：

本案例是一例《开棺发财》的封面设计作品。作为探险类书籍的封面，设计师将木乃伊与醒目的文字相结合，并巧妙地将它们融合在一起，从而吸引读者的眼球。

核心技能：

- 结合标尺及辅助线划分封面中的各个区域。
- 应用图层蒙版的功能蒙蔽多余的图像。
- 应用直接选择工具结合钢笔工具等对路径进行重新编辑。
- 应用混合模式、不透明度及填充融合图像。
- 应用文字工具输入主题及说明性文字。
- 应用各种图层样式的功能为文字添加色彩。
- 应用特殊的画笔制作图像的碎边效果。
- 应用“渐变映射”调整图层调整图像的色彩。

效果文件：光盘 \ 第 5 章 \5.9.psd。

5.9.2 实现步骤

① 按 Ctrl+N 键新建一个文件，设置弹出的对话框，如图 5.272 所示，单击“确定”按钮退出对话框，以创建一个新的空白文件。按 Ctrl+I 键执行“反相”操作，以将“背景”反相为黑色。

提示

在“新建”对话框中，封面的宽度数值为正封宽度（165mm）+书脊宽度（20mm）+封底宽度（165mm）+左右出血（各3mm）=356mm，封面的高度数值为上下出血（各3mm）+封面的高度（235mm）=241mm。下面依据提示的数据，对封面进行划分区域。

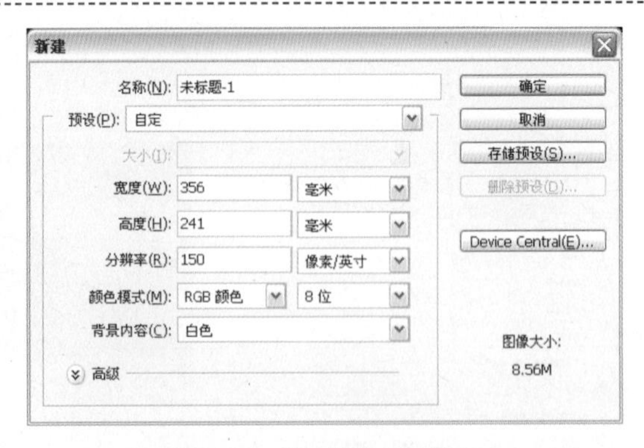

图5.272 “新建”对话框

② 按Ctrl+R键显示标尺，按Ctrl+；键调出辅助线，按照上面的提示内容在画布中添加辅助线以划分封面中的各个区域，如图5.273所示。按Ctrl+R键隐藏标尺。

提示1

按Ctrl+；键可显示＼隐藏辅助线。

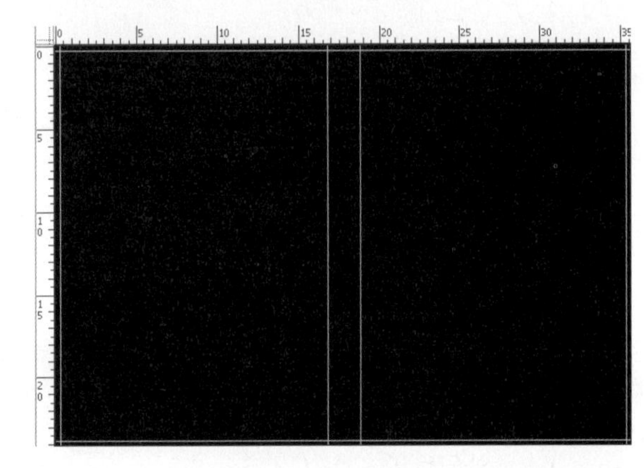

图5.273 划分区域

提示2

区域的划分已显示出来。下面开始制作正封上的图像效果。

③ 打开随书所附光盘中的文件“第5章\5.9–素材1.psd”，如图5.274所示。使用移动工具将其拖至刚制作的文件中，得到“图层 1”。按Ctrl+T键调出自由变换控制框，按Shift键向内拖动控制句柄以缩小图像及移动位置，按Enter键确认操作。得到的效果如图5.275所示。

图5.274 素材图像

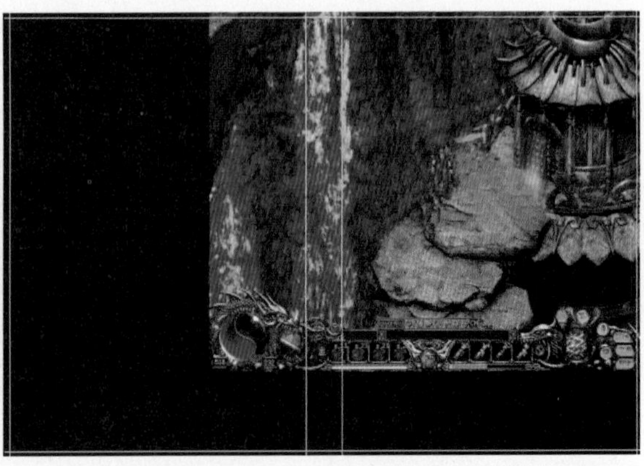

图5.275 调整图像

④ 下面来改变图像的色彩。设置“图层 1”的混合模式为“明度”，填充为35%。得到的效果如图5.276所示。复制“图层 1”得到“图层 1 副本”，更改其混合模式为“实色混合”，不透明度为50%，填充为53%，得到的效果如图5.277所示。

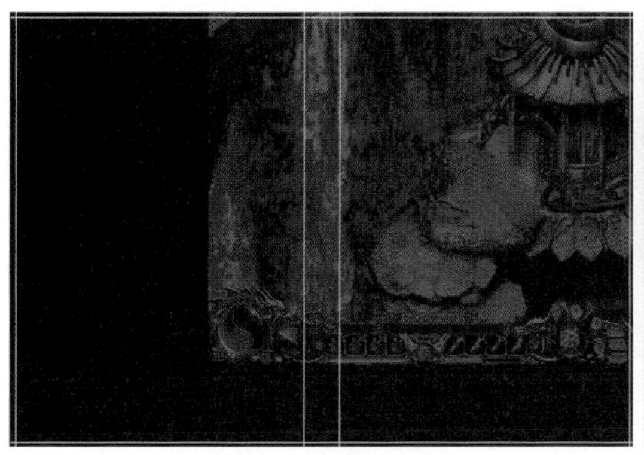

图5.276 设置图层属性

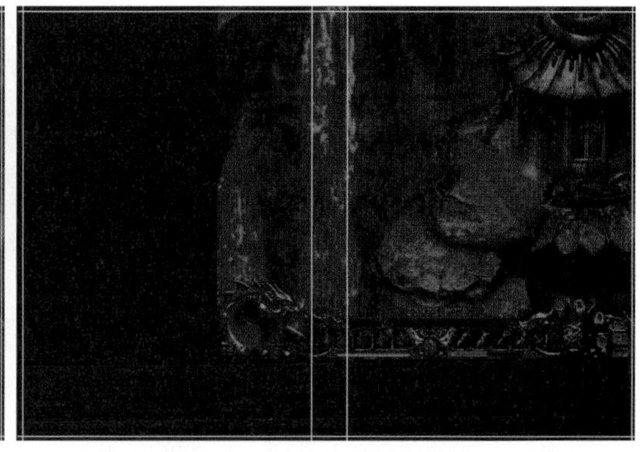

图5.277 复制并设置图层属性

⑤ 下面制作主题画面图像。打开随书所附光盘中的文件“第5章\5.9-素材2.psd”，使用移动工具将其拖至刚制作的文件中，得到“图层 2”，结合自由变换制作框调整图像大小及位置如图5.278所示。选择钢笔工具，在其工具选项条中选择路径按钮，将人物的头部勾画出来，如图5.279所示。

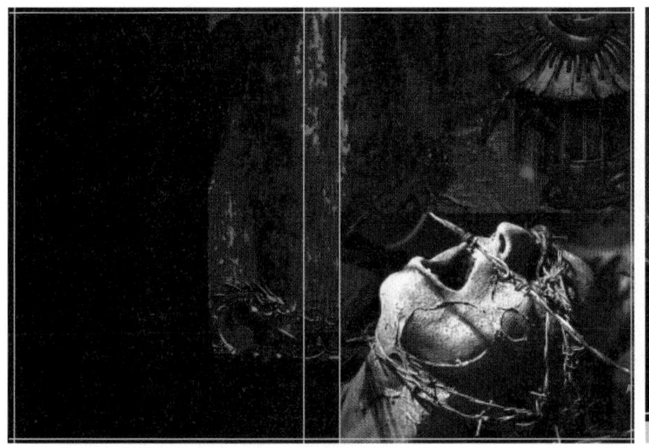

图5.278 调整图像

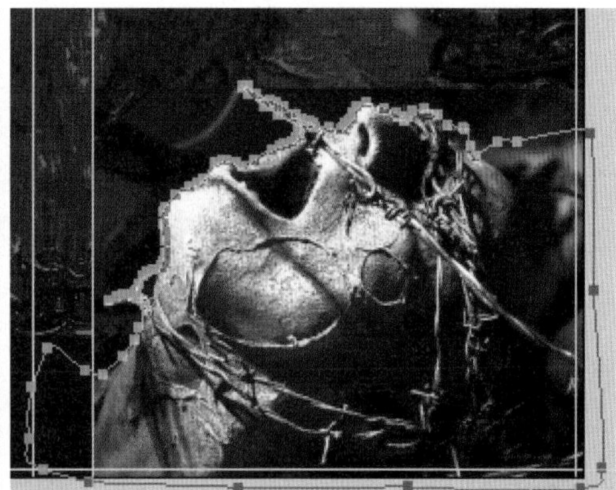

图5.279 绘制路径

提示

下面通过添加图层蒙版完善主题图像效果。

⑥ 接着，按Ctrl+Enter键将路径转换为选区，单击添加图层蒙版按钮为“图层 2”添加蒙版，得到如图5.280所示的效果。

⑦ 激活“图层 2”图层蒙版缩览图，设置前景色的颜色值为黑色，选择画笔工具，并在其工具选项条中设置适当的画笔大小及不透明度，在图层蒙版中进行涂抹，以将右侧多余的部分图像隐藏起来，如图5.281所示。图层蒙版中的状态如图5.282所示。

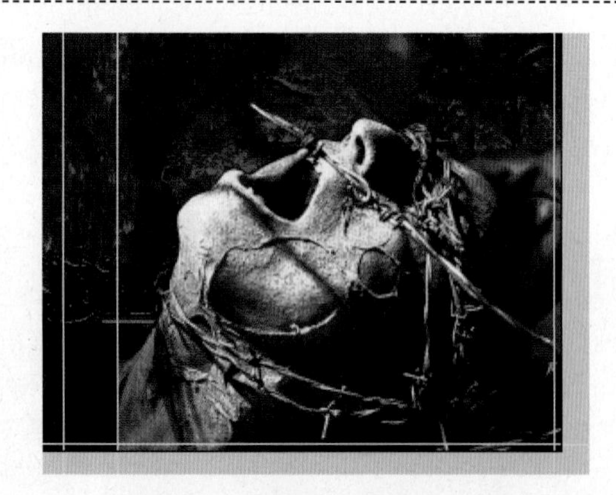

图5.280 添加图层蒙版后的效果

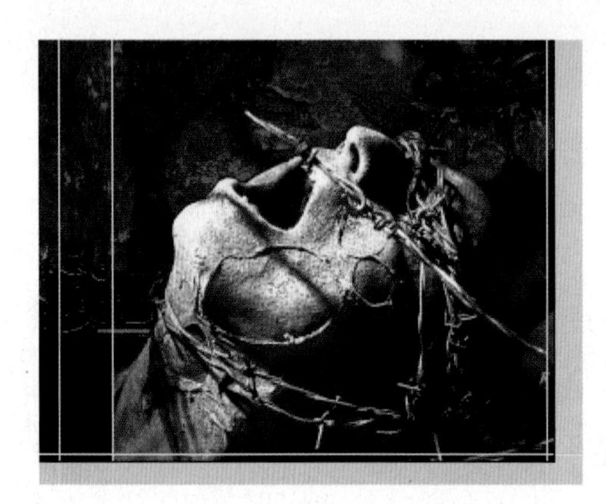

图5.281 编辑图层蒙版后的效果

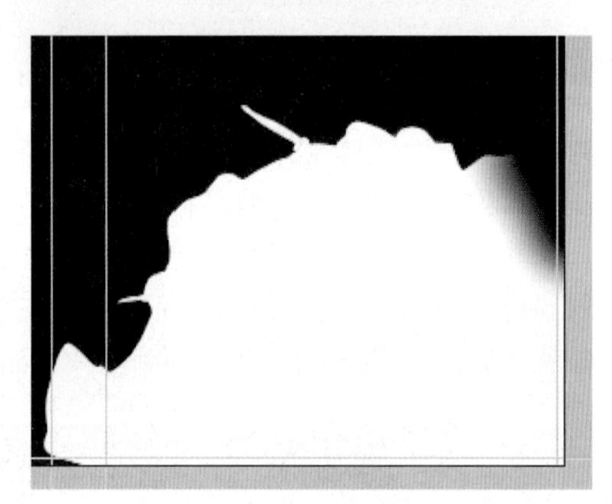

图5.282 图层蒙版中的状态

⑧ 选择“图层 1”，单击添加图层蒙版按钮，选择矩形选框工具，在文件右侧绘制如图5.283所示的选区，按D键将前景色和背景色恢复为默认的黑白色。

提示

下面结合添加图层蒙版以及绘制渐变的功能完善图像效果。

图5.283 绘制选

⑨ 接着，在工具箱中选择渐变工具，在其工具选项条中选择线性渐变工具，单击渐变显示框，选择渐变类型为“从前景到背景”，设置“渐变编辑器”对话框，如图5.284所示。从选区的底部至上方绘制一条渐变，按Ctrl+D键取消选区，得到如图5.285所示的效果。图层蒙版中的状态如图5.286所示。

图5.284 “渐变编辑器”对话框

图5.285 添加图层蒙版后的效果

图5.286 图层蒙版中的状态

⑩ 单击添加图层蒙版按钮 为“图层 1 副本”添加蒙版，设置前景色为黑色，选择画笔工具，在其工具选项条中设置适当的画笔大小及不透明度，在图层蒙版中进行涂抹，以将图像下方及上方部分图像隐藏起来，直至得到如图 5.287 所示的效果，此时蒙版中的状态如图 5.288 所示。

图5.287 添加图层蒙版后的效果

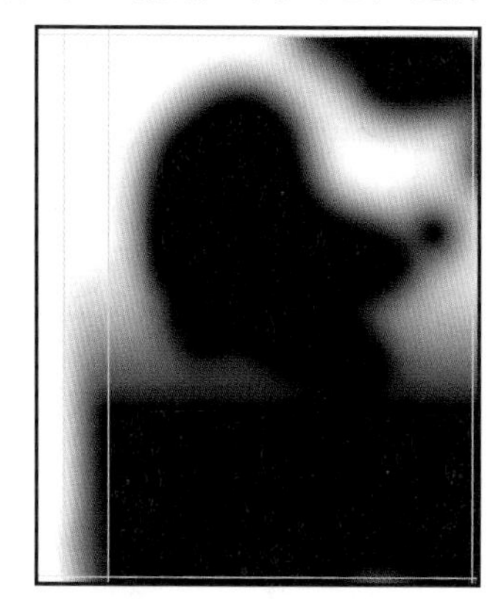

图5.288 图层蒙版中的状态

提示

下面应用文字工具，输入主题文字，并对文字“棺”及“财”的形状进行编辑。

⑪ 选择横排文字工具 T，设置前景色的颜色值为白色，并在其工具选项条上设置适当的字体和字号，在正封的左上方分别输入如图 5.289 所示的文字，并得到相应的文字图层。在文字图层“棺”名称上单击鼠标右键，在弹出的菜单中选择“转换为形状”命令，从而对文字“棺”进行编辑。

图5.289 输入文字

⑫ 下面来编辑“棺”字的形状。单击“棺”矢量蒙版缩览图，选择直接选择工具，将文字路径选中，如图 5.290 所示。选择其中一个锚点，如图 5.291 所示（红圈标示）。

拖动鼠标向上移动位置，如图 5.292 所示（红圈标示），释放鼠标得到的效果如图 5.293 所示。重复此操作，直至得到类似如图 5.294 所示的状态。

图5.290 选择路径状态

图5.291 选择的锚点位置

图5.292 向上移动的位置

图5.293 拖动锚点后的状态

提示1

使用直接选择工具可以调整锚点，还可直接拖动锚点两侧的控制手柄进行调整。当需添加锚点时，可选择钢笔工具在需要的位置上单击。

图5.294 对“棺”编辑后的状态

提示2

在使用钢笔工具的情况下，可以按住 Ctrl 键临时切换至直接选择工具，即可选择路径上的锚点并进行编辑操作；在按住 Alt 键的情况下，可以临时切换至转换点工具，此时可以对锚点进行转换。

提示3

需要强调的是，笔者在文字部首“木”左侧添加了一个不规则的形状。在下面的文字编辑中也有这种情况。

⑬ 下面对“财”字的形状进行编辑。按照上一步的操作方法，对文字“财”进行编辑得到的状态如图5.295所示。“图层”调板如图5.296所示。

提示

下面利用素材图像制作文字上的纹理效果。

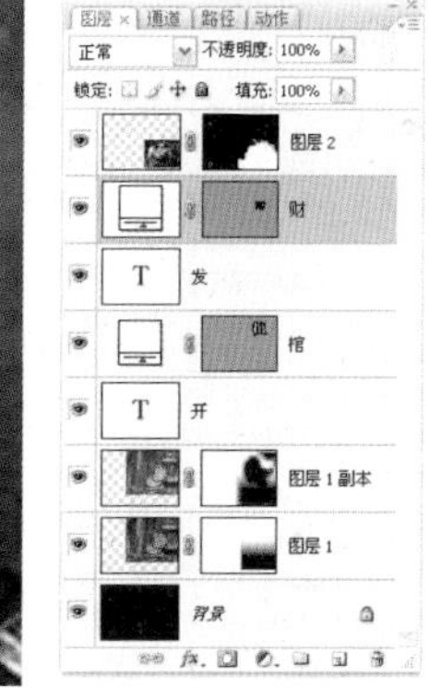

图5.295 对“财”编辑后的状态　图5.296 “图层”调板

⑭ 打开随书所附光盘中的文件“第5章\5.9-素材3.psd”，使用移动工具将其拖至刚制作的文件中，得到“图层 3”。结合自由变换制作框调整图像大小及位置（文字上方）如图5.297所示。按Ctrl+Shift键单击“开”~“财”图层缩览图以载入它们相加的选区。

⑮ 保持选区，单击添加图层蒙版按钮为“图层 3”添加蒙版，得到如图5.298所示的效果。为了方便对图层的管理，将前面所得到的4个文字图层选中，按Ctrl+G键将选中的图层编组，得到“组 1”。隐藏“组 1”，此时的图像效果如图5.299所示。

图5.297 调整图像

图5.298 添加图层蒙版后的效果　图5.299 隐藏文字图层的效果

提示

下面应用图层样式的功能为文字添加色彩。

⑯ 单击添加图层样式按钮 fx.,在弹出的菜单中选择“外发光”命令,设置弹出的对话框,如图 5.300 所示,然后在“图层样式”对话框中继续选择“颜色叠加”选项,并设置其对话框,如图 5.301 所示,得到如图 5.302 所示的效果。

提示

在“外发光”对话框中,渐变类型为“从黑色到透明”,在“颜色叠加”对话框中,颜色块的颜色值为 ff0000。

图5.300 “外发光”对话框

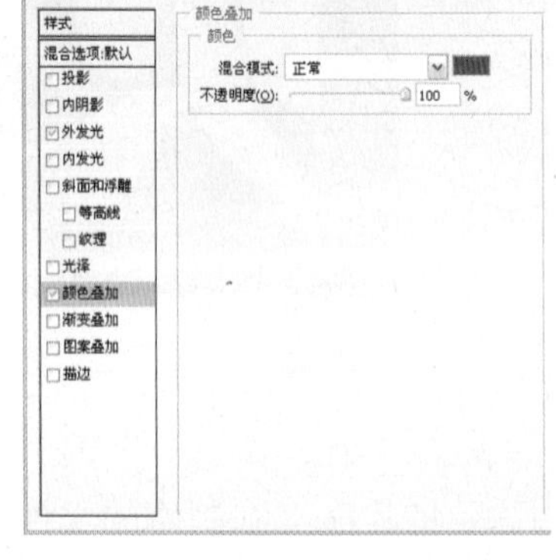

图5.301 “颜色叠加”对话框

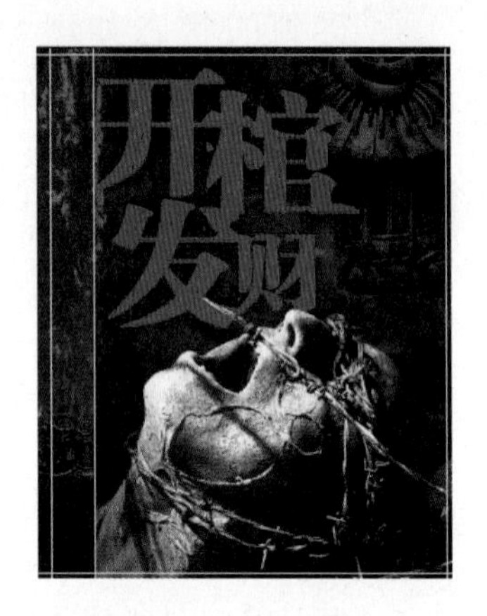

图5.302 添加图层样式后的效果

⑰ 下面制作文字的碎边效果。激活“图层 3”图层蒙版缩览图,设置前景色为黑色,选择画笔工具,在其工具选项条中设置适当的画笔大小及不透明度,在图层蒙版中进行涂抹,以将部分图像隐藏起来,直至得到如图 5.303 所示的效果,此时蒙版中的状态如图 5.304 所示。

提示

本步所应用的画笔为“粉笔 60 像素”。

图5.303 编辑图层蒙版后的效果

图5.304 图层蒙版中的状态

⑱ 选择“图层 2”，结合文字工具，完成正封的文字效果制作，如图 5.305 所示。“图层”调板如图 5.306 所示。

提示

关于本步的文字颜色设置读者可参考最终效果源文件，也可以自己设置不同的颜色值。至此，正封上的图像及文字已制作完成。下面制作封底的图像。

图5.305 完成正封文字效果

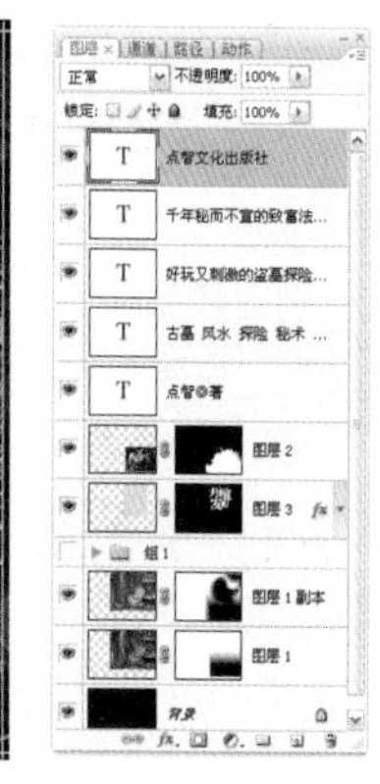

图5.306 “图层”调板

⑲ 新建“图层 4”，选择矩形选框工具将书脊（在内）左侧的区域框选，如图 5.307 所示。设置前景色的颜色值为黑色，按 Alt+Delete 键填充前景色，按 Ctrl+D 键取消选区。按照第 10 步的操作方法为此图层添加图层蒙版以将右侧部分图像显示，如图 5.308 所示，此时蒙版的状态如图 5.309 所示。

图5.307 绘制选区

图5.308 添加图层蒙版后的效果

图5.309 图层蒙版中的状态

⑳ 打开随书所附光盘中的文件“第 5 章\5.9-素材 4.psd”，如图 5.310 所示。使用移动工具拖至刚制作的文件中，得到“图层 5”。结合自由变换制作框调整图像大小及位置，如图 5.311 所示。按照第 10 步的操作方法为此图层添加图层蒙版以将四周图像隐藏起来，如图 5.312 所示。

图5.310 素材图像

图5.311 调整图像

图5.312 添加图层蒙版后的效果

提示

下面来改变图像的色彩，以及结合素材图像、文字工具完成最终效果。

㉑ 单击创建新的填充或调整图层按钮 ，在弹出的菜单中选择“渐变映射”命令，设置弹出的对话框，如图 5.313 所示，单击“确定”按钮退出对话框，得到图层“渐变映射 1”。按 Ctrl+Alt+G 键执行“创建剪贴蒙版”操作，得到如图 5.314 所示的效果。

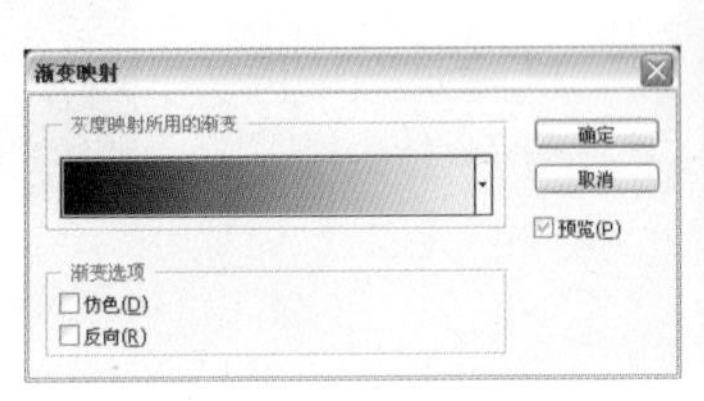

图5.313 “渐变映射”对话框

图5.314 应用“渐变映射”后的效果

提示

在“渐变映射”对话框中，渐变类型各色标值从左至右分别为 040000、f1e791。

㉒ 结合文字工具及素材图像完成封底及书脊文字效果的操作如图 5.315 所示。“图层”调板如图 5.316 所示。按 Ctrl+; 键隐藏辅助线，最终效果如图 5.317 所示。图 5.318 为净尺后的效果展示。

提示

本步应用的素材图像为随书所附光盘中的文件“第 5 章\5.9- 素材 5.psd”。对文字图层“在未知的领域里，……”设置了 70% 的不透明度。

图5.315 完成封底及已脊效果

图5.316 “图层”调板

图5.317 最终效果

图5.318 净尺后的效果

5.10 《男人底线》书籍装帧设计

5.10.1 案例概况

例前导读：

本案例制作的是以男人底线为主题的封面设计。在整体风格创意上，以表现书籍内容的“权欲”和“情欲”趋向为主，使读者从封面设计上即可感受到整个故事的大致方向，从而打动读者的好奇心，去仔细阅读故事发生的来龙去脉。书封的整体色调采用神秘的灰色调，使读者产成联想，即突出了内容上的主题，又渲染了气氛。

核心技能：

- 利用辅助线以划分封面中的各个区域。
- 结合“色相 / 饱和度”调整图层，调整图像的色调。
- 利用“创建剪贴蒙板”命令调整图像的显示效果。
- 结合加深及减淡工具制作图像上的暗部及亮部图像效果。
- 通过复制图层制作正封及封底同类图像背景效果。
- 结合文字工具输入多种文字。
- 使用“变形文字”命令制作各类形态的变形文字效果。
- 结合各种图层样式制作描边及发光等效果。
- 利用混合模式融合各部分图像内容。
- 结合图层蒙版隐藏不需要的图像内容。

效果文件：光盘 \ 第 5 章 \5.10.psd。

5.10.2 实现步骤

① 按 Ctrl+N 键新建一个文件，设置弹出的对话框，如图 5.319 所示，单击“确定”按钮退出对话框，以创建一个新的空白文件。

提示

在“新建”对话框中，封面的宽度数值为正封宽度（170mm）+ 书脊宽度（20mm）+ 封底宽度（170mm）+ 左右出血（各 3mm）=366mm，封面的高度数值为上下出血（各 3mm）+ 封面的高度（240mm）=246mm。

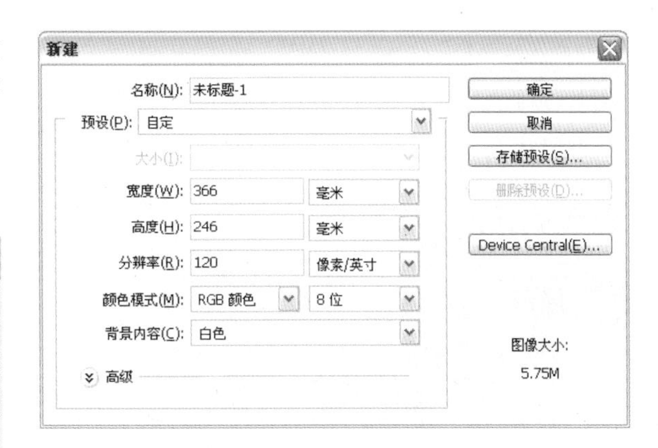

图5.319 “新建”对话框

② 按 Ctrl+R 键显示标尺，按照上面的提示内容在画布中添加辅助线以划分封面中的各个区域，如图 5.320 所示。再次按 Ctrl+R 键以隐藏标尺。

提示

下面利用素材图像制作正封上的背景效果。

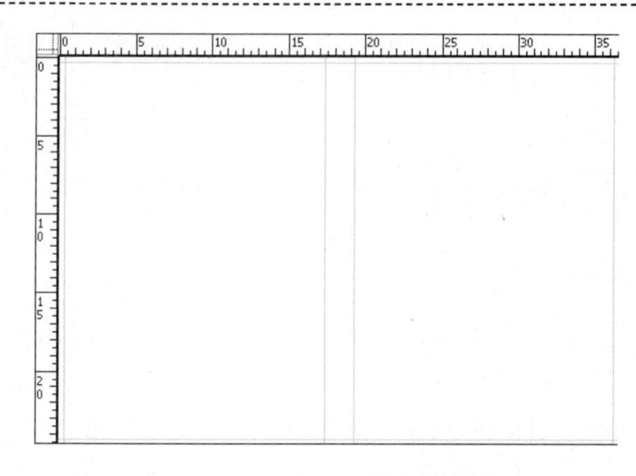

图5.320 添加辅助线

③ 打开随书所附光盘中的文件“第 5 章\5.10- 素材 1.psd”，使用移动工具将其移至正封位置，得到“图层 1”。按 Ctrl+T 键调出自由变换控制框，调整图像大小及位置，按 Enter 键确认变换操作，得到如图 5.321 所示的效果。

提示

下面通过调整图层，调整素材图像的色调。

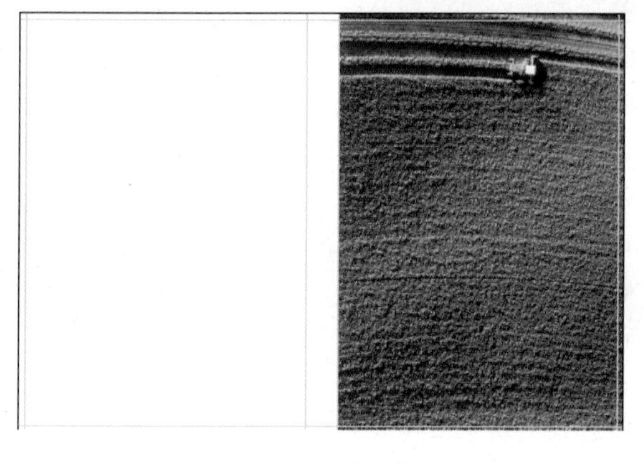

图5.321 调整图像

④ 单击创建新的填充或调整图层按钮，在弹出的菜单中选择“色相／饱和度”命令，设置弹出的对话框，如图 5.322 所示，单击“确定”按钮退出对话框，按 Ctrl+Alt+G 键执行“创建剪贴蒙版”操作，得到如图 5.323 所示的效果，同时得到图层“色相／饱和度 1”。

提示

下面利用加深工具及减淡工具，在新的图像上涂抹，以制作暗部及亮部图像效果。

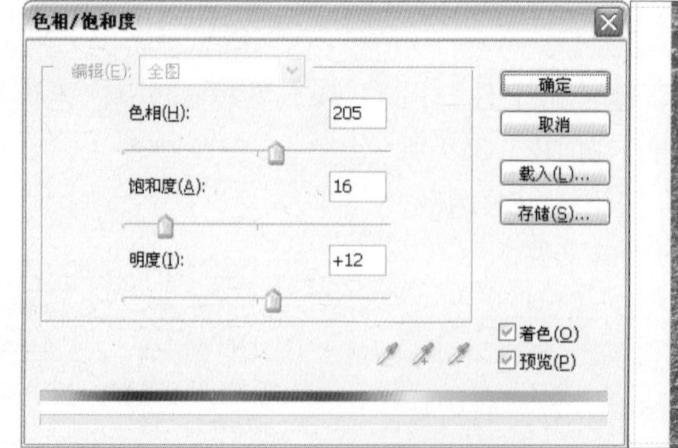

图5.322 “色相/饱和度”对话框

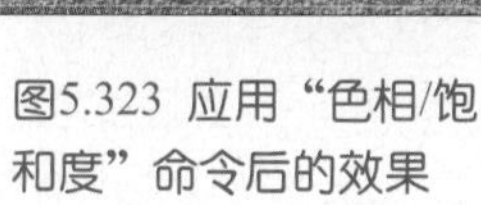

图5.323 应用“色相/饱和度”命令后的效果

⑤ 设置前景色的颜色值为5b4f4a，新建一个图层，得到“图层2”。选择矩形工具，在工具选项条上选择填充像素按钮，沿着正封位置绘制矩形，并设置其混合模式为“叠加”。

⑥ 选择加深工具，在其工具选项条的“范围”下拉菜单中选择“中间调”选项，然后设置适当的柔角画笔大小及“曝光度”数值，在正封中间图像上进行涂抹以加深图像效果。

⑦ 接着选择减淡工具，在其工具选项条的“范围”下拉菜单中选择“中间调”选项，然后设置适当的画笔大小及“曝光度”数值，在正封中间图像上进行涂抹以提亮图像，直至得到图5.324所示的效果。

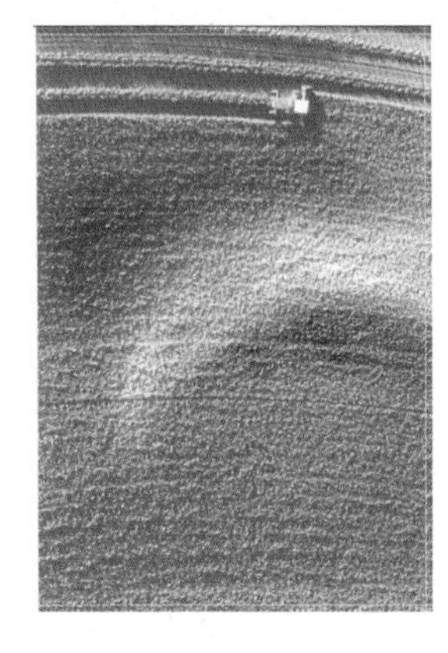

图5.324 加深及提亮图像

提示

在提亮图像时，可以使用“尖角”及“喷枪钢笔不透明描边”画笔。为了方便读者观看涂抹的状态，图5.325所示为将“图层2”混合模式设置为“正常”时的效果。下面通过复制图层并调整图像，以制作粗糙的纹理效果。

⑧ 按住Alt键拖动“图层1”的名称至“图层2”的上方，释放鼠标后得到“图层1副本”，设置其混合模式为“线性减淡（添加）”，得到如图5.326所示的效果。

⑨ 单击添加图层蒙版按钮为“图层1副本”添加蒙版，设置前景色为黑色，选择画笔工具，在其工具选项条中设置画笔为“粗边圆形钢笔”及不透明度，按Ctrl键单击其图层缩览图，以调出其选区，在正封中间位置进行涂抹，以将亮部部分图像隐藏起来。

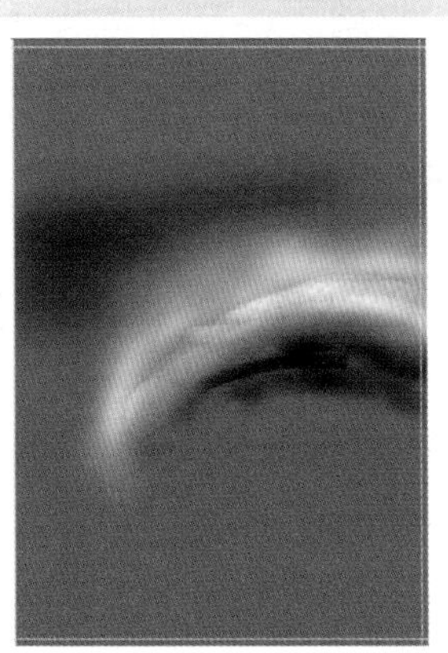

图5.325 将“图层2”混合模式设置为“正常”时的效果

图5.326 设置混合模式后的效果

⑩ 按Ctrl+D键取消选区，直至得到如图5.327所示的效果，此时蒙版中的状态如图5.328所示，此时的“图层”调板状态如图5.329所示。

图5.327 添加图层蒙版

图5.328 蒙版中的状态

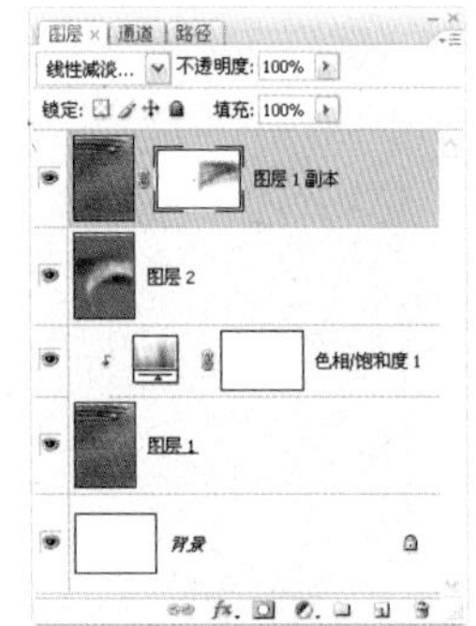

图5.329 “图层”调板

⑪ 下面按照制作正封的思路，通过复制图层的方法，并进行添加图层蒙版，从而制作封底图像效果，如图 5.330 所示，此时的“图层”调板状态如图 5.331 所示。

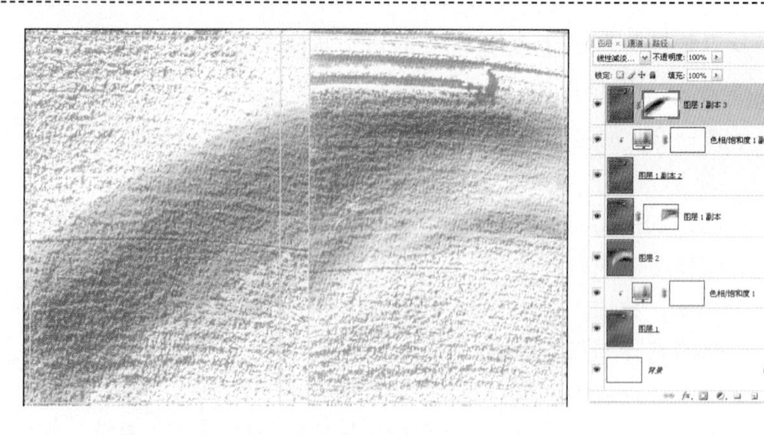

图5.330 制作封底图像效果　　图5.331 “图层”调板

⑫ 选择文字工具，设置适当的前景色的颜色值，并在其工具选项条上设置适当的字体和字号，在正封上输入主题、出版社名称及相关文字信息，得到图 5.332 所示的效果，此时的“图层”调板状态如图 5.333 所示。

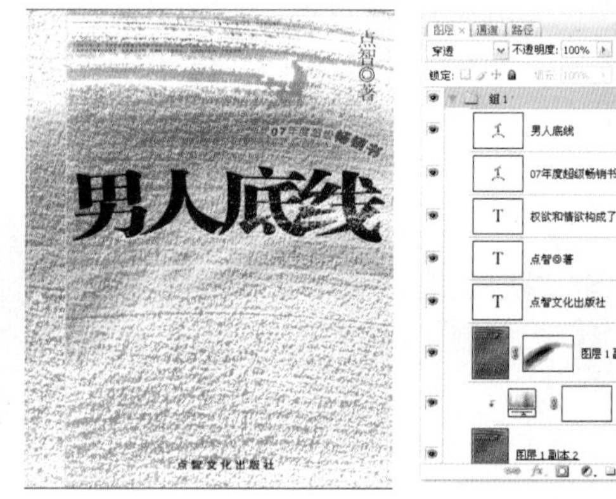

图5.332 输入主题等相关文字信息　　图5.333 “图层”调板

提示1

为了方便读者管理图层，故将制作封面背景及正封上的文字内容的图层编组，选中要进行编组的图层，按 Ctrl+G 键执行“图层编组”操作，得到“组 1”。下面在制作其他部分图像时，也进行编组操作，笔者不再重复讲解操作过程。

提示2

设置“权欲……”文字图层的混合模式为“颜色加深”，对“07 年度……”文字进行了变形文字处理，设置“变形文字”对话框，如图 5.334 所示，设置其“不透明度”为 59%，设置“描边”对话框，如图 5.335 所示，描边颜色值为 d4d5d5。设置“男人底线”的混合模式为“颜色加深”，设置“变形文字”对话框，如图 5.336 所示。

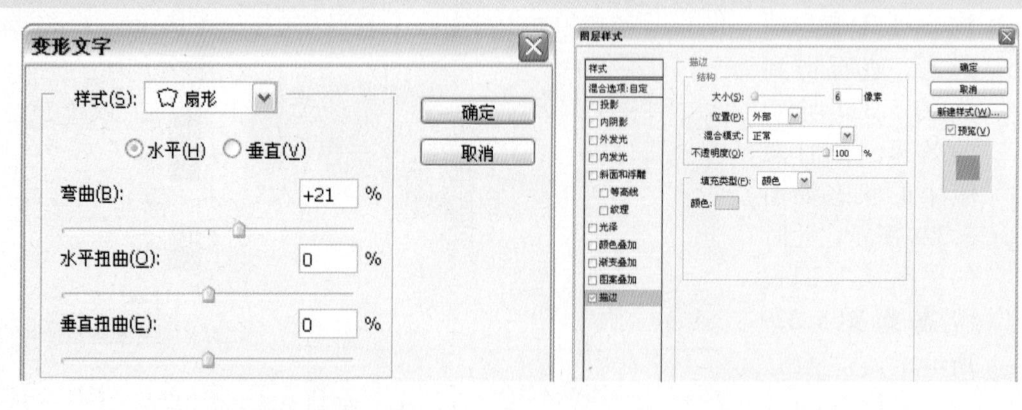

图5.334 “变形文字”对话框　　图5.335 “描边”对话框

⑬ 下面来制作书脊及封底上的文字信息及条形码图像，直至得到图5.337所示的效果。局部效果如图5.338所示，最终整体效果如图5.339所示，此时的“图层”调板状态如图5.340所示。图5.341所示为净尺后的效果展示。

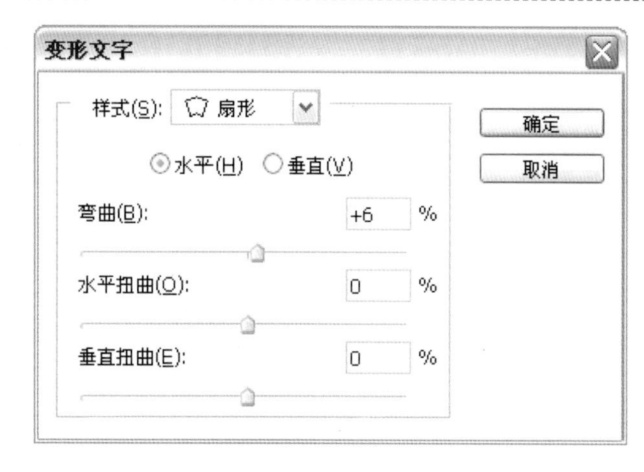

图5.336 “变形文字”对话框

图5.337 制作书脊及封底上的内容

图5.338 局部效果

图5.339 最终整体效果

图5.340 “图层”调板

图5.341 净尺后的效果

提示

本例用到的素材为随书所附光盘中的文件“第5章\5.10–素材2.psd”。个别图层添加的图层样式及颜色值的设置，读者可以参照本例源文件相关图层，在这里不再详细解说操作步骤。

5.11 《死刑犯传记》书籍装帧设计

5.11.1 案例概况

例前导读：

本案例制作的是以死刑犯传记为主题的封面设计。从图像的表现上来说，设计师以一个红色调作为主色调，黑色调作为辅助色调，整个封面色调体现出鲜血般的红色，给人一种血腥的味道，呼吁人民远离“杀”场。

核心技能：

- 利用辅助线以划分封面中的各个区域。
- 利用“添加杂色”滤镜及画笔工具制作杂点图像效果。
- 结合画笔工具及图层蒙版制作边缘撕碎的效果。
- 通过复制图层及变换功能制作不同方向的边缘图像效果。
- 结合文字工具输入多种文字。
- 结合各种图层样式制作投影及发光等效果。
- 利用形状工具绘制各种形状。
- 利用混合模式、不透明度及填充融合各部分图像内容。
- 结合图层蒙版隐藏不需要的图像内容。

效果文件：光盘\第5章\5.11.psd。

5.11.2 实现步骤

① 按Ctrl+N键新建一个文件，设置弹出的对话框，如图5.342所示，单击“确定”按钮退出对话框，以创建一个新的空白文件。

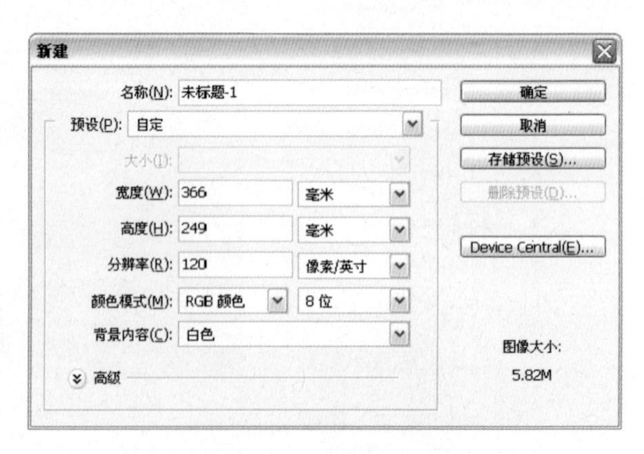

图5.342 “新建”对话框

提示

在“新建”对话框中，封面的宽度数值为正封宽度（170mm）+书脊宽度（20mm）+封底宽度（170mm）+左右出血（各3mm）=366mm，封面的高度数值为上下出血（各3mm）+封面的高度（243mm）=249mm。

② 按 Ctrl+R 键显示标尺，按照上面的提示内容在画布中添加辅助线以划分封面中的各个区域，如图 5.343 所示。再次按 Ctrl+R 键以隐藏标尺。

提示

下面填充纯色背景并利用“添加杂色”滤镜制作杂点图像效果。

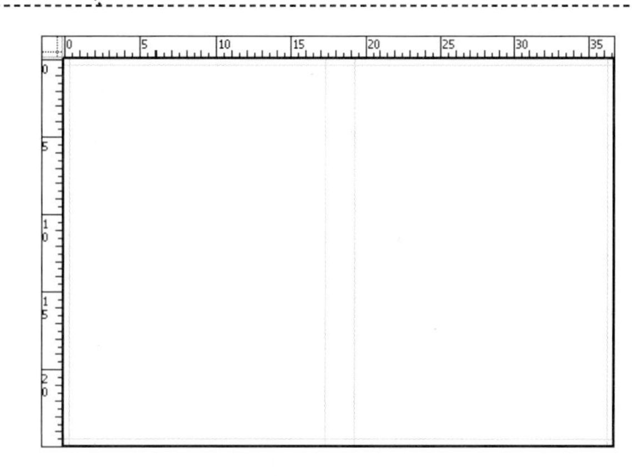

图5.343 添加辅助线

③ 设置前景色的颜色值为 d8000f，新建一个图层得到“图层 1”，按 Alt+Delete 键填充前景色，选择“滤镜”|“杂色”|“添加杂色”命令，设置弹出的对话框，如图 5.344 所示，得到如图 5.345 所示的效果，局部显示效果如图 5.346 所示。

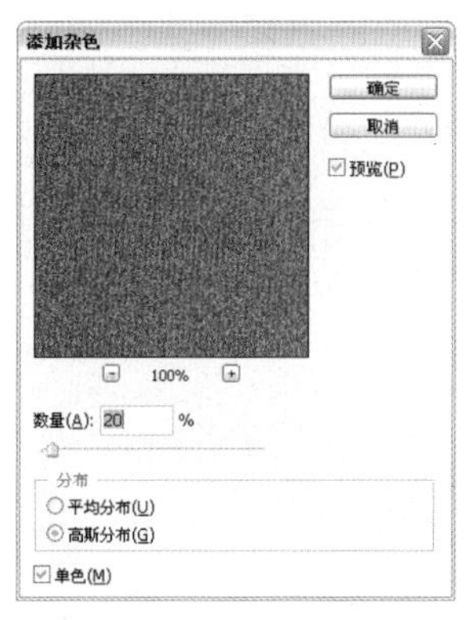

图5.344 “添加杂色”对话框

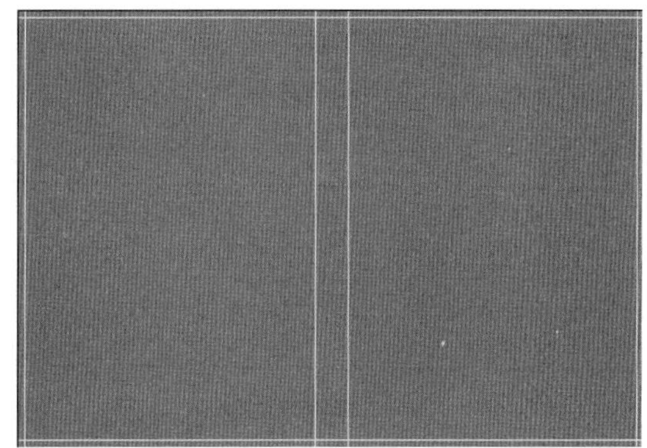

图5.345 应用“添加杂色”命令后的效果

图5.346 局部显示效果

④ 下面制作杂点背景图像上的黑色渐隐图像，设置前景色的颜色值为 030000，新建一个图层得到“图层 2”，按 Alt+Delete 键填充前景色。

⑤ 单击添加图层蒙版按钮 为“图层 2”添加蒙版，设置前景色为黑色，选择画笔工具，在其工具选项条中设置适当的画笔大小及不透明度，在画布四周进行涂抹，以将四周黑色图像隐藏起来，直至得到如图 5.347 所示的效果。此时蒙版中的状态如图 5.348 所示。

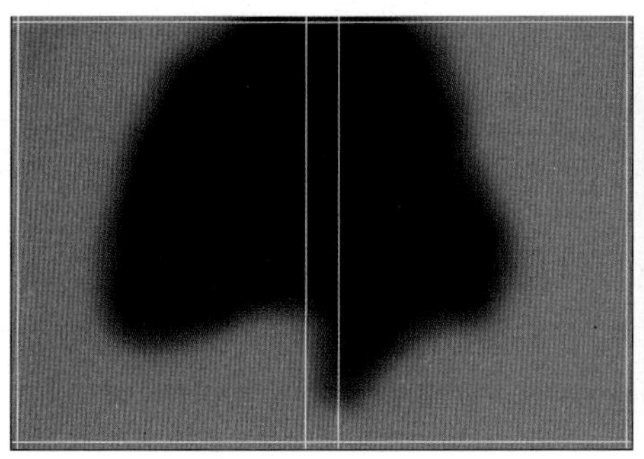

图5.347 添加图层蒙版

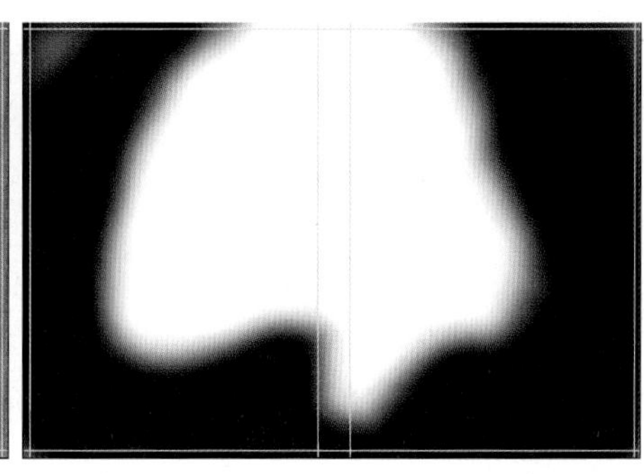

图5.348 蒙版中的状态

⑥ 按照第3步的操作方法为"图层2"蒙版中的图像添加杂色，设置的参数与第3步相同，然后在结合画笔工具，不断地更改画笔的大小、不透明度及黑、白颜色，在黑色图像边缘及中间位置进行涂抹，以使杂色渐隐，得到如图5.349所示的效果，此时蒙版中的状态如图5.350所示。

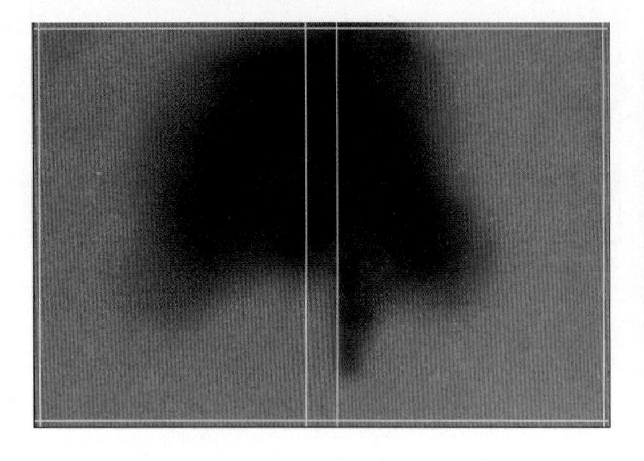

图5.349 添加杂色及画笔涂抹后的效果

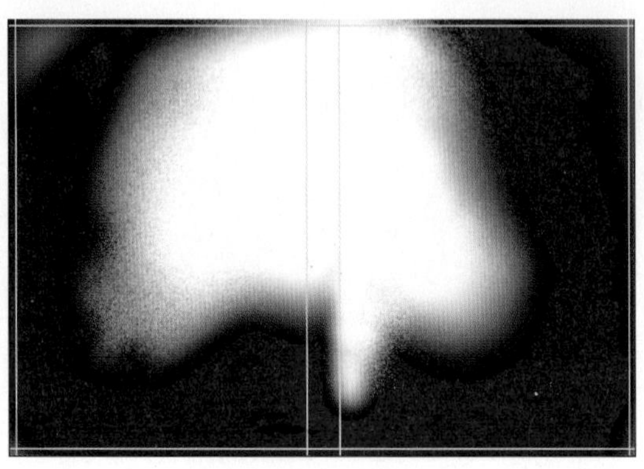

图5.350 蒙版中的状态

⑦ 设置前景色的颜色值为030000，新建一个图层得到"图层3"，选择画笔工具，按F5键显示"画笔"调板，并按照图5.351所示进行参数设置，在封底上、下及左侧边缘绘制直线，直至得到如图5.352所示的效果。

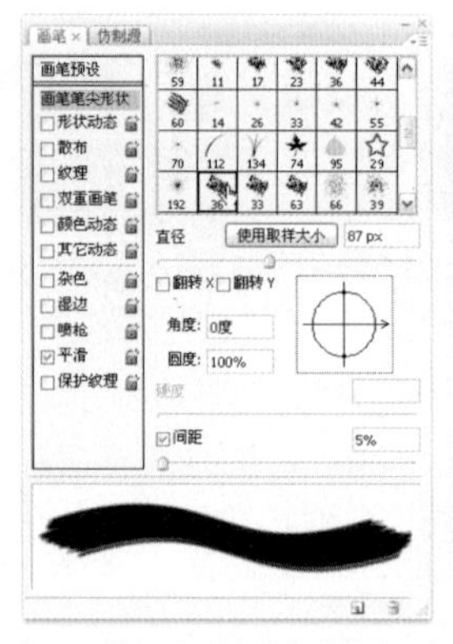

图5.351 "画笔"调板

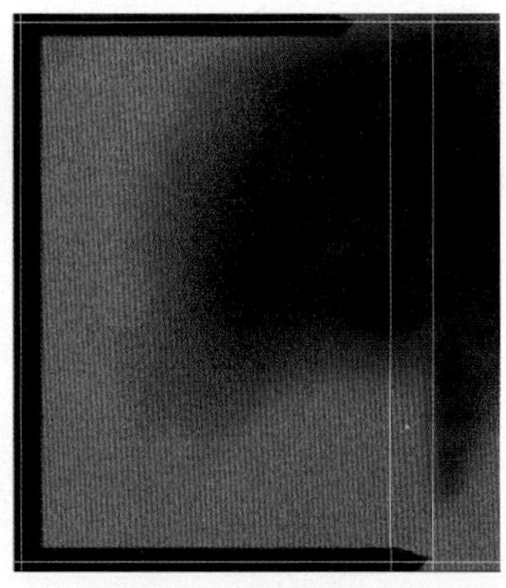

图5.352 绘制直线

提示1

使用的画笔为"大涂抹炭笔"，在使用画笔时，如果想要用其他不同的画笔，可以单击"画笔"调板右上方的调板按钮，在弹出的下拉菜单中选择最下方的多种画笔，在弹出的对话框中单击"追加"按钮即可将不同的画笔载入进来，方便应用。

提示2

在使用画笔绘制直线时，可以先在起始点单击一下，然后再按住Shift键在终结点位置单击即可。下面制作边缘撕碎的效果。

⑧ 单击添加图层蒙版按钮为"图层3"添加蒙版，设置前景色为黑色，选择画笔工具，调出"画笔"调板，分别选择"半边描边油彩笔"和"干画笔尖浅描"，适当更改画笔大小，在黑色边框上进行涂抹，以制作撕边效果，直至得到如图5.353所示的效果。此时蒙版中的状态如图5.354所示。

⑨ 按Ctrl+J键复制“图层3”得到“图层3副本”，并将其拖至“图层3”的下方，按Ctrl+T键调出自由变换控制框，在变换控制框中单击鼠标右键，在弹出的快捷菜单中选择“水平翻转”命令。接着再选择“垂直翻转”命令，将其水平移至正封边缘，按Enter键确认变换操作，得到如图5.355所示的效果，此时的“图层”调板状态如图5.356所示。

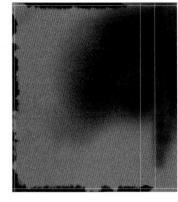

图5.353 制作撕边效果

图5.354 蒙版中的状态

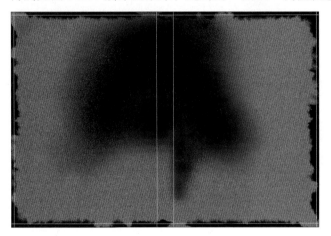

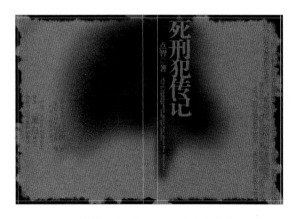

图5.355 复制并调整后的效果

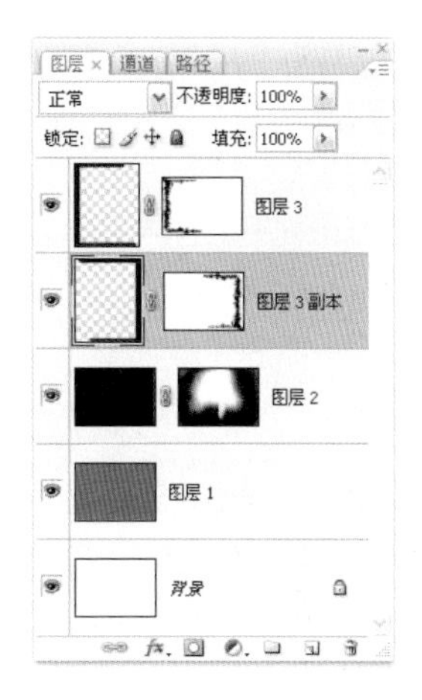

图5.356 “图层”调板

提示

下面来制作正封及封底上的主题及说明文字。

⑩ 选择文字工具，设置适当的前景色的颜色值，并在其工具选项条上设置适当的字体和字号，在正封及封底上输入主题及相关文字信息，得到如图5.357所示的效果。

图5.357 输入主题及相关文字信息

提示

输入一段文字后，结合自由变换控制框，调整文字的大小、位置、字距及间距即可。个别图层还设置了“填充”数值，可参照本例源文件相关图层。下面来制作正封上的主题图像。

⑪ 打开随书所附光盘中的文件“第5章\5.11-素材1.psd”，如图5.358所示，使用移动工具将其移至正封右下角位置，得到“图层4”。结合自由变换控制框，调整图像大小及位置，得到如图5.359所示的效果，设置其混合模式为“明度”，得到图5.360所示的效果。

图5.358 素材图像

图5.359 调整图像

图5.360 设置混合模式后的效果

⑫ 单击添加图层样式按钮，在弹出的菜单中选择“投影”命令，设置弹出的对话框，如图5.361所示，得到如图5.362所示的效果。

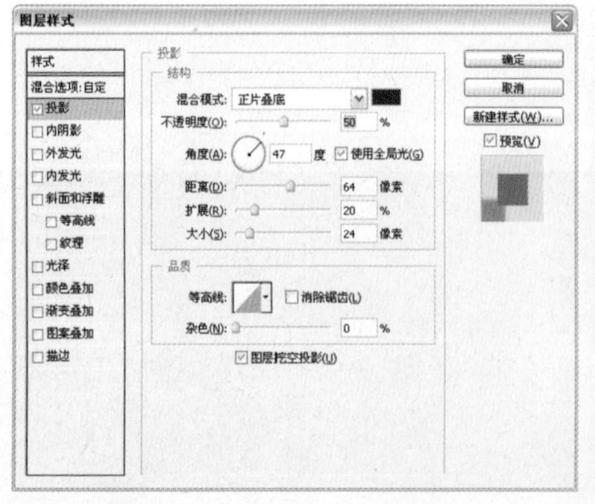

图5.361 “投影”对话框

图5.362 应用“投影”命令后的效果

提示

在“投影”对话框中，颜色块的颜色值为231815。从图像效果中看出，胳膊上已经显露出下面的文字，下面通过载入选区复制图像来解决此问题。

⑬ 按住Ctrl键单击“图层4”的图层缩览图以载入其选区，选择“图层1”，按Ctrl+J键将选区中的图像复制到新图层中，得到“图层5”，并将其拖至“图层4”的下方，得到如图5.363所示的效果（红色椭圆内就是遮住文字后的效果，可以和图5.362对比一下）。此时的“图层”调板状态如图5.364所示。

图5.363 复制选区中的图像并移动图层顺序

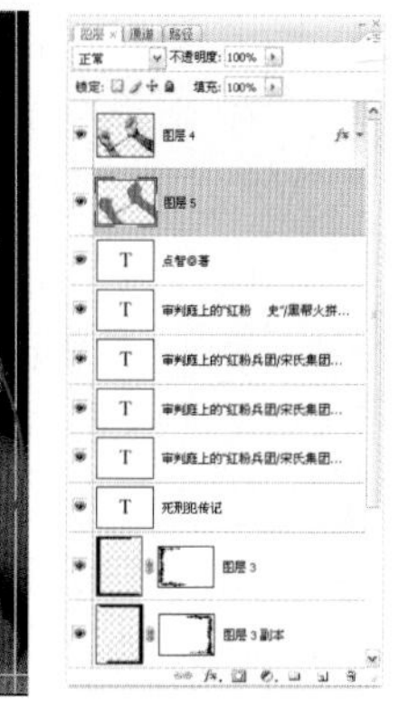

图5.364 “图层”调板

⑭ 下面来制作正封右上角的图像，选择“图层4”，设置前景色的颜色值为030000，选择自定形状工具，并在其工具选项条上单击形状图层按钮，单击形状后的下拉三角按钮，在弹出的“自定形状”拾色器中选择“窄边圆框”，如图5.365所示，在正封右上角绘制正圆框，得到“形状1”，如图5.366所示。

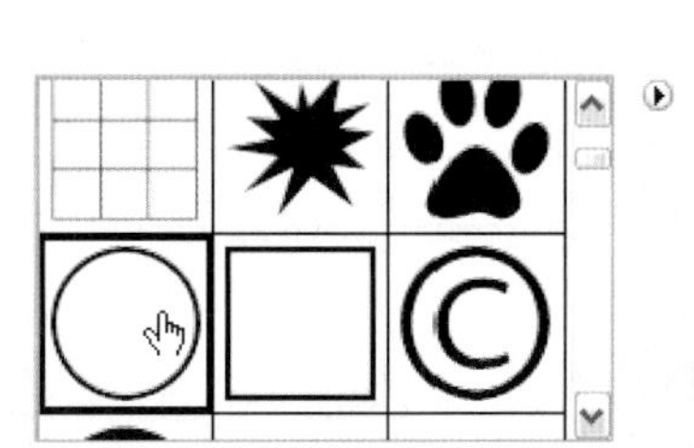

图5.365 “自定形状”拾色器

图5.366 绘制正圆框

⑮ 设置“形状1”的“填充”数值为0%，单击添加图层样式按钮 fx，在弹出的菜单中选择“外发光”命令，设置弹出的对话框，如图5.367所示，得到如图5.368所示的效果，设置其“不透明度”为17%，得到如图5.369所示的效果。

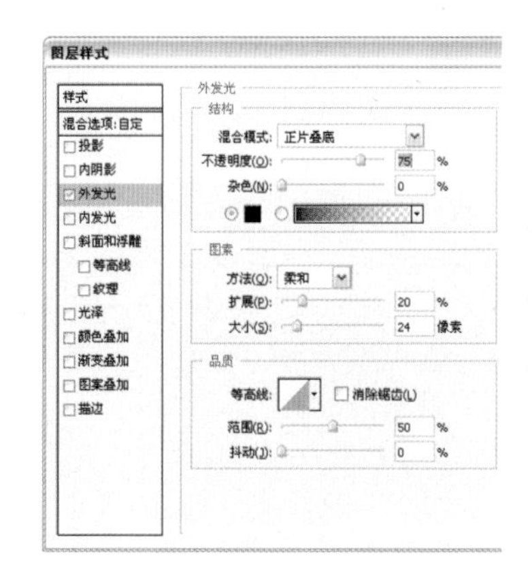

图5.367 “外发光”对话框

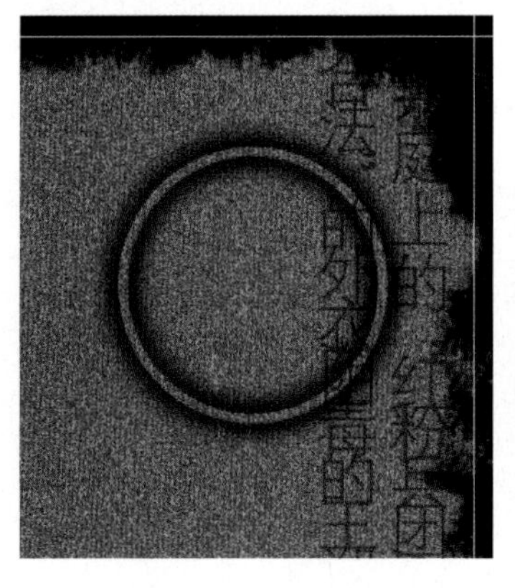

图5.368 应用“外发光”命令后的效果

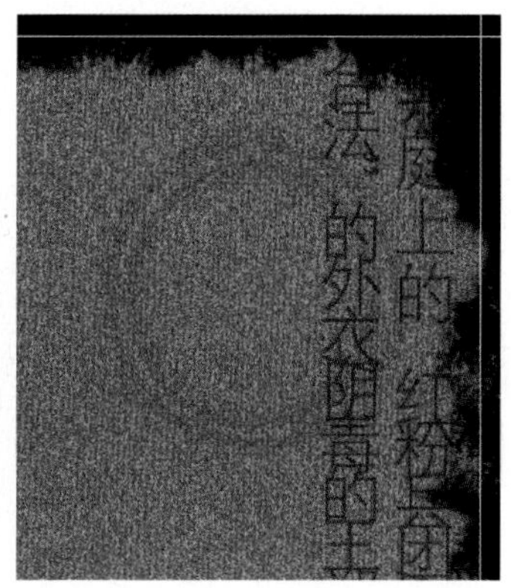

图5.369 设置不透明度后的效果

⑯ 下面结合文字工具，在圆框内输入文字“杀”，并为其设置“不透明度”为25%，“填充”数值为0%，添加和“形状1”相同的图层样式，得到如图5.370所示的效果。此时的“图层”调板状态如图5.371所示。

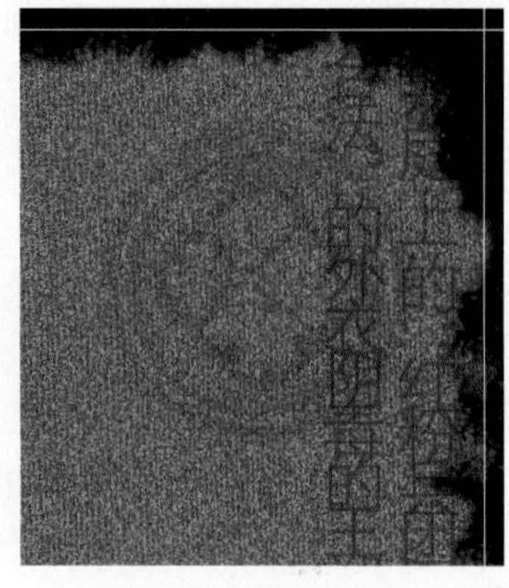

图5.370 制作框内文字

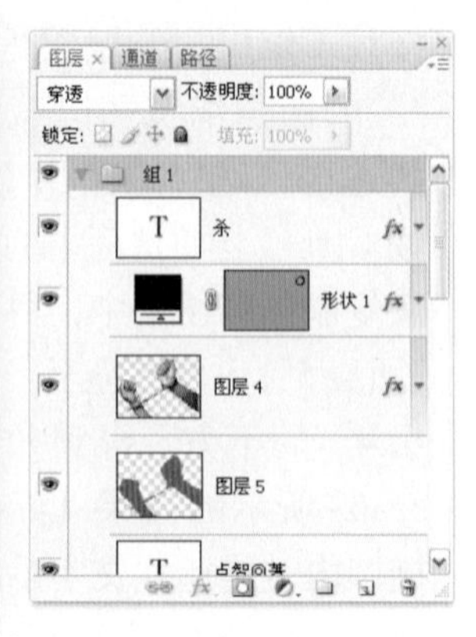

图5.371 “图层”调板

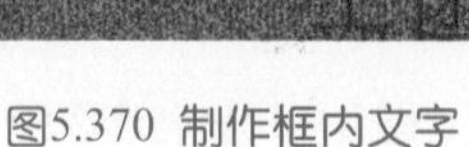

提示

为了方便读者管理图层，故将除“背景”图层以外的所有图层进行编组，选中要进行编组的图层，按Ctrl+G键执行“图层编组”操作，得到“组 1”。下面在制作其他部分图像时，也进行编组操作，笔者不再重复讲解操作过程。

⑰ 下面结合文字工具、形状工具、图层样式、混合模式及素材图像等功能，制作书脊及封底上的文字信息和图像，如图5.372所示。局部效果如图5.373所示，“图层”调板状态如图5.374所示，最终整体效果如图5.375所示，净尺后的效果如图5.376所示。

图5.372 制作书脊及封底上的文字信息和图像

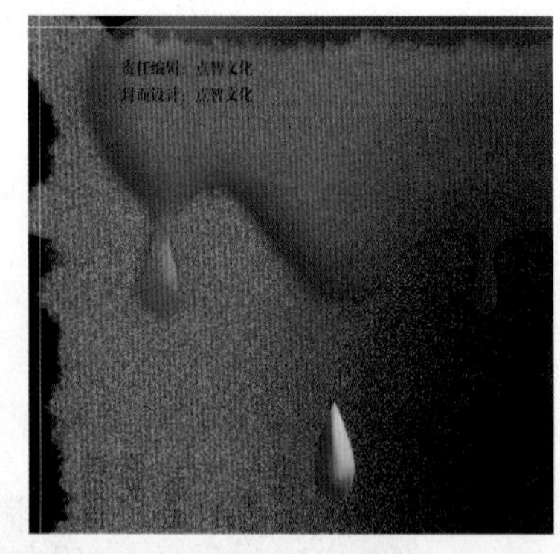

图5.373 局部效果

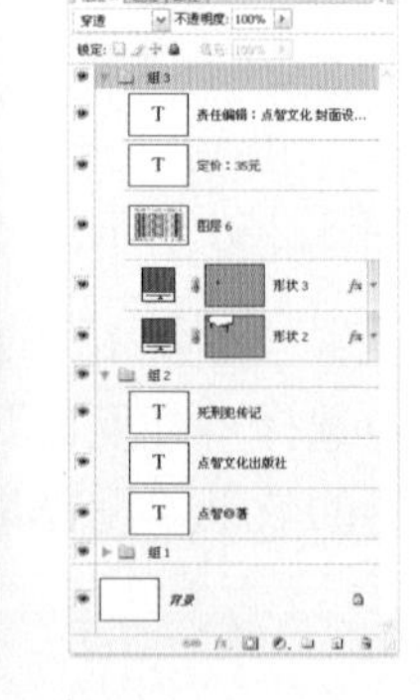

图5.374 “图层”调板

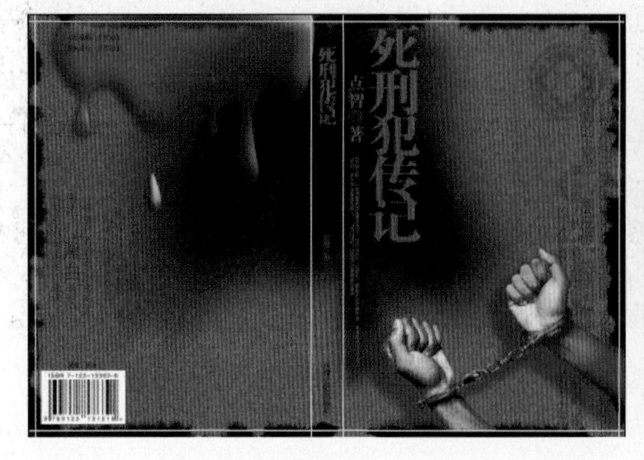

图5.375 最终整体效果

图5.376 净尺后的效果

提示

本例用到的素材为随书所附光盘中的文件“第5章\5.11-素材2.psd”，同时还为个别图层设置混合模式、添加了图层样式及颜色值的设置，读者可以参照本例源文件相关图层，在这里不再详细解说操作步骤。

5.12 《国宝》书籍装帧设计

5.12.1 案例概况

例前导读：

本案例制作的是以国宝为主题的封面设计作品。在制作的过程中，掌握封面中各个区域的划分，从图像的表现上来说，设计师以一个暗色调作为主色调，整个作品深沉、稳重。

核心技能：

- 利用辅助线以划分封面中的各个区域。
- 利用素材图像并设置不透明度制作正封上的背景融合效果。
- 结合文字工具及变换功能，在正封与勒口之间输入相关文字以制作重叠文字的效果。
- 结合“高斯模糊”滤镜制作模糊的投影效果。
- 利用形状工具制作各种形状。
- 结合“盖印”操作将选中图层中的图像合并至一个新图层中。
- 利用混合模式融合各部分图像内容。
- 结合图层蒙版隐藏不需要的图像内容。

效果文件：光盘\第5章\5.12.psd。

5.12.2 实现步骤

① 按Ctrl+N键新建一个文件，设置弹出的对话框，如图5.377所示，单击“确定”按钮退出对话框，以创建一个新的空白文件。

提示

在“新建”对话框中，封面的宽度数值为正封宽度（181mm）+书脊宽度（24mm）+封底宽度（181mm）+正反勒口（各76mm）+左右出血（各3mm）=544mm，封面的高度数值为上下出血（各3mm）+封面的高度（250mm）=256mm。

图5.377 “新建”对话框

② 按Ctrl+R键显示标尺，按照上面的提示内容在画布中添加辅助线以划分封面中的各个区域，如图5.378所示。再次按Ctrl+R键以隐藏标尺。

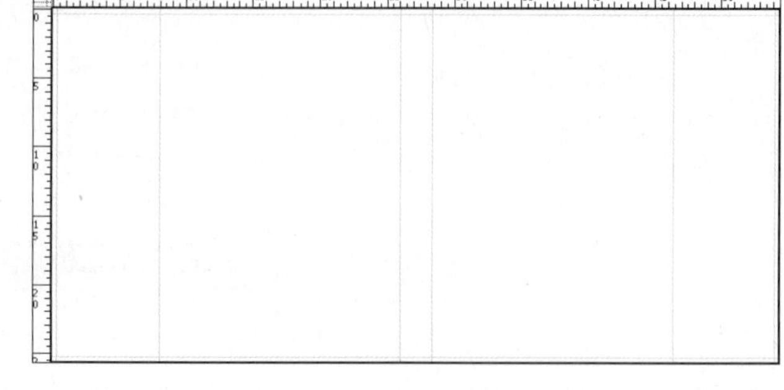

图5.378 划分封面中的各个区域

提示

下面利用素材图像并设置不透明度，制作正封上的背景效果。

③ 打开随书所附光盘中的文件“第5章\5.12-素材1.psd”，使用移动工具将其移至正封位置，得到“图层1”，按Ctrl+T键调出自由变换控制框，调整图像大小及位置，按Enter键确认变换操作，得到如图5.379所示的效果，设置其“不透明度”为36%，得到如图5.380所示的效果。

图5.379 调整图像位置

图5.380 设置不透明度后的效果

④ 设置前景色为黑色，选择矩形工具，在工具选项条上选择形状图层按钮，沿着正封及正面勒口辅助线位置绘制形状，得到“形状1”，得到如图5.381所示的效果。

图5.381 绘制形状

提示

下面通过添加图层蒙版，将下方的部分素材图像显示出来。

⑤ 单击添加图层蒙版按钮为“形状 1”添加蒙版，设置前景色为黑色，选择画笔工具，在其工具选项条中设置画笔大小为1400px，在图层蒙版中进行涂抹，以将下方素材图像显示，直至得到如图5.382所示的效果，此时蒙版中的状态如图5.383所示。

图5.382 添加图层蒙版

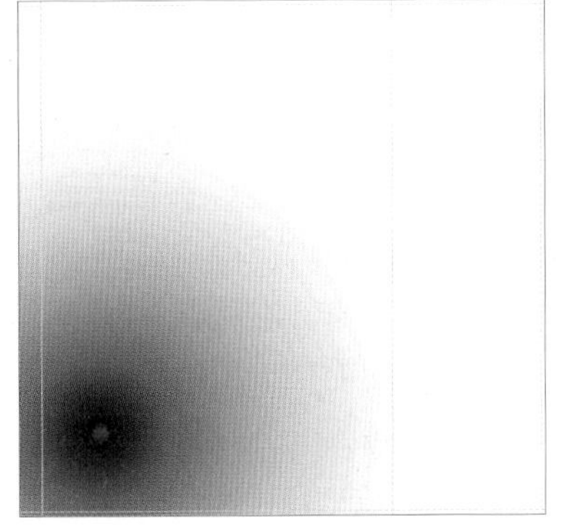

图5.383 蒙版中的状态

提示

下面对多幅素材图像进行调整，制作正封上的图像。

⑥ 打开随书所附光盘中的文件“第5章\5.12-素材2.psd”，将各个图层选中，使用移动工具将其各个图层中的图像拖至正封上，结合自由变换控制框，调整图像大小及位置，如图5.384所示。此时的“图层”调板状态如图5.385所示。

图5.384 调整图像

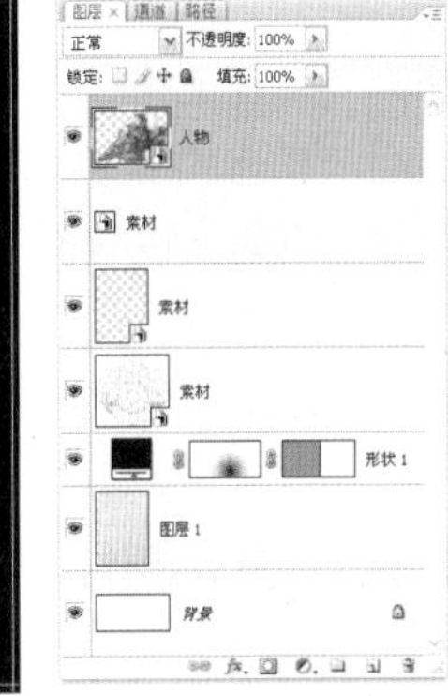

图5.385 “图层”调板

提示

从“图层”调板的下方数起，拖入的素材图像的顺序分别为（花纹图像），设置其混合模式为“正片叠底”，“不透明度”为50%；（黄色画框）；（灰色喷溅图像），设置其“不透明度”为80%；（人物图像）。

⑦ 按Ctrl+J键复制“人物”得到“人物 副本”，并将其拖至“人物”的下方，结合自由变换控制框，拖动各个控制句柄调整到如图5.386所示的状态。在其图层名称上单击鼠标右键，在弹出的菜单中选择“栅格化图层”命令，从而将其转换成为普通图层。

图5.386 变换控制框的状态

⑧ 单击锁定透明像素按钮，设置前景色为黑色，按Alt+Delete键用前景色填充图层，再次单击锁定透明像素按钮，以将图层取消部分锁定，选择“滤镜”|“模糊”|“高斯模糊”命令，在弹出的对话框中设置“半径”数值为8，得到如图5.387所示的效果。此时的“图层”调板状态如图5.388所示。

图5.387 应用“高斯模糊”命令后的效果　图5.388 “图层”调板

提示

下面通过文字工具，在正封与勒口之间输入相关文字以制作重叠文字的效果。

⑨ 结合文字工具，设置适当的前景色的颜色值，并在其工具选项条上设置适当的字体和字号，在正封与勒口之间输入相关重叠文字，得到如图5.389所示的效果。此时的“图层”调板状态如图5.390所示。

提示1

输入一段文字后，在通过复制的方法，结合自由变换控制框，调整文字的大小、位置及字距及间距即可。

图5.389 输入相关重叠文字

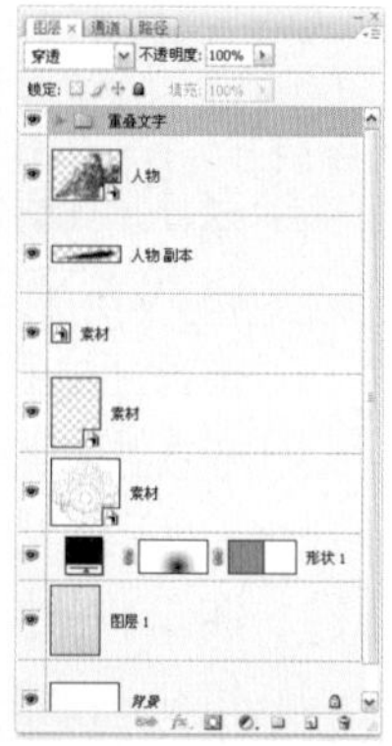

图5.390 “图层”调板

提示2

为了方便读者管理图层，故将制作重叠文字的图层编组，选中要进行编组的图层，按Ctrl+G键执行“图层编组”操作，得到“组 1”，并将其重命名为“重叠文字”。下面在制作其他部分图像时，也进行编组操作，笔者不再重复讲解操作过程。

⑩ 下面在正面勒口位置添加古董素材图像，接着打开随书所附光盘中的文件“第5章\5.12-素材3.psd”，使用移动工具将其拖至正面勒口位置，结合自由变换控制框，调整图像大小及位置，如图5.391所示。

提示

此步用到的素材是以智能对象的形式给出的，读者可以双击智能对象缩览图，在弹出的对话框中单击“确定”按钮，然后对各个图像进行调整。下面制作正封上的主题及相关文字。

图5.391 调整图像状态

⑪ 接着打开随书所附光盘中的文件"第5章\5.12-素材4.psd"，将两个文字图层选中，使用移动工具将其拖至正封位置，分别设置其"不透明度"为10%，并调整好位置，如图5.392所示。

⑫ 接着通过复制图层，并对两个文字副本图层应用"删格化图层"命令，更改不透明度分别为100%，将两个副本图层锁定并填充颜色值为ff0000。结合自由变换控制框，调整图像大小及位置，如图5.393所示，此时的"图层"调板状态如图5.394所示。

图5.392 调整文字并设置不透明度后的效果

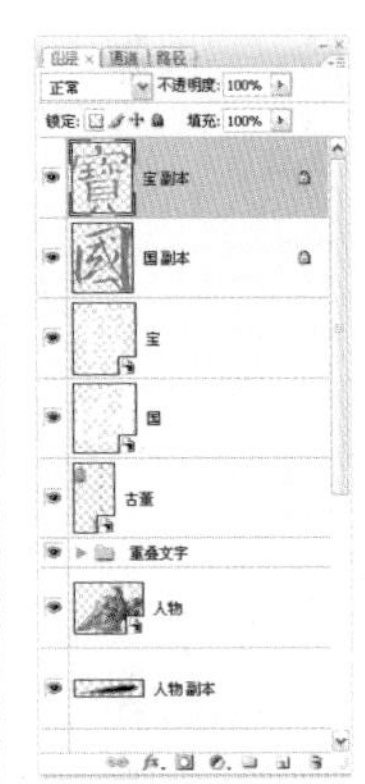

图5.393 复制图层并更改文字颜色

图5.394 "图层"调板

⑬ 下面结合文字工具，在正封上主题文字及最下方，分别输入说明及出版社名称等文字信息，直至得到如图5.395所示的效果，局部效果如图5.396所示。此时的"图层"调板状态如图5.397所示。

图5.395 输入说明及出版社名称等文字

图5.396 局部效果

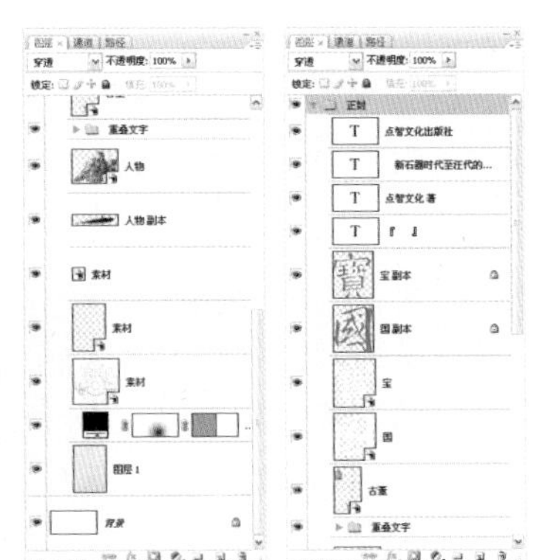

图5.397 "图层"调板

提示

“『”和“』”的输入方法，可以从软键盘中的“标点符号”中找到。至此，正封及正面勒口上的内容已经制作完毕。

⑭ 下面结合形状工具、文字工具、复制图层及素材图像，制作书脊上的内容，直至得到如图5.398所示的效果，此时的“图层”调板状态如图5.399所示。

提示

书脊最上方的图像用到的素材为随书所附光盘中的文件“第5章\5.12-素材5.psd”。至此，书脊上的内容也制作完毕，下面制作封底及反面勒口上的内容。

图5.398 制作书脊上的内容

图5.399 “图层”调板

⑮ 选择“图层1”、“形状1”、组“重叠文字”、“国”和“宝”，按Ctrl+Alt+E键执行“盖印”操作，从而将选中图层中的图像合并至一个新图层中，并将其重命名为“图层3”，然后将其移至组“书脊”的上方。

⑯ 结合自由变换控制框，水平翻转图像，并水平调整到封底位置，直至得到如图5.400所示的效果。

图5.400 水平翻转图像并调整到封底位置

⑰ 下面结合形状工具、文字工具及素材图像，在封底、反面勒口上绘制形状、输入相关文字信息及添加古物素材图像，直至得到如图5.401所示的效果，局部效果如图5.402所示，图5.403所示为最终整体效果，此时的“图层”调板状态如图5.404所示。图5.405所示为净尺后的效果展示。

图5.401 制作封底上的内容

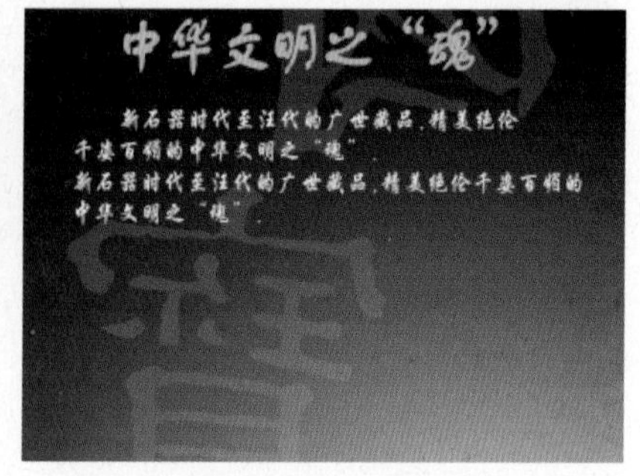

图5.402 局部效果

图5.403 最终整体效果

图5.404 "图层"调板　　图5.405 净尺后的效果

提示

本例用到的素材为随书所附光盘中的文件"第5章\5.12–素材6.psd"和"第5章\5.12–素材7.psd"。

5.13 《PS文字艺术》书籍装帧设计

5.13.1 案例概况

例前导读：

本例是为图书《PS文字艺术》设计的一款封面。设计师在设计的过程中，各个线条与图片及文字之间的叠和，将文字的创意与主题相呼应，突出设计的多样化与个性化。

核心技能：

- 结合标尺及辅助线划分封面中的各个区域。
- 通过设置图层的属性以融合图像。
- 应用添加图层蒙版的功能隐藏不需要的图像。

- 应用文字工具输入主题及相关说明文字。
- 使用直接选择工具配合 Delete 键删除不需要的节点。
- 应用“描边”、“投影”及“发外光”命令制作图像的描边、投影及外发光效果。
- 利用“渐变叠加”图层样式制作文字的渐变效果。
- 结合渐变工具以及添加蒙版的功能制作线条两边的渐隐效果。
- 通过转换为智能对象的形式，使图像在变换过程中不会发生变化。
- 应用路径配合渐变填充图层的功能制作渐变图像效果。
- 结合形状工具绘制形状。

效果文件：光盘 \ 第 5 章 \5.13.psd。

5.13.2 实现步骤

5.13.2.1 制作封面及正封的图像效果

① 按 Ctrl+N 键新建一个文件，设置弹出的对话框，如图 5.406 所示，单击“确定”按钮退出对话框，以创建一个新的空白文件。设置前景色的颜色值为 ac4611，按 Alt+Delete 键以前景色填充“背景”图层。

提示1

在“新建”对话框中，封面的宽度数值为正封宽度（210mm）+书脊宽度（20mm）+封底宽度（210mm）+左右出血（各 3mm）=446mm，封面的高度数值为上下出血（各 3mm）+封面的高度（285mm）=291mm。

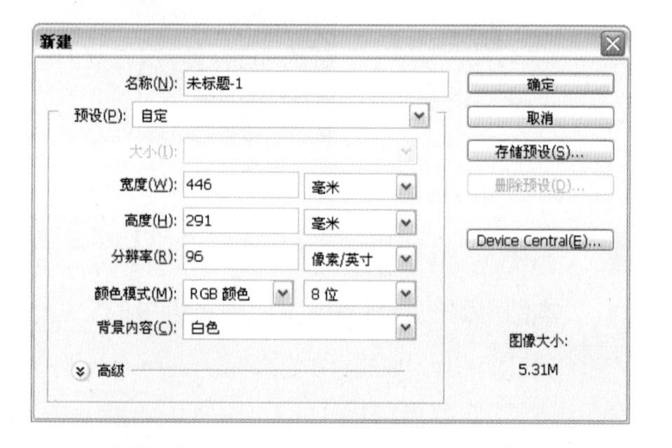

图5.406 “新建”对话框

提示2

下面依据提示的数据对封面进行区域划分。

② 按 Ctrl+R 键显示标尺，按 Ctrl+；键调出辅助线，按照上面的提示内容在画布中添加辅助线以划分封面中的各个区域，如图 5.407 所示。按 Ctrl+R 键隐藏标尺。

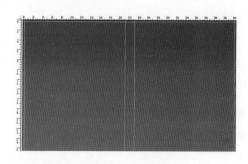

图5.407 划分区域

按 Ctrl+; 键可显示\隐藏辅助线。下面制作封面整体的色彩效果。

③ 设置前景色的颜色值为 b5a000，选择矩形工具，在工具选项条上选择形状图层按钮，在文件下方绘制如图 5.408 所示的形状，同时得到“形状 1”。

④ 按照上一步的操作方法，使用矩形工具绘制封面中间及书脊形状，如图 5.409 所示，同时得到“形状 2”及“形状 3”。隐藏辅助线。

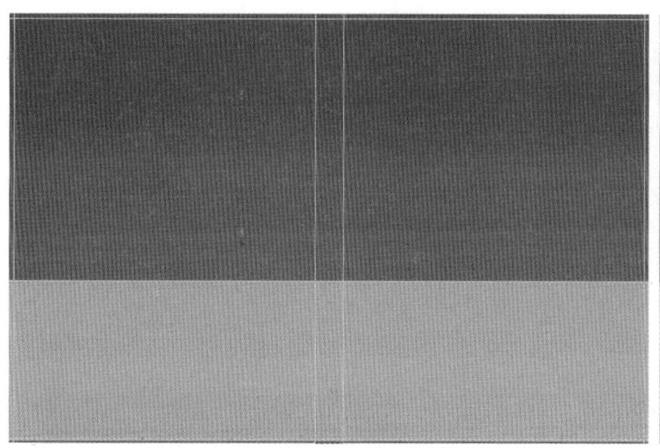

图5.408 绘制下方形状

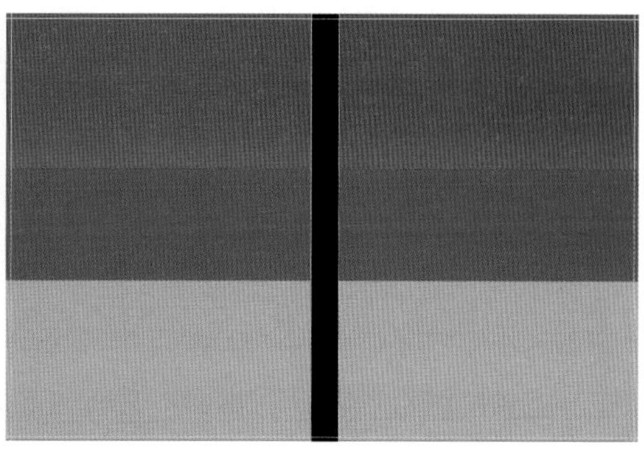

图5.409 绘制中间及书脊形状

在这里需注意的是，完成一个形状后，如果想继续绘制另外一个不同颜色的形状，在绘制前需按 Esc 键使先前绘制形状的矢量蒙版缩览图处于未选中的状态。封面中间的颜色值为 005129，书脊的颜色值为 040000。下面制作封面的底印效果。

⑤ 打开随书所附光盘中的文件“第 5 章\5.13- 素材 1.psd”，使用移动工具将其拖至刚制作的文件中，得到“图层 1”。按 Ctrl+T 键调出自由变换控制框，按 Shift 键向内拖动控制句柄以缩小图像及移动位置（与正封吻合），按 Enter 键确认操作。得到的效果如图 5.410 所示。

⑥ 设置“图层 1”的混合模式为“明度”，不透明度为 20%。得到的效果如图 5.411 所示。复制“图层 1 副本”，使用移动工具将其拖至封底位置，结合自由变换控制框调整图像大小及位置，如图 5.412 所示。

图5.410 调整图像

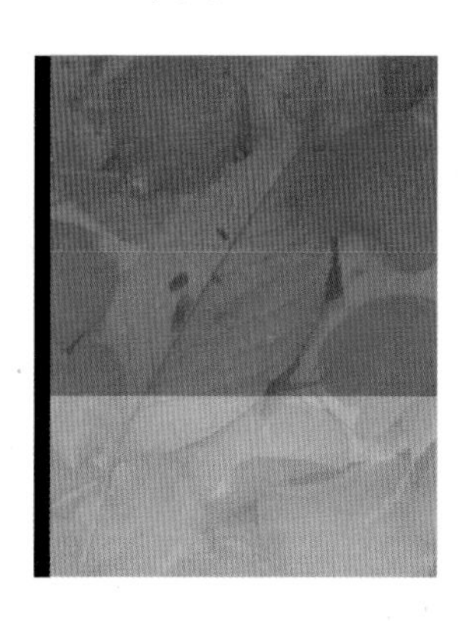

图5.411 设置图层属性后的效果

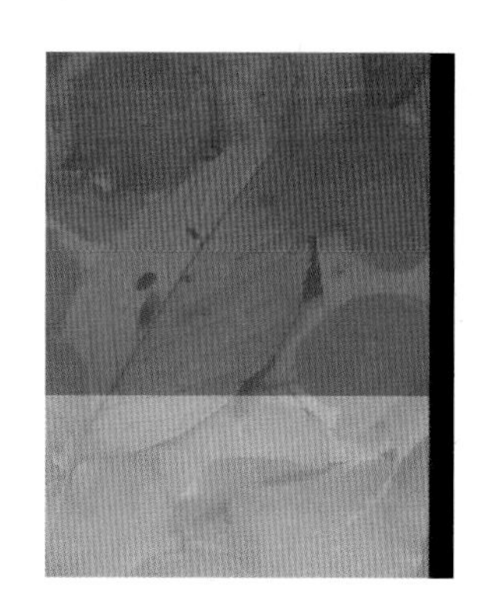

图5.412 复制及调整图像

⑦ 按照第 5 ～ 6 步的操作方法，打开随书所附光盘中的文件“第 5 章\5.13－素材 2.psd”，并将其拖至刚制作的文件中，得到“图层 2”。结合自由变换控制框调整图像的大小、角度及位置，以及设置图层属性及复制图层的功能进一步完善封面的底印效果，如图 5.413 所示。

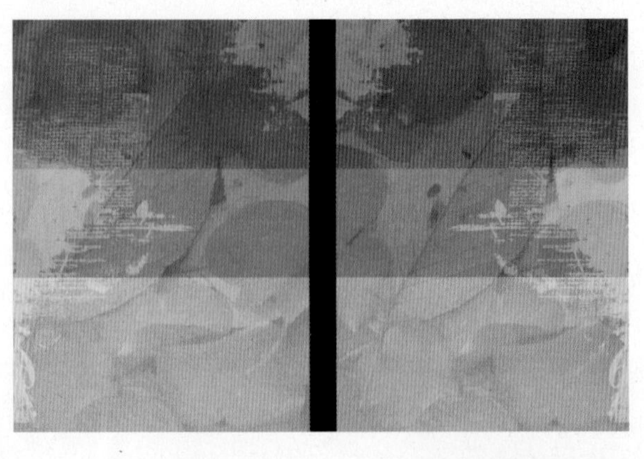

图5.413 完善底印效果

提示

本步设置了“图层 2”及其副本的混合模式为“线性减淡（添加）”，不透明度为 40%。下面来添加封底的底印效果，使画面更加美观。

⑧ 复制“图层 2 副本”得到“图层 2 副本 2”。结合自由变换控制框调整图像的大小、角度及位置（封底的右下方），如图 5.414 所示。

图5.414 复制及调整位置

⑨ 下面修改一下封底的细节。单击添加图层蒙版按钮 为“图层 2 副本 2”添加蒙版，设置前景色为黑色，选择画笔工具，在其工具选项条中设置适当的画笔大小，在图层蒙版中进行涂抹，以将左下方的图像隐藏起来，直至得到如图 5.415 所示的效果，此时蒙版中的状态如图 5.416 所示。“图层”调板如图 5.417 所示。

图5.415 添加图层蒙版后的效果

图5.416 图层蒙版中的状态

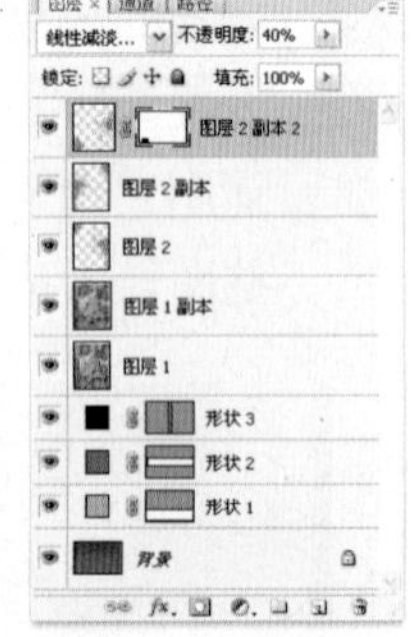

图5.417 “图层”调板

提示

至此，封面的底印效果已制作完成。下面制作正封上的文字效果。

⑩ 选择横排文字工具T，设置前景色的颜色值为白色，并在其工具选项条上设置适当的字体和字号，在当前文件中输入如图5.418所示的文字，同时得到文字图层“文”。

⑪ 下面来将文字拆开，形成独立的一体。复制“文”得到“文副本”，隐藏“文”。在其图层名称上单击鼠标右键，以弹出的菜单中选择“转换为形状”命令，以方便对文字进行编辑。

图5.418 输入文字

提示

此时复制的目的是：因为“文”字有四笔，需要将每一笔拆开，成为独立的一部分，也就是为了方便操作上的顺畅。

⑫ 下面将“文”字上的点单独提出来。在“文副本”矢量蒙版激活的状态下，选择直接选择工具，配合Shift键将要删除的笔画选中，如图5.419所示，按Delete键将其删除。得到的效果如图5.420所示。

图5.419 选中删除的笔画

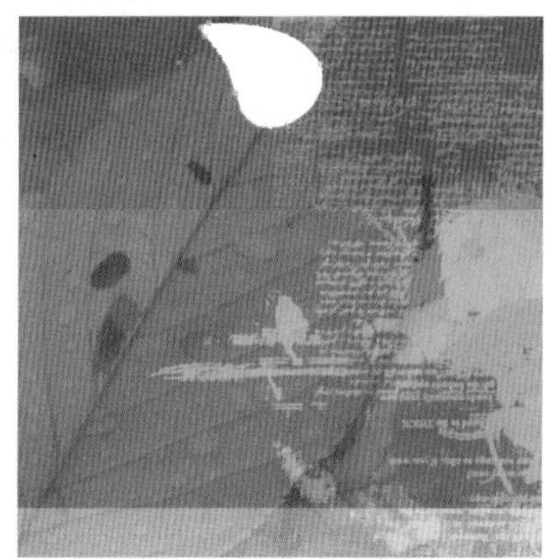

图5.420 删除节点后的效果

提示

细心的读者可以发现删除的节点都是实心的。

⑬ 下面来改变点的色彩。双击“文副本”图层缩览图，在弹出的对话框中设置颜色值为f39800。得到的效果如图5.421所示。

⑭ 选择并显示“文”。按照第11～13步的操作方法，通过复制图层，配合直接选择工具，以及更改图像的色彩。得到如图5.422所示的效果。“图层”调板如图5.423所示。删除文字图层“文”。

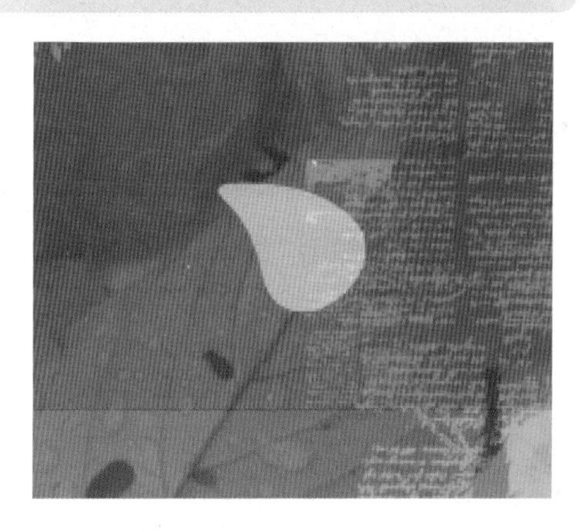

图5.421 更改颜色后的效果

提示1

复制图层后需注意图层的顺序，以及文字图层“文”的显示与隐藏。在本步操作过程中，笔者没有给出图像的颜色值，读者可依自己的审美进行颜色搭配。在下面的操作中，笔者不再做颜色的提示。

图5.422 完成其他笔画后的效果

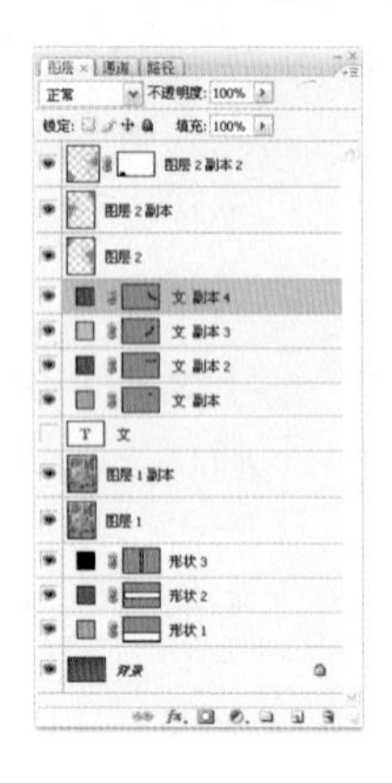

图5.423 “图层”调板

提示2

在删除文字交接处的节点时，需选择删除锚点工具进行删除，按Ctrl键可转换为直接选择工具对各个节点进行编辑，按Alt键可转换为转换点工具。

⑮ 按照第10～14步的操作方法，输入文字，通过将文字转换为形状进行编辑，以得到“字”的4个笔画，如图5.424所示。将拆分的“文”与“字”，结合移动工具与变换功能调整至正封的右侧，如图5.425所示。此时“图层”调板如图5.426所示。

图5.424 制作“字”后的效果

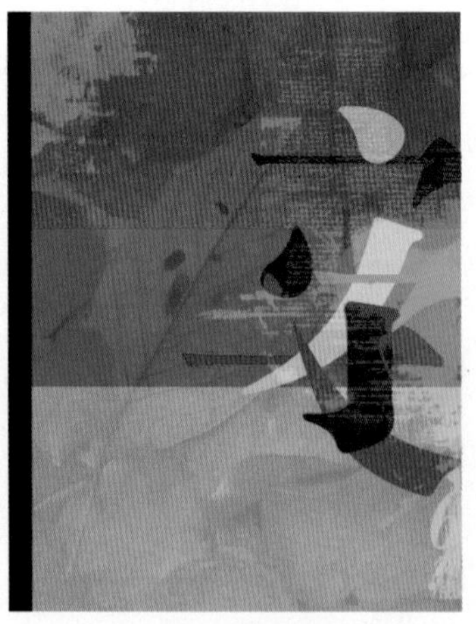

图5.425 调整图像

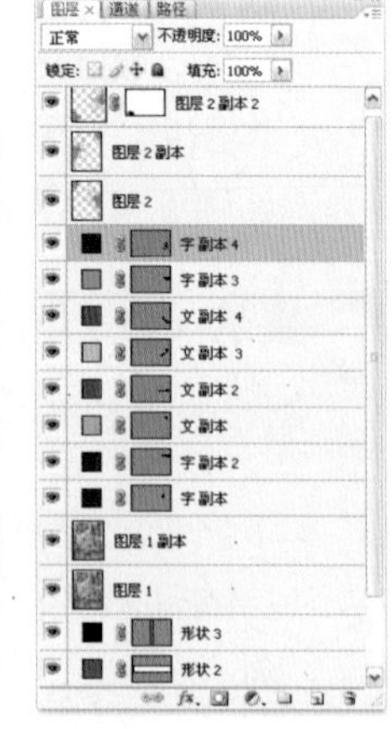

图5.426 “图层”调板

提示

调整时需注意图层的顺序。下面为文字添加发光效果。

⑯ 选择“字副本”，单击添加图层样式按钮，在弹出的菜单中选择“外发光”命令，设置弹出的对话框，如图5.427所示，得到如图5.428所示的效果。

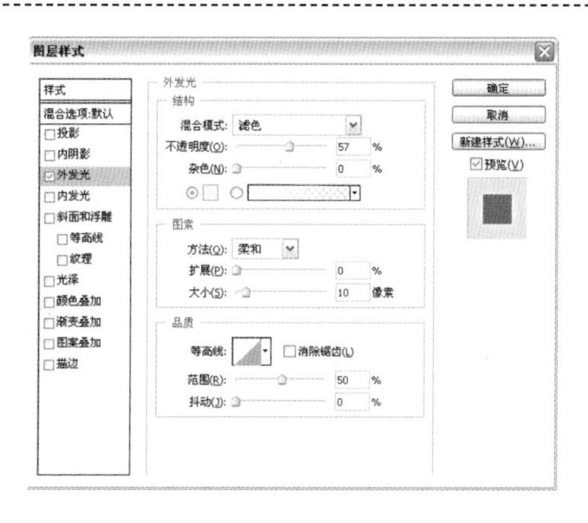

图5.427 “外发光”对话框

图5.428 添加图层样式后的效果

提示

在“外发光”对话框中，颜色块的颜色值为 f9f7bd。

⑰ 按住 Alt 键将“字副本”图层样式分别拖至其他笔画图层上以复制图层样式。得到的效果如图 5.429 所示。选择“字副本”，按住 Shift 键单击“字副本 4”的图层名称以将它们相连的图层选中，按 Ctrl+G 键将选中的图层编组，得到“组 1”。

提示

至此，对“文”及“字”的拆分已制作完成。下面制作正封的装饰图像。

图5.429 复制图层样式后的效果

⑱ 选择“组 1”。设置前景色的颜色值为白色，选择直线工具，在工具选项条上选择形状图层按钮，设置“粗细”为 1px。并选择添加到形状区域按钮，在文件中绘制如图 5.430 所示的 3 行 1 列的线条，得到“形状 4”。隐藏路径后的局部效果如图 5.431 所示。设置当前图层的不透明度为 50%。

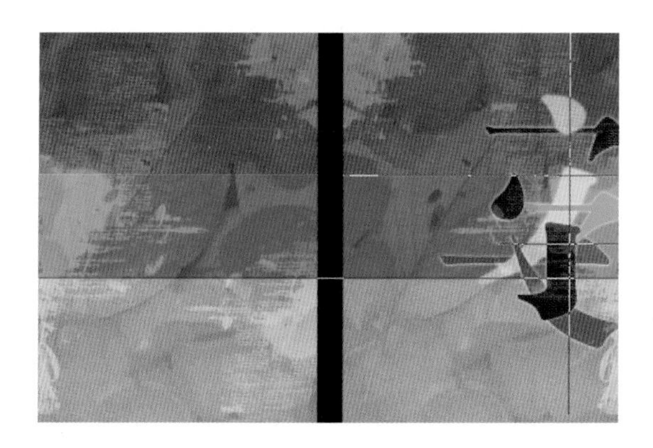

图5.430 绘制形状

图5.431 局部效果

提示

绘制绿色图像下方的线条是针对整个封面绘制的。

⑲ 选择椭圆选框工具，以右侧十字交叉线为中心点，按Shift+Alt键向外拖动以等比例扩大选区，如图5.432所示。新建“图层3”，设置前景色为白色，选择“编辑”|“描边”命令，设置弹出的对话框，如图5.433所示，单击“确定”按钮退出对话框。

图5.432 绘制选区

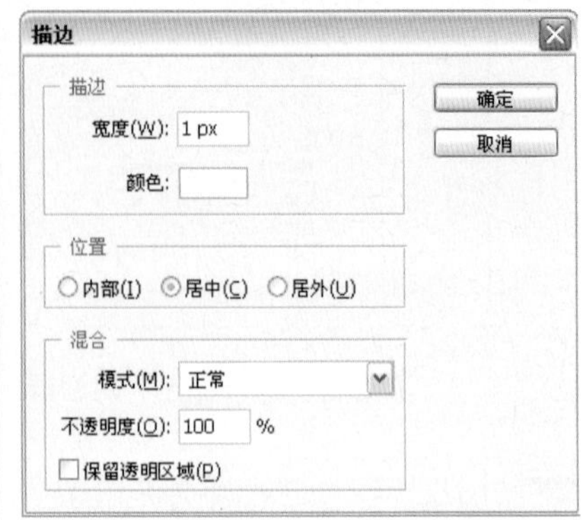

图5.433 “描边”对话框

⑳ 保持选区，按Ctrl+Alt+T键调出自由变换并复制控制框，按Shift+Alt键向内拖动控制句柄以等比例缩小图像，按Enter键确认操作。按Ctrl+D键取消选区，得到如图5.434所示的效果。设置“图层3”的混合模式为“叠加”，得到的效果如图5.435所示。

图5.434 描边后的效果

图5.435 设置混合模式后的效果

提示

下面结合文字工具及添加图层样式的功能制作正封的文字效果。

5.13.2.2 制作文字效果及装饰效果

① 选择“图层2副本2”，结合横排文字工具在正封上输入如图5.436所示的文字。此时的“图层”调板如图5.437所示。

② 下面为文字添加投影效果。选择“设计宝典”，单击添加图层样式按钮，在弹出的菜单中选择“投影”命令，设置弹出的对话框，如图5.438所示，得到如图5.439所示的效果。

图5.436 输入文字

图5.437 “图层”调板

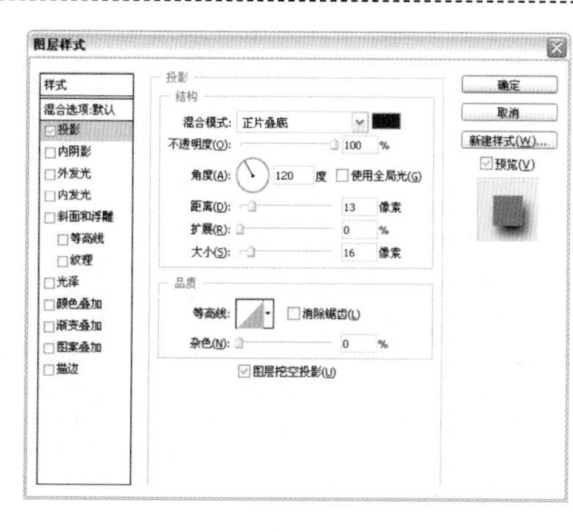
图5.438 “投影”对话框

图5.439 添加图层样式后的效果

③ 按住Alt键将“设计宝典”图层样式拖至“——文字创意与……”图层上以复制图层样式。得到的效果如图5.440所示。选择文字图层“理论（形、意……”，单击添加图层样式按钮 fx.，在弹出的菜单中选择“投影”命令，设置弹出的对话框，如图5.441所示，得到如图5.442所示的效果。

图5.440 复制添加图层样式后的效果

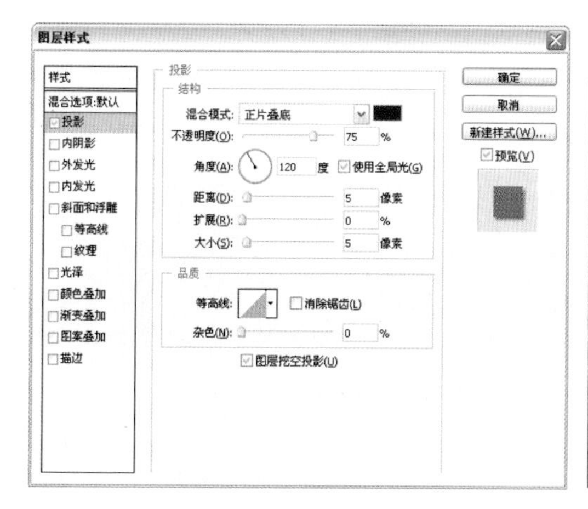
图5.441 “投影”对话框

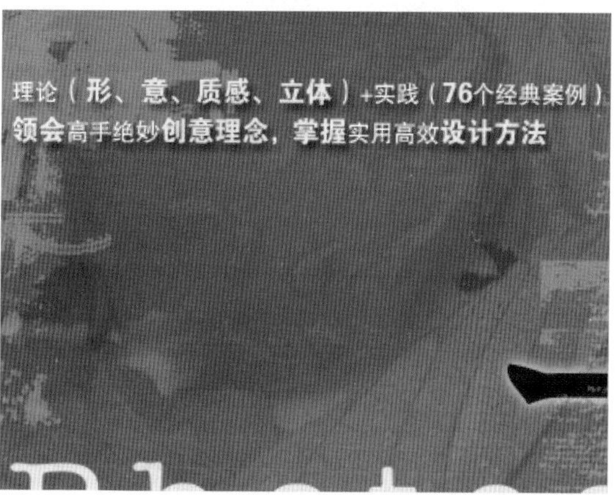

图5.442 添加图层样式后的效果

提示

在“投影”对话框中，颜色块的颜色值为231815。

④ 下面制作文字的渐变效果。选择“Photoshop”，单击添加图层样式按钮 fx，在弹出的菜单中选择“渐变叠加”命令，设置弹出的对话框，如图 5.443 所示，得到如图 5.444 所示的效果。

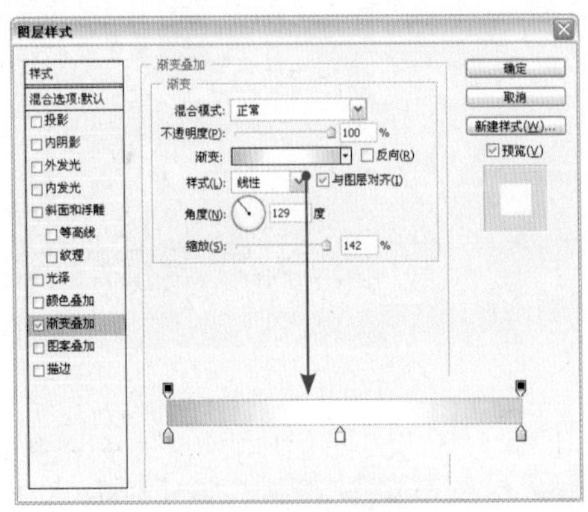

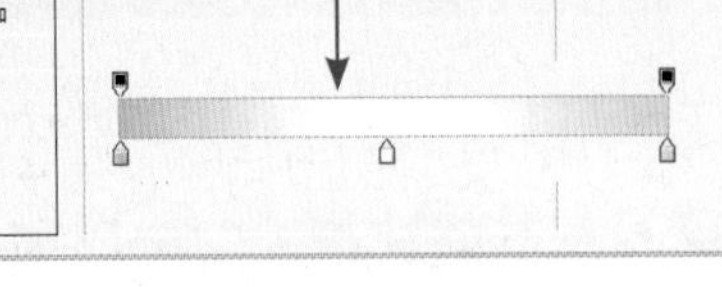

图5.443 “渐变叠加”对话框

图5.444 添加图层样式后的效果

提示

在“渐变叠加”对话框中，渐变类型各色标值从左至右分别为 cbcbcb、白色及 cbcbcb。下面来制作文字“Photoshop”圆形中的色彩。

⑤ 选择“——文字创意与……”，设置前景色为 6b2a1c，选择钢笔工具，在工具选项条上选择形状图层按钮及添加到形状区域按钮，在文字上绘制如图 5.445 所示的形状，得到“形状 5”。隐藏路径后的效果如图 5.446 所示。

图5.445 绘制形状

图5.446 隐藏路径后的效果

提示

下面制作划分文字区域的线条效果。

⑥ 设置前景色的颜色为 ffdf6e，选择直线工具，在工具选项条上选择形状图层按钮，设置“粗细”为 3px。在文字左侧绘制如图 5.447 所示的形状，得到“形状 6”。

⑦ 下面通过添加图层蒙版制作线条两边的渐隐效果。单击添加图层蒙版按钮 为“形状 6”添加蒙版，选择渐变工具，并在其工具选项条中选择对称渐变工具，单击渐变显示框，设置弹出的“渐变编辑器”对话框，如图 5.448 所示。从线条的上方至下方绘制渐变，得到的效果如图 5.449 所示。此时蒙版中的状态如图 5.450 所示。

图5.447 绘制形状

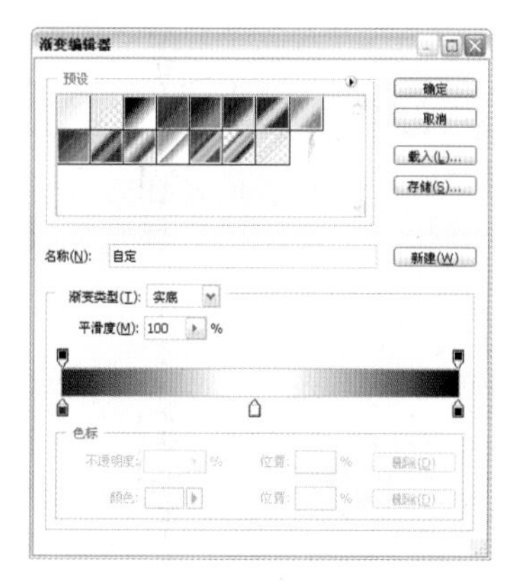

图5.448 “渐变编辑器”对话框

图5.449 绘制渐变后的效果

图5.450 图层蒙版中的状态

⑧ 将光标置于“形状 6”名称上，单击鼠标右键，在弹出的菜单中选择“转换为智能对象”命令。结合复制及变换功能，制作文字之间的渐隐直线效果，如图 5.451 所示。“图层”调板如图 5.452 所示。

图5.451 复制及调整图像后的效果

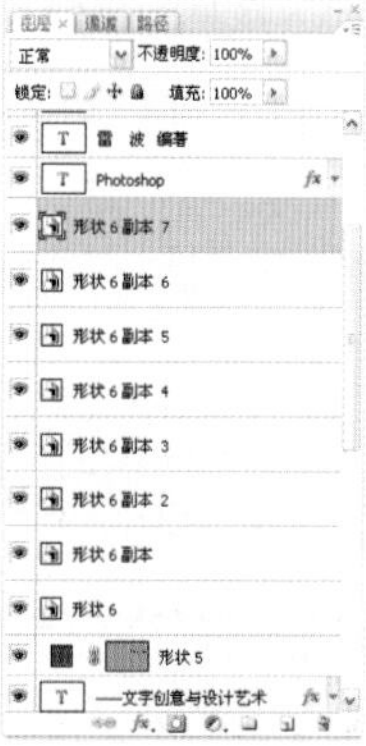

图5.452 “图层”调板

提示

转换为智能对象的目的，是为了后面复制图层后，通过变换图像，使矢量蒙版根据移动的位置而变化。通俗地讲，就是变换图像后，不会使图像发生变化。智能对象的控制框操作方法与普通的自由变换控制框雷同。

⑨ 按照本部分第6～8步的操作方法，结合矩形工具 与添加图层蒙版等功能制作文件下方文字的装饰效果，如图5.453所示，“图层”调板如图5.454所示。

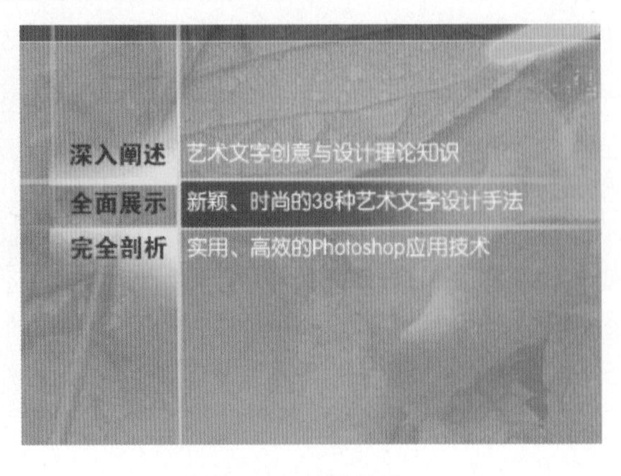

图5.453 装饰效果

图5.454 “图层”调板

提示

由于本步的操作方法非常简单，详细步骤在前面都做了讲解。所以笔者在此没有做具体的说明。读者可以参考最终效果源文件中相关图层进行制作。下面制作正封左下方的文字及装饰图像。

⑩ 选择椭圆工具 ，在工具选项条上选择路径按钮 ，按Shift键在正封的左下方绘制如图5.455所示的路径。

⑪ 单击创建新的填充或调整图层按钮 ，在弹出的菜单中选择“渐变”命令，设置弹出的对话框，如图5.456所示，得到如图5.457所示的效果，同时得到图层“渐变填充1”。

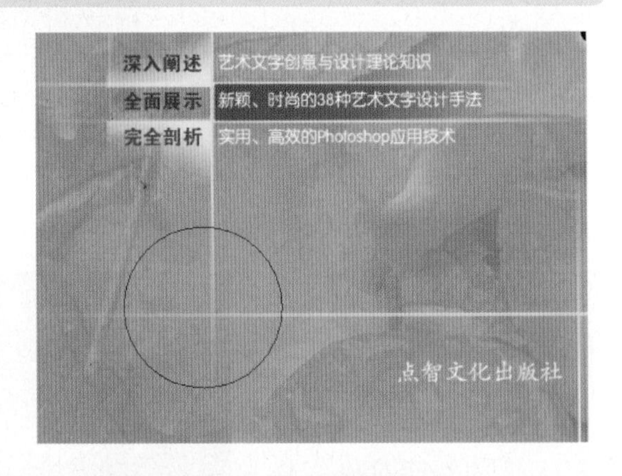

图5.455 绘制路径

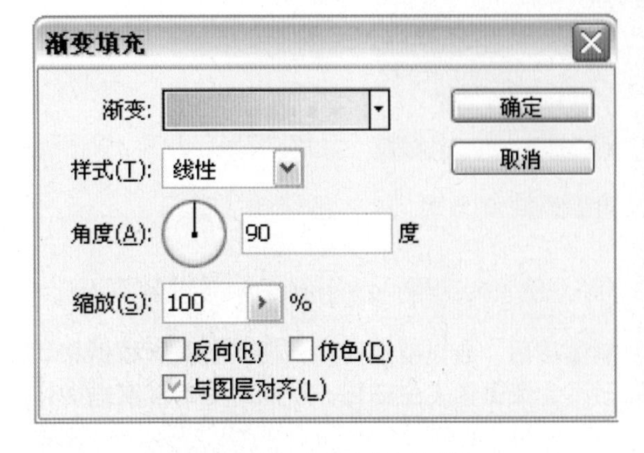

图5.456 “渐变填充”对话框

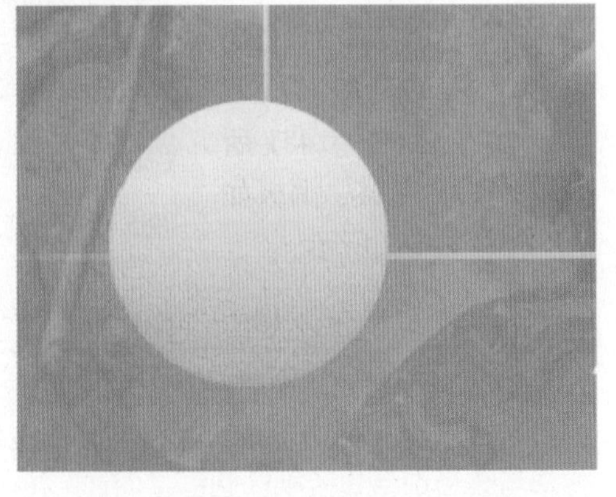

图5.457 应用“渐变填充”后的效果

提示

在“渐变填充”对话框中，渐变类型的各色标颜色值从左至右分别为 f7ac00 及 ffef00。

⑫ 复制“渐变填充 1”得到“渐变填充 1 副本”，结合自由变换控制框缩小图像，双击其图层缩览图，设置弹出的对话框，如图 5.458 所示。得到如图 5.459 所示的效果。

图5.458 “渐变填充”对话框

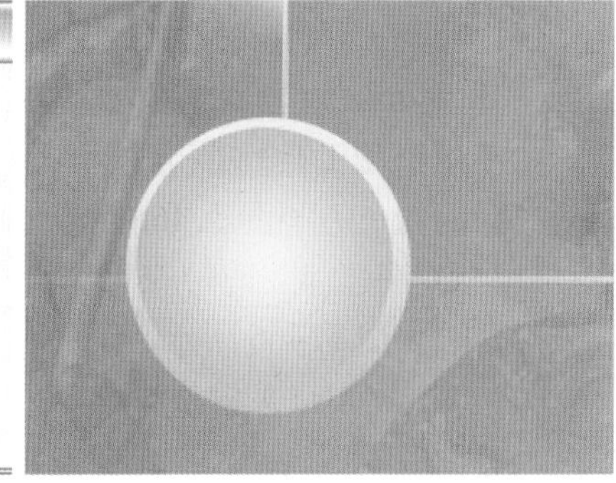

图5.459 应用“渐变填充”后的效果

⑬ 打开随书所附光盘中的文件“第 5 章\5.13- 素材 3.psd”，使用移动工具将其拖至刚制作的文件中，如图 5.460 所示。得到“图层 4”，设置当前图层的混合模式为“正片叠底”，得到的效果如图 5.461 所示。

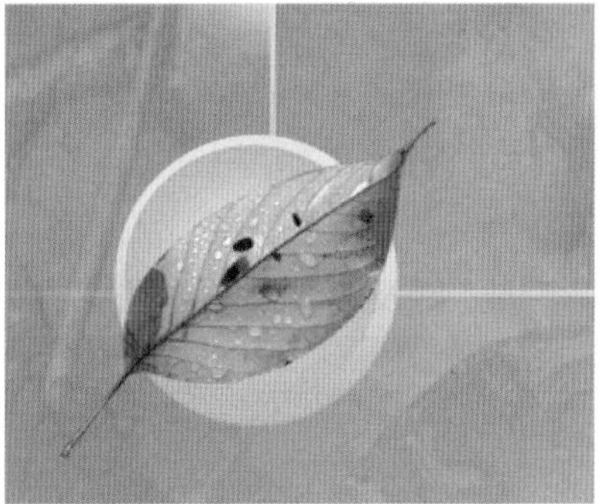

图5.460 摆放位置

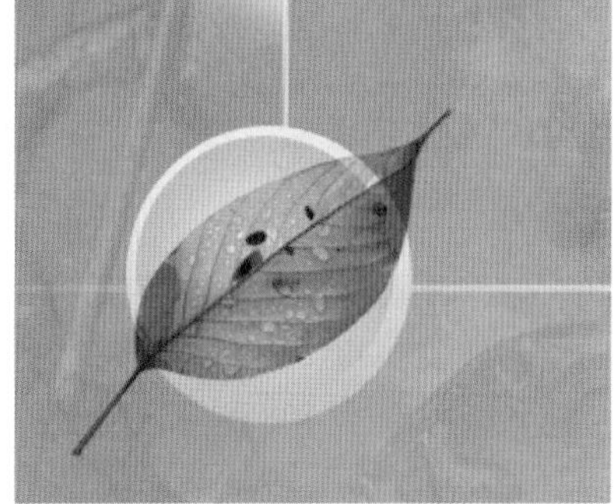

图5.461 设置混合模式后的效果

⑭ 选择横排文字工具 T，设置前景色的颜色值为黑色，并在其工具选项条上设置适当的字体和字号，在渐变效果图像上输入如图 5.462 所示的文字。单击添加图层样式按钮 fx，在弹出的菜单中选择“外发光”命令，设置弹出的对话框，如图 5.463 所示，得到如图 5.464 所示的效果。

图5.462 输入文字

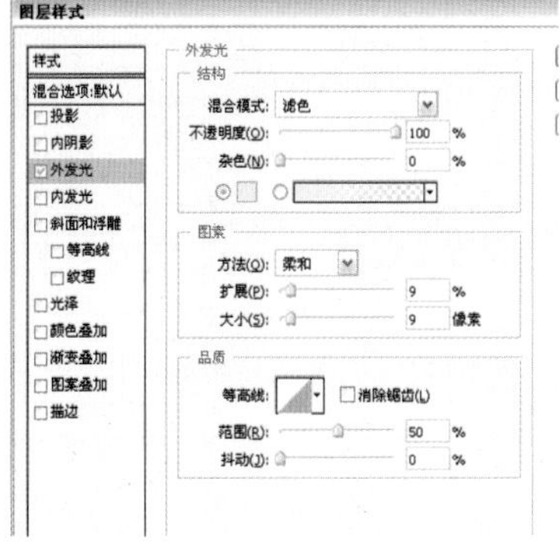

图5.463 “外发光”对话框

图5.464 添加图层样式后的效果

提示

在“外发光”对话框中，颜色块的颜色值为fff100。

⑮ 打开随书所附光盘中的文件“第5章\5.13-素材4.psd”，使用移动工具将其拖至正封的右上方如图5.465所示。得到“图层5”。此时的“图层”调板如图5.466所示。

⑯ 按Ctrl+Alt+A键选择除“背景”图层以外的所有图层，按Ctrl+G键将选中的图层编组，得到“组2”，并将其重命名为“正封”。

图5.465 摆放位置

图5.466 “图层”调板

提示

至此，正封的制作已完成。下面制作封底及书脊效果。对于封底及书脊上的文字、线条效果在前面的操作过程中都已详细讲解。在后面的操作过程中，由于篇幅的限制，笔者在此就一步给出了。

⑰ 结合素材图像、文字工具、复制图层以及添加图层样式等功能完成封底及书脊效果，如图5.467所示。“图层”调板如图5.468所示。

提示

本步所应用到的素材图像为随书所附光盘中的文件“第5章\5.13-素材5.psd”，里面包含了多幅素材图像。具体的操作过程及参数设置可参考最终效果源文件中相关图层。

图5.467 最终效果

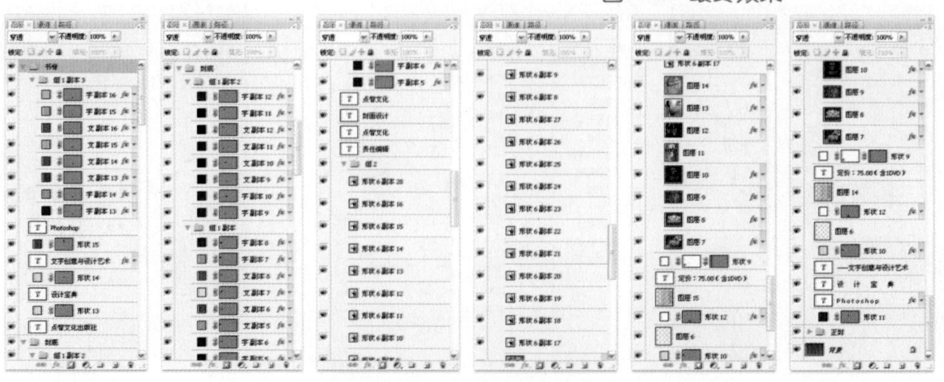

图5.468 “图层”调板

5.13.2.3 工艺版文件的制作方法

在前面的章节中我们已经提到过，在通常情况下，制作工艺版文件都是以封面的原文件为基础，另存一个新文件后，将要添加工艺以外的内容删除，然后将要制作工艺的区域保留下来并调整成黑色，其他区域调整成为白色即可。下面就以本例中制作的封面文件为例，介绍一下制作封面工艺版文件的操作流程。

① 打开前面制作完成的封面作品，如图 5.469 所示。将文件另存为一个新的文件，可以以工艺版的名称作为新文件的名称。

> **提示**
>
> 在本例中将制作两个工艺版，其中一个是为正封和封底中的文字 Photoshop 制作烫银工艺版，另外一个就是为封面中背景以外的图像（包括其他的文字内容如“设计宝典”、线条以及封面中的紊乱装饰图像等），制作 UV 工艺版。

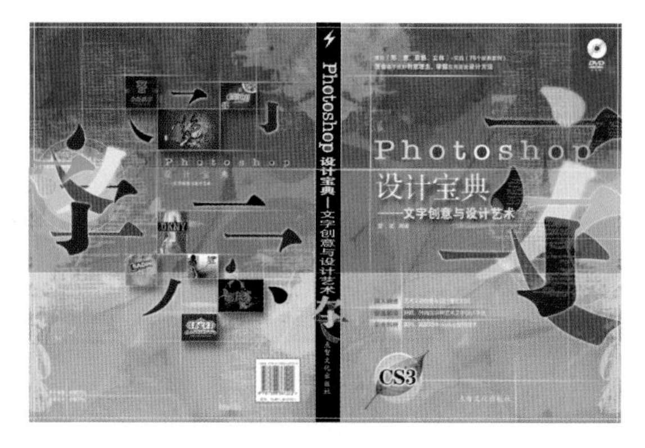

图5.469 素材图像

② 为文字 Photoshop 制作烫银工艺版，首先找到这两个文字所在的文字图层，然后将其单独拖至所有图层的上方，如图 5.470 所示。

③ 删除除上面两个文字图层以外的所有内容，然后分别在两个文字图层的名称上单击鼠标右键，在弹出的菜单中选择“清除图层样式”命令，此时图像的状态如图 5.471 所示，对应的“图层”调板如图 5.472 所示。

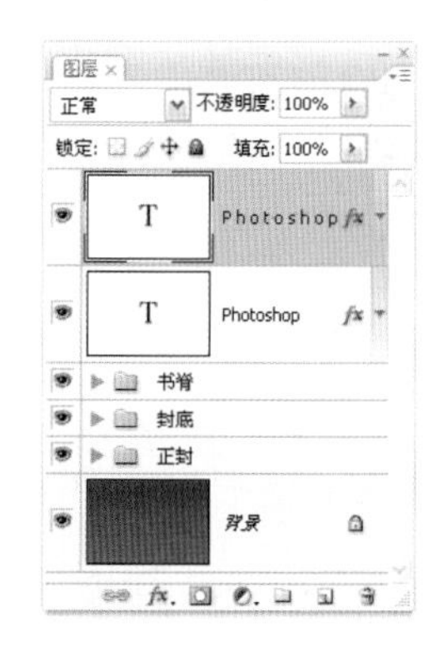

图5.470 “图层”调板

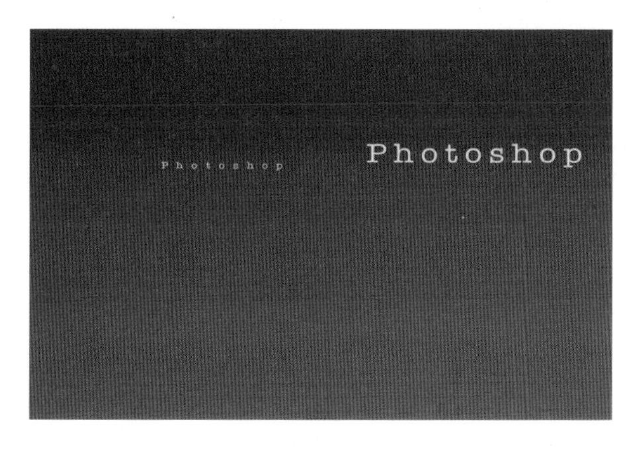

图5.471 删除其他图层后的效果

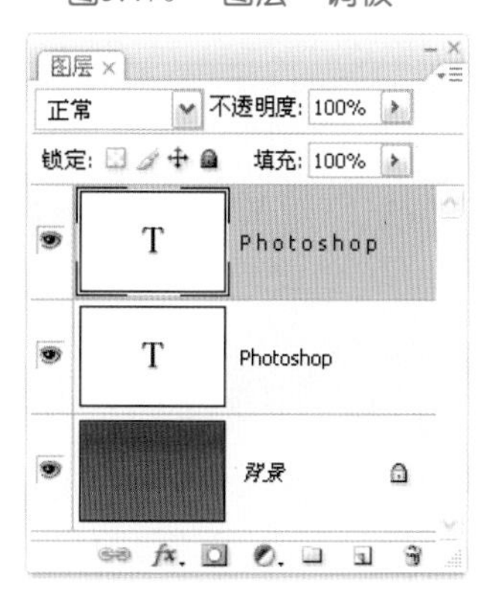

图5.472 “图层”调板

④ 下面按照要求将要制作工艺的图像区域设置成为黑色，即将文字颜色设置成为黑色，然后将其他区域的颜色设置成为白色，即将背景设置成为白即可，如图5.473所示，此时的“图层”调板如图5.474所示。

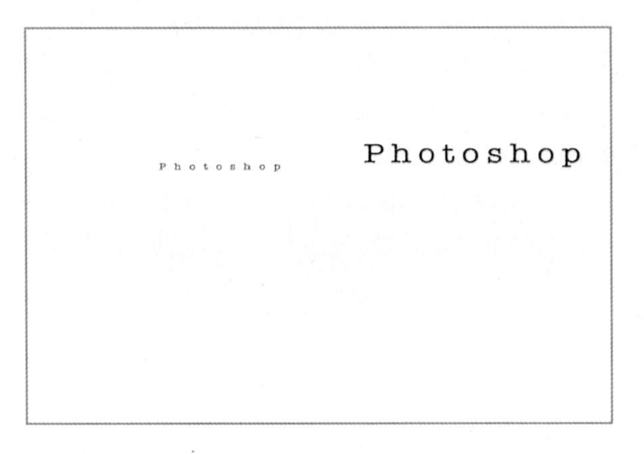

图5.473 烫银工艺版的状态

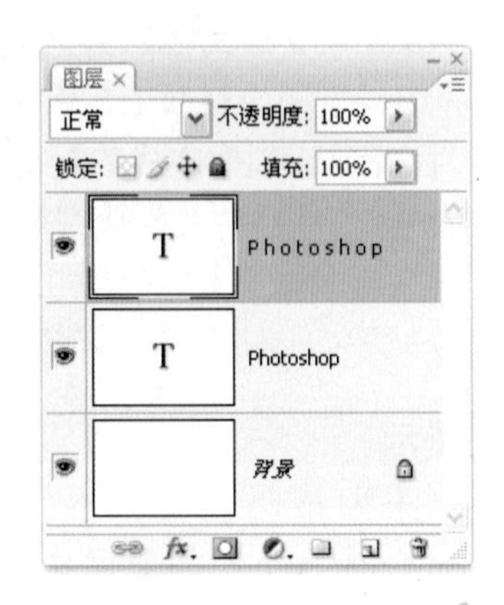

图5.474 “图层”调板

⑤ 下面再来制作此封面的UV工艺版，同样打开本例第1步打开的封面文件，并另存为一个新文件，按照要求，需要为正封及封底中除背景以外的图像，附加UV工艺，在制作方法上与前面所述的是基本相同的，只不过由于涉及到的元素比较多，操作起来有些繁锁，例如图5.475所示的两幅图均是笔者制作完成后的工艺版文件。

图5.476所示就是完整的添加其他必备元素，例如出版社社标及条码等内容后，印刷并附加工艺时的成品封面照片图像。

图5.475 UV工艺版的状态

图5.476 照片效果

5.14 《Photoshop矢量设计艺术》书籍装帧设计

5.14.1 案例概况

例前导读：

本例是为数字艺术教育类图书《Photoshop矢量设计艺术》而设计的一款封面，从此类图书的封面的整体设计风格上来说，主要是偏向于结合华丽、唯美、震撼或具有代表性的图像内容，配合精致、漂亮的艺术文字（书名），构成整个封面内容。

在本例设计的封面中，是以“矢量设计艺术”作为讲解核心的图书，所以封面的色彩、选图以及书名文字的艺术化处理，都带有着强烈的矢量感觉，例如纯净的颜色、典型矢量感觉的主体图像以及华丽的花纹等。

核心技能：

- 结合素材图像、渐变填充及混合模式功能制作背景纹理。
- 结合混合模式及图层蒙版融合图像。
- 利用矢量花纹设计艺术文字效果。
- 利用图层样式为（文字）图像增加特殊效果。
- 结合剪贴蒙版及图层蒙版限制图像的显示范围。

效果文件：光盘 \ 第 5 章 \5.14.psd。

5.14.2 实现步骤

① 按 Ctrl + N 键新建一个文件，设置弹出的对话框，如图 5.477 所示，单击“确定”按钮退出对话框，从而新建一个文件。设置前景色的颜色值为 fbc100，按 Alt + Delete 键用前景色填充当前画布。

提示

对于上面所设置的尺寸，封面宽度＝正封宽度（185mm）＋封底宽度（185mm）＋书脊宽度（18.6mm）＋左右出血（各 3mm）=394.6mm；封面高度＝封面的高度(260mm)＋上下出血（各 3mm）=266mm。下面来为封面增加一个华丽的底纹，并对其进行调色处理。

图5.477 “新建”对话框

② 按 Ctrl + R 键显示标尺，按照上面提示中的尺寸分别在水平和垂直方向上添加辅助线，如图 5.478 所示。再次按 Ctrl + R 键隐藏标尺。

③ 打开随书所附光盘中的文件“第 5 章 \5.14- 素材 1.psd”，如图 5.479 所示，使用移动工具将其拖至本例操作的文件中，得到“图层 1”。按 Ctrl + T 键调出自由变换控制框，按住 Shift 键缩小图像使其刚好铺满当前画布，按 Enter 键确认变换操作，得到如图 5.480 所示的效果。

图5.478 添加辅助线

图5.479 素材图像

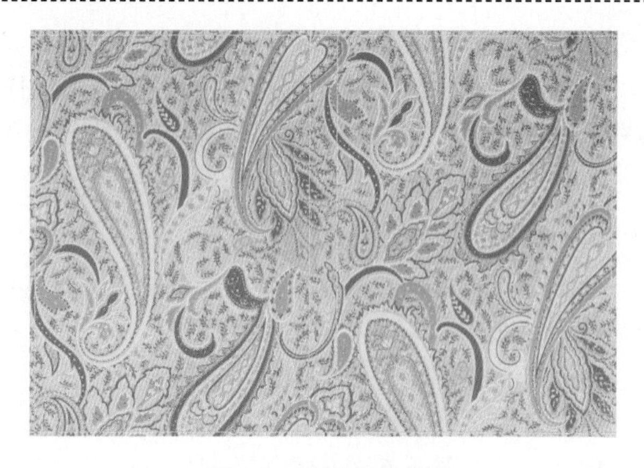

图5.480 摆放图像位置

④ 设置“图层 1”的混合模式为“柔光”,不透明度为 70%,得到如图 5.481 所示的效果。

⑤ 单击创建新的填充或调整图层按钮 ，在弹出的菜单中选择“渐变”命令，设置弹出的对话框如图 5.482 所示，得到如图 5.483 所示的效果，同时得到图层“渐变填充 1”，然后设置其混合模式为“色相”，得到如图 5.484 所示的效果。

图5.481 设置图层混合模式

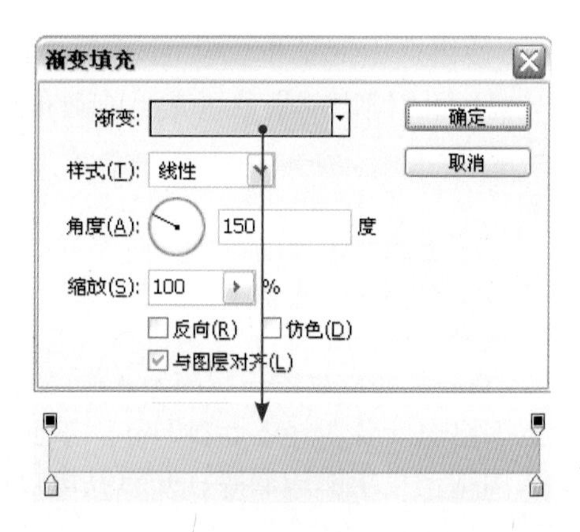

图5.482 “渐变填充”对话框

图5.483 填充渐变后的效果

图5.484 设置混合模式后的效果

提示

在“渐变填充”对话框中，所使用的渐变从左至右各个色标的颜色值依次为 c8d4f6 和 e3b2f4。下面来添加封面中的主体图像。

⑥ 打开随书所附光盘中的文件“第5章\5.14-素材2.psd”，如图5.485所示，使用移动工具将其拖至本例操作的文件中，得到“图层2”。结合自由变换控制框对图像进行缩放，然后置于封面的右上方，如图5.486所示。

图5.485 素材图像

图5.486 摆放图像位置

⑦ 单击添加图层蒙版按钮为“图层2”添加蒙版，设置前景色为黑色，选择画笔工具并设置适当的画笔大小及不透明度，在主体图像左侧及底部的图像上涂抹以将其隐藏，如图5.487所示，此时蒙版中的状态如图5.488所示。

图5.487 隐藏图像

图5.488 蒙版中的状态

提示

下面来制作封面中的艺术文字。在本例中，艺术文字的处理分为两部分，即对英文“Photoshop”及中文“矢量设计艺术”的处理。

⑧ 设置前景色为黑色，选择横排文字工具，并在其工具选项条上设置适当的字体、字号等参数，在正封的下方中间位置输入文字“Photoshop”，如图5.489所示，同时得到一个对应的文字图层。

⑨ 打开随书所附光盘中的文件“第5章\5.14-素材3.psd”～“第5章\5.14-素材5.psd”，使用移动工具将其拖至本例操作的文件中，得到“图层3”至“图层5”，并结合变换及复制图层功能，将这3个图形分别摆放至文字的各个位置作为装饰，如图5.490所示。此时的“图层”调板如图5.491所示。

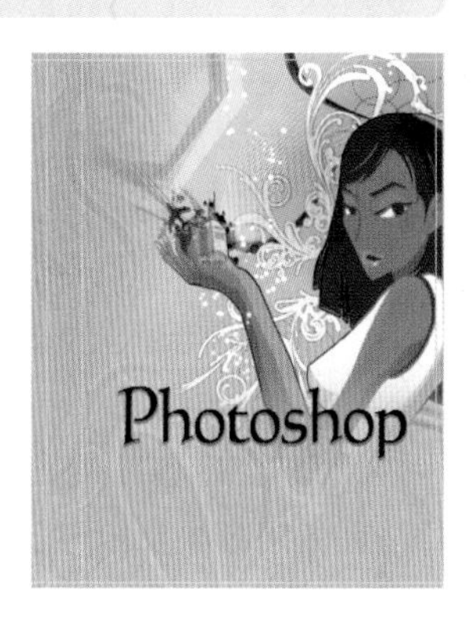

图5.489 输入文字

提示

由于上面对花纹图像的调整比较简单，故笔者不再详细讲解，读者可以参看本例的最终效果文件，了解各个花纹的具体变换参数以及与图层之间的对应关系。

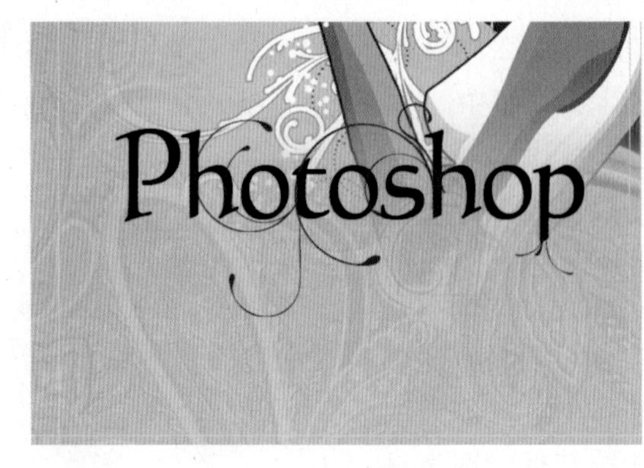

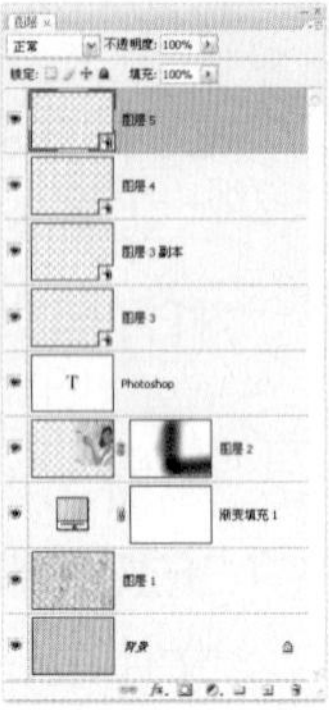

图5.490 摆放花纹图像

图5.491 “图层”调板

⑩ 下面再来处理文字“矢量设计艺术”。按照第 8 步的操作方法在文字“Photoshop”输入文字“矢量设计艺术”，如图 5.492 所示，得到对应的文字图层。

⑪ 在文字图层“矢量设计艺术”的名称上单击鼠标右键，在弹出的菜单中选择“转换为形状”命令，从而将当前的文字图层转换成为同名的形状图层。

⑫ 使用路径选择工具分别选中各个中文文字，然后调整其上下位置，直至得到如图 5.493 所示的效果。

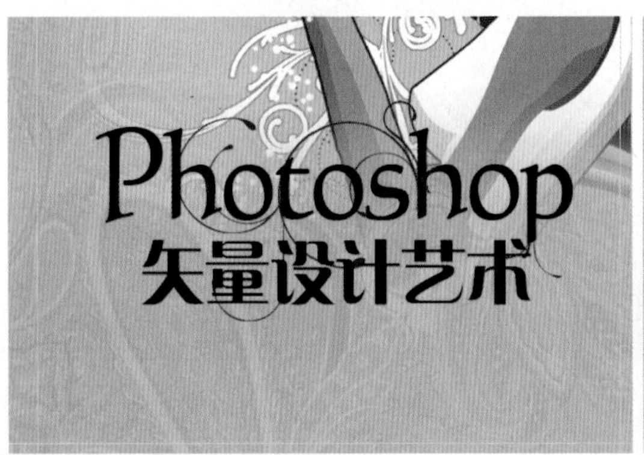

图5.492 输入文字

图5.493 调整文字位置

⑬ 打开随书所附光盘中的文件“第 5 章\5.14- 素材 6.psd”～“第 5 章\5.14- 素材 8.psd”，按照第 9 步的操作方法将其拖至本例操作的文件中，同时得到“图层 6”至“图层 8”，然后缩放并调整各图形的位置，直至得到类似如图 5.494 所示的效果，此时的“图层”调板如图 5.495 所示。

图5.494 摆放花纹图像

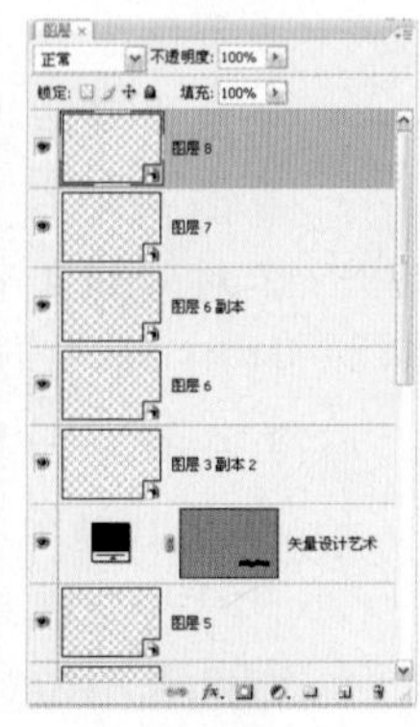

图5.495 “图层”调板

⑭ 选择“图层 3”，然后按住 Shift 键选择“图层 8”，从而将二者之间的图层选中。按 Ctrl + G 键将选中的图层编组，得到“组 1”。

⑮ 选择“组 1”，按 Ctrl + Alt + E 键执行“盖印”操作，从而将当前选中组中的图像合并至新图层中，并将该图层重命名为“图层 9”。隐藏“组 1”。

⑯ 单击添加图层样式按钮 fx.，在弹出的菜单中选择“颜色叠加”命令，设置弹出的对话框，如图 5.496 所示，然后再选择“描边”选项，并设置其对话框，如图 5.497 所示，得到如图 5.498 所示的效果。

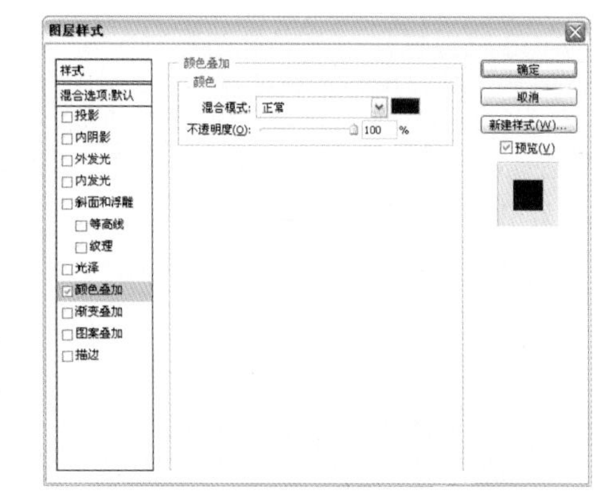

图5.496 “颜色叠加”对话框

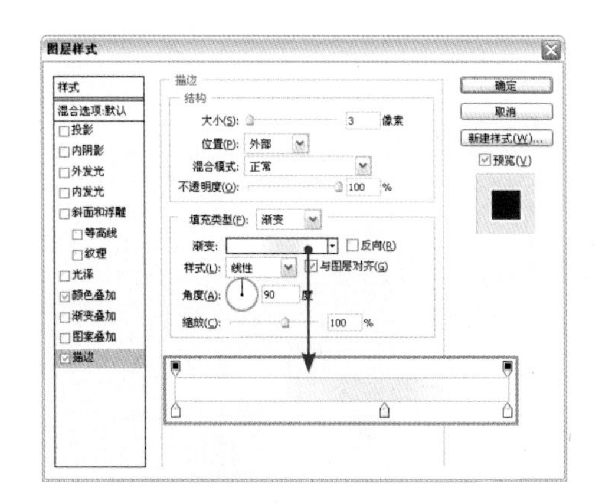

图5.497 “描边”对话框

图5.498 添加样式后的效果

提示

在“颜色叠加”对话框中，颜色块的颜色值为 380051；在“描边”对话框中，所使用的渐变从左至右各个色标的颜色值依次为白色、dddddd 和白色。

⑰ 结合文字工具在正封中输入作者、出版社名等，然后再在书脊中输入书名及出版社名，如图 5.499 所示。

提示1

对于书脊中的书名文字，它采用了与“图层 9”完全相同的图层样式，读者可以按住 Alt 键拖动“效果”图层样式至该文字图层上，以直接复制图层样式。

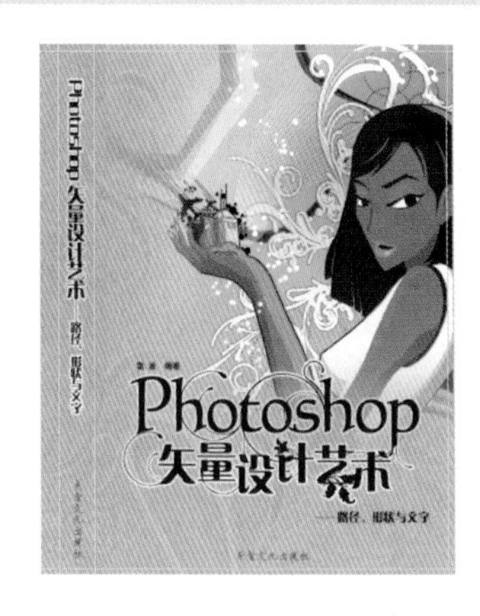

图5.499 添加文字后的效果

提示2

在实际的封面设计中，出版社的名称所采用的字体及标志往往是有严格要求的，但这些也都是由出版社应该提供的素材内容，只需要将其摆放在合适的位置即可，由于本例只是一个示范，所以出版社名仅采用了简单的文字代替。

⑱ 下面来制作本例的封底图像内容。打开随书所附光盘中的文件“第5章\5.14-素材9.psd”，如图5.500所示，使用移动工具将其拖至本例操作的文件中，得到“图层10”。

⑲ 结合变换功能对图像进行缩放并置于封底的底部中间位置，然后为其添加“颜色叠加”图层样式，并设置其中颜色块的颜色值为6b0d87，得到如图5.501所示的效果。

图5.500 素材图像

图5.501 摆放图像并叠加颜色

⑳ 下面将在艺术图形的基础上，绘制多个正圆图形。设置前景色为黑色，选择椭圆工具，并在其工具选项条上选择形状图层按钮，然后按住Shift键在画布中绘制多个正圆，如图5.502所示，同时得到一个图层“形状1”。

提示

在绘制第1个正圆后，就会创建得到“形状1”，在绘制其他图形之间，需要在工具选项条上选择添加到形状区域按钮，这样所绘制的所有圆形都会位于该形状图层中，以便于操作和管理。

图5.502 绘制圆形

㉑ 为“形状1”添加“描边”图层样式，并设置其中颜色块的颜色值为6b0d87，描边“大小”为4，得到如图5.503所示的效果。

㉒ 分别打开随书所附光盘中的文件“第5章\5.14-素材10.psd”~“第5章\5.14-素材13.psd”，使用移动工具将其拖至本例操作的文件中，得到“图层11”至“图层14”，并确认这几个图层位于“形状1”上方，分别选择各个图层然后按Ctrl+Alt+G键创建剪贴蒙版，结合变换、复制图层以及蒙版功能，将这4幅图像的内容分别置于各个圆形图像中，如图5.504所示，此时“图层”调板的状态如图5.505所示。

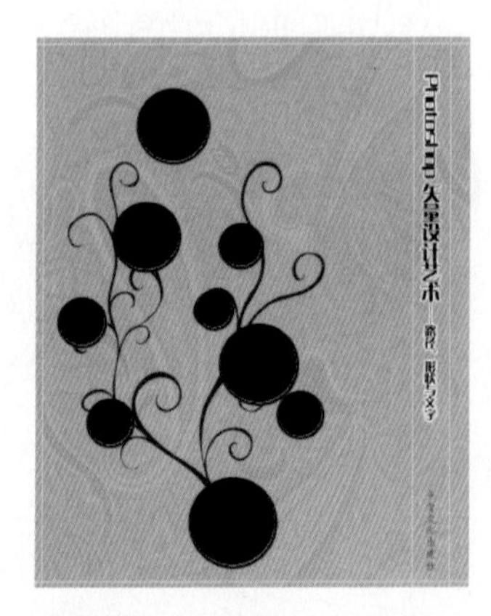

图5.503 添加样式后的效果

图5.504 叠加图像

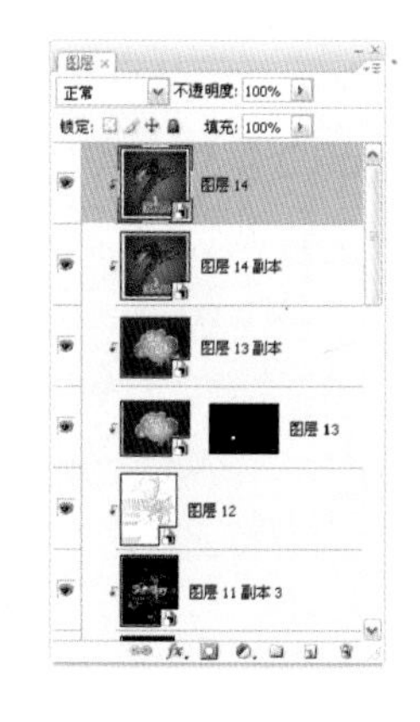

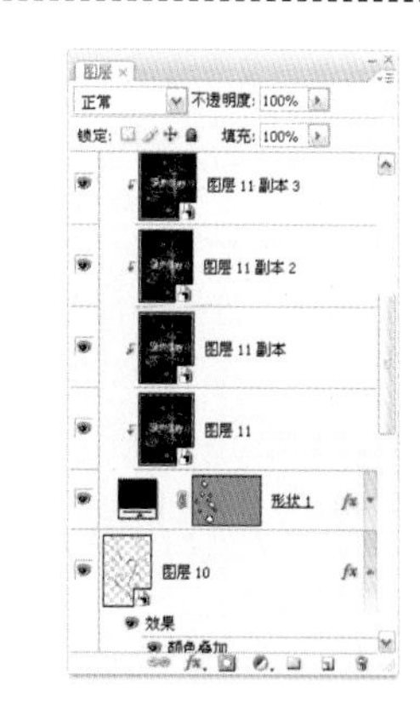

图5.505 "图层"调板

㉓ 选择"图层 14"，单击创建新的填充或调整图层按钮 ，在弹出的菜单中选择"纯色"命令，在弹出的对话框中设置颜色值为aae4ff，单击"确定"按钮退出对话框，得到图层"颜色填充 1"。按 Ctrl + Alt + G 键创建剪贴蒙版，并设置其混合模式为"颜色"，得到如图 5.506 所示的效果。

提示

下面将利用矢量素材图像，在封底增加一些装饰的艺术花纹及气泡图像。

图5.506 设置混合模式后的效果

㉔ 打开随书所附光盘中的文件"第 5 章 \5.14- 素材 14.psd"，如图 5.507 所示，使用移动工具 将其拖至本例操作的文件中，得到"图层 15"，并设置其混合模式为"滤色"，结合变换功能调整其大小并置于封底的顶部位置，如图 5.508 所示。

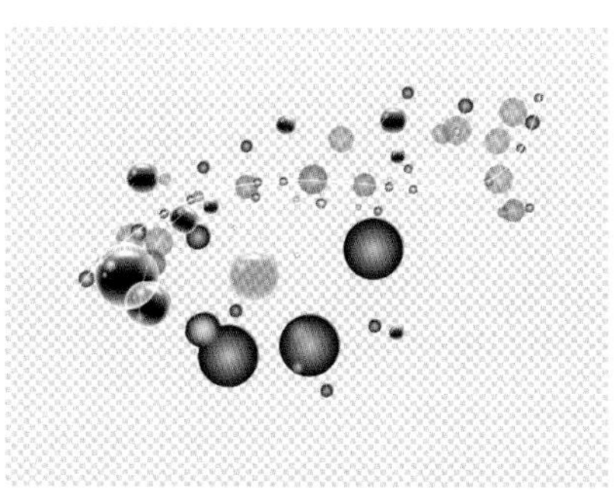

图5.507 素材图像

图5.508 添加装饰图像

㉕ 复制"图层 15"得到"图层 15 副本"，并修改不透明度为 80%，利用变换功能将图像旋转 180°，并置于封底下方位置，如图 5.509 所示。

㉖ 最后，打开随书所附光盘中的文件"第 5 章 \5.14- 素材 15.psd"，将其置于封底的右下方位置，并结合横排文字工具 T 在条形码下方输入图书定价等文字，然后在封底左上角位置输入"责任编辑"等文字内容，得到如图 5.510 所示的效果，此时封面的整体效果如图 5.511 所示，此时的"图层"调板如图 5.512 所示。图 5.513 所示为净尺后的效果展示。

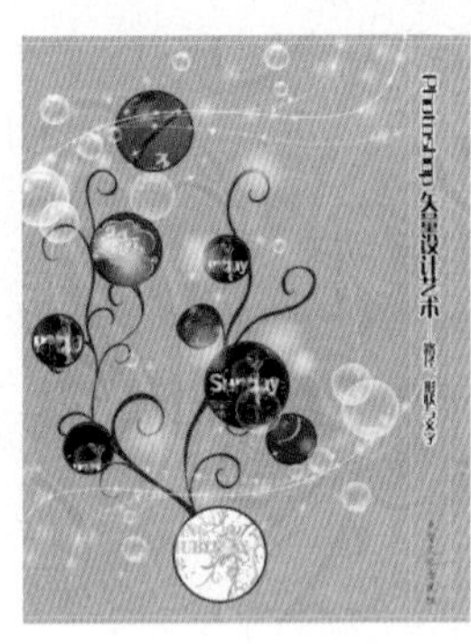

图5.509 复制并调整图像位置

图5.510 添加条形码及相关文字

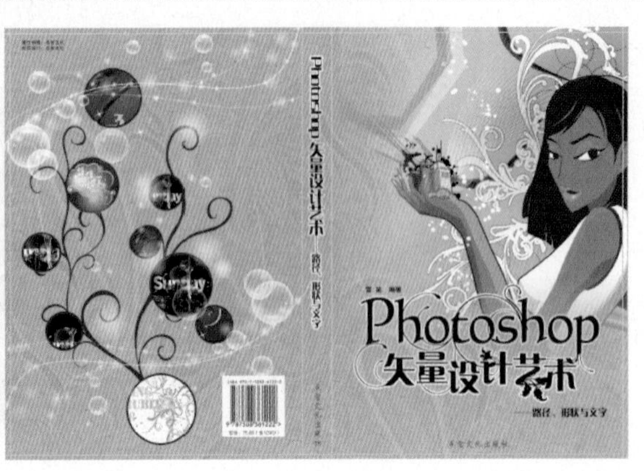

图5.511 最终效果

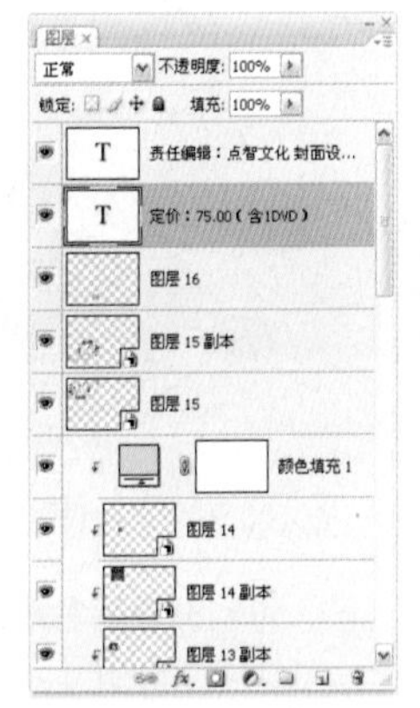

图5.512 “图层”调板

图5.513 净尺后的效果

5.15 《3ds max质感传奇》书籍装帧设计

5.15.1 案例概况

例前导读：

本例设计的是图书《3ds max质感传奇》封面，作为三维软件的图书封面，设计者考虑到了以下两点：

●**维度：** 设计时应尽量突出本书是以三维软件为基础的图书。

●**质感：** 本书是以质感表现为主要讲解内容，所以在封面中应该能够体现出这一点。

基于以上两点考虑，设计者以书名作为以上两点的表现载体，结合维度及质感两种表现手法于一身，再配合其他一些场景表现的元素，制作得到了本例的封面作品，除了达到展现图书特点的目的外，在整体上也给人以大气、震撼的视觉效果，比较容易吸引浏览者的目光，进行达到宣传目的。

核心技能：

- 编辑三维对象的角度及大小。
- 编辑三维对象的贴图以模拟其表面质感。
- 利用“渐变映射”命令调整图像颜色。
- 结合混合模式及图层蒙版功能融合图像。
- 利用图层样式制作立体特效图像效果。

效果文件：光盘 \ 第 5 章 \5.15.psd。

5.15.2 实现步骤

① 按 Ctrl + N 键新建一个文件，设置弹出的对话框，如图 5.514 所示，单击“确定”按钮退出对话框，从而新建一个文件。按 Ctrl+I 键执行“反相”操作，从而将背景转换成为黑色。

图5.514 “新建”对话框

提示

对于上面所设置的尺寸，封面宽度 = 正封宽度（185mm）+ 封底宽度（185mm）+ 书脊宽度（15mm）+ 左右出血（各 3mm）=391mm；封面高度 = 封面的高度（260mm）+ 上下出血（各 3mm）=266mm。

② 按 Ctrl + R 键显示标尺，按照上面提示中的尺寸分别在水平和垂直方向上添加辅助线，如图 5.515 所示。再次按 Ctrl + R 键隐藏标尺。

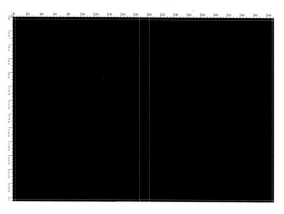
图5.515 添加辅助线

提示

在下面的操作中，将导入主体三维文字，但由于其中的贴图也是黑色的，与背景中的黑色重合，为便于调整，所以暂时将背景色设置成为中性灰色。

③ 选择“图层”|“3D 图层”|“从 3D 文件新建图层”命令，在弹出的对话框中打开随书所附光盘中的文件夹“第 5 章 \5.15- 素材 1”中名为“文字 .3ds”的素材文件，并置于正封的位置，如图 5.516 所示，将得到的图层名称修改为“图层 1”。

④ 双击“图层 1”的缩览图以进入 3D 对象的编辑状态，结合工具选项条上的各个工具调整对象的角度及大小，直至得到类似如图 5.517 所示的效果，读者也可以单击缩放 3D 对象按钮右侧的三角按钮，在弹出的面板中按照图 5.518 所示进行参数设置。

对象位置

	X:	Y:	Z:
位置:	-223.1	-105.9	-42.5
方向:	6	10	24.8
缩放:	1.2	1.2	1

图5.516 导入三维对象　　图5.517 调整后的效果　　图5.518 设置具体参数

⑤ 下面来为文字的正面设置贴图。双击“图层 1”下面的“正面”贴图以调出其贴图文件，打开随书所附光盘中的文件“第 5 章 \5.15- 素材 2.psd”，如图 5.519 所示，使用移动工具按住 Shift 键将其拖至贴图文件中，得到“图层 1”，然后选择“图像”|“显示全部”命令，然后关闭并保存该文件，此时三维对象变为图 5.520 所示的效果。

图5.519 素材图像

图5.520 添加肌理后的效果

⑥ 可以看出，贴图后三维对象的正面显得偏暗，所以下面来继续调整一下三维对象的光照。单击光照和外观设置按钮，在弹出的面板中设置光照为“强光”，如图 5.521 所示，得到如图 5.522 所示的效果。

图5.521 设置对象的光照

⑦ 下面再来编辑三维对象侧面的贴图。双击“侧面”贴图以打开其贴图文件，打开随书所附光盘中的文件“第5章\5.15-素材3.psd”，如图5.523所示，使用移动工具按住Shift键将其拖至贴图文件中，得到“图层1”，然后选择“图像”|“显示全部”命令，然后关闭并保存该文件，此时三维对象变为图5.524所示的效果。

图5.522 设置光照后的效果

提示

至此，已经基本完成了对三维对象的编辑，所以可将背景色重新改为黑色，如图5.525所示。下面在三维图像下方增加一个火焰球边缘的图像。

图5.523 素材图像

图5.524 添加侧面纹理后的效果

图5.525 恢复背景为黑色

⑧ 打开随书所附光盘中的文件“第5章\5.15-素材4.psd”，如图5.526所示，使用移动工具将其拖至本例操作的文件中，得到“图层2”，设置其混合模式为“滤色”，并调整图像的位置，直至得到如图5.527所示的效果。

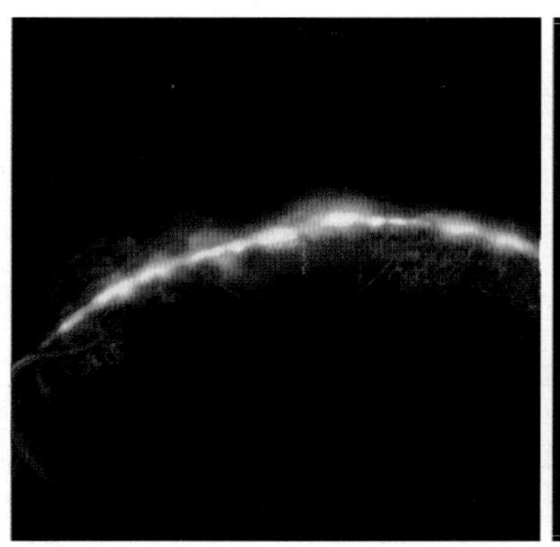
图5.526 素材图像

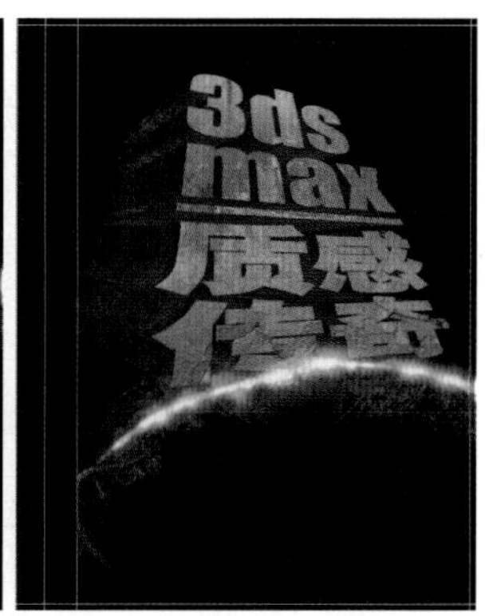

图5.527 摆放图像位置

提示

此时观察图像可以看出，三维图像与星球火焰之间融合得不太好，并没有体现出文字从火焰破空而出的视觉效果，所以下面再来编辑一下三维对象。

⑨ 双击“图层1”的缩览图以进入三维对象的编辑状态，然后调整对象的角度，或按照图5.528所示的面板设置三维对象的参数，得到如图5.529所示的效果。

对象位置

	X:	Y:	Z:
位置:	-223.1	-105.9	-42.5
方向:	20	12	24.7
缩放:	1.2	1.2	1

图5.528 设置具体参数

图5.529 重调参数后的效果

提示

下面将在三维图像靠近右侧的位置涂抹一些黑色，使之看起来不会显得过于突兀，并与背景融合起来。

⑩ 在“图层1”上方新建一个图层得到“图层3”，并按Ctrl+Alt+G键创建剪贴蒙版，设置前景色为黑色，选择画笔工具，并设置适当大小的柔边画笔及不透明度，然后在三维图像右侧位置进行涂抹，得到如图5.530所示的效果。

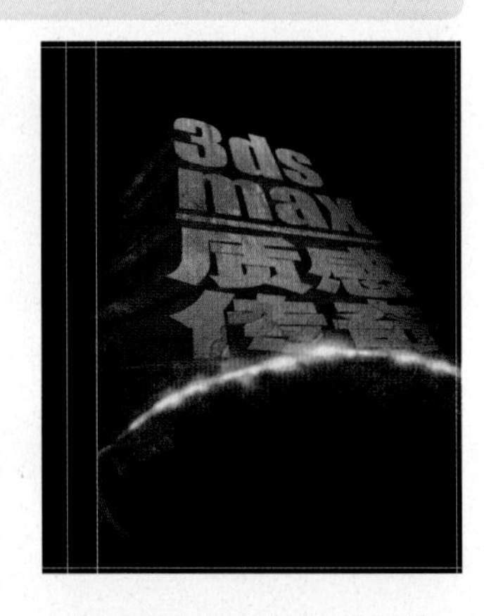

图5.530 用画笔涂抹图像

⑪ 下面来调整三维对象与火焰图像相接触位置的颜色，使之符合光照效果。单击创建新的填充或调整图层按钮，在弹出的菜单中选择“渐变映射”命令，设置弹出的对话框，如图5.531所示。单击“确定”按钮退出对话框，得到图层“渐变映射1”，按Ctrl + Alt + G键创建剪贴蒙版，从而为图像叠加颜色，得到如图5.532所示的效果。

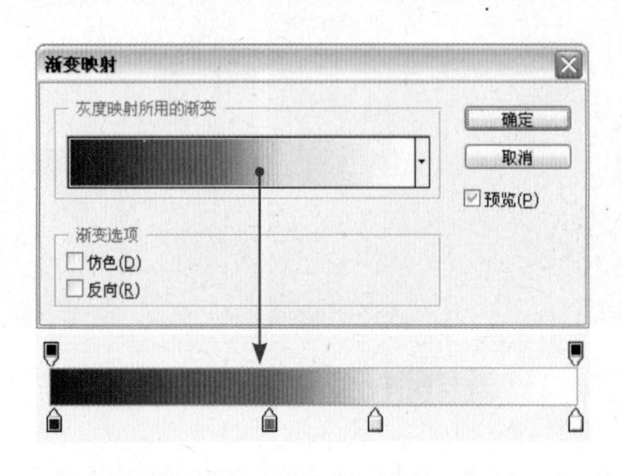

图5.531 “渐变映射”对话框

图5.532 调色后的效果

⑫ 按Ctrl+I键反相“渐变映射1”的蒙版，即完全隐藏该图层的调整效果。设置前景色为白色，选择画笔工具，并设置适当大小的柔边画笔及不透明度，在三维图像

底部位置进行涂抹，以显示出调整效果，如图 5.533 所示，此时蒙版中的状态如图 5.534 所示。

图5.533 用蒙版显示调整效果

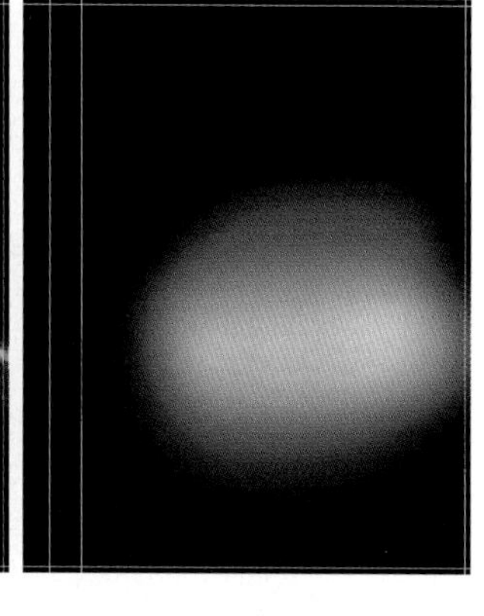

图5.534 蒙版中的状态

提示

在“渐变映射”对话框中，所使用的渐变从左至右各个色标的颜色值依次为 440000、ff3600、ffe400 和白色。下面将结合一些滤镜来增加三维对象正面的立体效果及光照效果。

⑬ 按住 Alt 键拖至“图层 1”至“图层 2”的下方，以复制得到“图层 1 副本”，在其名称上单击鼠标右键，在弹出的菜单中选择“栅格化 3D”命令，从而将其转换成为普通图层。

⑭ 选择“滤镜”|“风格化”|“照亮边缘”命令，设置弹出的对话框，如图 5.535 所示，读者可以通过查看左侧的预览区域查看到所得到的图像效果，单击“确定”按钮退出对话框。

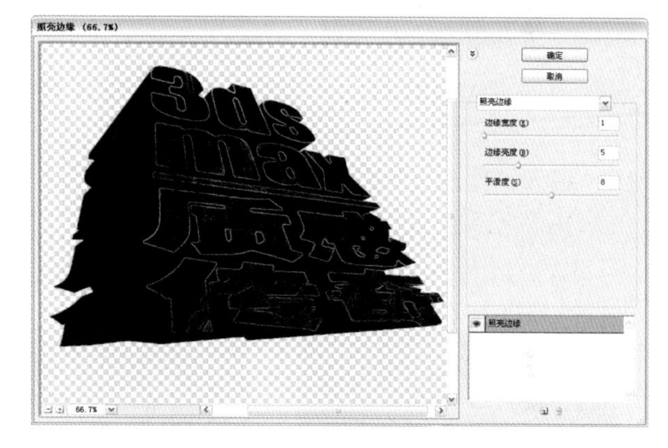

图5.535 “照亮边缘”对话框

⑮ 设置“图层 1 副本”的混合模式为“线性减淡”，不透明度为 60%，得到如图 5.536 所示的效果。

⑯ 按照第 13 ~ 15 步的方法复制得到“图层 1 副本 2”，并将其栅格化，然后对其应用“滤镜”|“渲染”|“光照效果”命令，设置弹出的对话框，如图 5.537 所示，确认后设置“图层 1 副本 2” 的混合模式为“线性减淡”，不透明度为 60%，得到如图 5.538 所示的效果，此时的“图层”调板如图 5.539 所示。

图5.536 设置模式后的效果

图5.537 “光照效果”对话框

⑰ 下面来继续叠加一些云彩及火焰肌理。打开随书所附光盘中的文件“第 5 章 \5.15-素材 5.psd”，如图 5.540 所示，使用移动工具将其拖至本例操作的文件中，得到“图层 4”，并将其置于“图层”调板的顶部。

图5.538 混合后的效果

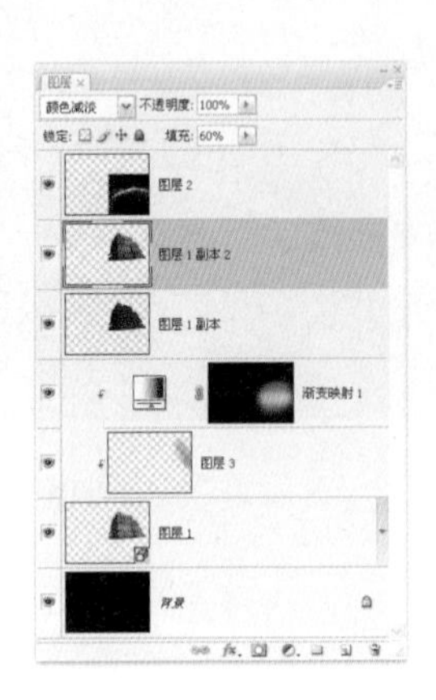

图5.539 “图层”调板

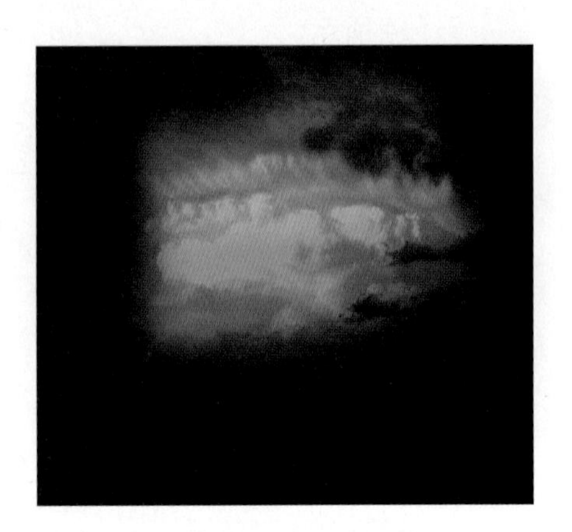
图5.540 素材图像

⑱ 设置“图层 4”的混合模式为“滤色”，不透明度为 50%，然后置于三维对象的左上方，如图 5.541 所示。为该图层添加蒙版并结合画笔工具以黑色进行涂抹，以隐藏部分云彩图像，得到如图 5.542 所示的效果，此时蒙版中的状态如图 5.543 所示。

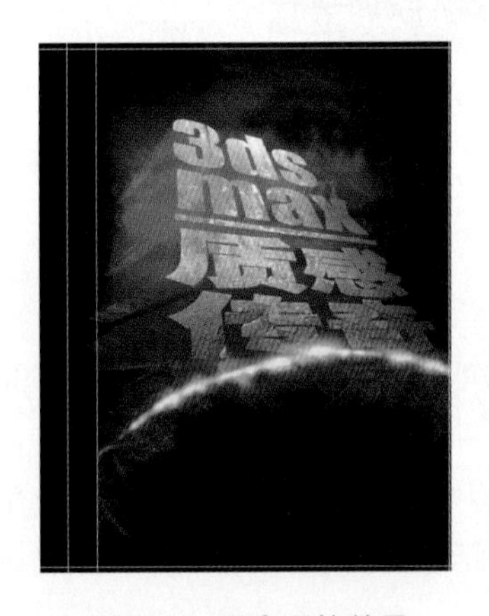
图5.541 混合后的效果

图5.542 用蒙版隐藏图像

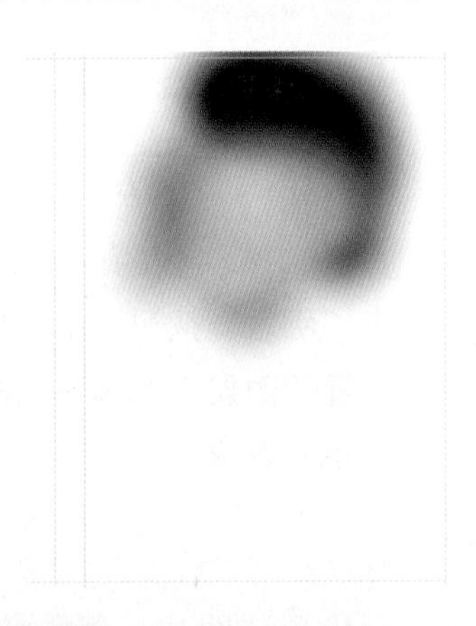
图5.543 蒙版中的状态

⑲ 复制“图层 4”得到“图层 4 副本”，并将其置于“背景”图层上方，然后恢复其不透明度为 100%，并调整图像的位置至三维图像的上方，得到如图 5.544 所示的效果。

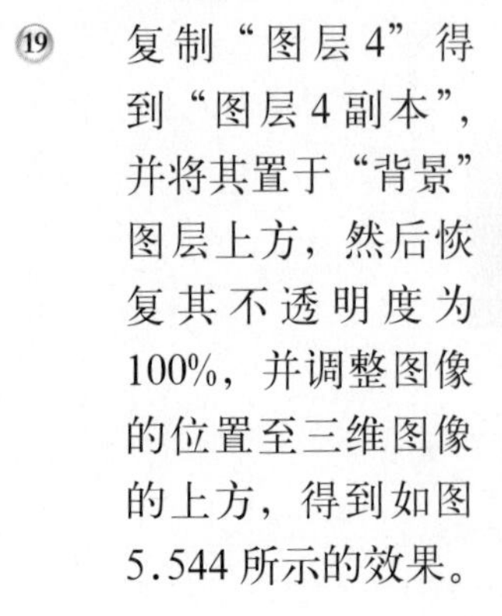

图5.544 摆放图像位置

⑳ 打开随书所附光盘中的文件“第5章\5.15-素材6.psd”，如图5.545所示，使用移动工具将其拖至本例操作的文件中，得到“图层5”，并将其置于“图层4副本”上方，然后调整图像的位置至三维图像的右侧，如图5.546所示。

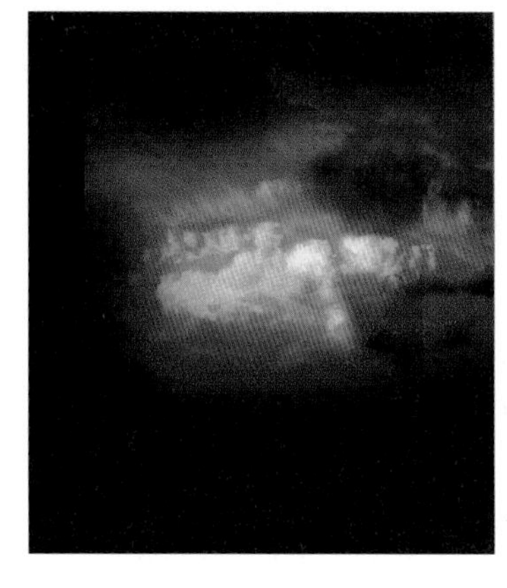

图5.545 素材图像

图5.546 摆放图像位置

㉑ 结合输入文字、添加图层样式以及利用随书所附光盘中的文件“第5章\5.15-素材7.psd”～“第5章\5.15-素材11.psd”，制作正封中的文字以及书脊、封底的图像内容，由于操作方法比较简单，故不再详细讲解，读者可以参照本例前面的讲解内容融合图像并添加图层样式，其中图层样式的参数读者可以直接查看本例最终效果文件的设置，最终效果如图5.547所示。此时的“图层”调板如图5.548所示，为便于管理，笔者按照封面的结构将图层划分至3个文件夹中。图5.549所示为立体效果图展示。

图5.547 最终效果

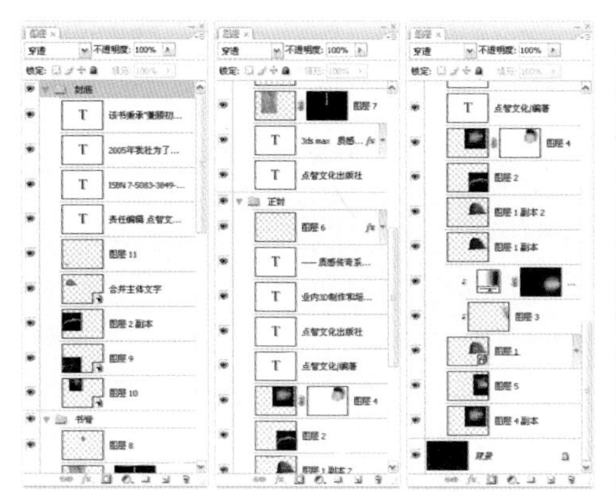

图5.548 “图层”调板

图5.549 净尺后的效果

5.16《中文版Photoshop CS完全攻略》书籍装帧设计

5.16.1 案例概况

例前导读：

本书是一个系列图书中的一本，内容为介绍最新的平面设计中的功能及使用技巧。在这个封面的设计制作过程中，设计师首先考虑到的是封面的颜色选择，以黄颜色为主色调，使书籍营造一种神秘、有深度的气氛。

核心技能：

- 结合标尺及辅助线划分封面中的各个区域。
- 通过设置图层的属性以融合图像。
- 应用添加图层蒙版的功能隐藏不需要的图像。
- 使用变换功能调整图像大小、角度及位置。
- 应用文字工具输入主题及相关说明文字。
- 应用“描边”及“投影”命令制作图像的描边及投影效果。
- 使用“合并拷贝”命令合并拷贝可见图层中的图像。
- 使用“盖印”命令将选中图层中的图像合并至一个新图层中。
- 应用“边界”命令扩大选区。

效果文件：光盘 \ 第 5 章 \5.16.psd。

5.16.2 实现步骤

① 按 Ctrl+N 键新建一个文件，设置弹出的对话框，如图 5.550 所示，单击“确定”按钮退出对话框，以创建一个新的空白文件。设置前景色的颜色值为 fdcf00，按 Alt+Delete 键以前景色填充“背景”图层。

图5.550 “新建”对话框

提示1

在“新建”对话框中，封面的宽度数值为正封宽度（185mm）+ 书脊宽度（22mm）+ 封底宽度（185mm）+ 左右出血（各 3mm）=398mm，封面的高度数值为上下出血（各 3mm）+ 封面的高度（260mm）=266mm。

提示2

下面依据提示的数据对封面进行划分区域。

② 按 Ctrl+R 键显示标尺，按 Ctrl+；键调出辅助线，按照上面的提示内容在画布中添加辅助线以划分封面中的各个区域，如图 5.551 所示。按 Ctrl+R 键隐藏标尺。

提示

下面制作封面整体的图像效果。

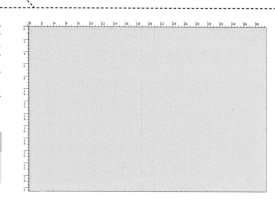

图5.551 划分区域状态

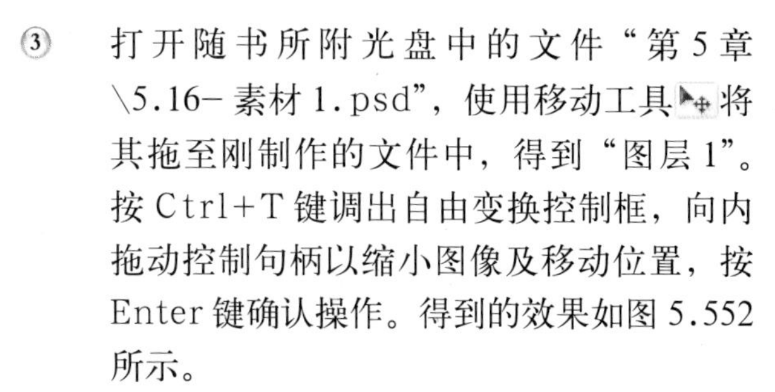

③ 打开随书所附光盘中的文件“第 5 章\5.16- 素材 1.psd”，使用移动工具将其拖至刚制作的文件中，得到“图层 1”。按 Ctrl+T 键调出自由变换控制框，向内拖动控制句柄以缩小图像及移动位置，按 Enter 键确认操作。得到的效果如图 5.552 所示。

图5.552 调整图像

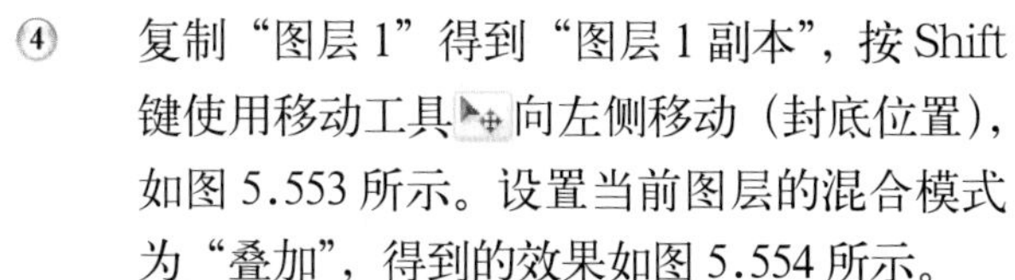

④ 复制“图层 1”得到“图层 1 副本”，按 Shift 键使用移动工具向左侧移动（封底位置），如图 5.553 所示。设置当前图层的混合模式为“叠加”，得到的效果如图 5.554 所示。

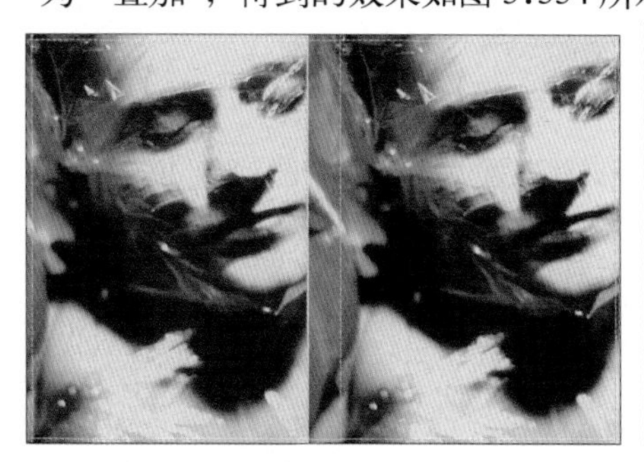

图5.553 复制及调整位置

图5.554 设置混合模式后的效果

⑤ 下面继续处理封底图像。复制“图层 1 副本”得到“图层 1 副本 2”，将其混合模式为更改为“正常”。选择多边形套索工具，在下方图像的各个角点上单击，直至得到如图 5.555 所示的选区。单击添加图层蒙版按钮，得到的效果如图 5.556 所示。

图5.555 绘制选区

图5.556 添加图层蒙版后的效果

提示

下面利用变换功能制作封面中的装饰图像。

⑥ 打开随书所附光盘中的文件“第5章\5.16-素材2.psd”，使用移动工具将其拖至刚制作文件中如图5.557所示的位置，得到“图层2”。复制“图层2”得到“图层2副本”，结合自由变换控制框调整图像的角度（顺时针方向178°左右）及位置（文件右下方），得到的效果如图5.558所示。

图5.557 摆放位置

⑦ 设置前景色为fdcf00，按Ctrl键单击“图层2副本”图层缩览图以载入其选区，按Alt+Delete键填充前景色，按Ctrl+D键取消选区，得到如图5.559所示的效果。

图5.558 复制及调整位置

图5.559 填充效果

⑧ 利用素材图像，结合变换及复制图像等功能制作封底的装饰效果，如图5.560所示。图5.561所示为单独显示本步及“背景”图层的状态。“图层”调板如图5.562所示。

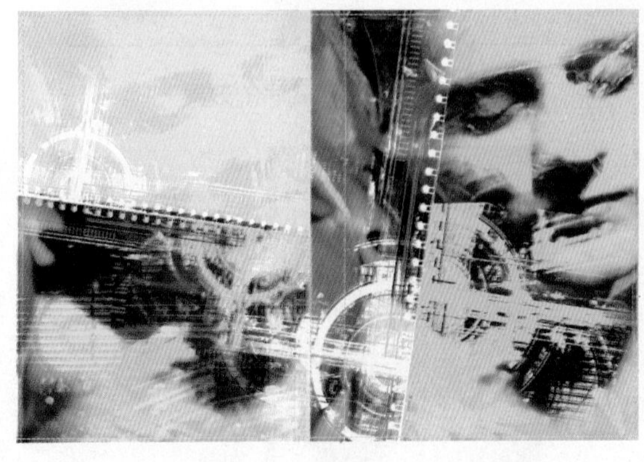

图5.560 制作封底的装饰图像

图5.561 单独显示封底的装饰效果

图5.562 “图层”调板

提示

本步所应用到的素材图像为随书所附光盘中的文件“第5章\5.16-素材3.psd”。对“图层2副本2”及“图层3”设置了“叠加”混合模式。注意图层的顺序。

⑨ 选择椭圆工具，在工具选项条上选择路径按钮，按Shift键在正封的右侧绘制如图5.563所示的路径。

⑩ 选择“图层 2 副本4”，新建“图层4”。设置前景色的颜色值为白色，选择画笔工具，并在其工具选项条中设置画笔为“尖角1像素”，不透明度为100%。切换至“路径”调板，单击用画笔描边路径命令按钮。隐藏路径后的效果如图5.564所示。设置当前图层的混合模式为“叠加”。

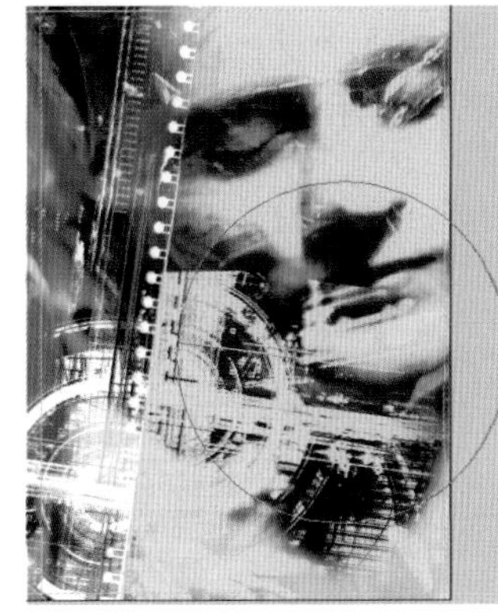

图5.563 绘制路径

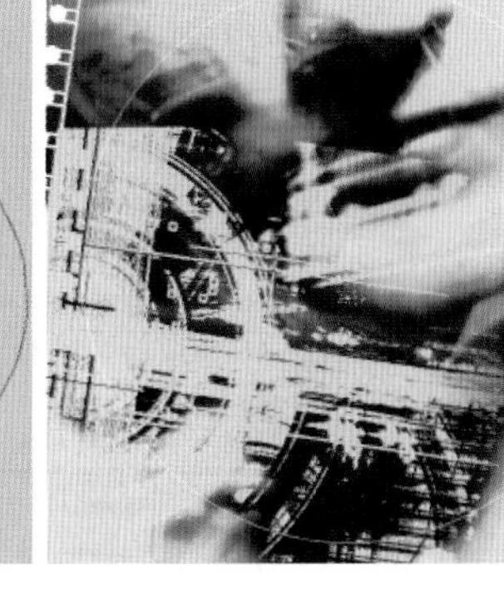

图5.564 应用画笔描边后的效果

提示

至此，装饰图像已完成。下面来制作正封上的文字效果。

⑪ 选择横排文字工具T，设置前景色的颜色值为白色，并在其工具选项条上设置适当的字体和字号，在正封上输入如图5.565所示的文字。得到文字图层“Photoshop CS”。结合自由变换控制框调整文字的角度（+98°左右）及位置（与白色装饰物平行），如图5.566所示。

图5.565 输入文字

图5.566 调整图像

⑫ 按Ctrl键单击“Photoshop CS”图层缩览图以载入其选区，选择任意选框工具，将光标置于选区内，拖向右侧如图5.567所示的位置。按Ctrl+Shift+C键执行“合并拷贝”操作，以复制选区中看到的图像，按Ctrl+V键执行“粘贴”操作，得到“图层5”，使用移动工具将其拖至白色文字的左上方位置，如图5.568所示。

提示

在本步中，选区的位置读者可自由选择。

⑬ 下面为文字制作描边效果。单击添加图层样式按钮 fx.，在弹出的菜单中选择“描边”命令，设置弹出的对话框，如图5.569所示，得到如图5.570所示的效果。

图5.567 移动选区　　图5.568 移动图像位置

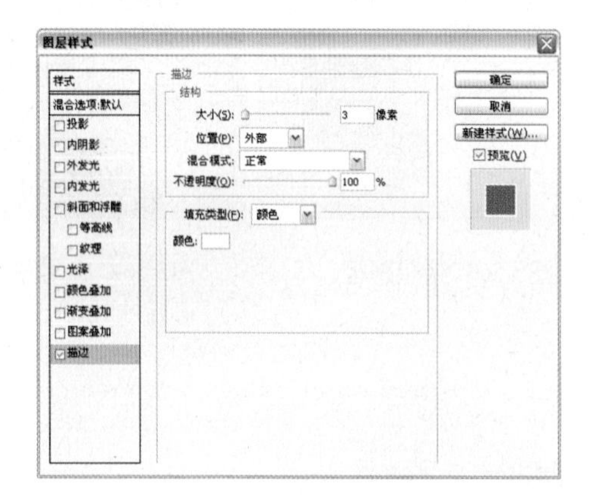

图5.569 “描边”对话框

图5.570 添加图层样式后的效果

⑭ 复制“图层5”得到“图层5副本”，删除其图层样式，并设置当前图层的混合模式为“正片叠底”，得到的效果如图5.571所示。

⑮ 下面来改变图像的色彩。按Ctrl键单击“图层5副本”图层缩览图以载入其选区，新建“图层6”，设置前景色为d8000f，按Alt+Delete键填充前景色，按Ctrl+D键取消选区，设置当前图层的混合模式为“叠加”，得到的效果如图5.572所示。

图5.571 复制图层及设置混合模式后的效果

图5.572 填充及设置混合模式后的效果

⑯ 复制“图层6”得到“图层6副本”，更改当前图层的混合模式为“正常”，不透明度为50%。得到的效果如图5.573所示。选择“Photoshop CS”同时按Shift键选择“图层6副本”以选中它们相连的图层，按Ctrl+G键执行“图层编组”操作，得到“组1”，并将其重命名为“PS”。“图层”调板如图5.574所示。

提示

为了方便图层的管理，笔者在此对制作文字的图层进行编组操作，在下面的操作中，笔者也对各部分进行了编组的操作，在步骤中不再叙述。

⑰ 按照第 11 ~ 16 步的操作方法，利用文字工具输入文字，结合设置图层属性、添加图层样式等功能完成正封上的文字效果，如图 5.575 所示。"图层"调板如图 5.576 所示。

图5.573 更改混合模式后的效果

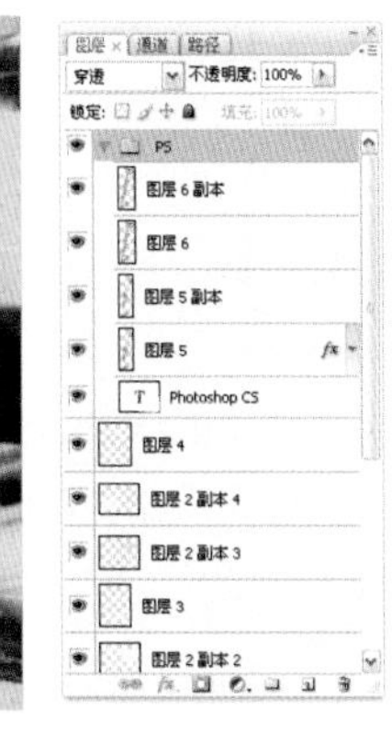

图5.574 "图层"调板1

提示

相对于制作"Photoshop CS"而言，本步在操作步骤上略简单些，但基本的操作方法都一样。具体的操作过程及参数设置请读者参考最终效果源文件。在下面对文字的操作都是类似的方法，笔者在步骤中不再做相关提示。下面来制作封底的文字效果。

⑱ 选择组"PS"，按 Ctrl+Alt+E 键执行"盖印"操作，从而将选中图层中的图像合并至一个新图层中，并将其重命名为"图层 11"。结合自由变换控制框调整图像的大小、角度及位置（封底中间位置），如图 5.577 所示。

图5.575 完成正封上的文字效果

图5.576 "图层"调板2

⑲ 按照制作封面中的"完全攻略"制作封底的文字效果"完全攻略"，如图 5.578 所示。"图层"调板如图 5.579 所示。

图5.577 盖印及调整位置

图5.578 制作封底的"完全攻略"效果

图5.579 "图层"调板

⑳ 选中文字图层“中文版”～“图层10”，按Ctrl+Alt+E键执行“盖印”操作，从而将选中图层中的图像合并至一个新图层中，并将其重命名为“图层14”。结合自由变换控制框调整图像的大小及位置(封底文字“Photoshop CS”的左上方)，如图5.580所示。

图5.580 盖印及调整位置

提示

下面来制作书脊上的文字效果。

㉑ 按Alt键将文字图层“Photoshop CS”拖至所有图层上方，得到“Photoshop CS副本”，结合自由变换控制框调整图像的大小、角度及位置（书脊上方），如图5.581所示。设置前景色为fdcf00，按Alt+Delete键填充前景色，从而改变字的颜色，如图5.582所示。

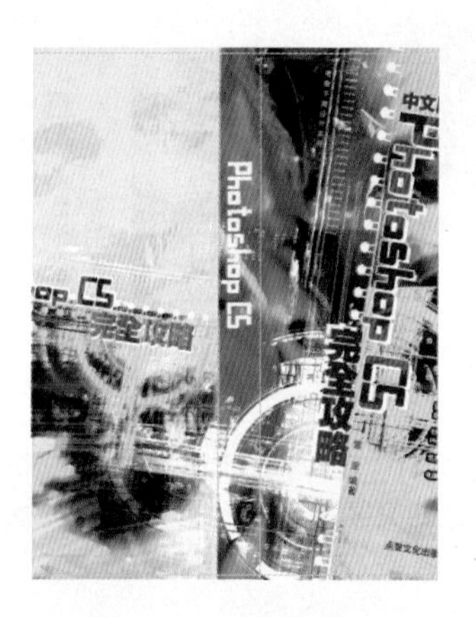

图5.581 复制及调整位置

图5.582 改变文字颜色

㉒ 下面来制作文字的投影效果。按Ctrl键单击“Photoshop CS 副本”图层缩览图以载入其选区，选择“选择”|“修改”|“边界”命令，在弹出的对话框中设置“宽度”数值为5px，单击“确定”按钮退出对话框，得到如图5.583所示的选区。

㉓ 在文字图层“Photoshop CS副本”下方新建“图层15”，设置前景色为黑色，按Alt+Delete键填充前景色，按Ctrl+D键取消选区，得到如图5.584所示的效果。

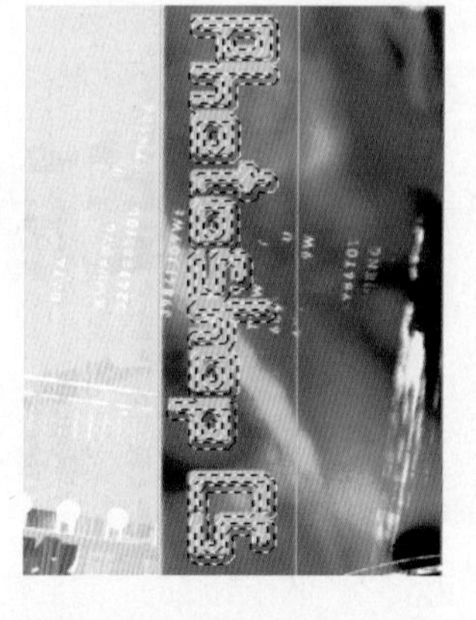

图5.583 应用“边界”命令后的选区状态

图5.584 填充效果

㉔ 结合文字工具，并按照第22和23步的操作方法，制作文字“Photoshop CS 副本”上、下方的文字效果如图5.585所示。将制作书脊的文字效果编组并重命名。“图层”调板如图5.586所示。

提示

至此，书脊上的文字效果已制作完成。下面来制作与封面相关的图片及说明文字。

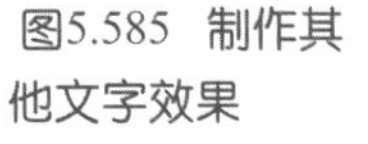

图5.585 制作其他文字效果

图5.586 “图层”调板

㉕ 按Ctrl+；键隐藏辅助线。利用素材图像、结合添加图层样式等功能完成最终效果，如图5.587所示。“图层”调板如图5.588所示。图5.589所示为净尺后的效果展示。

提示

本步所应用到的素材图像为随书所附光盘中的文件“第5章\5.16-素材4.psd”~“第5章\5.16-素材7.psd”。具体的图层样式的参数设置可参考最终效果源文件中相关图层。需说明的是，“图层23”是盖印“图层22”及其副本得到的。

图5.587 最终效果

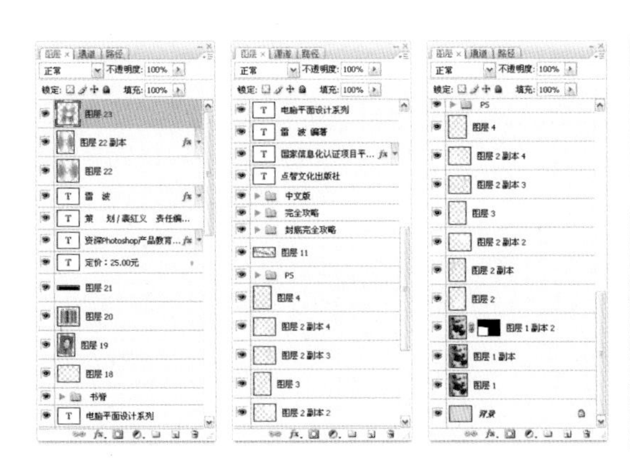

图5.588 “图层”调板

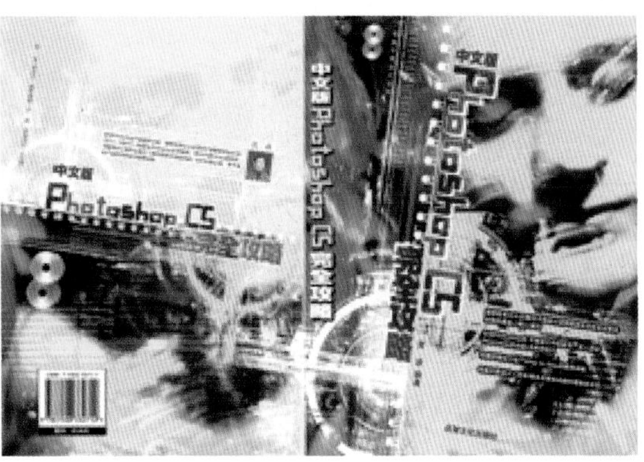

图5.589 净尺后的效果

NOTE

读书笔记

第6章

包装设计理论

6.1 包装设计概述

“包装”是指产品诞生后为保护产品的完好无损而采用的各种产品保护层，以便于在运输、装卸、库存以及销售的过程中，通过使用合理、有效、经济的保护层保护产品，从而避免产品损坏而失去它原有的价值，所以包装强调结构的科学性、实用性。通常，包装要做到防潮、防挥发、防污染变质、防腐烂，在某些场合还要防止曝光、氧化、受热或受冷及不良气体的损害。我们常见的商品，大到电视机、冰箱，小到钢笔、图钉、光盘等，都有不同的包装形式，这些都属于包装结构的范围之内。

对于一个完整的包装来说，它通常包括了包装结构设计和包装装潢设计两部分，下面来分别讲解一下二者的概念。

6.1.1 包装的结构设计

包装结构设计也被称为容器设计、造型设计，越是贵重的产品就越需要一个与众不同的包装结构设计，例如在如图6.1所示的包装作品中，从左至右依次为酒包装、月饼包装和香水包装，可以看出这几个产品的包装都采用了非常独特的造型。

图6.1 不同造型的产品包装

6.1.2 包装的装潢设计

相对于包装结构设计的具体形象性表现来说，包装装潢设计可以理解成为抽象的视觉表现，我们通常所说的包装设计也都是包装装潢设计，它是依附于包装结构上的平面设计，以文字、图像及色彩等元素构成一个具有美感的完整包装，同时，我们亦不能单纯地认为包装装潢就是画面上的装饰，就功能而言，如果说包装的造型结构主要完成一定的物质功能，那么，包装装潢着重完成商品信息与审美的视觉传达功能。通过它，消费者不仅可以获取商品的信息，而且对商品产生了最直观的第一印象。

包装的装潢画面实际上同样是对其包装对象的一种广告宣传，设计师在设计时，不仅要考虑它的结构，还必须注意简洁、明确、独特的广告效果，这也是现代包装装潢设计的一个重要特点，图 6.2 所示就是一些优秀的包装装潢作品。

图6.2 优秀包装装潢作品欣赏

6.2 常见的包装材料

随着包装技术的不断成熟，可用于包装的材料也变得越来越多，下面就来讲解一下常见的包装材料及其功能。

6.2.1 纸品包装

作为最早采用的包装材料之一，纸品包装无论在纸张类型、包装造型、应用范围以及制作成本上都有着极大的优势。

从造型上来说，纸品包装也可以分为方形、三角形、多棱形、梯形及特殊异型盒等，虽然目前国内的包装设计水平已经取得了长足的进步，但大部分设计师面对的仍然是以纸品包装中的纸盒（即方形、三角形等较简单的造型）包装设计为主，例如图 6.3 所示就是一些常见的纸品包装盒设计作品。

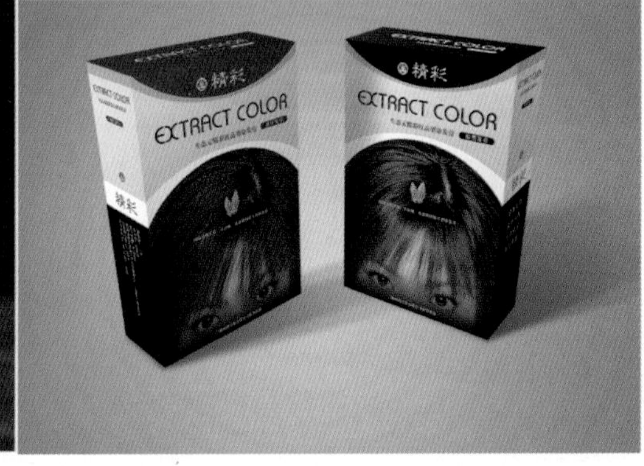

图6.3 纸品包装盒设计作品

在纸盒的6个面中，通常只需要对除底面外的其他5个面进行装潢设计。在这5个面中，同样可以因其重要性的强弱而分别进行设计，其中最重要的是正向朝向消费者的一面（称为主展面）。

如果主展面的面积相对较小，同时其本身就是商品形象，因此要求设计得简单明确，以直观的方式将信息传达给消费者。例如，醒目的品牌名和商标，新鲜可口的水果、鲜美诱人的饮料、产品的生产原料等；也可以采用开天窗的方法，直接展示产品的实质。主展面在包装装潢设计中起到了最主要的广告宣传作用。

提示

主展面并不是孤立的，它是整个包装的一个局部。另外，由于要考虑到包装作用于立体物体，消费者会从不同角度来观察此产品，因此在考虑主展面设计方案的同时，还应考虑主展面与其他面之间的相互关系。

6.2.2 塑料包装

塑料包装在近10年左右的时间里得到了极大程度的应用，原因就在于它成本低、重量轻、可着色、易生产、耐化学性、易成型等，甚至在某些领域中隐约有取代木材、玻璃、金属、陶瓷等传统包装材料的趋势。

但需要注意的是，塑料包装本身也有着非常明显的缺点，例如不耐高温、透气性差以及给人以低档次的感觉等，所以这也在一定程度上限制了塑料包装的应用领域，目前最为常见的应用在如洗衣粉、消毒液、牙膏以及各种小食品、饮料等领域中，例如图6.4所示就是一些典型的塑料包装作品。

图6.4 塑料包装作品欣赏

6.2.3 玻璃包装

玻璃容器因具有不污染食物的特点而被广泛地用于食品及饮料等包装中，其中最为常见莫过于酒类以及香水类等包装。

对于玻璃包装来说，除去对玻璃体本身的造型设计外，最常见的包装形式即标签及其外包装两大类，例如在图6.5所示的酒类包装作品中可以看到，除了瓶体上的标签外，还有一层外包装。

图6.5 带有标签及外包装的酒类包装作品

上面所说的标签 + 外包装的形式并非绝对，也有一些玻璃包装并不设有外包装，甚至连瓶签都省略，并采用直接将标志及相关内容印制在瓶体上，使包装整体看来更加美观、独特——当然，这种方法由于制作工艺比较复杂，因此在设计和制作成本上都比较高，所以仅用于少数高档产品中。

6.2.4 其他材料包装

随着人们审美情趣的提高、产品要求个性化包装的意愿越来越强烈以及包装设计水平、制作工艺的不断成熟和完善，现在已经有木材、陶瓷、纺织品、金属等越来越多的材料被用于包装中，如图 6.6 所示。

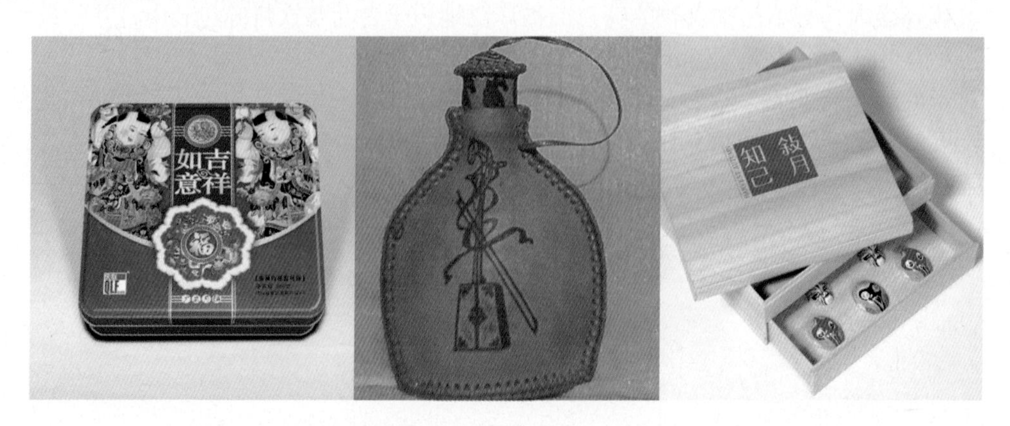

图6.6 使用其他材料的包装作品

6.2.5 复合包装

随着包装可用的材料越来越多，复合材料包装的出现也就成为了必然。而所谓的复合包装，就是指采用两种或多种不同的材料组合而成的包装。

例如"纸＋塑料"材料的组合，其中纸仍然是包装的主体，然后在其中开一个不同造型的"窗口"，再配合塑料材料进行封闭，这样除了可以完好地保护产品的同时，也可以通过这个"窗口"达到向消费者直接展示产品局部的目的，如图 6.7 所示。观察图像不难看出，除了在外包装中采用开窗式设计以展示其中的产品外，产品本身的包装上也配合开窗的区域，设计了较明显的宣传内容，从而达到内与外完美统一的效果。

图 6.8 所示则是另外一款结合使用金属与木材复合材料的包装作品。

图6.7 纸与聚酯复合材料的包装作品

图6.8 金属与木材的复合材料包装作品

6.3 包装设计的构思

与前面讲解的封面设计相似，包装设计也同样需要经历构思、构图、搜集素材、设计执行等流程，甚至可以说二者是基本相同的，故下面将从包装设计的表现重点、表现角度、表现手法、表现形式这 4 个方面入手，重点讲解一下包装设计中的构思。

6.3.1 表现重点

包装设计的目的是要将产品最重要的特性或特点展现出来，因此绝不能盲目求全、面面俱到，表现重点多了反而无法突出重点。下面是一些应该重点考虑的项目：

- 该商品的商标形象、品牌含义。
- 该商品的功能效用、质地、属性。
- 该商品的产地背景、地方因素。
- 该商品的消费对象。
- 该商品与现类产品的区别。
- 该商品同类包装设计的状况。
- 该商品的其他突出特征等。

上述信息均能够在有关产品的资料中找到，因此构思时应尽可能多地了解有关信息，并对这些信息进行筛选，以确定表现重点。

6.3.2 表现角度

这是确定表现重点后的深化，即找到主攻目标后还要有具体确定的突破口。假设以商标、品牌为表现重点，可以选择表现产品的形象，或者表现品牌所具有的某种含义。如果以商品本身为表现重点，则可以选择表现商品外在形象，或者表现商品的某种内在属性，还可以表现其组成成分或者其功能效用等。以洗发水为例，设计师们以海飞丝去屑、霸王防脱发、飘柔顺滑等表现重点入手，从而使这些产品深入人心，并得到了固定的消费群体。

由于每一种事物都有不同的认识角度，因此找到异于他人的表现角度，有益于更鲜明地表现产品。

6.3.3 表现手法

简单来说，我们可以将包装的表现手法分为直接表现与间接表现两种手法。前者是在包装中直接体现要表现的重点，而后者则是采用一定的形式，如衬托、对比等来表现产品的特性。下面来分别介绍一下这两种手法的特点及相关作品。

- **直接表现**：指表现重点是产品本身，包括表现其外观形态或用途、用法等。最常用的方法是运用摄影图片表现，如图 6.9 所示。另外还可以使用直接在包装上开窗的方式，增加消费者对产品本身的认识，如图 6.10 所示。
- **间接表现**：是一种比较含蓄的表现手法，即画面上不出现所表现的对象本身，而借助于其他有关事物来表现该对象。如图 6.11 所示，香水、酒、软件等产品无法进行直接表现，就常常使用间接表现法来处理。

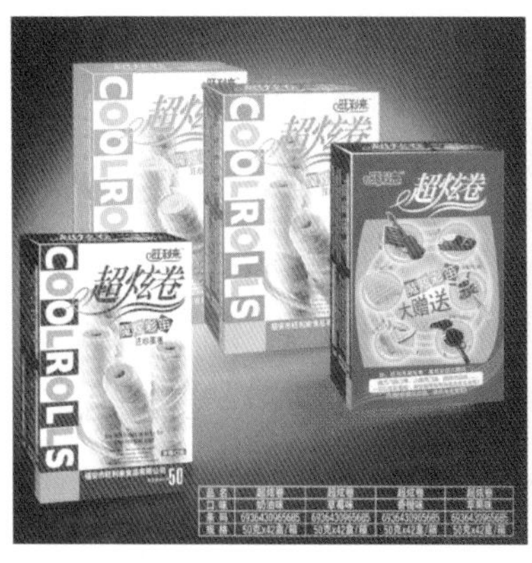

图6.9 直接表现的包装效果

图6.10 开窗式表现商品本身

图6.11 间接表现的包装效果

6.3.4 表现形式

表现的形式与手法都是解决如何表现的问题，对于消费者而言所能够看到的仅仅是表现形式，而表现重点、角度及手法都是隐藏于形式后面的，因此创作出好的表现形式对于一个包装作品而言非常重要。

在考虑表现形式时，常常需要考虑以下问题：

● 主体图像与非主体图像如何设计，用照片还是绘画、具象还是抽象、写实还是写意、归纳还是夸张等。

- 色彩的基调如何，各部分色块的色相、明度、纯度如何把握，不同色块之间的相互关系如何，不同色彩的面积如何变化等。
- 品牌与商品名所使用的文字的字体、字号如何设计。
- 商标、主体文字与主体图像的位置编排如何处理。
- 是否要加以辅助性的装饰处理，如使用金、银等特殊颜色。

是否能够设计出好的表现形式，在很大程度上与设计者自身的设计功底有关。

6.4 把握包装中的3大设计元素

6.4.1 图像元素设计

包装装潢设计所使用的图像大体可以分为具象、抽象和装饰图像三类，下面分别介绍不同图像在包装设计中的作用。

1. 具象图像

最为常用的具象图像自然是非照片图像莫属，除此以外，写实、矢量、卡通、绘画等不同风格的图像也各都有自身的特点和优势，可以根据产品及其要表现的重点来决定使用哪种图像，例如图 6.12 所示就是采用不同风格图像时的包装作品。

图6.12 采用不同风格图像的包装作品

2. 抽象图像

抽象图像指没有直接含义的、由点、线、面的变化构成的、具有间接联系的、可以激发人产生联想的图像。它所注重的是一种"意象"。

在包装装潢设计中，利用抽象图像带给人的这种感觉来表现商品的内涵，也是十分常用的办法，如图 6.13 所示。

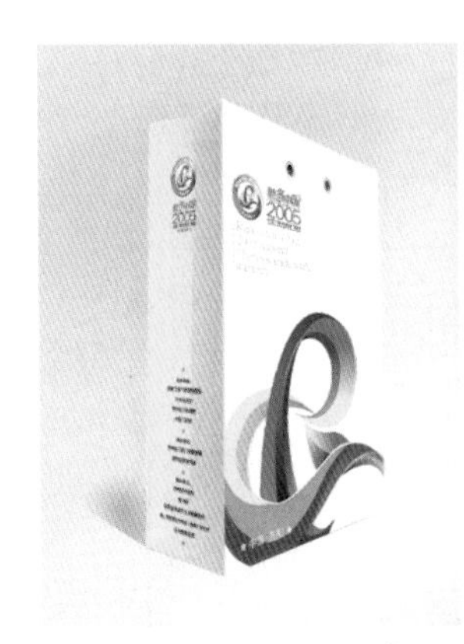
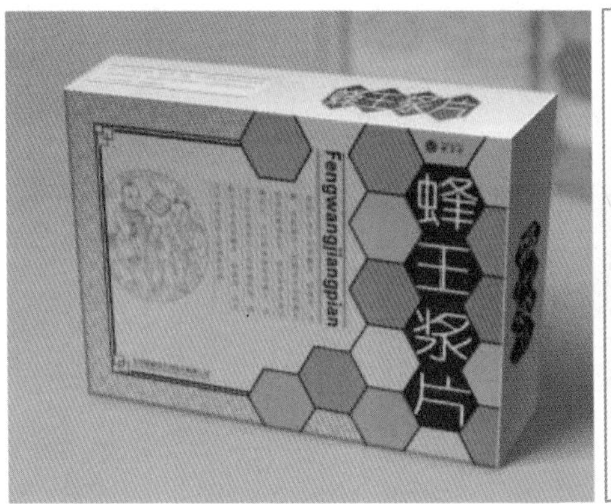

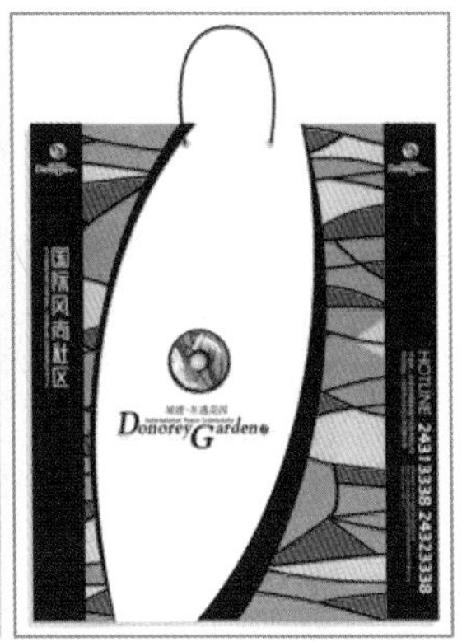

图6.13 采用抽象图像的包装作品

3. 装饰图像

所谓红花当有绿叶配，而装饰图像就如同一个包装作品中的绿叶，它虽然不能像主体图像那样起到吸引消费者的作用，但结合商品的属性、特色、档次，恰当的运用合适的装饰图像，却可以很大程度上提高包装的美观程度和自身特色。

装饰图像所包含的范围非常广，从东方的云纹、龙纹、边框，到西方的欧式花纹，再从细节丰富、质感逼真的位图图像，到时下盛行的韩国矢量花纹，甚至某些包装中的主体图像，被合理运用后也可能成为精美的装饰图像。

例如在图 6.14 所示的作品中，就采用了大量的中国古典装饰花纹，再配合其他的主体图像及文字设计，渲染出包装古典、尊贵、富丽堂皇的视觉效果；再比如图 6.15 所示的包装中，就采用了大量的欧式花纹作为装饰，从而突出酒产品的典雅与尊贵的气质。

图6.14 用中国古典花纹进行装饰的包装　　图6.15 用欧式花纹进行修饰的包装

图 6.16 所示是其他一些采用不同花纹进行装饰的包装作品。

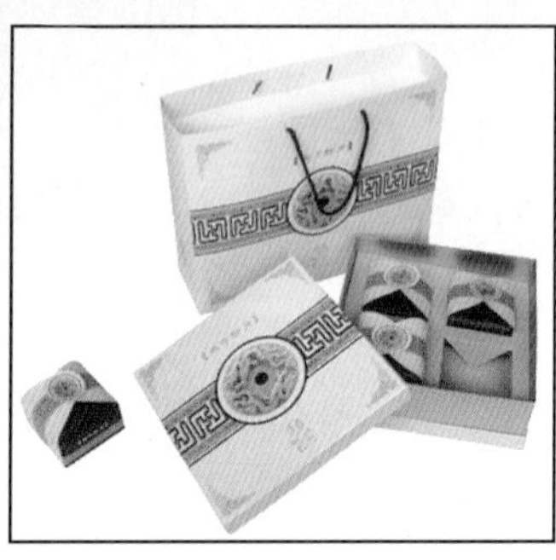

图6.16 具有底纹装饰图像的包装示例

需要注意的是，装饰图像固然可以增加作品美观程度和档次，但并非完全必要的元素，在适当的编排及设计的情况下，即使在运用少量装饰图像甚至没有装饰图像的条件下，仍然可以设计出大气、有档次的包装作品，如图 6.17 所示。

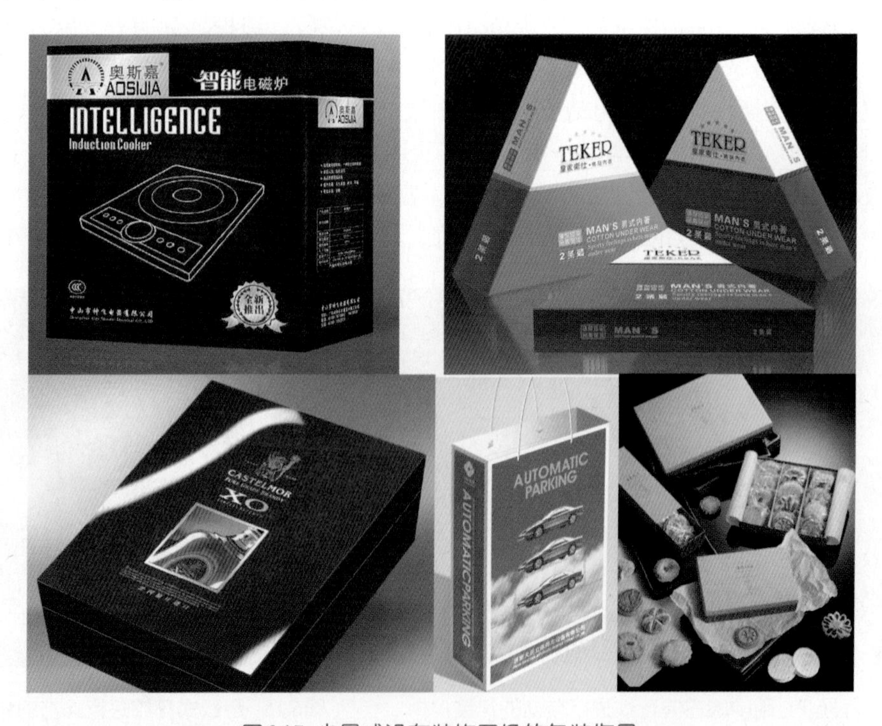

图6.17 少量或没有装饰图像的包装作品

6.4.2 色彩元素设计

与封面设计中的色彩元素相似，在包装设计中，色彩对于包装整体表现的重要性甚至更高于封面设计，因为毕竟绝大多数图书还可以翻开查看书中的内容，而对于产品包装来说，更多的是在无法体验产品内容的情况下，通过一系列的设计表现和文字说明，达到说服消费者产生购买欲望的目的。

由于颜色具有情感作用，因此优秀的包装设计师应该能够通过在包装中运用合适的颜色以体现产品的档次、质量。研究表明，颜色对于人的情感作用是依靠人的联想产生的，因此在选择设计包装颜色时，应该根据消费者对于颜色所存在的固定的联想来决定。

下面是一些从行业角度来区分的产品的常规用色：

- **食品类**：糕点类食品包装色彩多选用黄色，因为黄色促进食欲；而对于一些体现辣味的小食品来说，最常用的颜色自然是红色，体现酸味的则可以考虑青绿色等。

- **饮料类**：矿泉水或其他用水冲调的饮品均可称为水饮品，其中矿泉水、纯净水等饮料的包装常使用青蓝色，因为它可以令人感到凉爽；再比如茶、咖啡类饮品，则可以考虑其本身的固有色，例如绿茶的绿色、咖啡的咖啡色等。
- **酒类**：此类产品的用色比较丰富，但整体来看，仍然是依据酒的自身特性确定其主色，在色彩搭配上，也多采用深色配合醒目的浅色；当然，在一些果酒的包装中也会采用一些较为鲜艳的色彩，以突出果酒本身的特点。

- **日用化妆品类**：常用玫瑰色、粉色、淡绿色、浅蓝色、深咖啡色为多，以突出温馨典雅的感觉。
- **服装鞋帽类**：以深绿色、深蓝色、咖啡色或灰色为主，配合醒目的色彩及曲线图形，以突出运动的跳跃感。

需要注意的是，在此所提到的多属于通常用色，在设计实际项目时还需要实际考虑，在设计考虑包装所使用的颜色时，可以从以下几个方面考虑：

- 哪种颜色作为包装色彩能在竞争商品中有明显的可识别性。
- 哪种颜色作为包装色彩能很好地象征着商品特性。
- 哪种颜色色彩与其他设计因素和谐统一，能够有效地表示商品的品质与分量。

- 哪种颜色为商品购买阶层所接受。
- 哪种颜色有较高的明视度，并能对文字有很好的衬托作用。
- 要使用的色彩在不同市场、不同陈列环境是否都充满活力。

6.4.3 文字元素设计

与封面设计基本相同，在包装设计中同样可以没有图像，但是不可以没有文字，文字是传达产品信息必不可少的要素，例如，在图 6.18 所示的包装作品中均采用了不同的文字编排方式及表现手法。

图6.18 包装中的文字设计

包装设计中的文字通常包括以下几个方面的内容：

- **品牌形象文字**：包装品牌和产品名一般安排在包装的主展面上，而生产企业名称可以编排在侧面或背面。此类文字要求精心设计，以突出个性，树立产品形象。例如，图 6.19 所示的酒包装的设计中，产品名的文字被设计成毛笔书法文字，突出了酒的文化品位；而图 6.20 所示的糖果包装中使用了带有冰质感的特效文字，以突出该食品的“冰爽”特性。

图6.19 酒包装中的文字

图6.20 雪糕包装中的文字

- **资料文字**：资料文字包括产品成分、容量、型号、规格等，编排部位多在包装的侧面、背面，也可以安排在正面，设计时通常多采用印刷字体。

● **说明文字**：说明产品用途、用法、保养、注意事项等，字体通常采用印刷体，图 6.21 所示的光驱的包装，即为将资料文字及说明文字放在包装盒侧面的示例。

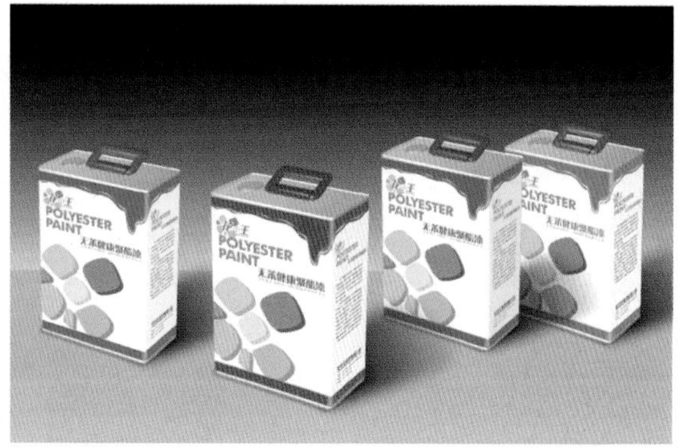

图6.21 资料文字及说明文字在包装盒侧面的示例

● **广告文字**：这是宣传产品的推销性文字，应该以诚实、简洁、生动为原则，其编排部位是不固定的。广告文字并非包装上的必备文字。

6.5 包装装潢设计的制作流程

包装设计与封面设计的流程有很大的相似之处，例如构思、构图、搜索素材等，所以在此将不再详细讲解这些重复的内容，而是将其简成为处理平面图像、包装盒体的平面设计和包装盒的三维可视化，下面分别针对每一个阶段进行讲解。

6.5.1 处理平面图像

此阶段进行的工作是根据构思的需要，对素材进行处理及加工，例如制作所需要的肌理，或者通过扫描获得包装所需要的图像。由于许多素材来自于数码相机，因此对通过数码相机拍摄的照片进行加工，也是此阶段需要进行处理的工作。另外，如果在包装中需要使用具有特效效果的文字，则该文字也应该在此阶段制作完成。

在绝大多数情况下，此阶段使用的软件是 Photoshop，因为使用此软件不仅能够配合扫描仪完成扫描、修饰照片的工作，而且也可以配合数码相机完成修饰、艺术化处理的工作。

6.5.2 包装盒体的平面设计

整体平面设计是指将包装装潢设计中所涉及的对象在平面设计软件中进行整体编排设计的过程，此过程所涉及的工作包括文字设计、图像设计、色彩设计、图文编排等。

目前，在平面设计中最常用的软件是 Illustrator、CorelDRAW、PageMaker、InDesign 等软件。这类软件的共同特点是操作方便、功能强大，具有较强的文字设计和图文编排能力，而且能够直接分色制版。

由于这些软件的操作方法都比较简单，而且在制作包装平面图时涉及到的技术无非就是输入一些文字、加入标识等内容，故本书将不再予以讲解。

6.5.3 三维可视化

与封面设计相比，包装设计更注重于对立体效果的展示，这一阶段的工作任务就是利用上阶段所得到的平面作品，制作具有三维立体效果的盒体。

在此，我们可以通过以下3种方法来得到具有三维立体效果的盒体。

- **第一种方法：** 利用Photoshop这个具有强大图像处理功能的软件制作具有三维效果的盒体，如图6.22所示。这种方法的优点是简单、方便、技术成本较低，而且在制作的同时能够修改设计中所存在的缺陷，但其不足之处在于逼真程度不够，而且一次仅能够制作一个角度上的立体效果。

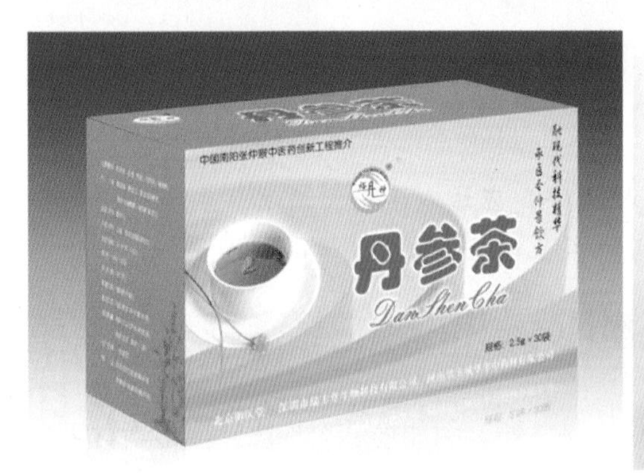

图6.22 使用Photoshop模拟三维包装

- **第二种方法：** 利用3ds max等三维软件制作具有三维效果的盒体，如图6.23所示。这种方法的优点在于能够获得极为逼真的三维效果，而且能够通过改变摄像机角度等简单操作，获得其他角度的三维效果，在需要的情况下，还能够制作三维浏览动画，以更好地体现包装的效果。不足之处在于操作相对复杂、技术成本相对较高。

图6.23 使用3ds max模拟三维包装

- **第三种方法：** 在Photoshop CS3中，新增了对于3DS文件的处理，所以我们可以通过在三维软件中建模并导出为3DS格式的文件，再置入到Photoshop中进行贴图、光照、角度及阴影等方面的处理即可；这种方法相当于前面两种方法的折中，而且对于有经验的用户来说，甚至可以模拟出完全不逊色于真正的3D效果，例如图6.24所示为原3D模型及平面贴图文件，图6.25所示是结合Photoshop技术处理后得到的立体效果。

图6.24 三维模型及贴图文件　　图6.25 在Photoshop中制作得到的立体效果

6.5.4 认识包装结构图及常见标示线型

对于大部分包装来说，首先应该确立其包装结构图，这样在后面对其进行装潢设计时才能够有的放矢。例如图6.26所示就是一个纸盒包装的平面结构图，图6.27、图6.28所示是在此基础上完成的平面效果图及立体效果图。

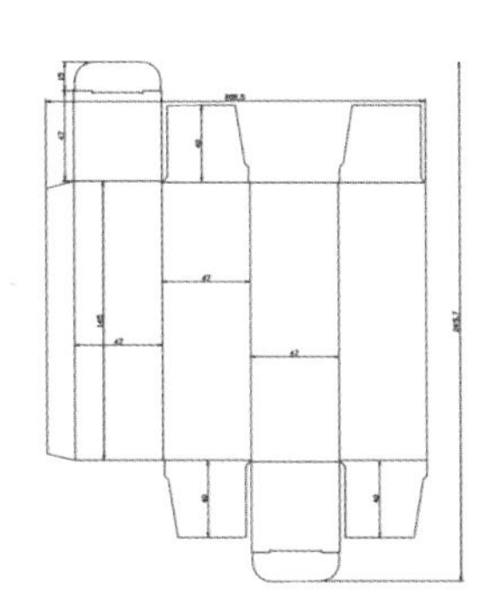

图6.26 平面结构图

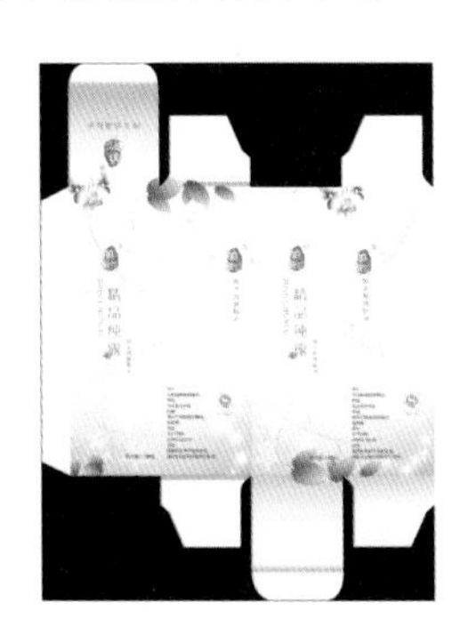

图6.27 平面效果图

图6.28 立体效果图

在一个平面结构图中：

- **粗实线**：用来画造型的可见轮廓线，包括剖面的轮廓线。宽度：0.4～1.4mm。
- **细实线**：用来画造型明确的转折线，尺寸线，尺寸界线，引出线和剖面线。宽度：粗实线的1／4或更细。
- **虚线**：用来画造型看不见的轮廓线，属于被遮挡但需要表现部分的轮廓线。宽度：粗实线的1／2或更细。
- **点划线**：用来画造型的中心线或轴线。宽度：粗实线的1／4或更细。
- **波浪线**：用来画造型的局部剖视部分的分界线。宽度：粗实线的1／2或更细。

例如图6.29所示为一些常见的纸盒包装平面结构图，在本书所附的光盘中，还包括了大量的结构图供读者参考。

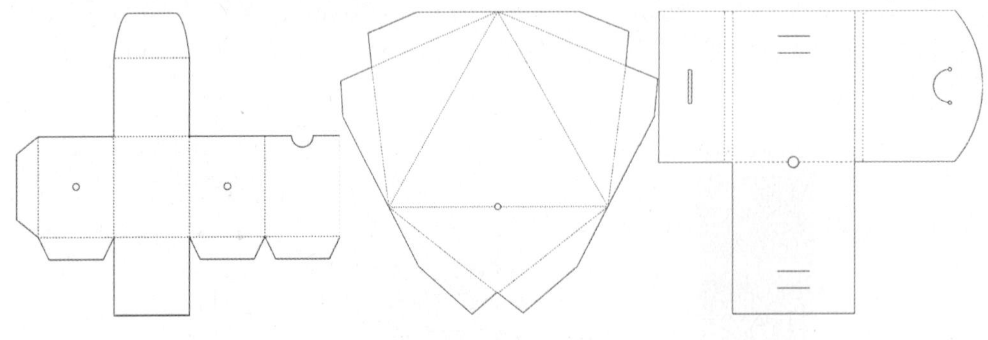

图6.29 包装结构图

6.6 包装用纸及工艺常识

由于包装的设计与印刷具有很大的关联性，而印刷又与成本息息相关，因此在包装设计阶段对印刷常识具有一定的了解与把握，能够使包装的总体质量在实用、美观、经济这三个因素之间相互平衡，进一步提高产品的市场竞争力。

6.6.1 包装印刷常用纸张

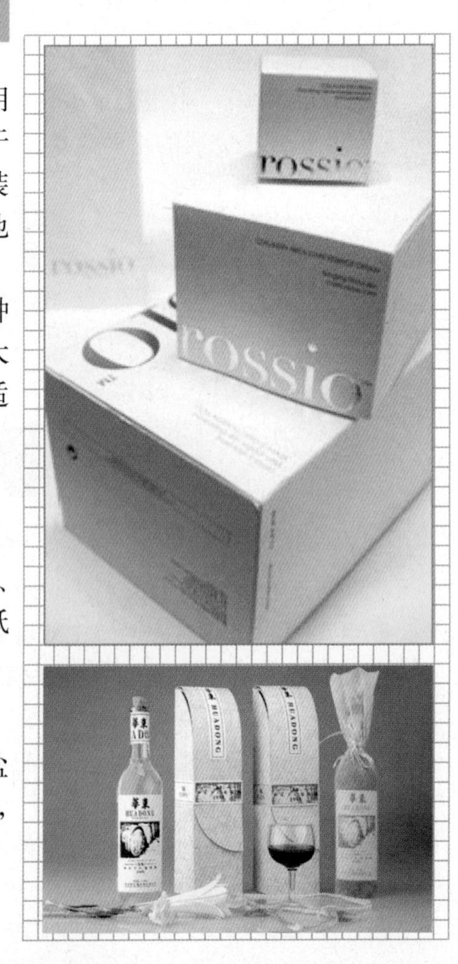

包装所使用的材料类型十分广泛，目前最常用的材料有四大类，纸张、塑料、金属及玻璃。由于本书注重纸质包装产品的讲解，因此着重介绍包装用纸的类型；对于其他材料，可在工作实践或其他书籍、资料中了解。

纸包装材料是包装行业中应用最为广泛的一种材料，这是因为其加工方便、成本经济，适合于大批量生产，而且成型性和折叠性好，材料本身也适于进行精美印刷。

下面简要介绍各种包装用纸的名称及特点：

1．牛皮纸

主要用硫酸盐纸浆制成，具有成本低、强度高、纤维粗、透气性好等特点，多用于制作购物袋、纸包装袋、食品袋及公文袋等。

2．漂白纸

采用软、硬木混合纸浆，用硫酸盐或亚硫酸盐工艺生产，具有较高强度，纸质白而精细，光滑度好，适于现代印刷工艺，常用作包装纸、标签、瓶贴等。

3．凸版纸

凸版纸是采用凸版印刷书籍、杂志时的主要用纸，适用于重要著作、科技图书、学术刊物、大中专教材等正文用纸。

凸版纸按纸张用料成分配比的不同，可分为1号、2号、3号和4号四个级别，纸张的号数代表纸质的好坏程度，号数越大，纸质越差。凸版纸具有质地均匀、不起毛、略有弹性、不透明，稍有抗水性能，有一定的机械强度等特性。

4．胶版纸

胶版纸主要供平版（胶印）印刷机或其他印刷机印制较高级彩包印刷品时使用，如彩色画报、画册、宣传画、彩印商标及一些高级书籍以及书籍封面、插图等。

胶版纸按纸浆料的配比分为特号、1号和2号三种，有单面和双面之分，还有超级压光与普通压光两个等级。胶版纸伸缩性小，对油墨的吸收性均匀、平滑度好，质地紧密不透明、白度好、抗水性能强。

5．铜版纸

铜版纸又称涂料纸，这种纸是在原纸上涂布一层白色浆料，经过压光而制成的。纸张表面光滑、白度较高、纸质纤维分布均匀、厚薄一致，伸缩性小，有较好的弹性和较强的抗水性能和抗张性能，对油墨的吸收性与接收状态十分良好。

铜版纸主要用于印刷画册、封面、明信片、精美的产品样本以及彩色商标等。铜版纸印刷时压力不宜过大，要选用胶印树脂型油墨以及亮光油墨。铜版纸有单、双面两类。

6．白版纸

白版纸伸缩性小，有韧性，折叠时不易断裂，主要用于印刷包装盒和商品装潢衬纸。

7．艺术纸

艺术纸也称花式纸、特种纸，如铜版纸、胶版纸、新闻纸、包装用纸。这类纸张通常需要特殊的纸张加工设备和工艺，成品纸张具有丰富的色彩和独特的纹路，如水纹、云彩纹、仿皮纹等。

艺术纸可应用于商品包装、精美的书籍封面、

画册、宣传册、请柬、贺卡、高档办公用纸、名片、高档包装用纸等方面。

由于艺术纸的每一种都有其独特的色彩、光泽、质感及表面的肌理和纹路，这些特性赋予了各种纸张各自不同的个性。当这些不同的个性在与设计结合时，就需要设计师匠心独运，使纸张的个性成为设计的一部分，利用纸张传达设计，使纸张的风格与设计的风格完美统一，从而展现独特的艺术氛围。

6.6.2 包装的特殊工艺

常见的包装的特殊工艺，与封面工艺在类型、工艺版名称及工艺版的制作方法上都基本相同，例如特殊工艺都包括了如专色、UV（上光）、烫金、烫银、磨砂、起鼓、模切、镭射等。

在制作工艺版时也是要将制作工艺的区域制作成为黑色，而其他区域则制作成为白色，例如图 6.30 所示为完成后的包装（正面）平面图，如果要为其中的主体文字“花语秋实”增加起鼓工艺，可以将工艺版制作成为如图 6.31 所示的状态，如果要为该文字的描边增加镭射工艺，则可以将其工艺版制作成为如图 6.32 所示的状态。

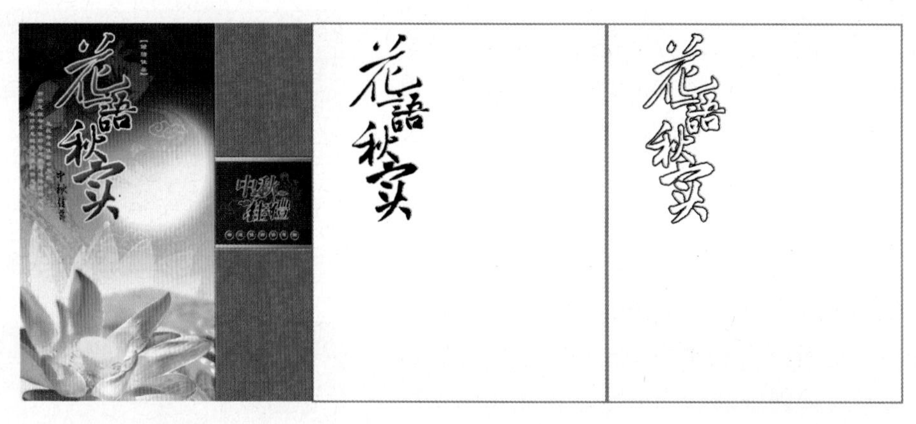

图6.30 平面效果图　　图6.31 起鼓工艺版状态　　图6.32 镭射工艺版状态

图 6.33 ~图 6.36 所示就是一些使用了不同工艺的包装作品。

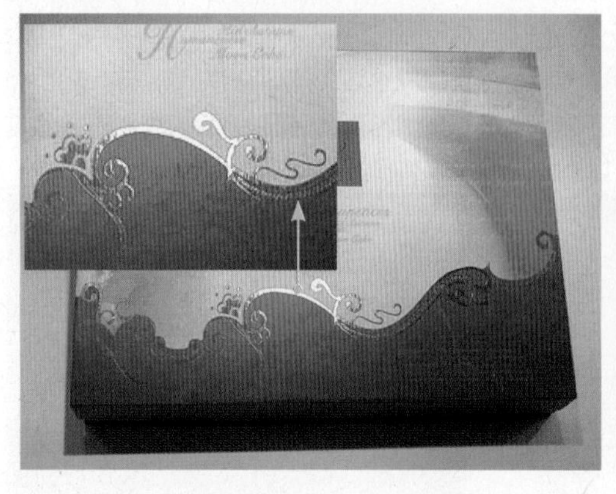

图6.33 UV工艺

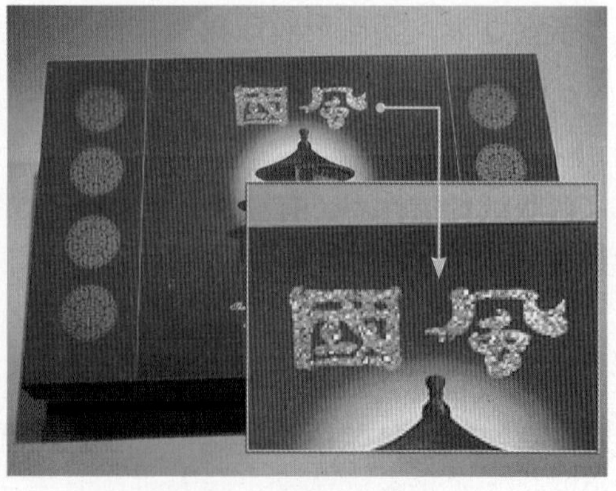

图6.34 镭射工艺

图6.35 烫银工艺

图6.36 烫金与起鼓工艺

6.6.3 常见包装品印刷用纸及工艺

1．烟酒类包装

● **纸张**：多采用 300 ～ 350g 白底白卡纸（单粉卡纸）或灰底白卡纸，如果盒的尺寸较大，可用 250 ～ 350g 对裱，也可用金卡纸和银卡纸。

● **后道工艺**：有过光胶、哑胶、局部 UV、磨砂、烫铂（有金色、银色、宝石蓝色等多种色彩的金属质感膜供选择）、凹凸等工艺。

2．礼品盒

● **纸张**：多采用 157 ～ 210g 铜版纸或哑粉纸，裱 800 ～ 1200g 双灰板纸。

● **内盒（内卡）**：常用发泡胶内衬丝绸绒布、海绵等材料。

● **后道工艺**：有过光胶、哑胶、局部 UV、压纹、烫铂。

3．IT 类电子产品

● **纸张**：多采用 250 ～ 300g 白卡或灰卡纸，裱 W9(白色) 或 B9（黄色）坑纸。

● **内盒 [内卡]**：常用坑纸或卡纸，也可用发泡胶、纸托、海绵或植绒吸塑等材料。

● **后道工艺**：有过光胶、哑胶、局部 UV、烫铂等工艺。

4．月饼类高档礼品盒

● **纸张**：多采用 157g 铜版纸裱双灰板或白板，也可用布纹纸或其他特种工艺纸。

●**内盒［内卡］**：常用发泡胶裱丝绸绒布、海绵或植绒吸塑等材料。

●**后道工艺**：有过光胶、哑胶、局部UV、磨砂、压纹、烫铂等工艺。

5．药品包装

●**纸张**：多采用250～350g白底白卡纸（单粉卡纸）或灰底白卡纸，也可用金卡纸和银卡纸。

●**后道工艺**：有过光胶、哑胶、局部UV、磨砂、烫铂等工艺。

6．保健类礼品盒

●**纸张**：多采用157g铜版纸裱双灰板或白板，也可用布纹纸或其他特种工艺纸。

●**后道工艺**：有过光胶、哑胶、局部UV、磨砂、压纹、烫铂等工艺。

●**内盒［内卡］**：常用发泡胶裱丝绸绒布、海绵或植绒吸塑等材料。

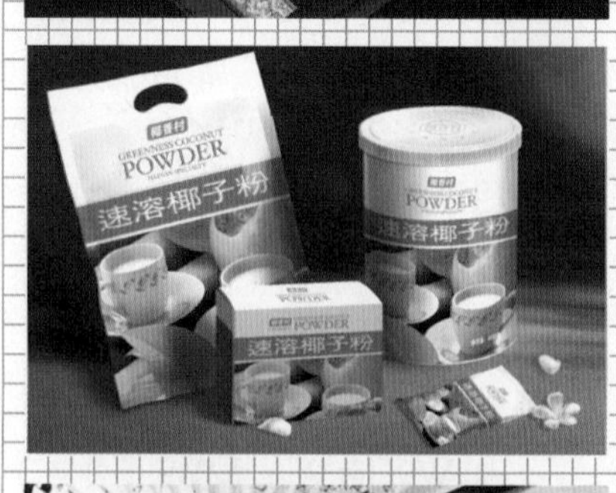

第7章

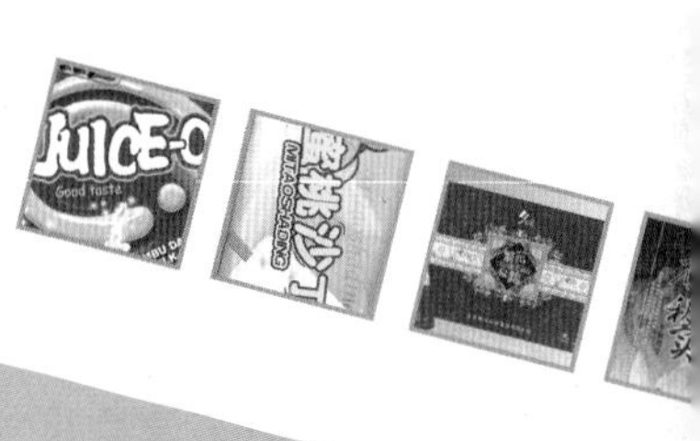

包装设计实战

7.1 “丽影花”包装设计

7.1.1 项目背景

北京丽影花化妆品有限公司是一家集生产、销售、研发、设计为一体的专业精油及香薰配套产品的公司。公司为客户提供专业的OEM配套服务，开发客户自己专属的香薰SPA产品。公司倡导：回归自然、拥有健康，以科学的技术传承芳香美容。

公司主要产品包括：天然植物单方精油、复方精油、各种基础油、纯露、香花水、玻璃熏香不夜灯以及各种芳疗器材等。

1. 包装设计风格要求简述

（1）突出产品的专业健康特点。

（2）包装给人以高贵、上档次的感觉。

（3）突出纯天然的特点。

（4）目标客户为25到45岁的中高层消费水平的女性，在设计时要考虑选用合适的色彩。

2. 包装设计尺寸要求

（1）外包装设计规格，长宽高为47mm、47mm、145mm。

（2）瓶身贴所用纸为牛皮纸（其本色为土黄色），规格为长、宽：83mm、30mm。

（3）图案要求简洁明快。文字内容包括：Essential Oil（大字，正面），Essential oil From natural area 100% Pure essential oil。

7.1.2 案例概况

例前导读：

本案例制作的是丽影花天然植物油展开图作品。“丽影花”精品纯露的市场定位为中等偏上价位，主要卖场为超市、商场或日用品店，针对的消费对象为追求品质生活和对生活有一定要求的人群。从包装设计到主题内容的设计，都始终追求清新、简洁的风格。

核心技能：

- 利用辅助线以划分包装盒中的各个区域。
- 结合变换功能调整图像的大小、角度及位置。
- 利用形状工具及其运算功能绘制各种形状。
- 结合图层样式制作图像的发光效果。
- 结合路径并进行渐变填充制作图像的渐变效果。
- 结合多种调整图层调整图像的亮度、对比度等效果。
- 利用文字工具及复制功能制作主题文字及相关说明文字。
- 结合路径并进行画笔描边操作制作复杂规则的图像效果。
- 利用画笔素材结合画笔工具制作特殊的图像效果。

- 结合“盖印”操作将选中图层中的图像合并至一个新图层中。
- 利用图层属性融合各部分图像内容。
- 结合图层蒙版隐藏不需要的图像内容。

效果文件：光盘\第7章\7.1.psd。

7.1.3 实现步骤

① 按Ctrl+N键新建一个文件，设置弹出的对话框，如图7.1所示，单击“确定”按钮退出对话框，以创建一个新的空白文件，按Ctrl+I键应用“反相”命令，将白色背景变为黑色背景。

> **提示**
>
> 在“新建”对话框中，其宽度数值＝包装盒的正面宽度（47mm）＋包装盒的背面宽度（47mm）＋包装盒的左侧面（47mm）＋包装盒的右侧面（47mm）＋粘合口（14mm）＝202mm，高度数值＝包装盒高度（145mm）＋包装盒的顶盖面（47mm）＋包装盒的底盖面（47mm）＋顶折口（15mm）＋底折口（15mm）＝269mm。

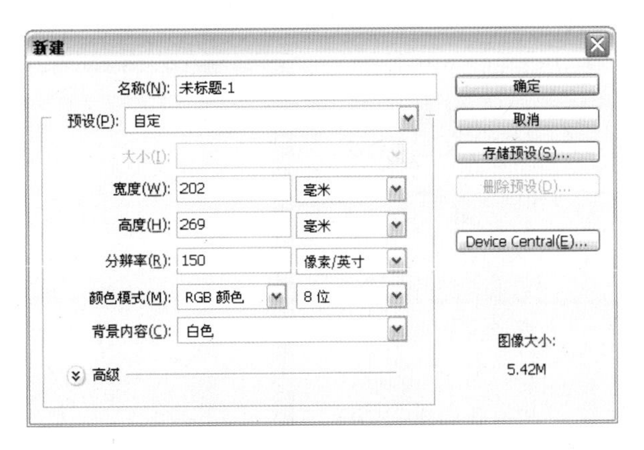

图7.1 “新建”对话框

② 按Ctrl+R键显示标尺，按照上面的提示内容在画布中添加辅助线以划分封面中的各个区域，如图7.2所示。再次按Ctrl+R键以隐藏标尺。在制作的过程中如有需要，可以随时调出标尺。

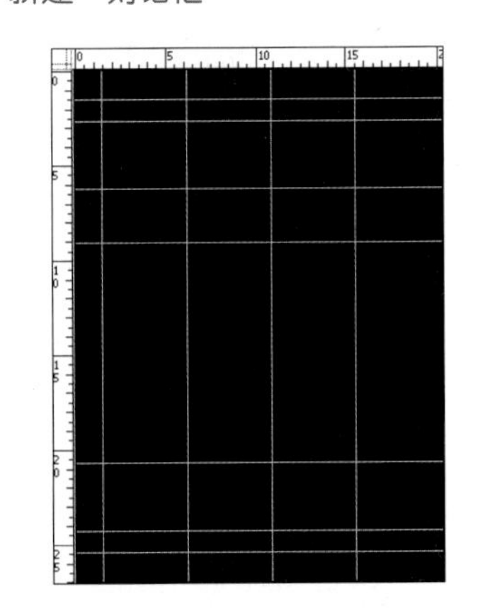

图7.2 添加辅助线

> **提示**
>
> 下面开始制作包装盒的盒身图像，首先制作背面渐变图像。

③ 选择矩形工具，在工具选项条上选择路径按钮，在当前画布中沿着辅助线位置绘制包装盒背面路径，如图7.3所示，单击创建新的填充或调整图层按钮，在弹出的菜单中选择“渐变”命令，设置弹出的对话框，如图7.4所示，得到如图7.5所示的效果，同时得到图层“渐变填充1”。

> **提示**
>
> 在“渐变填充”对话框中，渐变类型的各色标颜色值从左至右分别为fcf7db、fcf7db、f4b23e和f4913e。

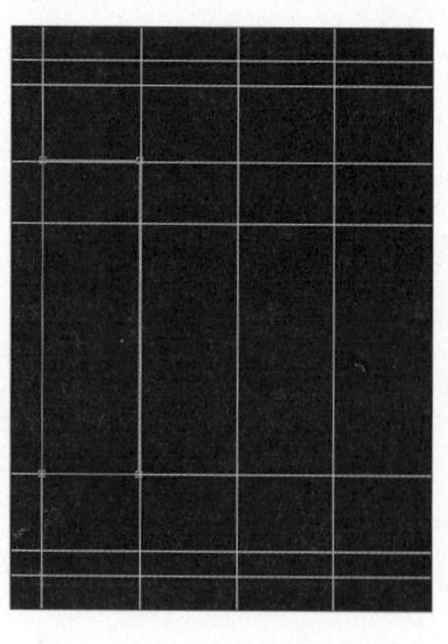

图7.3 绘制包装盒背面路径

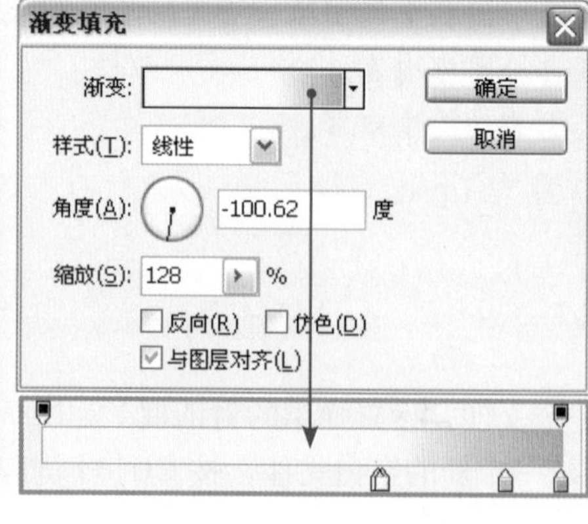

图7.4 "渐变填充"参数设置

图7.5 应用"渐变"命令后的效果

④ 下面通过复制图层的方法更改渐变角度数值，同时制作正面及两个侧面的渐变图像，直至得到如图7.6所示的效果，此时的"图层"调板状态如图7.7所示。

图7.6 制作正面及两个侧面的渐变图像

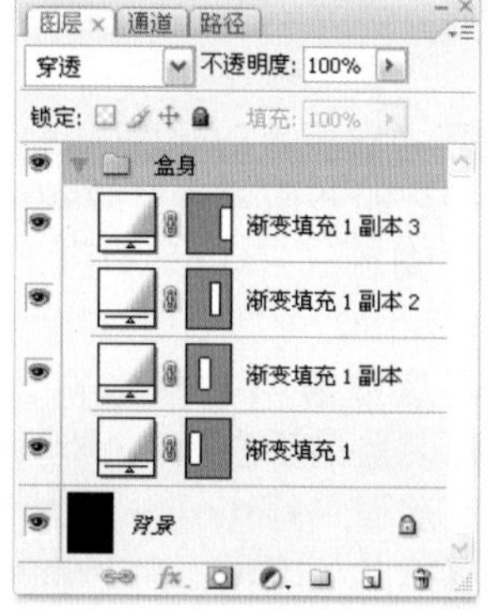

图7.7 "图层"调板

提示

为了方便读者管理图层，故将制作盒身的图层编组，选中要进行编组的图层，按Ctrl+G键执行"图层编组"操作，得到"组 1"，并将其重命名为"盒身"。下面在制作其他部分图像时，也进行编组操作，笔者不再重复讲解操作过程。更改渐变角度数值时，可以双击图层缩览图，在弹出的"渐变填充"对话框中即可设置各个选项，从而得到需要的渐变效果。

⑤ 下面按照前面的讲解方法，通过绘制路径进行渐变填充及结合形状工具，沿辅助线制作包装盒的顶盖面、底盖面及粘合口等图像，直至得到如图7.8所示的效果，此时的"图层"调板状态如图7.9所示。

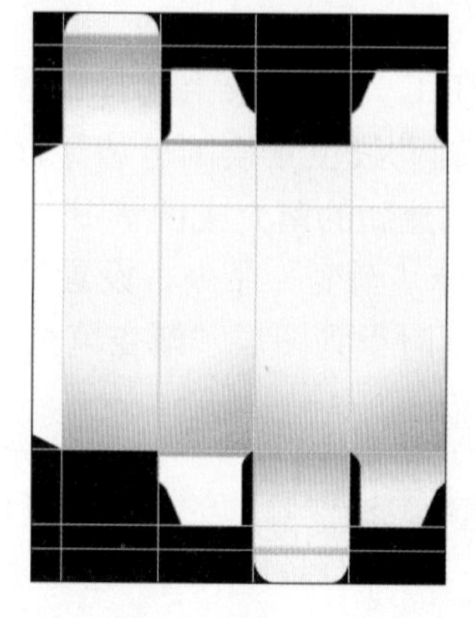

图7.8 制作包装盒的其他图像

图7.9 "图层"调板

提示

操作中用到参数、颜色值及路径等。具体的设置读者可以查看本例源文件相关图层及“路径”调板，由于制作方法比较简单，前面有过讲解，因此不再一一赘述，下面有类似的操作时，不再加以提示。

⑥ 结合调整图层将包装盒所有面的亮度及对比度提高，选择组“盒侧”，单击创建新的填充或调整图层按钮，在弹出的菜单中选择“亮度／对比度”命令，设置弹出的对话框，如图 7.10 所示。单击“确定”按钮退出对话框，得到如图 7.11 所示的效果，同时得到图层“亮度／对比度 1”，此时的“图层”调板状态如图 7.12 所示。

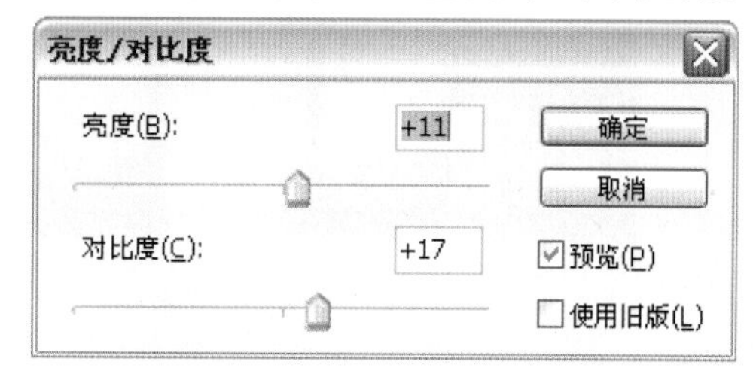

图7.10 “亮度/对比度”对话框

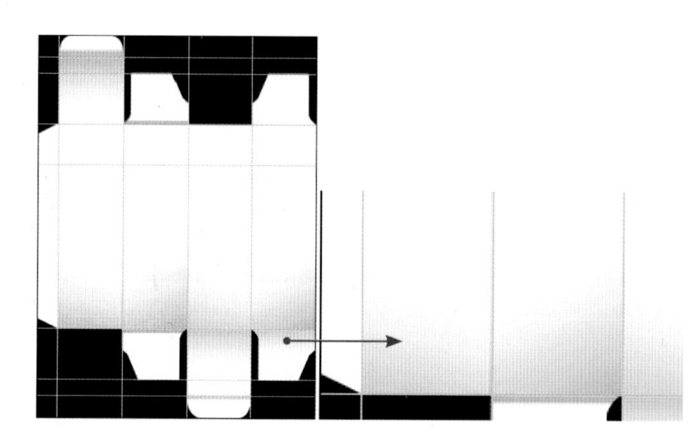

图7.11 应用“亮度/对比度”命令后的效果

图7.12“图层”调板

提示

至此，包装盒上的渐变图像已经制作完毕，下面制作包装盒盒身上的图像。

⑦ 选择椭圆工具，在工具选项条上选择路径按钮，在包装盒身上绘制正圆路径，结合按 Ctrl+Alt+T 键调出自由变换并复制控制框，多次进行复制并调整路径大小及位置，直至得到如图 7.13 所示的路径效果。

⑧ 新建一个图层得到“图层 1”，设置前景色颜色值为 f6b75b，选择画笔工具，并在其工具选项条上设置尖角画笔大小为 3 px，切换至“路径”调板，然后单击用画笔描边路径命令按钮，单击“路径”调板空白处以隐藏路径，得到如图 7.14 所示的效果，返回至“图层”调板。

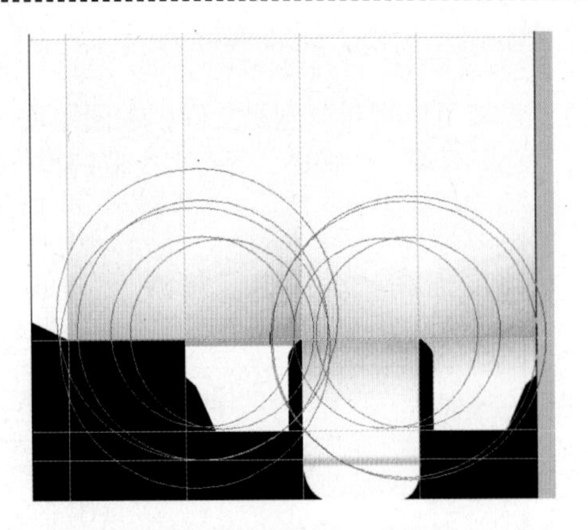

图7.13 绘制多个正圆路径

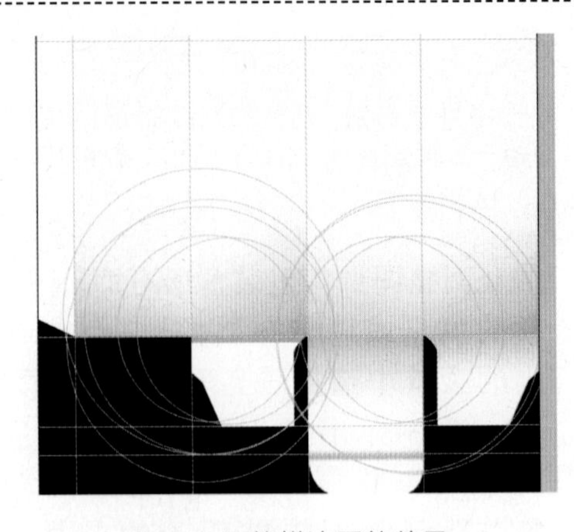

图7.14 画笔描边后的效果

⑨ 按 Ctrl+Shift 键同时单击“渐变填充 1”～“渐变填充 1 副本 3”的矢量蒙版缩览图以载入其相加的选区，单击添加图层蒙版按钮为“图层 1”添加蒙版，以将盒身以外的图像隐藏起来，直至得到如图 7.15 所示的效果，此时蒙版中的状态如图 7.16 所示。设置其“不透明度”为 30%，直至得到如图 7.17 所示的效果。

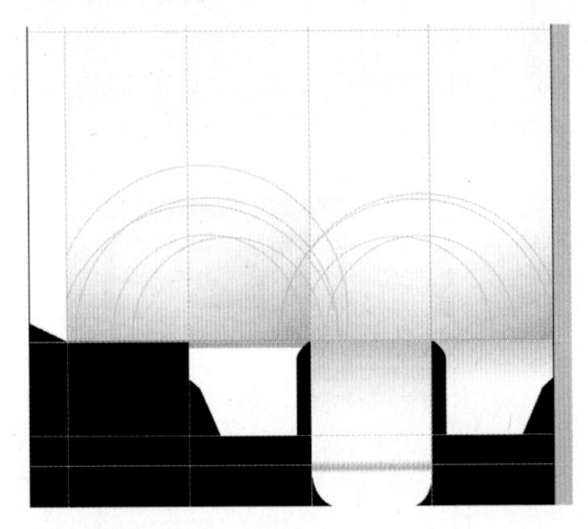

图7.15 添加图层蒙版

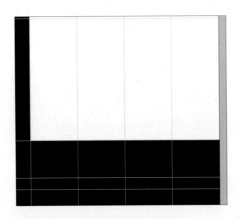

图7.16 蒙版中的状态

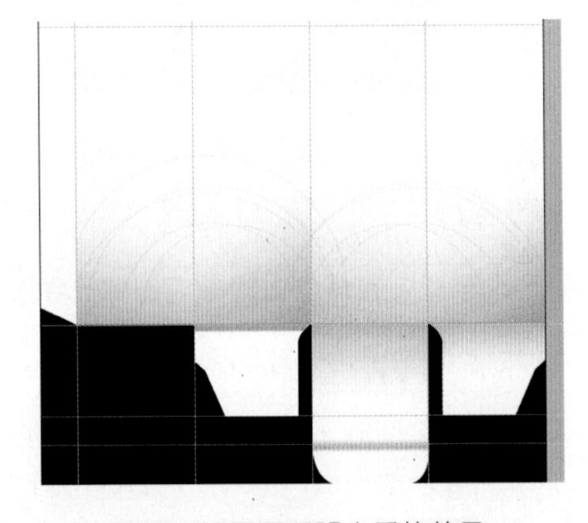

图7.17 设置不透明度后的效果

提示

下面制作包装盒背面上的小花图像。

⑩ 打开随书所附光盘中的文件“第 7 章 \7.1- 素材 1.psd”，使用移动工具将其移至包装盒背面下方位置，得到“矢量智能对象”，并设置其“不透明度”为 65%，得到如图 7.18 所示的效果。下面通过复制图层的方法得到两个副本图层更改其不透明度数值及结合形状工具，制作其他小花及形状图像，直至得到如图 7.19 所示的效果，此时的“图层”调板状态如图 7.20 所示。

图7.18 调整图像并设置不透明度后的效果　图7.19 制作其他小花及形状图像　图7.20 “图层”调板

⑪ 按 Ctrl+Alt+E 键执行“盖印”操作,从而将组“白花”中的图像合并至一个新图层中,结合自由变换控制框，水平翻转图像并将其调整到正面上，如图 7.21 所示。

⑫ 下面制作发光点图像。新建一个图层得到“图层 2”，设置前景色颜色值为 fdf9b6，选择画笔工具，按 F5 键调出“画笔”调板，单击其右上方的调板按钮，在弹出的菜单中选择“载入画笔”命令，在弹出的对话框中选择随书所附光盘中的画笔素材“第 7 章 \7.1- 素材 2.abr”,单击“载入”按钮，选择刚刚载入的画笔。

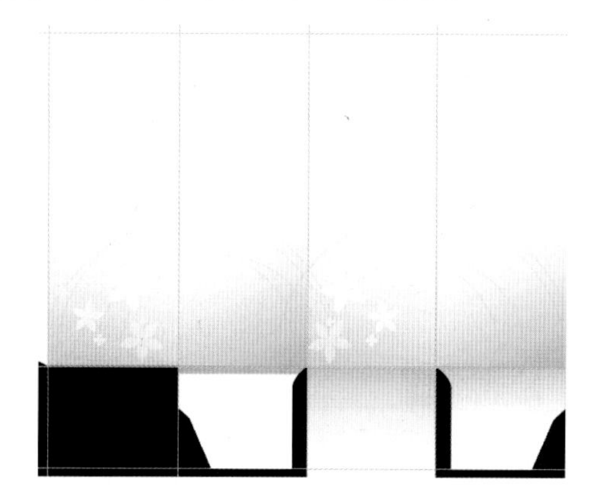

图7.21 调整图像状态

⑬ 在盒身右下角进行涂抹，得到如图 7.22 所示的效果，单击添加图层样式按钮，在弹出的菜单中选择“外发光”命令，设置弹出的对话框，如图 7.23 所示，其颜色值为 fbfba6，得到如图 7.24 所示的效果。接着新建“图层 3”，利用上一步载入的画笔，将其画笔大小调至 60px，在两个小花之间的面上进行涂抹并添加图层样式，得到如图 7.25 所示的效果。

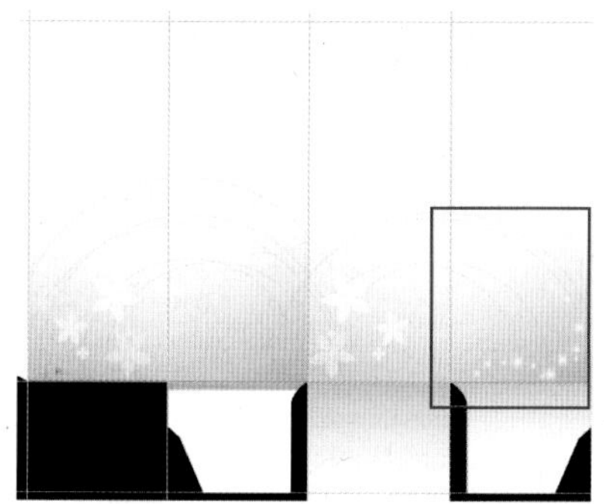

图7.22 画笔涂抹后的效果

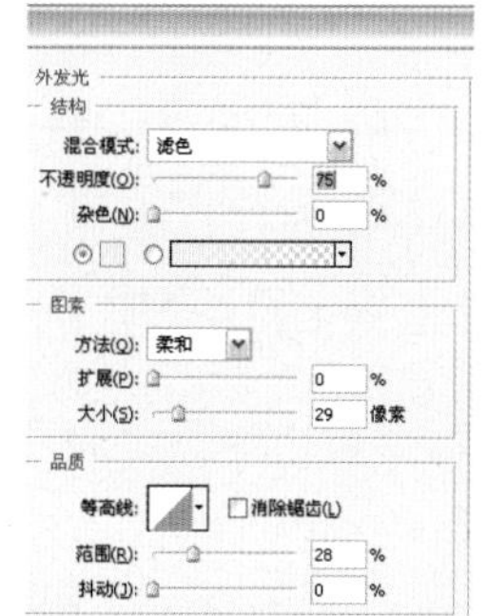

图7.23 “外发光”对话框

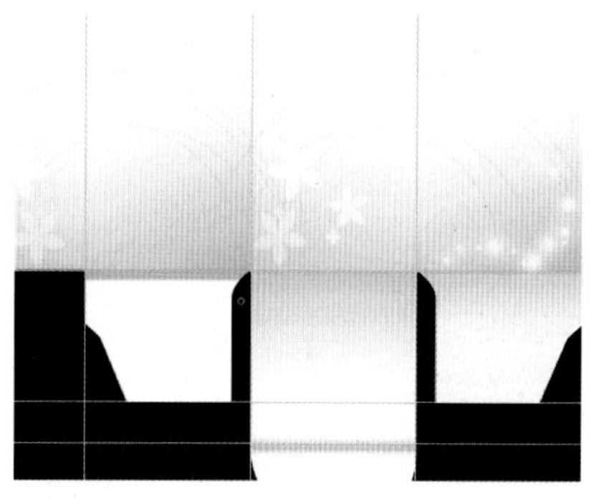

图7.24 应用“外发光”命令后的效果

⑭ 下面利用自定形状工具制作盒身上的不同大小以及位置的花形形状，直至得到如图 7.26 所示的效果。此时的“图层”调板状态如图 7.27 所示。

提示

选择自定形状工具，并在其工具选项条上单击形状后的下拉三角按钮，在弹出的“自定形状”拾色器中单击右上角的三角按钮，然后在弹出的菜单中选择“全部”命令，在弹出的提示框中单击“追加”按钮，即可将“花形饰件 4”载入进来。

图7.25 制作不同发光图像

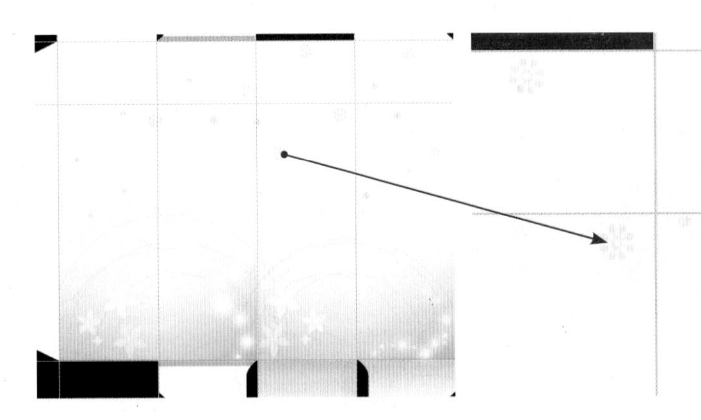

图7.26 制作盒身上的花形形状

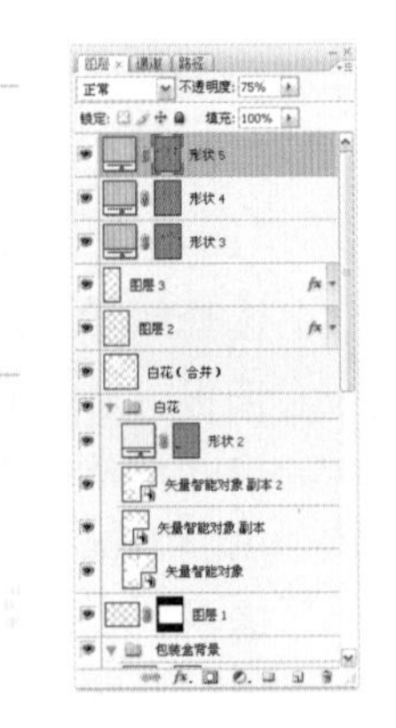

图7.27 “图层”调板

⑮ 下面利用随书所附光盘中的文件“第 7 章\7.1- 素材 3.psd”，制作盒身上的相关图像信息，直至得到如图 7.28 所示的效果，局部效果如图 7.29 所示。此时的“图层”调板状态如图 7.30 所示。

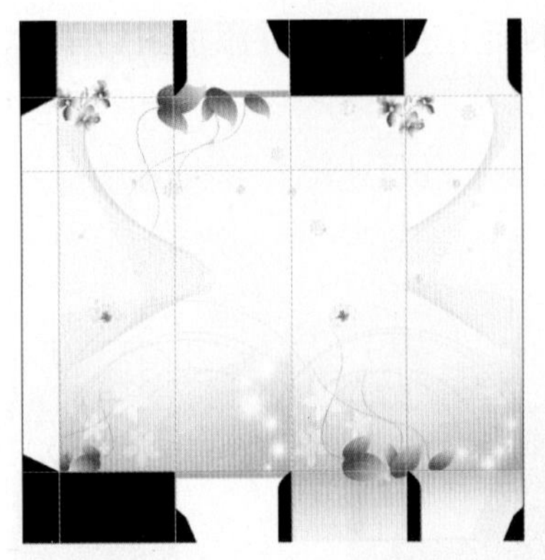

图7.28 制作盒身上的相关图像信息

图7.29 局部效果

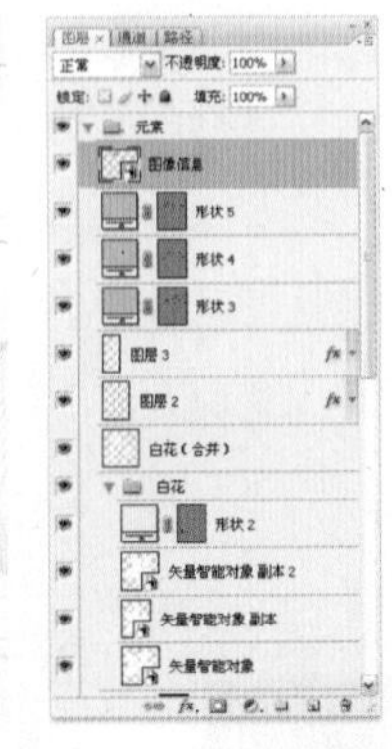

图7.30 “图层”调板

提示

制作盒身上的相关图像信息，用的素材是以智能对象的形式给出的，因为操作方法比较简单，故读者不再详细讲解其操作过程，若要查看具体的图层，可以双击智能对象缩览图，在弹出的对话框中单击“确定”按钮即可。具体的设置读者可以查看本例源文件相关图层。

⑯ 下面利用随书所附光盘中的文件“第7章\7.1-素材4.psd”，制作包装盒正面、侧面及顶盖面上的标志及相关信息，直至得到如图7.31所示的效果，局部效果如图7.32所示，图7.33所示为最终整体效果，此时的“图层”调板状态如图7.34所示。立体效果图如图7.35所示。

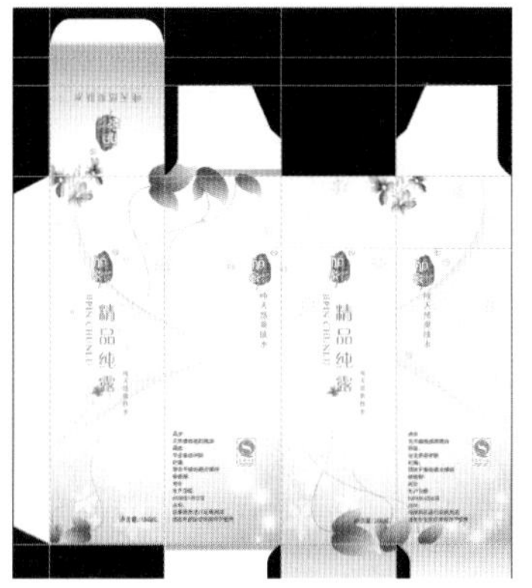

图7.31 制作包装盒几个面上的标志及相关信息

图7.32 局部效果

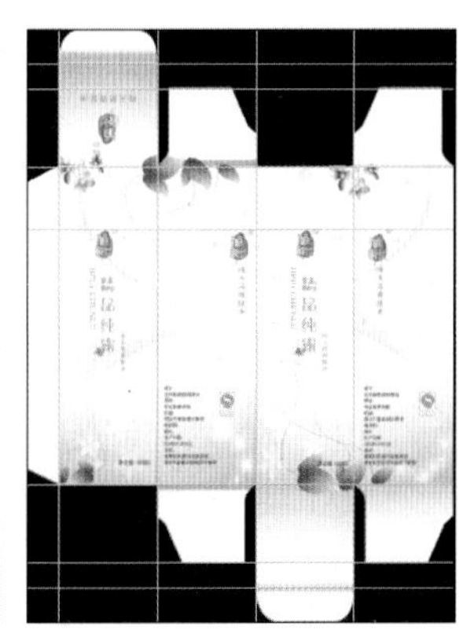

图7.33 最终整体效果

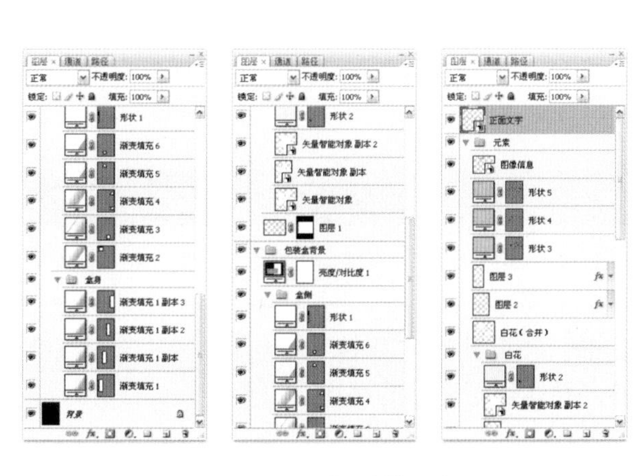

图7.34 “图层”调板

图7.35 立体效果图

提示

此步仍然是以智能对象的形式给出素材。

7.2 果饮包装设计

7.2.1 项目背景

Mico公司中国代理商是位于辽宁省沈阳市的大龙食品厂，现拥有3个品牌，共10余种健康牛奶饮品。建厂多年来，公司依托当地宽松的投资环境及优惠的经济政策，生产规模不断扩大，为健康牛奶饮品著名品牌的代理制造商。

公司以“高标准的产品质量和真诚的服务态度开拓市场”为企业宗旨，以“诚信善良、求实创新”为企业精神，“以人为本，科技创新”为经营理念。

1. 包装设计风格要求简述

（1）突出产品的营养特点。

（2）包装给人以大气、简洁、时尚，同时应有视觉冲击力的感觉。

（3）目标客户为15到25岁的青少年，在设计时要考虑年轻、活泼的感觉。

2. 包装设计尺寸要求

（1）外包装设计规格，长宽为146.1mm×86mm。

（2）图案要求简洁明快。

（3）文字宣传性内容可以自由发挥，其他固定文字如下：

配料：草莓、白糖

净含量：220ML

执行标准：Q/NHLB01–2006

卫生许可证号：沈卫食证字(2007)第**********号

生产日期：见侧封口处

保质期：避光条件下，常温密闭保存30天

厂址：辽宁省沈阳市东陵区

电话：024–8888****　**********

7.2.2 案例概况

例前导读：

本例是以果饮袋为主题的包装设计作品。在设计的过程中，设计师以大红与粉红突出图像的立体效果，给人以温暖和亲近之感，并体现了产品的档次、质量。

核心技能：

- 应用形状工具、运算功能绘制形状。
- 结合样式素材制作图像的立体效果。
- 使用钢笔工具绘制路径。
- 应用画笔工具绘制图像。
- 应用图层样式的功能制作图像的外光、描边等效果。

●结合变换功能调整图像的大小、角度及位置。
●利用添加图层蒙版的功能隐藏不需要的图像。
●应用路径配合画笔描边的功能制作不规则的图像效果。
●使用文字工具输入文字。

效果文件：光盘\第7章\7.2.psd。

7.2.3 实现步骤

① 按Ctrl+N键新建一个文件，设置弹出的对话框，如图7.36所示，单击“确定”按钮退出对话框，以创建一个新的空白文件。设置前景色为d70302，按Alt+Delete键以前景色填充“背景”图层。

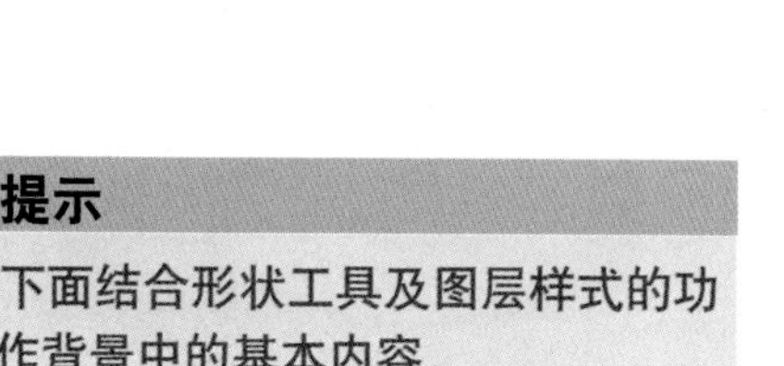

提示
下面结合形状工具及图层样式的功能制作背景中的基本内容。

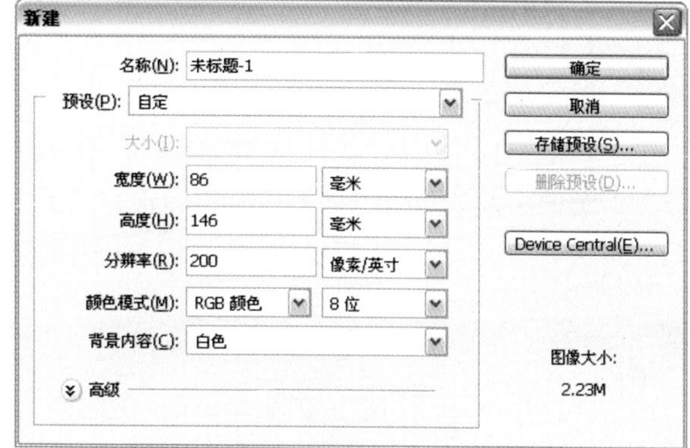

图7.36 “新建”对话框

② 设置前景色为f6bad4，选择矩形工具，在工具选项条上选择形状图层按钮，绘制一个与当前画布同样大小的形状，得到“形状1”。接着在工具选项条中选择从形状区域减去命令按钮，选择钢笔工具，并在工具选项条上保持形状图层按钮为选中状态，然后在当前文件中间绘制不规则的圆形形状，得到的效果如图7.37所示。

③ 下面制作图像的立体效果。选择“窗口”|“样式”命令，调出“样式”调板，单击其右上方的调板按钮，在弹出的菜单中选择“载入样式”命令，在弹出的对话框中选择随书所附光盘中的样式素材“第7章\7.2-素材1.asl”，单击“载入”按钮退出对话框。

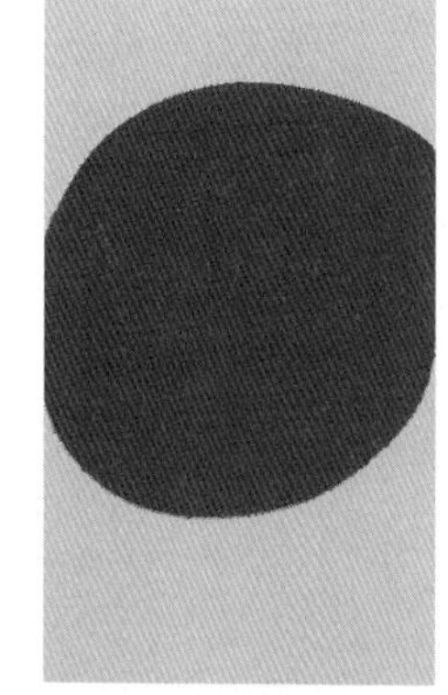

图7.37 运算后的效果

④ 选择“形状1”，在“样式”调板中选择上一步载入的样式，如图7.38所示。得到如图7.39所示的效果。

⑤ 设置前景色为f6bad4，新建“图层1”。选择画笔工具，并在其工具选项条中设置适当的画笔大小（柔角），在文件的四周进行涂抹，以将上一步得到的立体效果隐藏，如图7.40所示。图7.41所示为单独显示涂抹的状态。

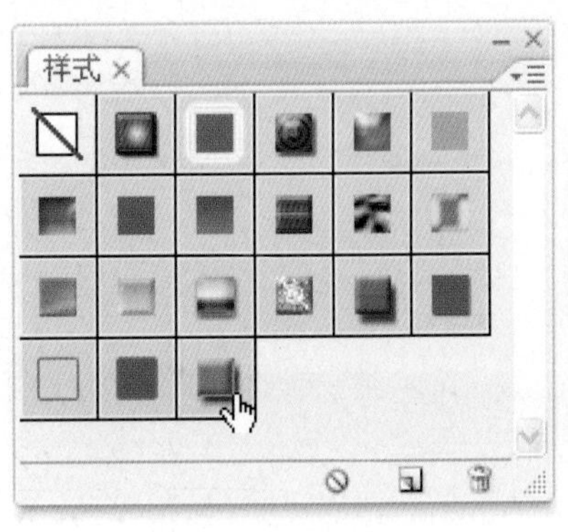

图7.38 选择样式

图7.39 应用样式后的效果

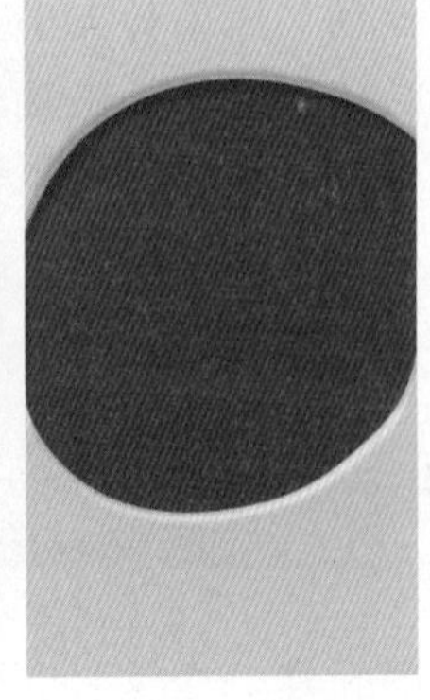

图7.40 涂抹效果

图7.41 单独显示涂抹的效果

⑥ 保持前景色不变，结合钢笔工具及其运算功能（添加到形状区域按钮），在大红色图像中绘制如图 7.42 所示的形状，得到“形状 2”。

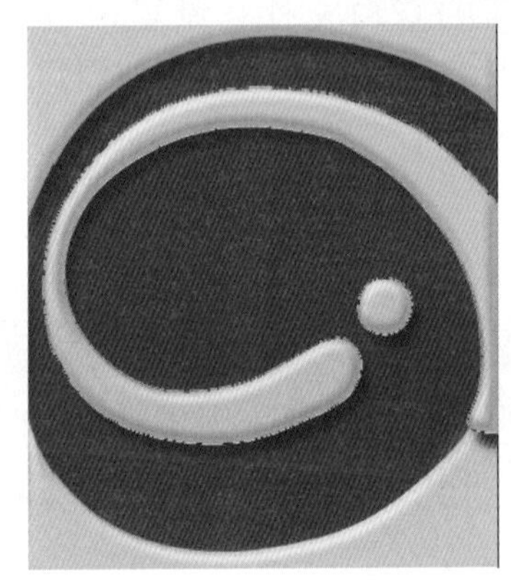

图7.42 绘制形状

提示

在绘制“形状 2”前，在没有按 Esc 键的情况下，所绘制出来的形状会带着前一个形状的样式。如果不想带着前一个形状的样式，在绘制另外一个形状时，就需按 Esc 键。下面制作图像的高光效果。

⑦ 新建“图层 2”，设置前景色为白色，选择画笔工具，并在其工具选项条中设置适当的画笔大小及不透明度，在大红色图像的右上方涂抹，以得到高光效果，如图 7.43 所示。重复本步的操作，通过调整画笔大小及不透明度，在其他粉红色图像上进行涂抹，得到如图 7.44 所示的效果。图 7.45 所示为单独显示涂抹的状态。

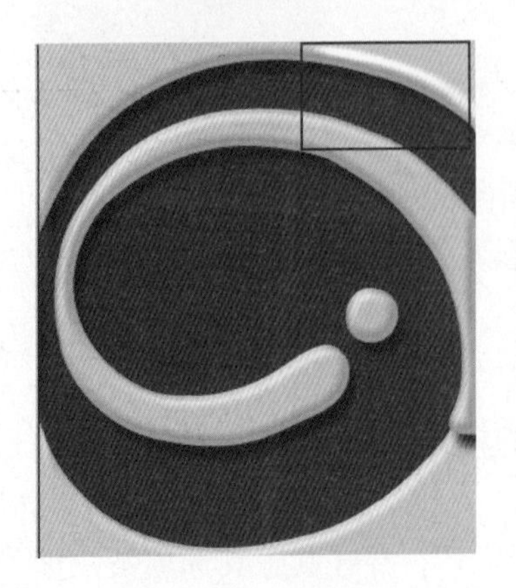

图7.43 涂抹效果

图7.44 继续涂抹的效果

图7.45 单独显示涂抹的效果

⑧ 选择钢笔工具，在工具选项条上选择路径按钮，在文件中间绘制如图 7.46 所示的路径。按 Ctrl+Enter 键将路径转换为选区。新建“图层 3”。结合前面所讲的，设置不同的前景色，应用画笔工具，在选区内进行涂抹，按 Ctrl+D 键取消选区，得到的效果如图 7.47 所示。图 7.48 所示为单独显示涂抹的状态。“图层”调板如图 7.49 所示。

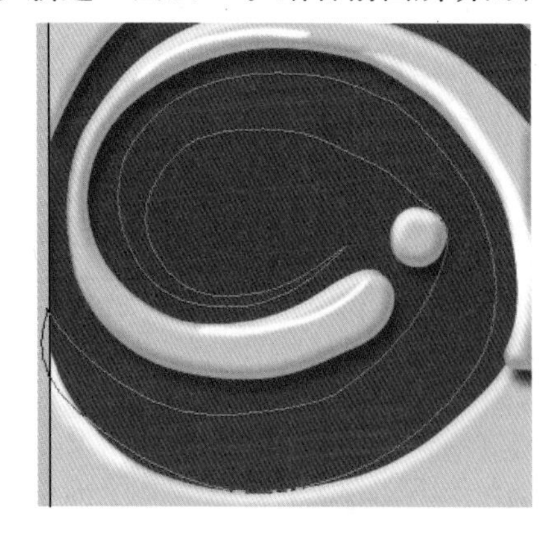

图7.46 绘制路径

提示

在本步操作过程中，笔者没有给出图像的颜色值，读者可依自己的审美进行颜色搭配。在下面的操作中，笔者不再做颜色的提示。至此，背景中的图像已制作完成。下面制作文字及标志图像。

图7.47 涂抹效果

图7.48 单独显示涂抹的效果

图7.49 “图层”调板

⑨ 结合形状工具，在文件中间绘制如图 7.50 所示的文字形状，得到“形状 3”。单击添加图层样式按钮，在弹出的菜单中选择“外发光”命令，设置弹出的对话框，如图 7.51 所示，然后在“图层样式”对话框中继续选择“描边”选项，设置其对话框，如图 7.52 所示。得到如图 7.53 所示的效果。

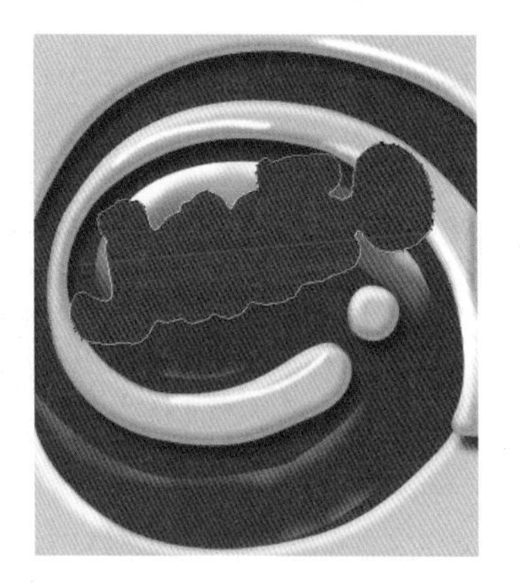

图7.50 绘制形

提示

在“外发光”对话框中，颜色块的颜色值为 ffffbe；在“描边”对话框中，颜色块的颜色值为 febc8b。

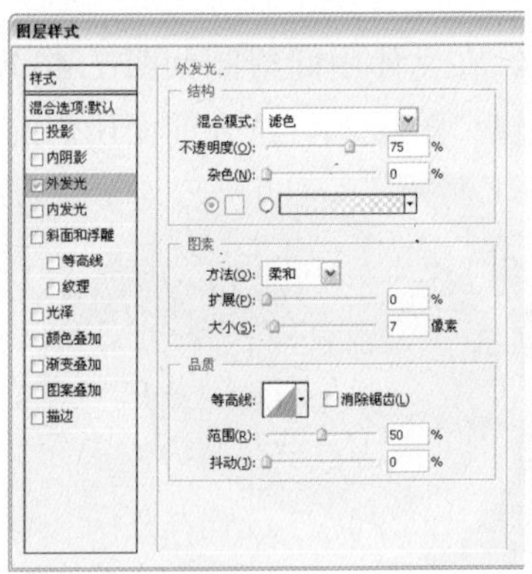

图7.51 “外发光”对话框

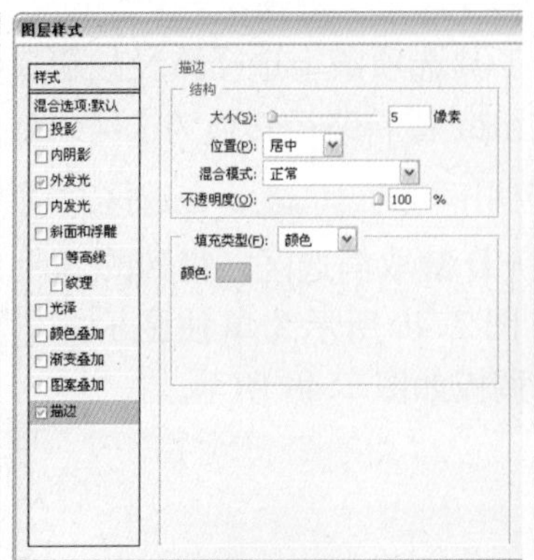

图7.52 “描边”对话框

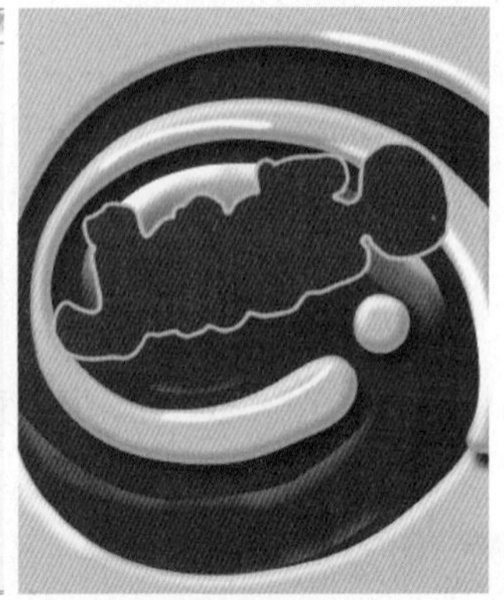

图7.53 添加图层样式后的效果

⑩ 结合钢笔工具以及添加图样式的功能制作完善文字效果，如图 7.54 所示。“图层”调板如图 7.55 所示。在制作的过程中应注意图层的顺序。

提示

本步对“形状 4”添加了“描边”图层样式，具体的参数设置可参考最终效果源文件。

图7.54 完善文字效果　　图7.55 “图层”调板

⑪ 下面制作标志及文字图像。打开随书所附光盘中的文件“第 7 章 \7.2- 素材 2.psd”，使用移动工具将其拖至刚制作的文件中，并分布在中心文字图像的上下方，如图 7.56 所示，同时得到“图层 4”。

提示

本步笔者是以智能对象的形式给的素材，由于其操作非常简单，在叙述上略显繁琐，读者可以参考最终效果源文件进行参数设置，双击智能对象缩览图即可观看到操作的过程，智能对象的控制框操作方法与普通的自由变换控制框基本雷同。下面制作甜筒及草莓图像。

图7.56 制作标志及文字效果

⑫ 打开随书所附光盘中的文件“第 7 章 \7.2- 素材 3.psd”，使用移动工具将其拖至刚制作的文件中，得到“图层 5”。按 Ctrl+T 键调出自由变换控制框，按 Shift 键向内拖动控制句柄以缩小图像，并移至文件的右下角位置，按 Enter 键确认操作。得到的效果如图 7.57 所示。

⑬ 打开随书所附光盘中的文件“第7章\7.2-素材4.psd”，结合移动工具及自由变换功能制作文件下方的草莓图像，如图7.58所示，同时得到“图层6”。

图7.57 调整图像1

图7.58 调整图像2

⑭ 下面来制作牛奶图像。结合钢笔工具在草莓上面绘制如图7.59所示的形状，得到“形状6”。按Ctrl键单击“图层6”图层缩览图以载入其选区，单击添加图层蒙版按钮为“形状6”添加蒙版，得到的效果如图7.60所示。

图7.59 绘制形状

图7.60 添加图层蒙版后的效果

⑮ 下面来完善图像的边缘效果。在“形状6”图层蒙版激活的状态下，设置前景色为黑色，选择画笔工具，并在其工具选项条中设置适当的画笔大小及不透明度，在蒙版中进行涂抹，以将部分边缘图像隐藏，如图7.61所示。此时蒙版中的状态如图7.62所示。

图7.61 编辑蒙版后的效果

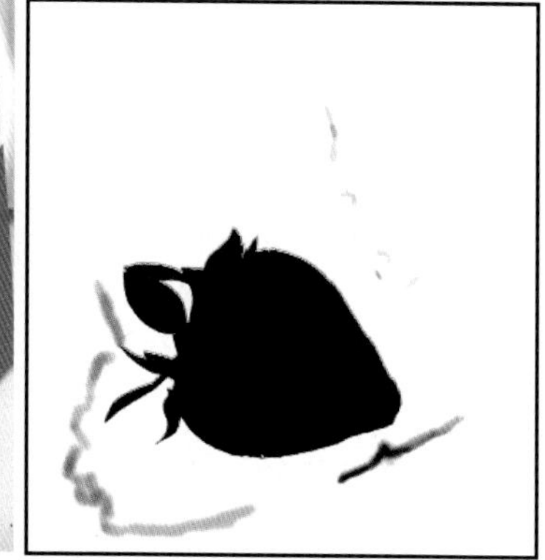

图7.62 蒙版中的状态

⑯ 下面来制作图像的描边效果。按Ctrl键单击“形状6”矢量蒙版缩览图以载入其选区，按Ctrl+Alt+D键应用“羽化”命令，在弹出的对话框中设置“羽化半径”数值为5，单击“确定”按钮退出对话框。

⑰ 保持选区，新建“图层7”，选择“编辑”|“描边”命令，设置弹出的对话框，如图7.63所示。按Ctrl+D键取消选区，得到的效果如图7.64所示。

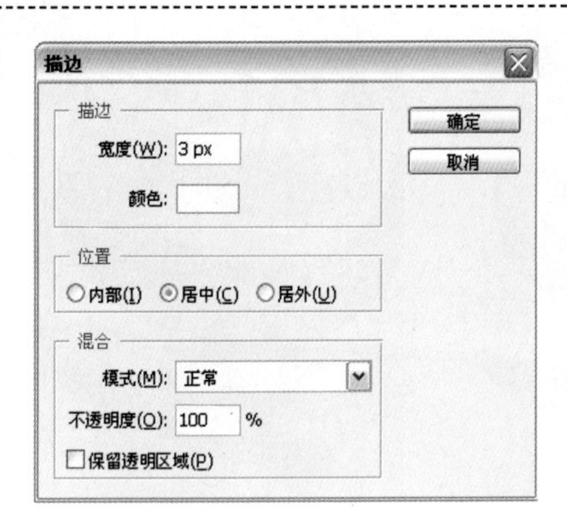

图7.63 “描边”对话框

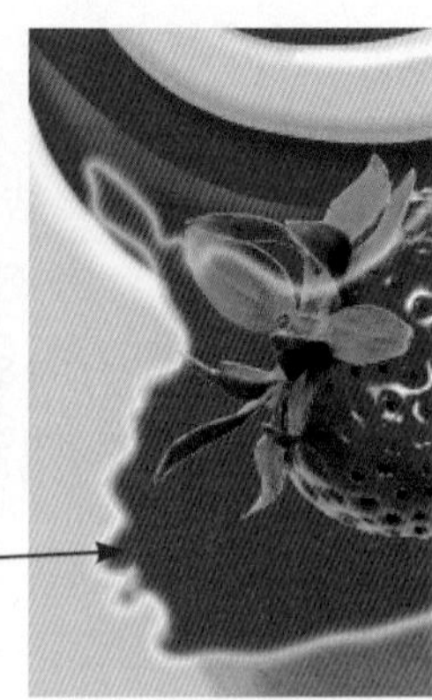

图7.64 应用“描边”后的效果

⑱ 单击添加图层蒙版按钮为“图层 7”添加蒙版，设置前景色为黑色，选择画笔工具，在其工具选项条中设置适当的画笔大小，同时在图层蒙版中进行涂抹，以将草莓上面的白色描边隐藏起来，如图 7.65 所示。

提示

至此，牛奶图像的初始状态已出来。下面进一步完善牛奶图像的线条效果。

图7.65 添加图层蒙版后的效果

⑲ 应用钢笔工具及其运算功能在文件下方绘制如图 7.66 所示的路径，新建“图层 8”，设置前景色为白色，选择画笔工具，在其工具选项条中设置画笔为“柔角 5 像素”，不透明度为 80%。切换至“路径”调板，按 Alt 键单击用画笔描边路径命令按钮，在弹出的对话框中将“模拟压力”选项选中，隐藏路径后的效果如图 7.67 所示。切换回“图层”调板。

图7.66 绘制路径

图7.67 应用画笔描边后的效果

提示

本步所绘制的路径可参考“路径”调板中的“路径 2”。

⑳ 结合前面所讲的，应用画笔素材，结合画笔工具、添加图层蒙版、文字工具及添加图层样式的功能制作文件中的牛奶及文字效果，完成制作后的最终效果如图 7.68 所示。“图层”调板如图 7.69 所示。如图 7.70 所示为立体效果图。

图7.68 最终效果

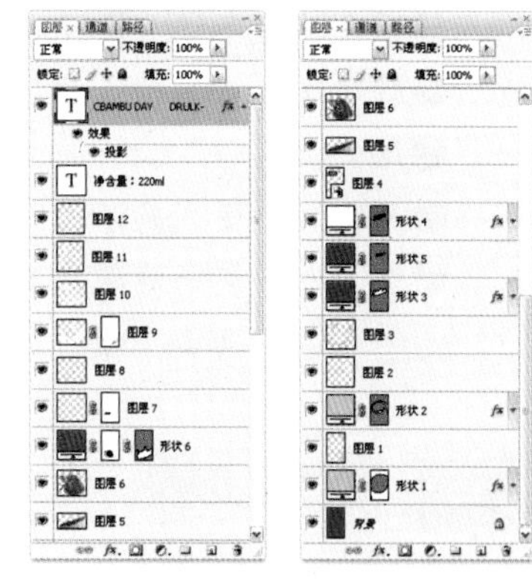

图7.69 “图层”调板

提示

“图层 12”溅起的奶滴图像应用到了画笔素材，其载入方法为：选择画笔工具，按 F5 键调出“画笔”调板，单击其右上方的调板按钮，在弹出的菜单中选择“载入画笔”命令，在弹出的对话框中选择随书所附光盘中的画笔素材“第 7 章\7.2− 素材 5.abr”。单击“载入”按钮退出对话框，然后在画笔显示框中即可找到。对文字图层“CBAMBU DAY DRULK−”添加了“投影”图层样式，具体的参数设置可参考最终效果源文件。

图7.70 立体效果图

7.3 蜜桃沙丁雪糕包装袋设计

7.3.1 案例概况

例前导读：

本案例制作的是蜜桃沙丁雪糕包装袋设计作品。主要制作的是包装袋的主展面立体图像，从图像的表现上来说，设计师以一个明亮的淡粉色调作为主色调，以突出雪糕的温暖亲近、香味诱人的感觉。

核心技能：

- 结合“渐变填充”图层绘制渐变背景效果。
- 利用形状工具及运算功能制作包装袋的主体轮廓。
- 结合路径工具绘制路径渐变填充制作各种渐变效果。
- 利用“创建剪贴蒙板”命令调整图像的显示效果。
- 结合各种图层样式制作图像的描边、渐变、立体及发光等效果。
- 利用画笔工具及画笔素材制作颗粒效果。

- 结合“图案填充”图层为图像叠加纹理效果。
- 结合文字工具输入文字，并对文字进行变换操作，制作多种形态的文字。
- 结合“盖印”操作将需要的图像合并到一个图层中。
- 利用混合模式及不透明度融合各部分图像内容。
- 结合图层蒙版隐藏不需要的图像内容。

效果文件：光盘\第 7 章\7.3.psd。

7.3.2 实现步骤

① 按 Ctrl+N 键新建一个文件，设置弹出的对话框，如图 7.71 所示，单击“确定”按钮退出对话框，以创建一个新的空白文件。

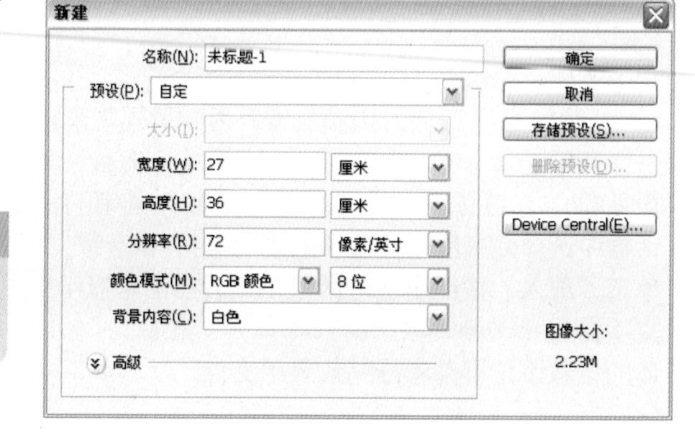

图7.71 “新建”对话框

提示

下面通过调整图层绘制渐变背景效果。

② 单击创建新的填充或调整图层按钮，在弹出的菜单中选择“渐变”命令，设置弹出的对话框，如图 7.72 所示，得到如图 7.73 所示的效果，同时得到图层“渐变填充 1”。

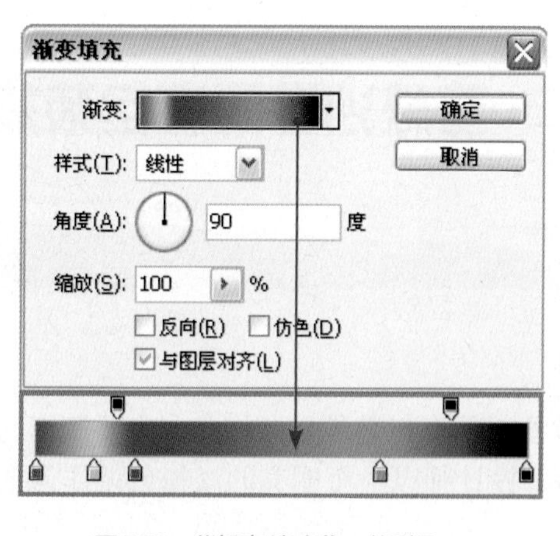

图7.72 “渐变填充”对话框

图7.73 应用“渐变填充”命令后的效果

提示

在“渐变填充”对话框中，渐变类型的各色标颜色值从左至右分别为 464646、b9b8b8、3d3d3d、898888 和黑色。下面利用路径工具及渐变填充功能制作包装袋的主体轮廓。

③ 选择钢笔工具，在工具选项条上选择路径按钮，在当前画布中绘制路径，如图7.74所示。按照上一步的操作方法，应用“渐变”命令，设置弹出的对话框，如图7.75所示，得到如图7.76所示的效果，同时得到图层“渐变填充 2”。

图7.74 绘制路径

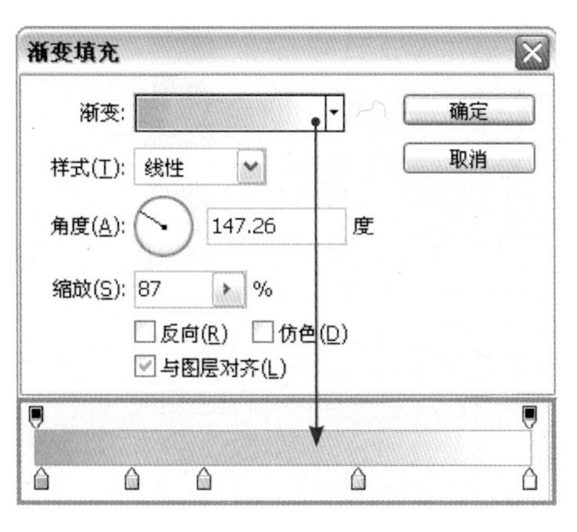

图7.75 “渐变填充”对话框

图7.76 应用“渐变填充”命令后的效果

提示1

在“渐变填充”对话框中，渐变类型的各色标颜色值从左至右分别为dd8fb4、f6b5d4、f6b5d4、f5c8dd和白色。

提示2

若读者对绘制的渐变不满意，可以在保持“渐变填充”对话框不关闭的情况下，向需要的方向拖动渐变，单击“确定”按钮即可。后续若要这样操作的，仍然可以采用此方法。下面制作包装袋上下边缘的齿纹图像。

④ 选择“渐变填充 1”，选择矩形工具，在工具选项条上选择路径按钮，在包装袋上边缘绘制矩形路径，得到如图7.77所示的效果。按Ctrl+T键调出自由变换控制框，逆时针旋转45°左右，按Enter键确认变换操作，得到如图7.78所示的效果。

图7.77 绘制矩形路径

图7.78 逆时针旋转45°左右

⑤ 按 Ctrl+Alt +T 键调出变换并复制控制框，向右侧水平移动一定距离，得到如图 7.79 所示的状态，按 Enter 键确认变换操作，按 Ctrl+Alt+Shift+T 键应用连续变换并复制操作多次，直至得到如图 7.80 所示的效果，同时将所有路径选中。

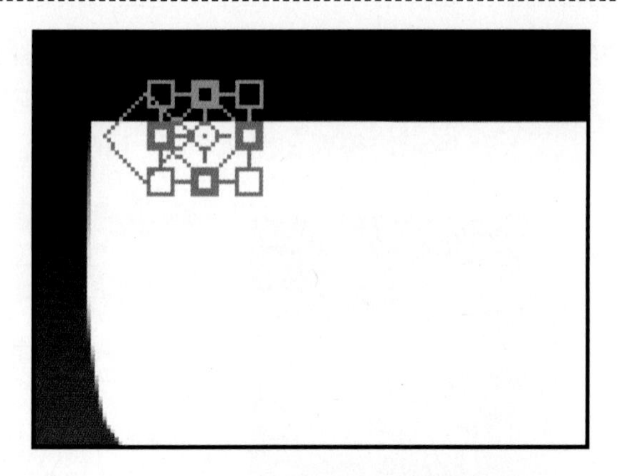

图7.79 向右侧水平移动一定距离

图7.80 连续变换并复制操作

⑥ 按照第 2 步的操作方法，应用“渐变”命令，设置弹出的对话框，如图 7.81 所示，得到如图 7.82 所示的效果，同时得到图层“渐变填充 3”。

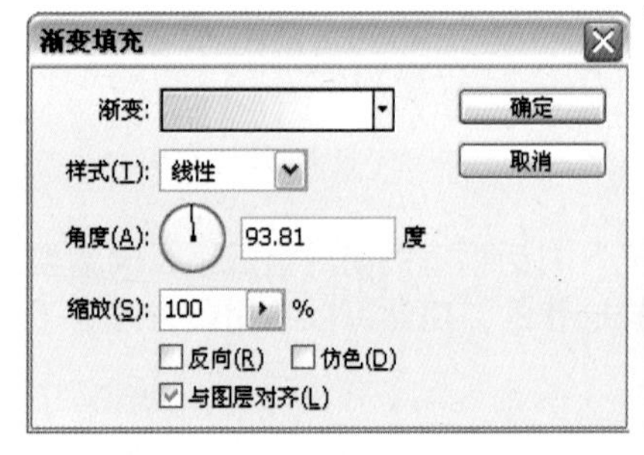

图7.81 “渐变填充”对话框

图7.82 应用“渐变填充”命令后的效果

提示

在“渐变填充”对话框中，渐变类型的各色标颜色值从左至右分别为 f1cadc 和白色。下面通过复制图层制作下方边缘的齿纹图像。

⑦ 按 Ctrl+J 键复制“渐变填充 3”得到“渐变填充 3 副本”，结合移动工具，垂直向下移动至下方边缘位置，得到如图 7.83 所示的效果。

图7.83 复制图层并调整位置

提示

至此，包装袋的主体轮廓制作完毕，下面制作“C”渐变效果。

⑧ 下面在所有图层的上方，按照第3步的操作方法，绘制路径并应用“渐变”命令，制作“C”渐变，直至得到如图7.84所示的效果。

⑨ 单击添加图层样式按钮 fx.，在弹出的菜单中选择“内发光”命令，设置弹出的对话框，如图7.85所示，然后在“图层样式”对话框中继续选择“斜面和浮雕”选项，同时设置其对话框，如图7.86所示，得到如图7.87所示的效果。

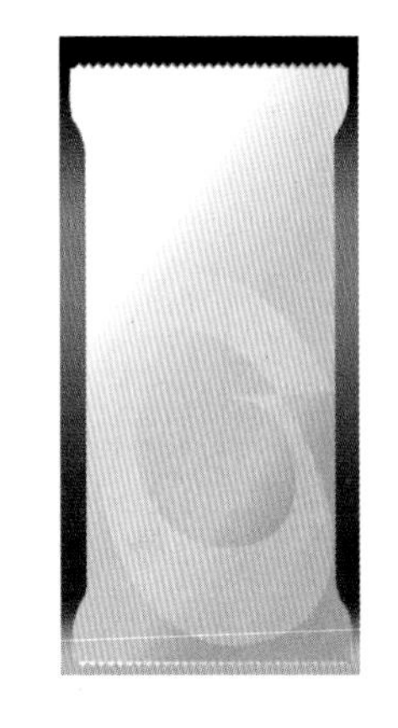

图7.84 制作“C”渐变

提示

在“内发光”对话框中，颜色块的颜色值为ffffbe。等高线状态为“起伏斜面－下降”。在“斜面和浮雕”对话框中，高光模式后的颜色块的颜色值为fddbeb，阴影模式后的颜色块的颜色值为f49cc7。下面通过添加图层蒙版，将接口生硬处进行涂抹，以制作融合边缘效果。

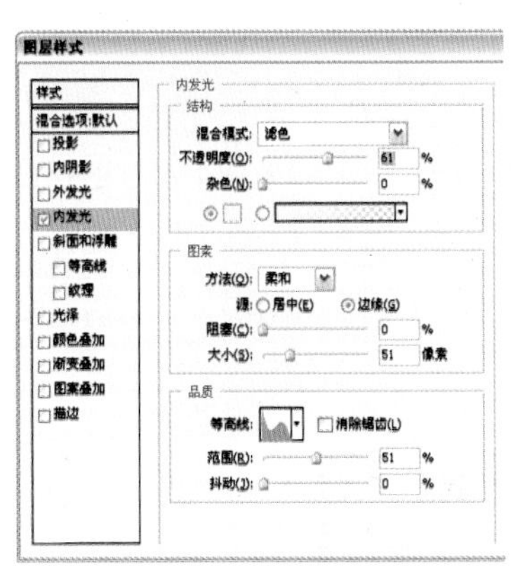

图7.85 “内发光”对话框

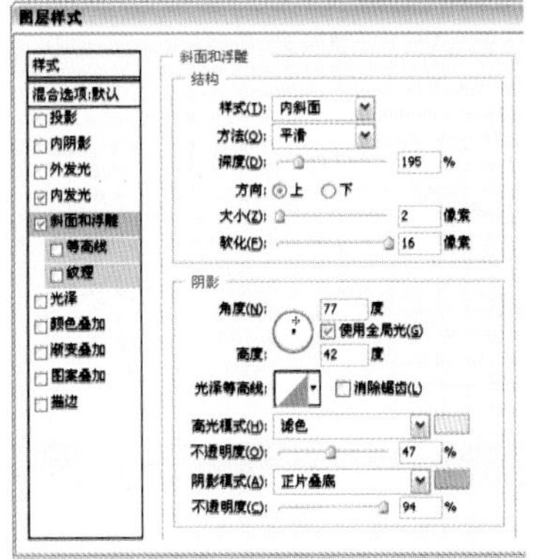

图7.86 “斜面和浮雕”对话框

图7.87 添加图层样式后的效果

⑩ 单击添加图层蒙版按钮 为“渐变填充 4”添加蒙版，设置前景色为黑色，选择画笔工具，在其工具选项条中设置适当的画笔大小及不透明度，在图层蒙版中进行涂抹，以将边缘生硬处隐藏起来，直至得到如图7.88所示的效果，此时蒙版中的状态如图7.89所示。此时的“图层”调板状态如图7.90所示。

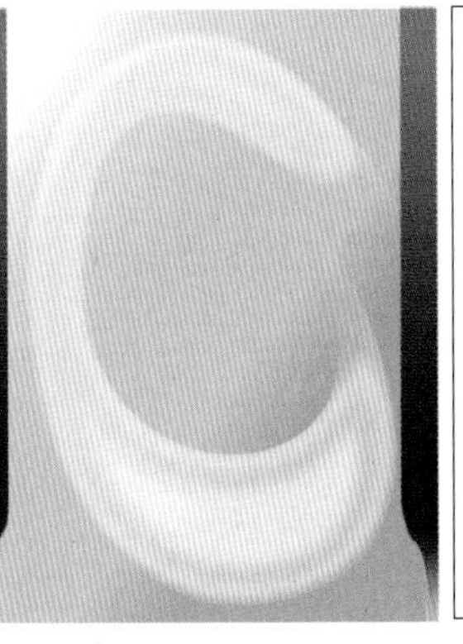

图7.88 添加图层蒙版

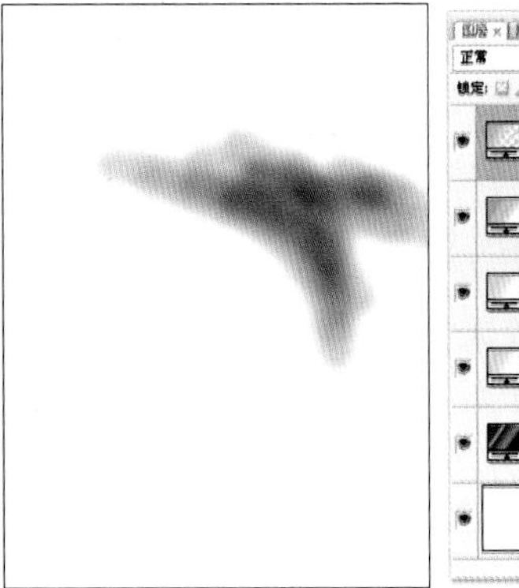

图7.89 蒙版中的状态

图7.90 “图层”调板

⑪ 按照第 8 ~ 9 步的操作方法，通过绘制路径并进行渐变填充及添加图层样式，制作包装袋上封口处的压条图像效果，如图 7.91 所示。

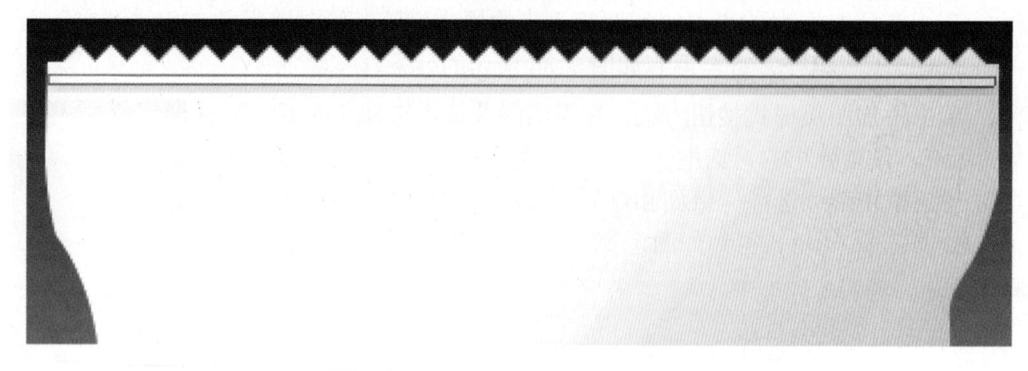

图7.91 制作包装袋上封口处的压条图像效果

提示

用到的渐变及添加的图层样式的颜色及参数设置，具体的设置读者可以查看本例源文件相关图层，不再详细讲解，下面在用到的相关命令中的颜色及参数设置，都不再重复给出具体的设置。

⑫ 下面通过复制图层来制作压条图像效果，直至得到如图 7.92 所示的效果，此时的“图层”调板状态如图 7.93 所示。

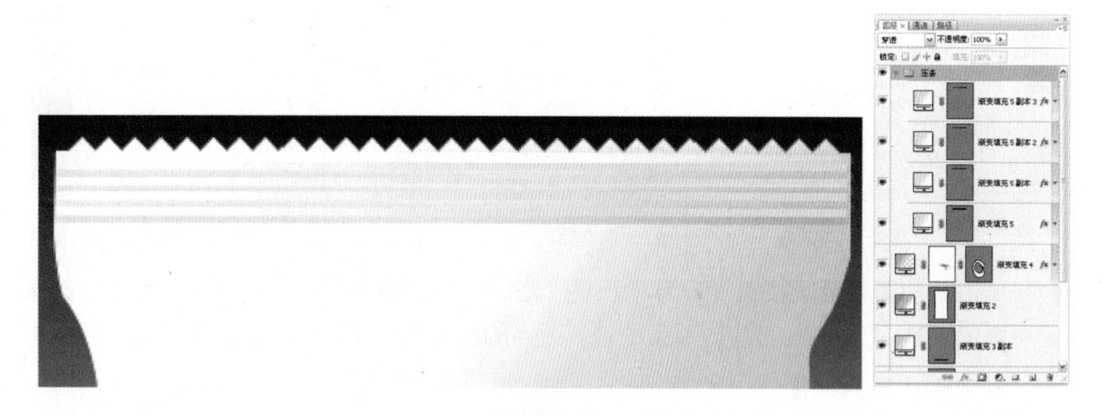

图7.92 制作压条图像效果

图7.93 “图层”调板

提示

为了方便读者管理图层，故将制作压条的图层编组，选中要进行编组的图层，按 Ctrl+G 键执行“图层编组”操作，得到“组 1”，并将其重命名为“压条”。下面在制作其他部分图像时，也进行编组操作，笔者不再重复讲解操作过程。

⑬ 下面通过绘制形状并进行添加图层样式，制作包装袋下封口处的压条图像效果，如图 7.94 所示。此时的“图层”调板状态如图 7.95 所示。

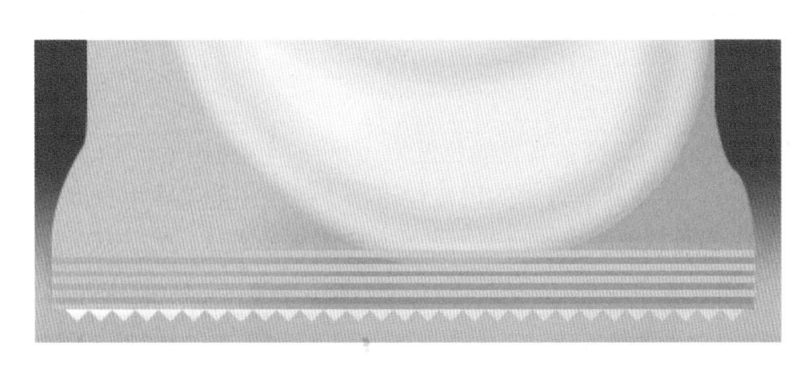

图7.94 制作包装袋下封口处的压条图像效果

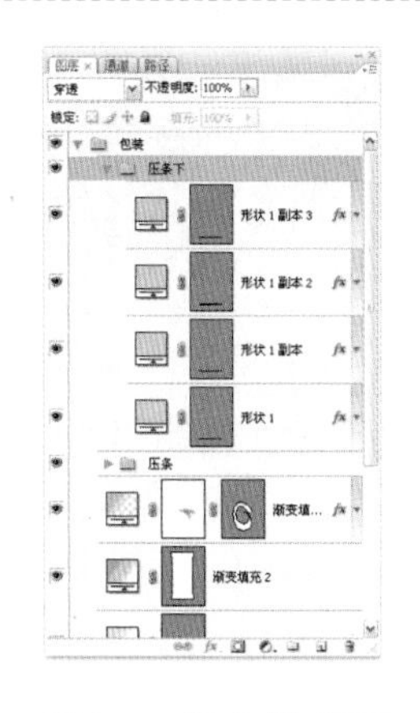

图7.95 “图层”调板

提示

下面制作包装袋上的雪糕形状。

⑭ 下面接着通过绘制形状并进行添加图层样式、图层蒙版，制作雪糕效果，如图 7.96 所示。此时的“图层”调板状态如图 7.97 所示。

提示

下面为雪糕上的木棍添加图案，使其效果更加真实。

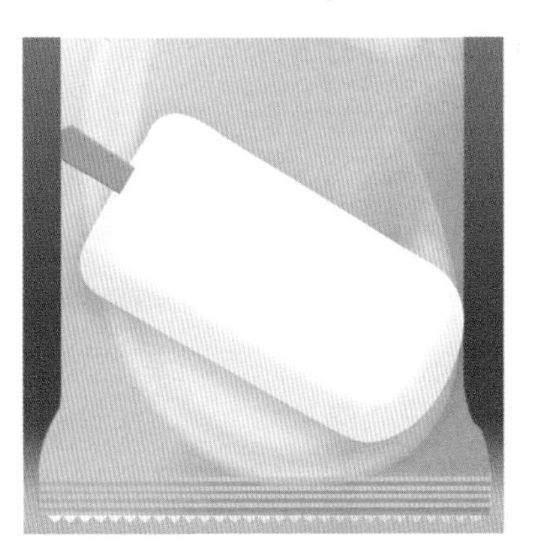

图7.96 制作雪糕效果

图7.97 “图层”调板

⑮ 单击创建新的填充或调整图层按钮 ，在弹出的菜单中选择“图案”命令，设置弹出的对话框，如图 7.98 所示，按 Ctrl+Alt+G 键执行“创建剪贴蒙版”操作，得到如图 7.99 所示的效果，同时得到图层“图案填充 1”。

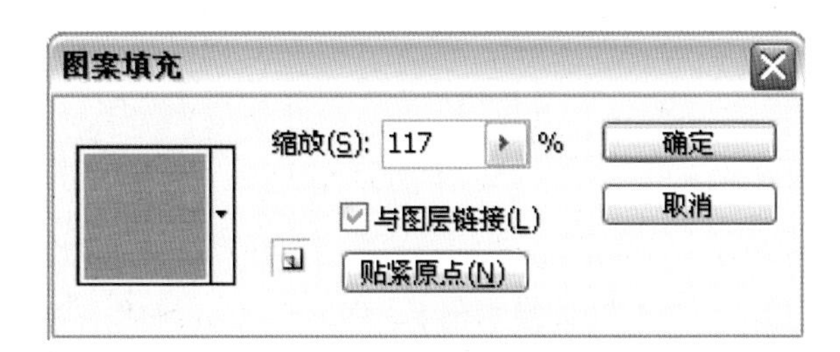

图7.98 “图案填充”对话框

图7.99 应用“图案填充”命令后的效果

提示

在弹出的“图案填充”对话框中单击图案显示框，然后在弹出的图案选择框中，选择“木质”图案即可获得此步中应用到的图案。下面在雪糕上添加颗粒效果。

⑯ 新建一个图层得到“图层 1”，设置前景色颜色值为 efb0c7，选择画笔工具，按 F5 键调出“画笔”调板，单击其右上方的调板按钮，在弹出的菜单中选择“载入画笔”命令，在弹出的对话框中选择随书所附光盘中的画笔素材“第 7 章\7.3-素材 1.abr”，单击“载入”按钮。

⑰ 选择刚刚载入的画笔，在雪糕上进行涂抹，直至得到如图 7.100 所示的效果。此时的“图层”调板状态如图 7.101 所示。

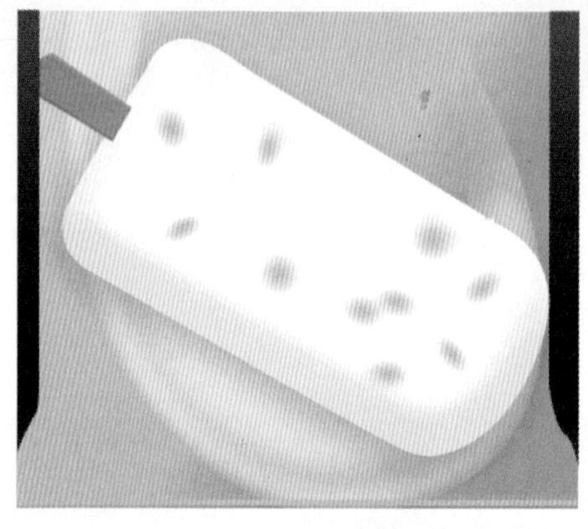

图7.100 画笔涂抹后的效果

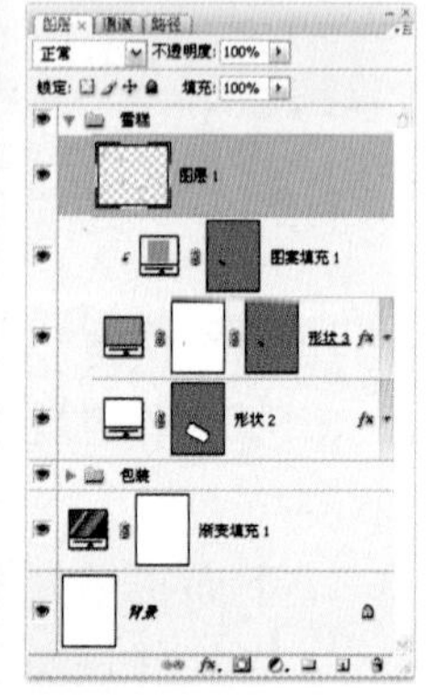

图7.101 “图层”调板

⑱ 下面在包装袋上方制作蜜桃简单轮廓，直至得到如图 7.102 所示的效果，此时的“图层”调板状态如图 7.103 所示。

提示1

绘制的蜜桃简单轮廓，无非是使用形状工具、路径工具绘制路径并进行渐变及颜色填充，并添加相应的图层样式及蒙版，由于方法很简单，前景都有过讲解，故不再重复讲解操作过程，关于具体的设置，读者可以参照本例源文件相关图层。

图7.102 制作蜜桃简单轮廓

图7.103 “图层”调板

提示2

对于蜜桃轮廓可以先绘制出一个，然后结合复制功能复制出另外几个，在此基础上做相应的调整即可。下面制作主体文字。

⑲ 下面选择横排文字工具T，设置前景色的颜色值为fcee20，并在其工具选项条上设置适当的字体和字号，在包装袋上分别输入文字“蜜桃”、“沙”和“丁”，结合自由变换控制框，分别调整文字的角度、位置及大小，直至得到如图7.104所示的效果。

⑳ 选择“蜜桃”，为其添加“描边”图层样式，设置其对话框，如图7.105所示，描边颜色值为b8006c，得到如图7.106所示的效果。

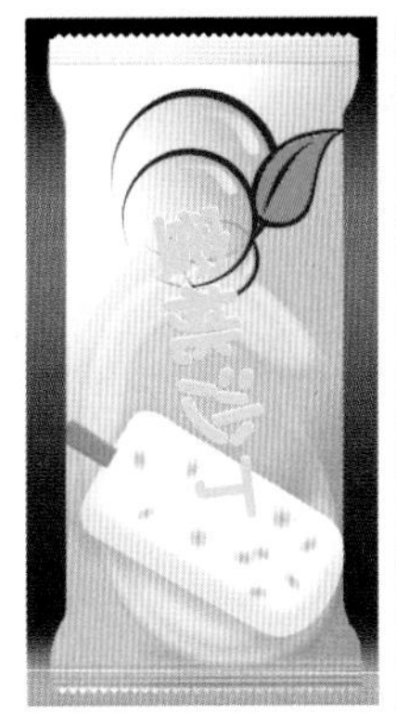

图7.104 输入并调整文字

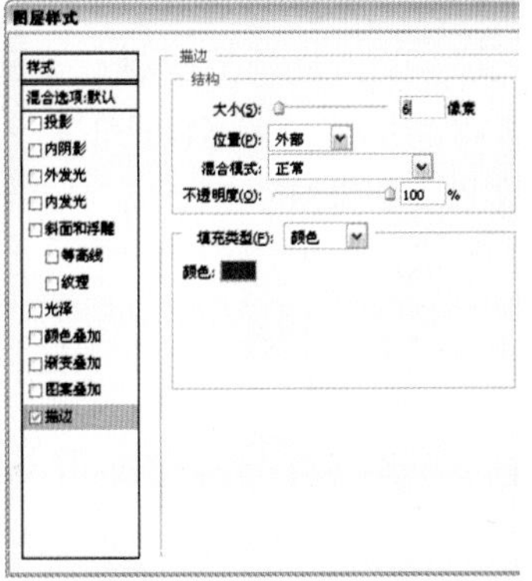

图7.105 “描边”图层样式

图7.106 应用“描边”图层样式后的效果

㉑ 在“蜜桃”的名称上单击鼠标右键，在弹出的菜单中选择“拷贝图层样式”命令，然后分别在“沙”和“丁”的名称上单击鼠标右键，在弹出的菜单中选择“粘贴图层样式”命令，使二者具有相同的图层样式，直至得到如图7.107所示的效果。

㉒ 下面通过绘制形状并进行添加图层样式、复制图层及制作主体文字的效果，制作主体文字旁的形状及左右两侧的文字效果，如图7.108所示。此时的“图层”调板状态如图7.109所示。

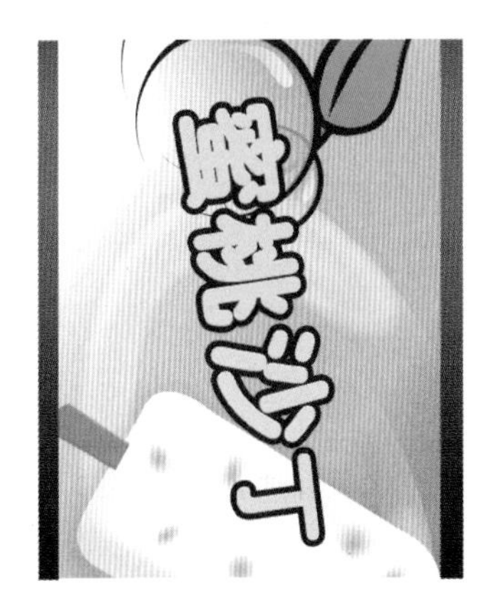

图7.107 复制图层样式后的效果

提示

绘制的形状与文字的描边颜色有些相似，为了方便读者观看效果，故笔者暂时给出了载入其选区的图像效果。

图7.108 制作形状及文字效果

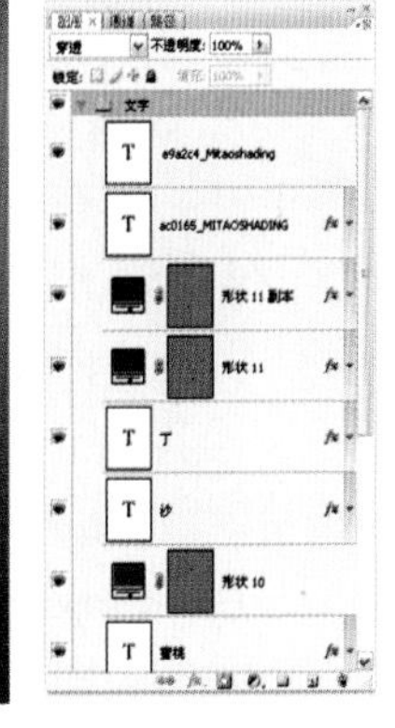

图7.109 “图层”调板

㉓ 下面通过复制图层组的方法复制组“蜜桃”得到其副本，并将最小的蜜桃组删除，然后将组中的内容调整到包装袋的左下角，同时结合文字工具输入资料文字，直至得到如图 7.110 所示的效果。

㉔ 下面结合形状工具、文字工具及画笔素材，在包装袋右上角制作商品标志，直至得到如图 7.111 所示的效果。此时的“图层”调板状态如图 7.112 所示。此时整体效果如图 7.113 所示。

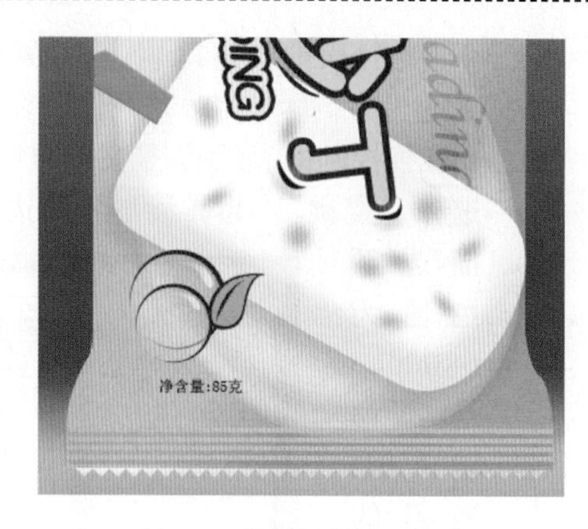

图7.110 复制组并输入文字

提示

操作中用到的素材为随书所附光盘中的画笔素材“第 7 章 \7.3– 素材 2.abr”。

图7.111 制作商品标志

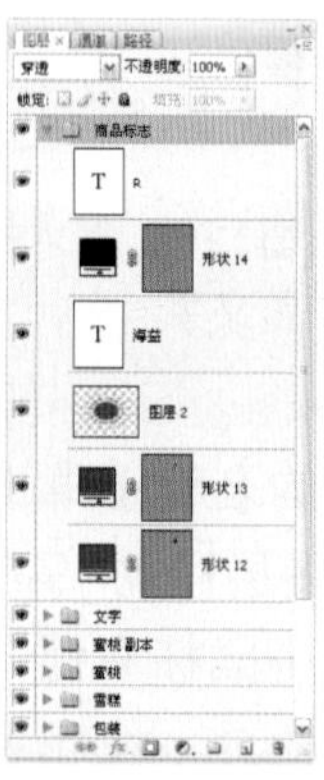

图7.112 “图层”调板

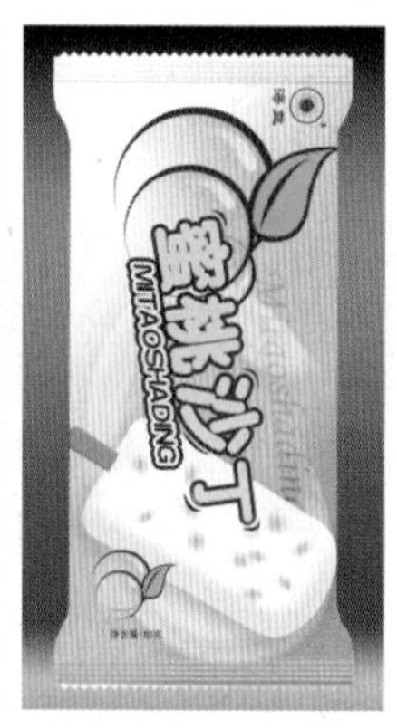

图7.113 整体效果

㉕ 下面通过绘制路径进行渐变填充、添加图层样式及图层蒙版，在包装袋左右两侧边缘，绘制渐变，以制作阴影效果，直至得到如图 7.114 所示的效果。

㉖ 选择除“背景”及“渐变填充 1”以外的所有图层，按 Ctrl+Alt+E 键执行“盖印”操作，从而将选中图层中的图像合并至一个新图层中，并将其重命名为“图层 3”。结合自由变换控制框，水平翻转图像并垂直向下移动，设置其“不透明度”为 25%，得到如图 7.115 所示的最终效果。此时的“图层”调板状态如图 7.116 所示。

图7.114 制作阴影效果

图7.115 最终效果

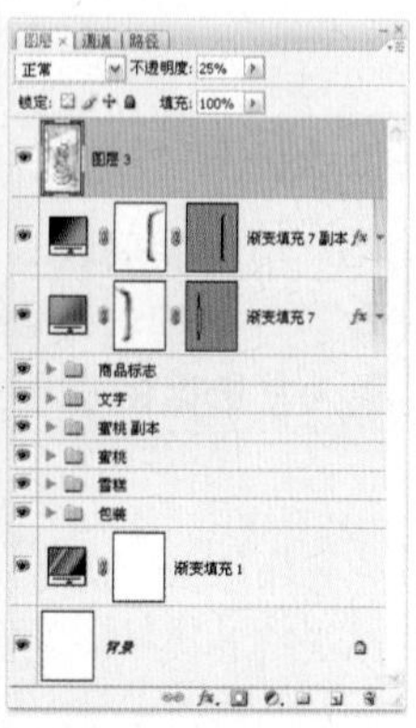

图7.116 “图层”调板

7.4 错不了食品包装袋设计

7.4.1 案例概况

例前导读：

本例是一款关于食品包装袋的设计作品。在造型方面采用了时尚的可爱性。通过协调包装各部分之间的透视关系模拟图像的立体效果。在文字方面，对“错不了”三个字进行了艺术化处理，并使用了蓝色基调，从而能够使其从整体包装上脱颖而出。

核心技能：

- 应用渐变填充图层的功能制作图像的渐变效果。
- 应用形状工具绘制各种形状。
- 使用再次变换并复制的操作得到特殊的图像效果。
- 利用添加图层蒙版的功能隐藏不需要的图像。
- 应用添加图层样式的功能制作图像的立体效果。
- 应用钢笔工具绘制各种路径。
- 使用“变形”命令使图像变形。
- 通过设置图层的属性以融合图像。
- 结合文字工具输入文字。

效果文件：光盘\第7章\7.4.psd。

7.4.2 实现步骤

① 按Ctrl+N键新建一个文件，设置弹出的对话框，如图7.117所示，单击“确定”按钮退出对话框，以创建一个新的空白文件。

提示

首先应用渐变填充图层的功能制作背景中的渐变效果。

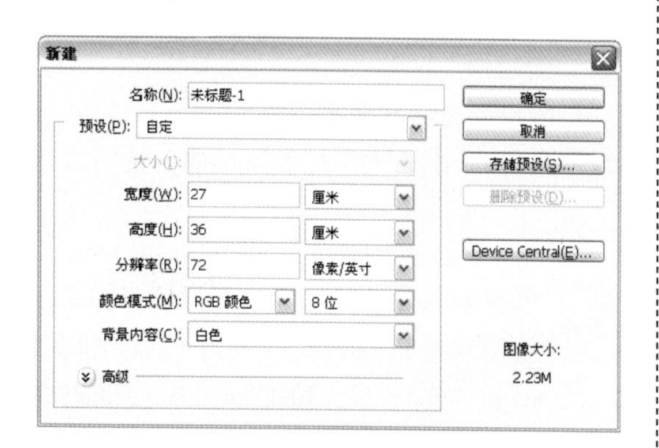

图7.117 “新建”对话框

② 单击创建新的填充或调整图层按钮，在弹出的菜单中选择“渐变”命令，设置弹出的对话框，如图7.118所示，得到如图7.119所示的效果，同时得到图层“渐变填充1”。

提示

在“渐变填充”对话框中，渐变类型的各色标颜色值从左至右分别为747474、ffffff和000000。对于得到渐变效果的位置应在未退出“渐变填充”对话框前应用移动工具做调整。下面制作包装袋的基本轮廓。

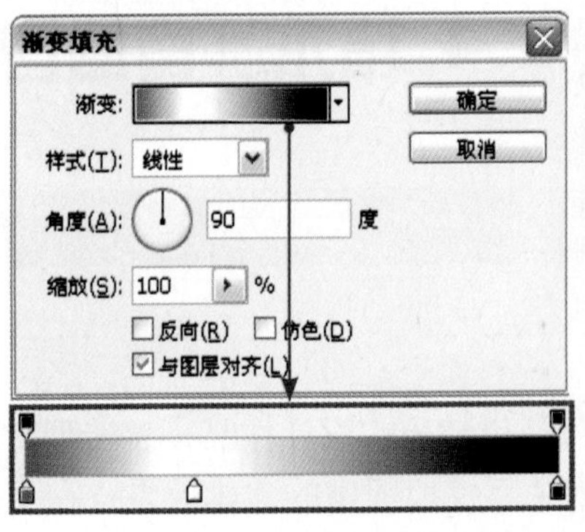

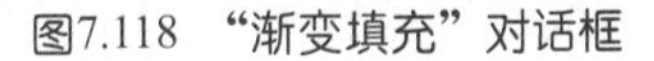

图7.118 “渐变填充”对话框

图7.119 应用“渐变填充”后的效果

③ 设置前景色的颜色值为87be3d，选择钢笔工具，在工具选项条上选择形状图层按钮，在当前文件中绘制如图7.120所示的形状，得到“形状1”。

④ 下面制作包装袋两端的锯齿图像。设置前景色的颜色值为白色，选择矩形工具，在工具选项条上选择形状图层按钮，在图像的下方绘制如图7.121所示的形状，得到“形状2”。

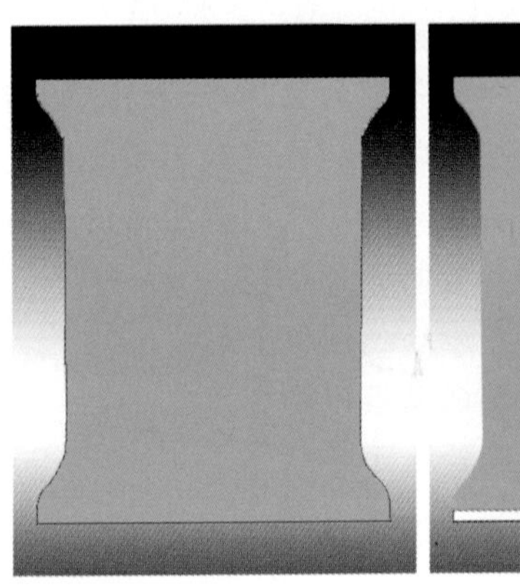

图7.120 绘制形状1

图7.121 绘制形状2

提示

在这里需注意的是，完成一个形状后，如果想继续绘制另外一个不同颜色的形状，在绘制前需按Esc键使先前绘制形状的矢量蒙版缩览图处于未选中的状态。

⑤ 保持前景色不变，选择矩形工具，在工具选项条上选择形状图层按钮，按Shift+Alt键在文件中绘制正方形形状，得到“形状3”。按Ctrl+T键调出自由变换控制框，顺时针旋转45°，并移向图像左下角位置，按Enter键确认操作。得到的效果如图7.122所示。

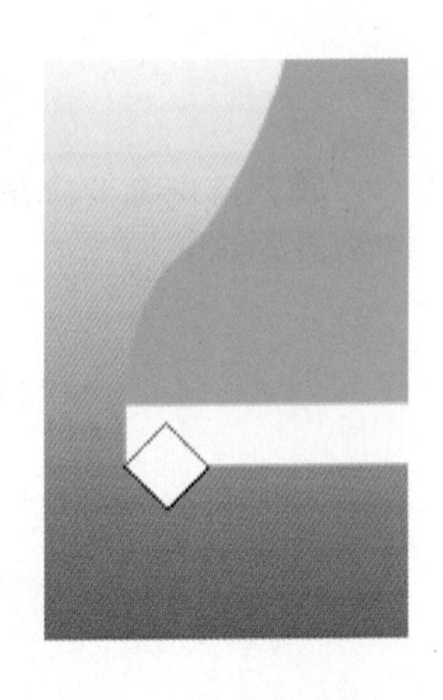

图7.122 调整图像

⑥ 按Ctrl+Alt+T键调出自由变换并复制控制框，结合方向键“→”向右移动，按Enter键确认操作。按Alt+Ctrl+Shift+T键多次执行再次变换并复制操作，得到如图7.123所示的效果。

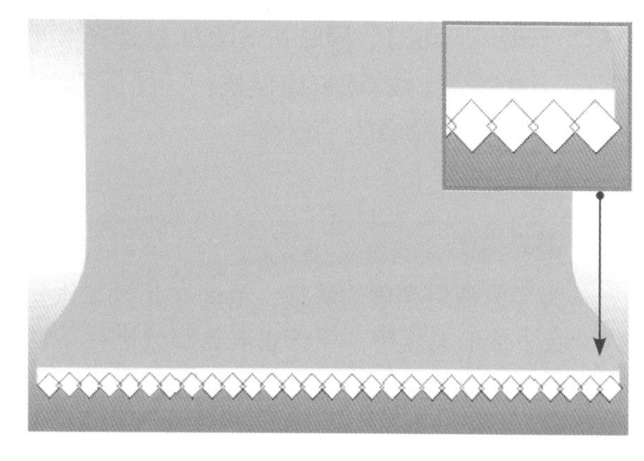

图7.123 执行再次变换并复制操作后的效果

提示

观看上一步得到的图像，由于执行了再次变换并复制操作，右侧多出了多余的图像。下面通过添加图层蒙版的功能将多余的图像去除。

⑦ 单击添加图层蒙版按钮 为“形状3”添加蒙版，设置前景色为黑色，选择画笔工具，在其工具选项条中设置适当的画笔为“硬边方形80像素”，在图层蒙版中进行涂抹，以将最右侧多余的图像隐藏起来，直至得到如图7.124所示的效果，此时蒙版中的状态如图7.125所示。

图7.124 添加图层蒙版后的效果

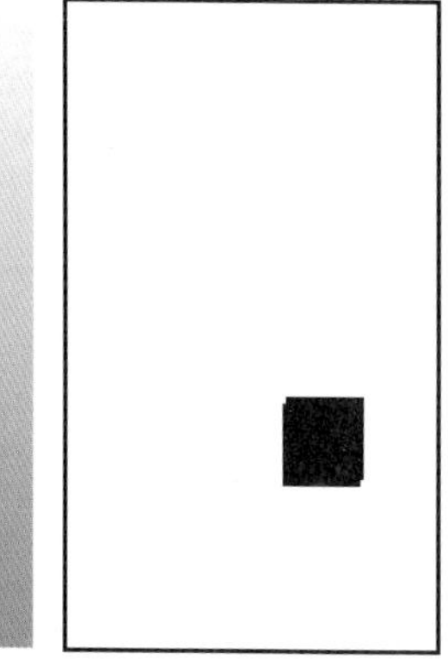

图7.125 图层蒙版中的状态

提示

下面来制作包装袋上方的锯齿图像，以及轮廓中的基本内容。

⑧ 复制“形状3”得到“形状3副本”，选择移动工具，按Shift键向上移动位置如图7.126所示。按照上一步的操作方法，应用添加图蒙版的功能，配合画笔工具将左侧多余的图像隐藏起来。如图7.127所示。

⑨ 分别设置前景色为白色和bfc0c2，选择钢笔工具，在工具选项条上选择形状图层按钮，在文件中绘制如图7.128所示的形状，同时得到“形状4”和“形状5”。“图层”调板如图7.129所示。

图7.126 复制及移动位置

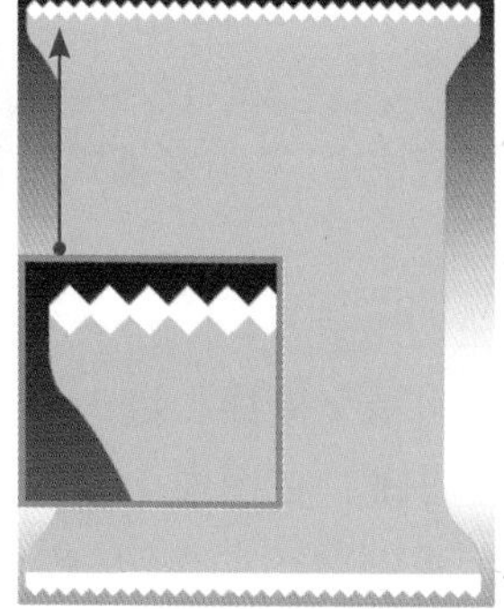

图7.127 添加图层蒙版后的效果

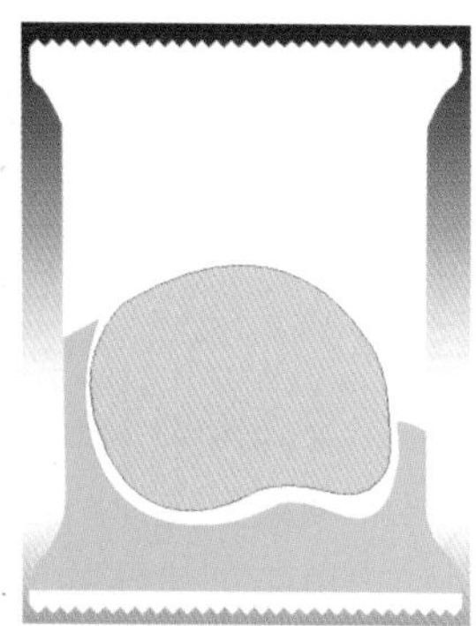

图7.128 绘制形状

⑩ 选择“形状 1”同时按 Shift 键选择“形状 5”以选中它们相连的图层，按 Ctrl+G 键执行“图层编组”操作，得到“组 1”，并将其重命名为“轮廓”。

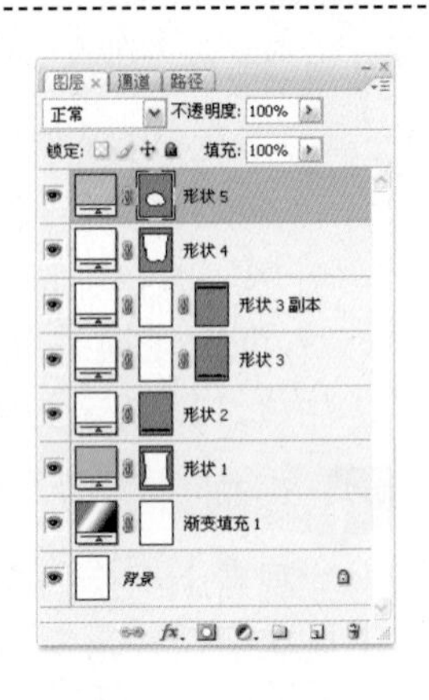

图7.129 “图层”调板

提示

为了方便对图层的管理，笔者在此对制作轮廓的图层进行编组操作，在下面的操作中，笔者也对各部分进行了编组的操作，在步骤中不再叙述。至此，包装袋的基本轮廓已完成。下面制作包装袋上的叶子图像。

⑪ 选择组“轮廓”。设置前景色的颜色值为 f8c30c，选择钢笔工具，在工具选项条上选择形状图层按钮，在包装袋的右侧绘制如图 7.130 所示的形状，得到“形状 6”。

⑫ 下面来制作叶子的立体效果。单击添加图层样式按钮，在弹出的菜单中选择“斜面和浮雕”命令，设置弹出的对话框如图 7.131 所示，得到如图 7.132 所示的效果。

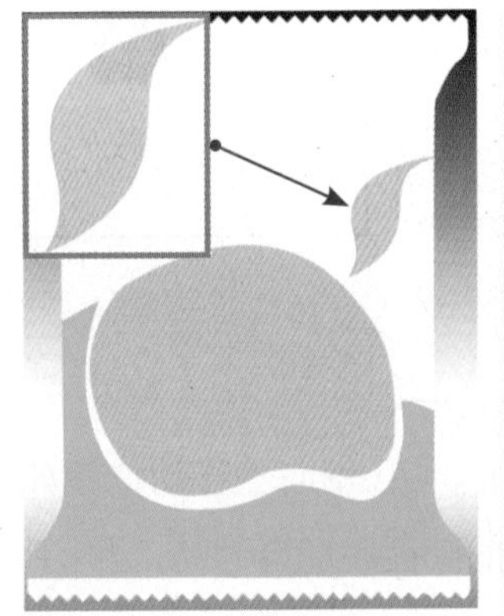
图7.130 绘制形状

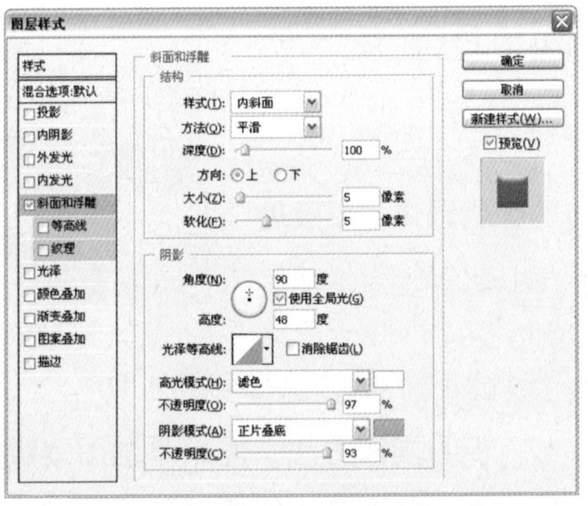

图7.131 “斜面和浮雕”对话框

图7.132 添加图层样式后的效果

提示

在“斜面和浮雕”对话框中，“阴影模式”后颜色块的颜色值为 fead00。

⑬ 下面来制作图像的明暗交接线，进一步完善立体效果。选择钢笔工具，在工具选项条上选择路径按钮，在图像上绘制如图 7.133 所示的路径。

⑭ 单击创建新的填充或调整图层按钮，在弹出的菜单中选择“渐变”命令，设置弹出的对话框，如图 7.134 所示，得到如图 7.135 所示的效果，同时得到图层“渐变填充 2”。

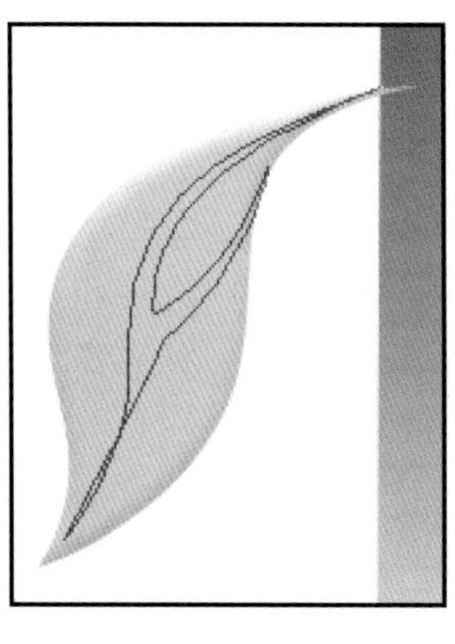

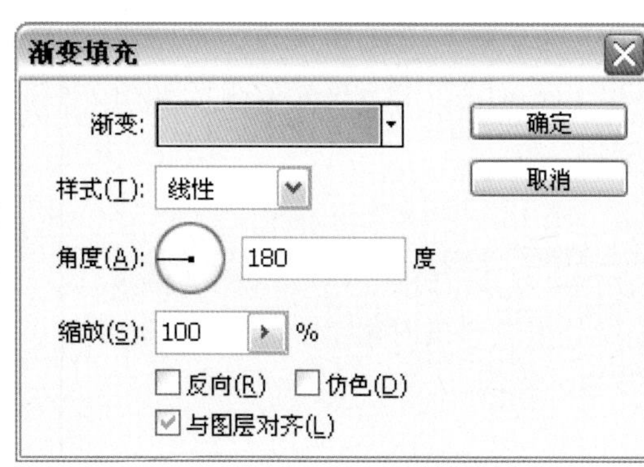

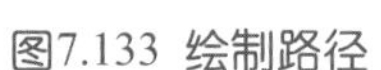

图7.133 绘制路径

图7.134 “渐变填充”对话框

图7.135 应用“渐变填充”后的效果

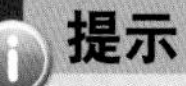

提示

在“渐变填充”对话框中，渐变类型为从 fbcc11 到 f0871f。下面来制作图像的高光效果。

⑮ 按照本部分第 13 ~ 14 步的操作方法，应用路径配合渐变填充图层的功能得到如图 7.136 所示的渐变效果，同时得到图层“渐变填充 3”。

⑯ 下面来制作图像的渐隐效果。单击添加图层蒙版按钮 为“渐变填充 3”添加蒙版，设置前景色为黑色，选择画笔工具，在其工具选项条中设置适当的画笔大小及不透明度，在图层蒙版中进行涂抹，以将渐隐部分图像，直至得到如图 7.137 所示的效果。

图7.136 制作高光效果

图7.137 添加图层蒙版后的效果

⑰ 下面通过复制图层完善高光效果。复制“渐变填充 3”得到“渐变填充 3 副本”，以加亮图像。

提示

图像的高光部分已制作完成。下面制作图像的反光效果。

⑱ 设置前景色为 fefbae。结合钢笔工具以及添加图层蒙版的功能，制作叶子图像的右下方反光效果，如图 7.138 所示，同时得到“形状 7”。

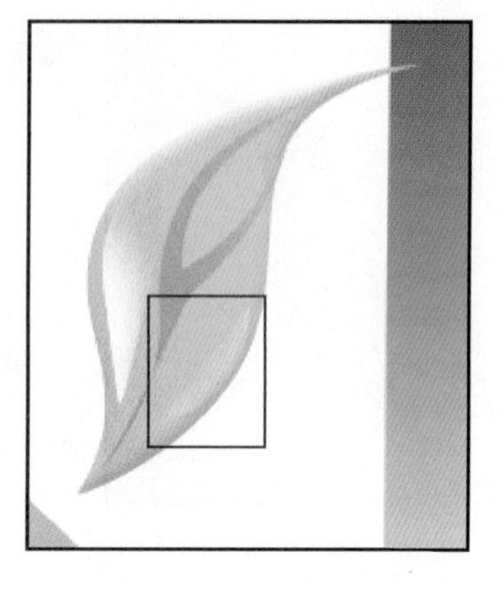

图7.138 制作右下方的反光效果

提示

至此，叶子图像的立体效果已显示出来。下面通过复制图像功能使整体看起来更丰富、美观。

⑲ 将前面制作叶子图像的图层选中进行编组，并重命名为“叶子”，“图层”调板如图 7.139 所示。选择组“叶子”，按 Ctrl+Alt+E 键执行“盖印”操作，从而将组中的图像合并至一个新图层中，并将其重命名为“图层 1”。结合自由变换控制框调整图像的角度（+93° 左右）及位置，如图 7.140 所示。

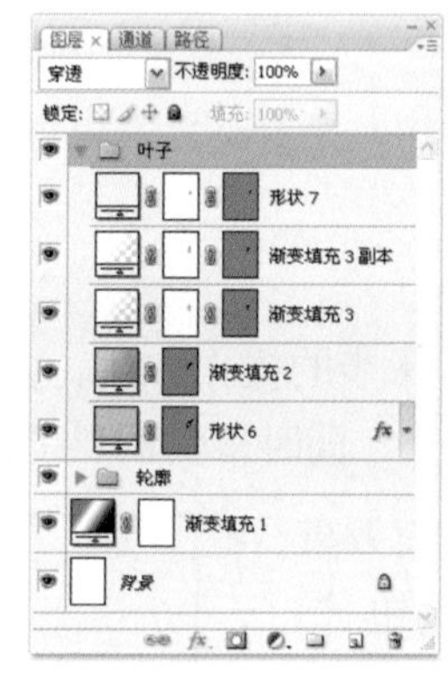

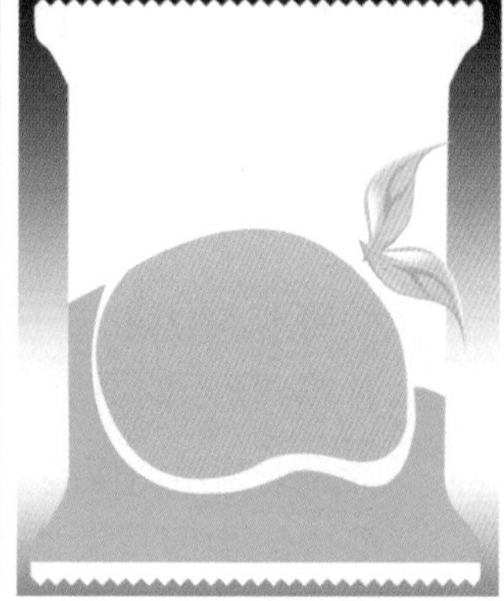

图7.139 “图层”调板　　图7.140 复制及调整图像

⑳ 复制“图层 1”得到“图层 1 副本”，按 Ctrl+T 键调出自由变换控制框，逆时针旋转 170° 左右，并将其移至包装的右上方位置，在变换控制框中单击鼠标右键，在弹出的快捷菜单中选择“变形”命令，拖动后的状态如图 7.141 所示。按 Enter 键确认操作。

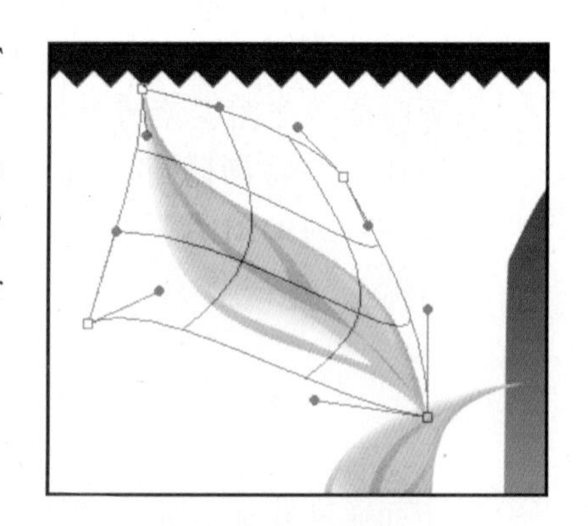

图7.141 变形状态

㉑ 复制“图层 1 副本”3 次，结合自由变换控制框调整图像的角度及位置，得到的效果如图 7.142 所示。按照本部分第 7 步的操作方法，应用添加图蒙版的功能，配合画笔工具为组“叶子”及“图层 1”添加蒙版，以将最右边超出轮廓的叶子图像隐藏起来，直至得到的效果如图 7.143 所示。“图层”调板如图 7.144 所示。

图7.142 复制及调整图像

图7.143 添加图层蒙版后的效果

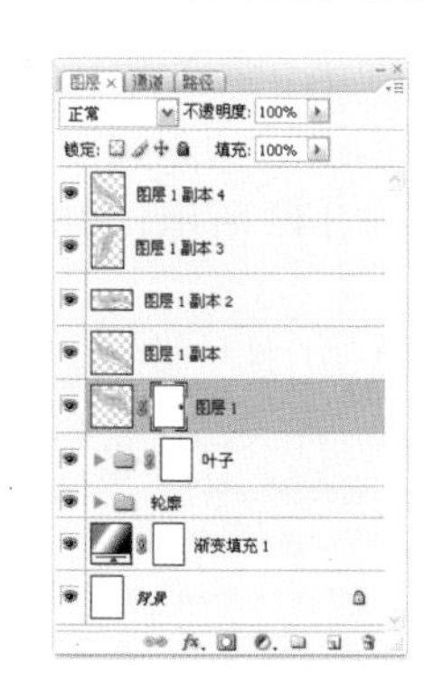

图7.144 “图层”调板

㉒ 下面来制作另外一款麦叶效果。结合形状工具、应用路径配合渐变填充图层、添加图层样式以及添加图层蒙版等功能完成另外一款麦叶效果，如图 7.145 所示。“图层”调板如图 7.146 所示。将本步得到的图层进行编组，并重命名为“麦叶”。

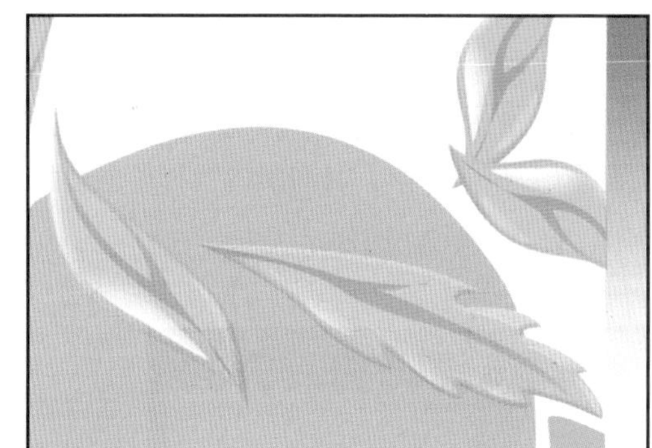

图7.145 制作另外一款麦叶效果

图7.146 “图层”调板

提示

关于图层样式的参数设置，读者可参考最终效果源文件。至此，麦叶图像已制作完成。下面来制作麦枝图像。

㉓ 选择钢笔工具，在工具选项条上选择路径按钮，在当前文件中绘制如图 7.147 所示的路径。设置前景色为 ffc954，新建“图层 2”。选择画笔工具，并在其工具选项条中设置画笔为“尖角 4 像素”，不透明度为 100%。切换至“路径”调板，单击用画笔描边路径命令按钮，隐藏路径后的效果如图 7.148 所示。

图7.147 绘制路径

图7.148 应用画笔描边后的效果

㉔ 按照上一步的操作方法，应用路径配合画笔描边的功能制作另外一条麦枝效果，如图 7.149 所示，同时得到“图层 3”。

提示

至此，麦枝图像已制作完成。下面制作包装袋两端的压条图像。

图7.149 另外一条麦枝效果

㉕ 选择直线工具，在工具选项条上选择形状图层按钮，并设置“粗细”为 3px。在包装袋上方绘制如图 7.150 所示的形状，得到“形状 9”。单击添加图层样式按钮 fx，在弹出的菜单中选择“投影”命令，设置弹出的对话框，如图 7.151 所示，得到如图 7.152 所示的效果。按照本部分第 6 步的操作结合再次变换并复制操作，制作压条图像，如图 7.153 所示。

图7.150 绘制形状

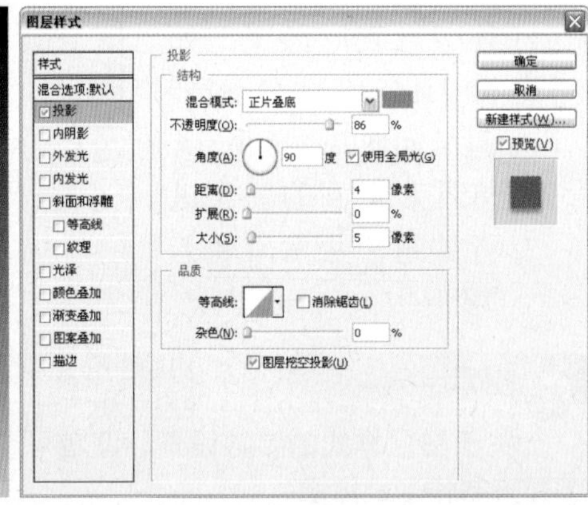

图7.151 “投影”对话框

图7.152 添加图层样式后的效果

图7.153 应用再次变换并复制后的效果

提示

在“投影”对话框中，颜色块的颜色值为898787。

㉖ 选中“形状 9”及其副本进行编组，并重命名“压条”，设置此组的混合模式为“正片叠底”，不透明度为 75%，以融合图像，如图 7.154 所示。复制“压条”得到“压条副本”，使用移动工具配合 Shift 键向下移动位置，得到的效果如图 7.155 所示。

图7.154 设置图层属性后的效果

图7.155 复制及移动位置

提示

至此，包装袋图像已制作完成。下面来制作包装袋上的主题文字效果。

㉗ 选择组“压条副本”，打开随书所附光盘中的文件“第 7 章\7.4– 素材 1.psd”，使用移动工具将其拖至刚制作的文件中，即麦叶的中间位置，如图 7.156 所示，同时得到“图层 4”。

㉘ 结合素材图像、文字工具、形状工具以及添加图层样式、添加图层蒙版、应用路径配合渐变填充图层等功能完成最终效果及“图层”调板，如图 7.157 所示。

图7.156 摆放图像

提示1

由于本步的操作方法非常简单，在叙述上略显繁琐，读者可以参考最终效果源文件进行参数设置。本步应用到的素材图像为随书所附光盘中的文件“第 7 章\7.4– 素材 2.psd”~“第 7 章\7.4– 素材 4.psd”。

提示2

本步关于变形文字的参数设置，可通过双击变形文字图层缩览图，以激活文字工具，然后在文字工具选项条中单击“创建文字变形”按钮，即可在弹出的对话框中观看参数设置。

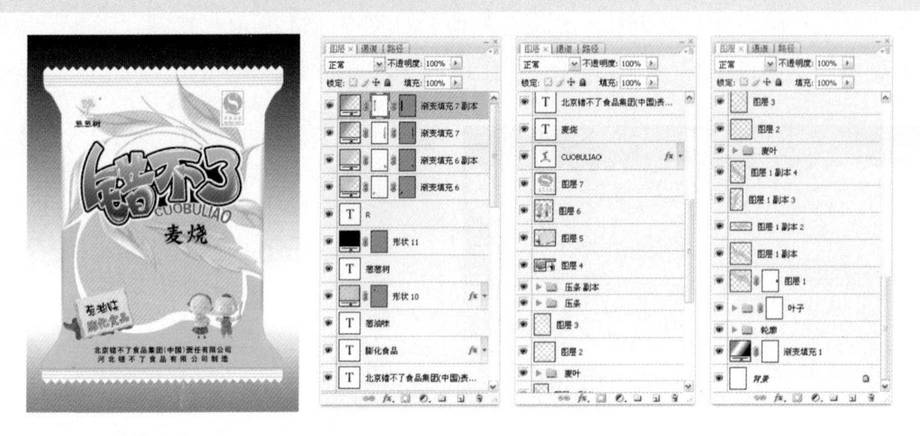

图7.157 最终效果及“图层”调板

7.5 花语秋实月饼包装设计

7.5.1 案例概况

例前导读：

本例设计的是花语秋实月饼的包装盒，作为在我国传承了数千年的传统佳节，在其包装盒中采用中国古典的图案、花纹、莲花、书法文字以及与月亮相关的嫦娥图像等元素，自然是最能突出节日气氛的表现手法之一。

在色彩表现上，设计者以红、黄作为主体图像部分的主色调，配合适当的明暗处理，给人以沉稳、古色古香的视觉感受，同时在其中辅以一定的绿色，除了作为视觉上的点缀之外，更给人以一种清新自然的感觉。

核心技能：

- 结合混合模式及图层蒙版功能融合图像。
- 结合“黑白”、“亮度/对比度”等命令调整图像的色彩及对比度。
- 结合智能滤镜及智能蒙版处理图像。
- 利用剪贴蒙版限制调整图层的调整范围。
- 利用图层样式模拟图像的发光效果。

效果文件：光盘\第7章\7.5.psd。

7.5.2 实现步骤

① 按 Ctrl + N 键新建一个文件，设置弹出的对话框，如图 7.158 所示，单击“确定”按钮退出对话框，从而新建一个新的空白文件。

图7.158 “新建”对话框

提示

对于上面所设置的尺寸，包装平面图宽度＝正面宽度（121mm）＋左右侧面宽度（各 14mm）＋左右出血（各 3mm）=155mm；包装平面图高度＝正面高度（242mm）＋上下侧面宽度（各 14mm）＋上下出血（各 3mm）=208mm。

② 按 Ctrl + R 键显示标尺，按照上面提示中的尺寸分别在水平和垂直方向上添加辅助线，如图 7.159 所示。再次按 Ctrl + R 键隐藏标尺。

图7.159 添加辅助线

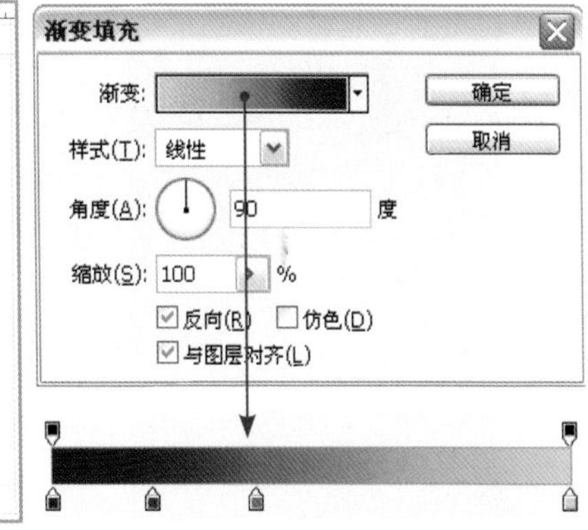

图7.160 “渐变填充”对话框

③ 下面在背景中制作一个渐变。单击创建新的填充或调整图层按钮，在弹出的菜单中选择“渐变”命令，设置弹出的对话框，如图 7.160 所示，得到如图 7.161 所示的效果，同时得到图层“渐变填充 1”。

提示

在“渐变填充”对话框中所使用的渐变从左至右各个色标的颜色值依次为 2f0809、4e1607、c25200 和 ffc000。下面在包装正面中增加嫦娥图像。

图7.161 填充渐变后的效果

④ 打开随书所附光盘中的文件“第7章\7.5-素材1.psd”，如图7.162所示，使用移动工具将其拖至本例操作的文件中，得到“图层1”。按Ctrl＋T键调出自由变换控制框，按住Shift键缩小图像并将其置于包装正面图的左侧，如图7.163所示，按Enter键确认变换操作。

图7.162 素材图像

图7.163 调整图像位置

⑤ 设置“图层1”的混合模式为“柔光”，得到如图7.164所示的效果。

⑥ 下面再来调整一下嫦娥图像的颜色。单击创建新的填充或调整图层按钮，在弹出的菜单中选择“黑白”命令，然后在其对话框的“预设”下拉菜单中选择“蓝色滤镜”选项，如图7.165所示，单击“确定”按钮退出对话框，得到图层“黑白1”，按Ctrl＋Alt＋G键创建剪贴蒙版，从而将图像处理成为单色，得到如图7.166所示的效果。

图7.164 设置混合模式后的效果

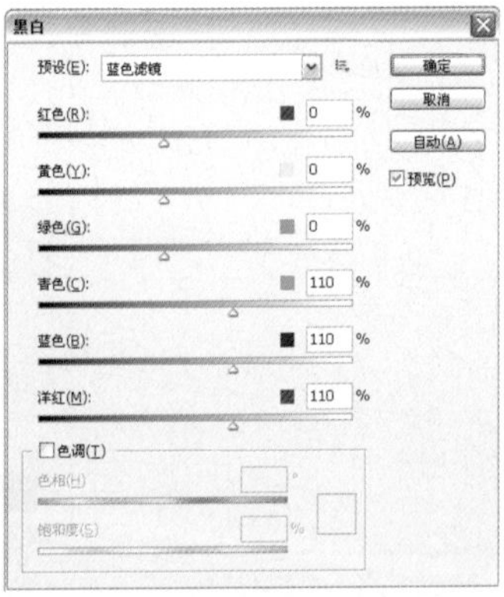

图7.165 “黑白”对话框

图7.166 调色后的效果

⑦ 单击添加图层蒙版按钮为“图层1”添加蒙版，设置前景色为黑色，选择画笔工具并设置适当的画笔大小及不透明度，在嫦娥图像的下方涂抹以将其隐藏，如图7.167所示，此时蒙版中的状态如图7.168所示。

图7.167 隐藏图像

图7.168 蒙版中的状态

⑧ 下面将在嫦娥图像的右侧位置制作月亮图像。设置前景色为白色，选择椭圆工具，并在其工具选项条上选择形状图层按钮，然后按住Shift键在画布中绘制正圆，同时得到一个图层“形状 1”，并设置其混合模式为“叠加”，得到如图 7.169 所示的效果。

⑨ 单击添加图层蒙版按钮为“形状 1”添加蒙版，选择线性渐变工具并设置渐变类型为预设中的“黑色、白色”渐变，然后从月亮图像的左上方至右上方绘制渐变，得到如图 7.170 所示的效果。

图7.169 绘制圆形

图7.170 用蒙版隐藏图像

⑩ 单击添加图层样式按钮，在弹出的菜单中选择“外发光”命令，设置弹出的对话框，如图 7.171 所示，得到如图 7.172 所示的效果。

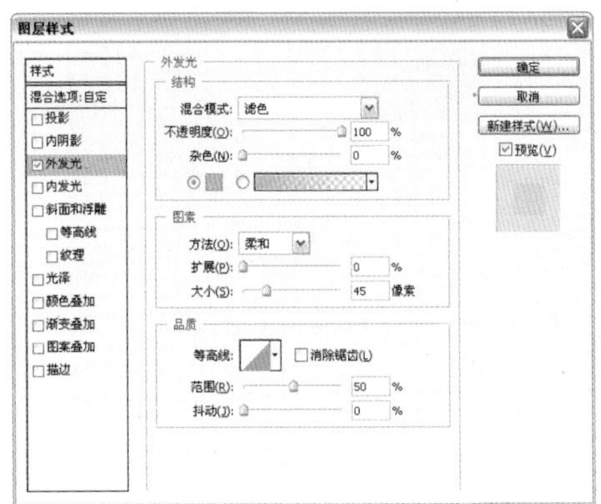

图7.171 “外发光”对话框

图7.172 添加样式后的效果

提示

在“外发光”对话框中，颜色块的颜色值为 eea800。为了使图层蒙版能够隐藏“外发光”图层样式的效果，下面来设置一下“形状 1”图层的高级混合选项。

⑪ 选择“形状 1”，单击添加图层样式按钮，在弹出的菜单中选择“混合选项”命令。在弹出的对话框中选择“图层蒙版隐藏效果”选项（如图 7.173 所示），使该图层的蒙版可以隐藏由图层样式生成的图像，如图 7.174 所示。

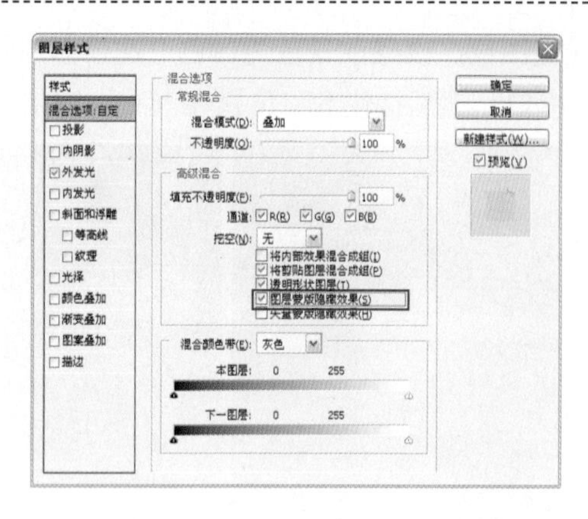

图7.173 “混合选项”对话框

图7.174 设置混合选项后的效果

⑫ 复制“形状 1”得到“形状 1 副本”，以增强图像效果，然后再次复制“形状 1 副本”得到“形状 1 副本 2”并恢复其混合模式为“正常”，不透明度为 80%，得到如图 7.175 所示的效果。此时的“图层”调板如图 7.176 所示。

图7.175 增强月亮图像的效果

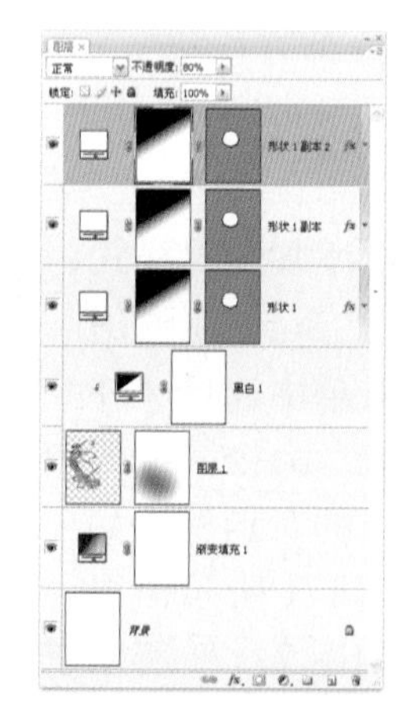

图7.176 “图层”调板

⑬ 下面将在月亮图像周围添加两个云纹描边图像。打开随书所附光盘中的文件“第 7 章\7.5-素材 2.psd”，如图 7.177 所示，使用移动工具将其拖至本例操作的文件中，得到“图层 2”。结合自由变换控制框将其拖至月亮图像的下方，如图 7.178 所示。

图7.177 素材图像

图7.178 摆放图像位置

⑭ 设置“图层2”的混合模式为0%，单击添加图层样式按钮 fx.，在弹出的菜单中选择“描边”命令，设置弹出的对话框，如图7.179所示，得到如图7.180所示的效果。复制“图层2”得到“图层2副本”，并将其移至月亮的上方，如图7.181所示。

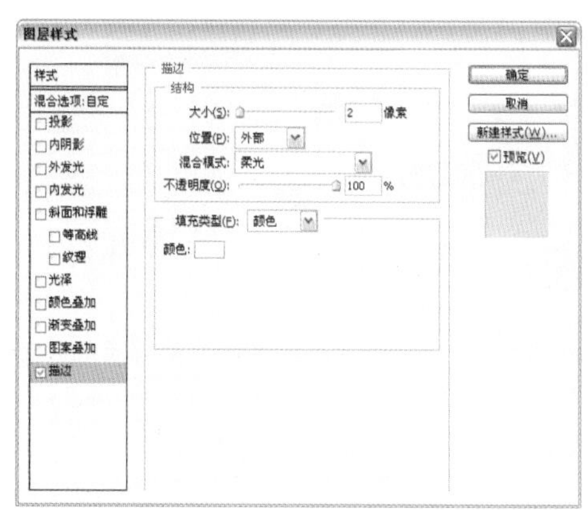

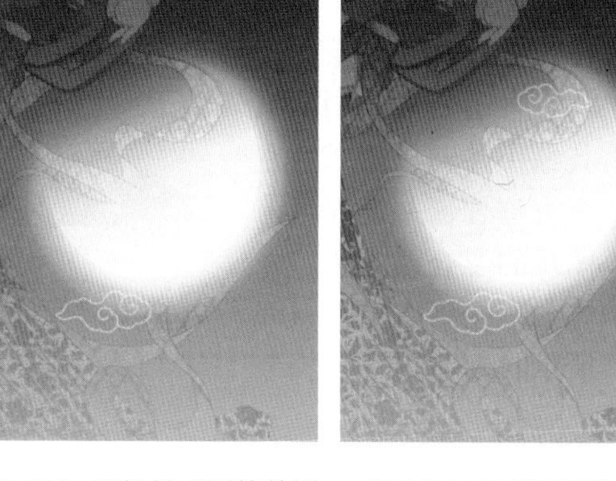

图7.179 “描边”对话框　　图7.180 添加样式后的效果　　图7.181 调整图像位置

提示

至此，已经基本完成了对嫦娥及月亮图像周围的处理，下面将在包装的下半部分添加一些纯色的发光图像。

⑮ 新建一个图层得到“图层3”，并设置其混合模式为“柔光”，设置前景色为白色，选择画笔工具，并设置适当大小的柔边画笔及不透明度，然后在画布的底部进行涂抹，得到如图7.182所示的效果。

⑯ 复制“图层3”得到“图层3副本”，恢复其混合模式为“正常”，然后选择橡皮擦工具并设置适当的柔边画笔大小，在该副本图层中的白色区域进行擦除操作，直至得到如图7.183所示的效果。

图7.182 用画笔涂抹图像　　图7.183 擦除图像后的效果

提示

至此，已经基本完成了对背景图像的处理，下面来处理包装左下方的莲花图像。

⑰ 打开随书所附光盘中的文件“第 7 章 \7.5- 素材 3.psd”，如图 7.184 所示，使用移动工具将其拖至本例操作的文件中，得到“图层 4”。结合自由变换控制框将其缩小并置于画布的左下方位置，并设置当前图层的混合模式为“强光”，得到如图 7.185 所示的效果。

图7.184 素材图像

图7.185 设置混合模式后的效果

⑱ 在“图层 4”的名称上单击鼠标右键，在弹出的菜单中选择“转换为智能对象”命令，从而将其转换成为智能对象图层，以便于下面利用智能滤镜及智能调整命令调整图像。

⑲ 选择“滤镜”|“模糊”|“高斯模糊”命令，在弹出的对话框中设置“半径”数值为 5，单击“确定”按钮退出对话框，得到如图 7.186 所示的效果。

图7.186 模糊后的图像效果

⑳ 选择“图像”|“调整”|“阴影 / 高光”命令，设置弹出的对话框，如图 7.187 所示，以显示图像高光区域图像的细节，得到如图 7.188 所示的效果。

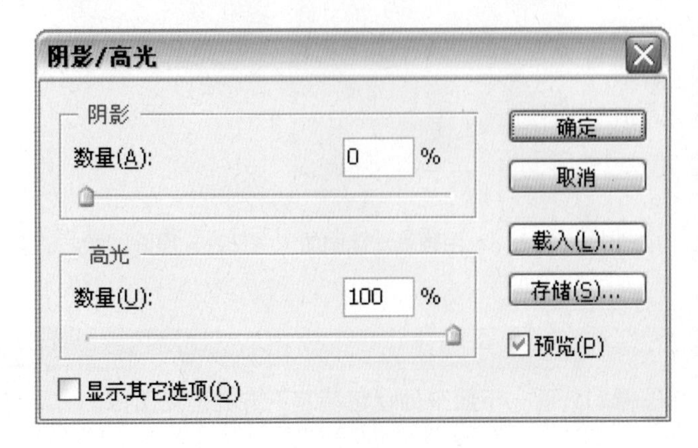

图7.187 “阴影/高光”对话框

图7.188 调色后的效果

㉑ 下面将利用智能蒙版隐藏右下方的调整效果。选择智能蒙版，按照第 9 步的操作方法在其中从右上方至左上方绘制黑白线性渐变，得到如图 7.189 所示的效果，此时蒙版中的状态如图 7.190 所示，“图层”调板如图 7.191 所示。

提示

观察图像不难看出，莲花图像上的高光区域缺少细节，下面就来继续处理图像以弥补回这些细节内容。

图7.189 用蒙版隐藏图像

图7.190 蒙版中的状态

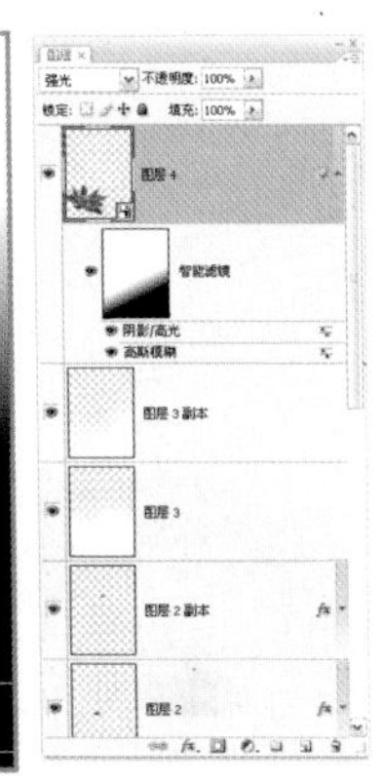

图7.191 “图层”调板

㉒ 复制“图层 4”得到“图层 4 副本”,然后选择“图层”|“智能滤镜”|“清除智能滤镜”命令，设置其混合模式为“线性加深”，得到如图 7.192 所示的效果。

㉓ 单击添加图层蒙版按钮为“图层 4 副本”添加蒙版，设置前景色为黑色，选择画笔工具并设置适当的画笔大小及不透明度，在原来莲花图像的高光以外的区域涂抹以弥补其细节，如图 7.193 所示。此时蒙版中的状态如图 7.194 所示。

图7.192 设置混合模式后的效果

图7.193 用蒙版隐藏图像

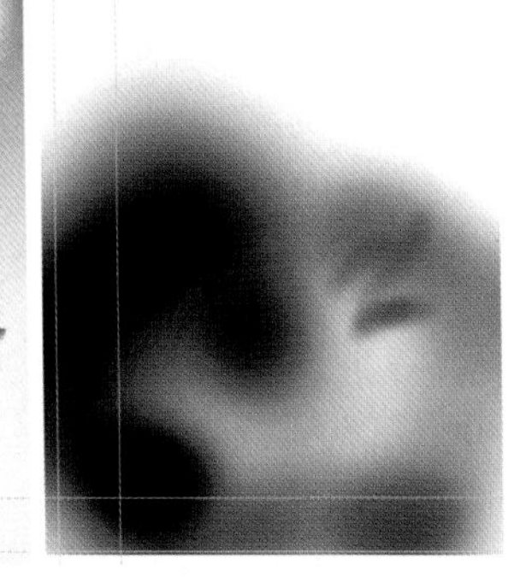

图7.194 蒙版中的状态

㉔ 单击创建新的填充或调整图层按钮，在弹出的菜单中选择“亮度 / 对比度”命令，在弹出的对话框中设置“饱和度”数值为 33。单击“确定”按钮退出对话框，得到图层“亮度 / 对比度 1”，按 Ctrl + Alt + G 键创建剪贴蒙版，以调整图像的亮度及对比度，得到如图 7.195 所示的效果。

图7.195 调色后的效果

㉕ 打开随书所附光盘中的文件"第7章\7.5-素材4.psd"和"第7章\7.5-素材5.psd"，如图7.196所示，使用移动工具将其拖至本例操作的文件中，得到"图层5"和"图层6"。结合第18～24步的操作方法，调整图像颜色并使用智能滤镜处理图像，直至得到如图7.197所示的效果及对应的"图层"调板。

图7.196 两幅素材图像

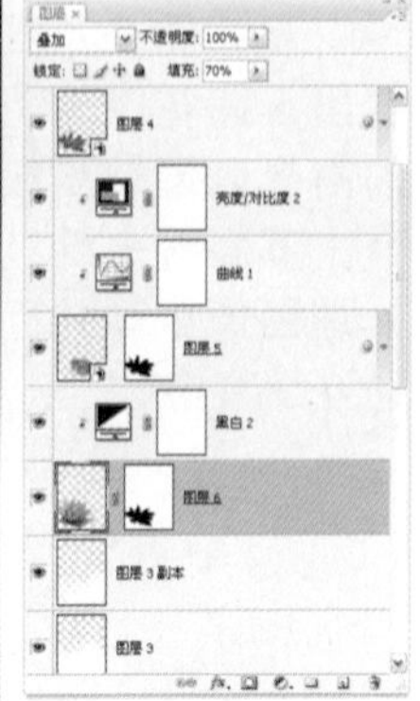

图7.197 调整后的效果及"图层"调板

提示

"图层5"和"图层6"的蒙版可以载入"图层4副本"的莲花图像的选区。

㉖ 最后，我们可以结合随书所附光盘中的文件"第7章\7.5-素材6.psd"～"第7章\7.5-素材10.psd"，中的图像及图案预设，以及前讲解的添加图层样式、设置混合模式及添加图层蒙版等知识，制作得到类似如图7.198所示的效果，对于具体的参数设置，读者可以查看本例的最终效果文件。此时的"图层"调板如图7.199所示，本例包装的立体效果图如图7.200所示。

图7.198 最终效果

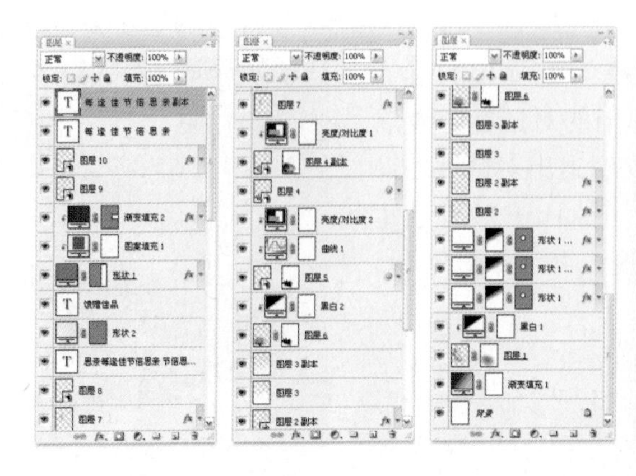

图7.199 "图层"调板

图7.200 立体效果

7.6 繁花似锦月饼包装设计

7.6.1 案例概况

例前导读：

本案例制作的是繁花似锦包装盒设计作品。在制作的过程中，掌握包装盒的结构，了解面与面之间的关系，从而轻松制作出各个面的图像。从图像的表现上来说，设计师以一个洋红的暖色调作为主色调，从而吸引读者的眼球，整个包装简中有精，引人注目。

核心技能：

- 利用辅助线以划分包装盒中的各个区域。
- 结合变换功能调整图像的大小、角度及位置。
- 利用形状工具绘制各种形状。
- 结合多种图层样式制作描边及浮雕等效果。
- 利用文字工具来制作主题文字及相关说明文字。
- 结合复制操作制作不同位置的花纹图像。
- 利用图层属性融合各部分图像内容。
- 结合图层蒙版隐藏不需要的图像内容。

效果文件：光盘 \ 第 7 章 \7.6.psd。

7.6.2 实现步骤

① 按 Ctrl+N 键新建一个文件，设置弹出的对话框，如图 7.201 所示，单击“确定”按钮退出对话框，以创建一个新的空白文件。

提示

在“新建”对话框中，其宽度数值＝正面（360mm）＋两个侧面（各 50mm）＋左右出血（各 3mm）=466mm，高度数值＝正面（267mm）＋两个侧面（各 50mm）＋左右出血（各 3mm）=373mm。

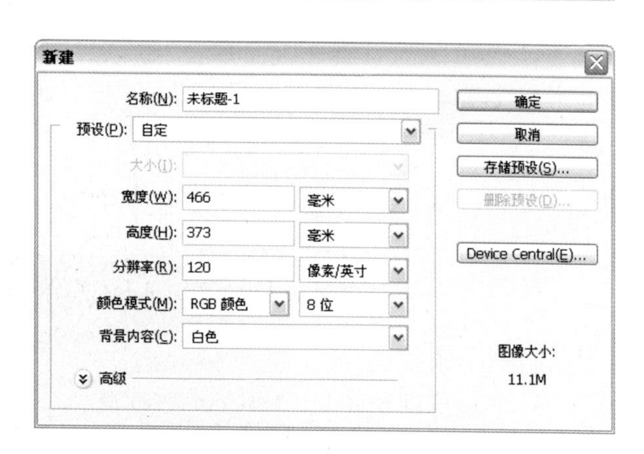

图7.201 “新建”对话框

② 按 Ctrl+R 键显示标尺，按照上面的提示内容在画布中添加辅助线以划分封面中的各个区域，如图 7.202 所示。再次按 Ctrl+R 键以隐藏标尺。在制作的过程中如有需要，可以随时调出标尺。

③ 设置前景色的颜色值为aa0563，按Alt+Delete键填充“背景”图层。

提示

下面利用素材图像，结合变换功能制作背景上的花纹图像。

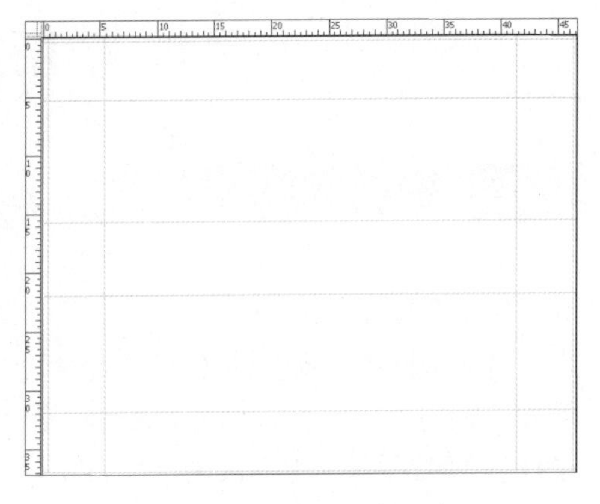

图7.202 添加辅助线

④ 打开随书所附光盘中的文件“第7章\7.6-素材1.psd”，使用移动工具将其移至当前画布右下方位置，得到“矢量智能对象”，按Ctrl+T键调出自由变换控制框，调整图像大小、角度及位置，按Enter键确认变换操作，得到如图7.203所示的效果。设置其“不透明度”为15%，得到如图7.204所示的效果。

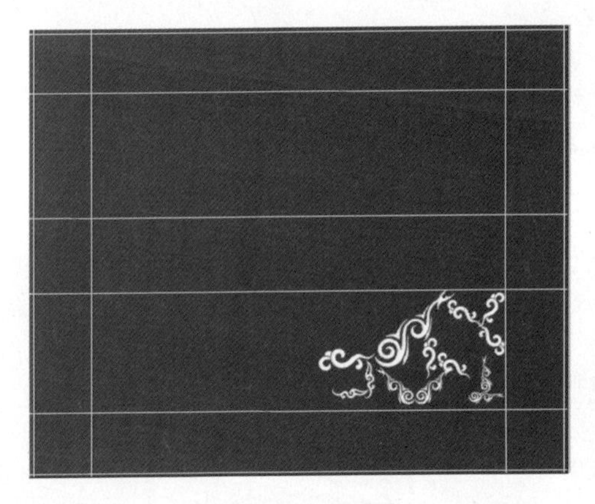

图7.203 调整图像

图7.204 设置不透明度后的效果

⑤ 通过复制图层，结合自由变换控制框，调整图像大小、角度及位置，以分布在不同位置，直至得到如图7.205所示的效果，此时的“图层”调板状态如图7.206所示。

图7.205 制作其他花纹图像

图7.206 “图层”调板

⑥ 选择“背景”,打开随书所附光盘中的文件“第7章\7.6-素材2.psd”,按照第4～5步的操作方法,制作侧面上的花纹图像,直至得到如图7.207所示的效果。此时的“图层”调板状态如图7.208所示。

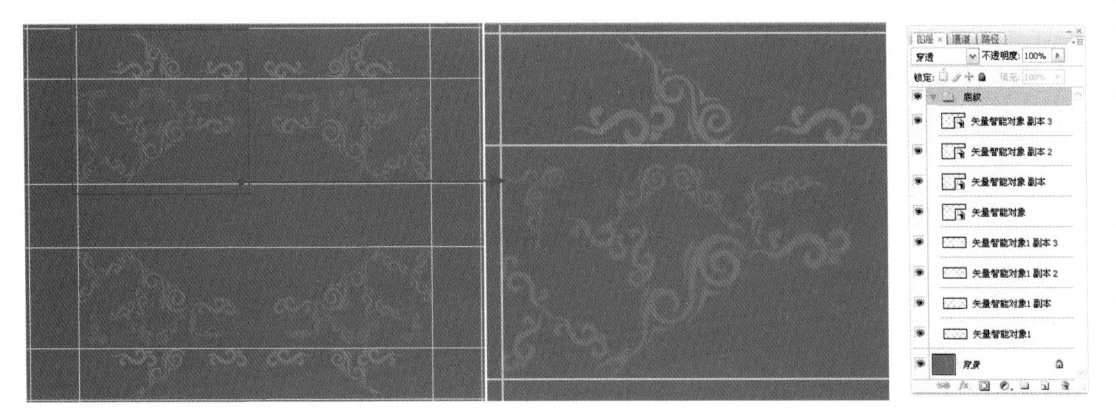

图7.207 制作侧面上的花纹图像　　图7.208 “图层”调板

提示

为了方便读者管理图层，故将制作背景上的花纹图层编组，选中要进行编组的图层，按Ctrl+G键执行“图层编组”操作，得到“组 1”，并将其重命名为“底纹”。下面在制作其他部分图像时，也进行编组操作，笔者不再重复讲解操作过程。下面制作主体图像。

⑦ 先绘制一个形状，设置前景色的颜色值为f95a1c，选择矩形工具，在工具选项条上选择形状图层按钮，在当前画布中间位置绘制形状，如图7.209所示，得到“形状1”，同时设置其混合模式为“柔光”，以融合图像。

⑧ 单击添加图层样式按钮 fx.,在弹出的菜单中选择“描边”命令,设置弹出的对话框,如图7.210所示，其颜色值为b36202，得到如图7.211所示的效果。

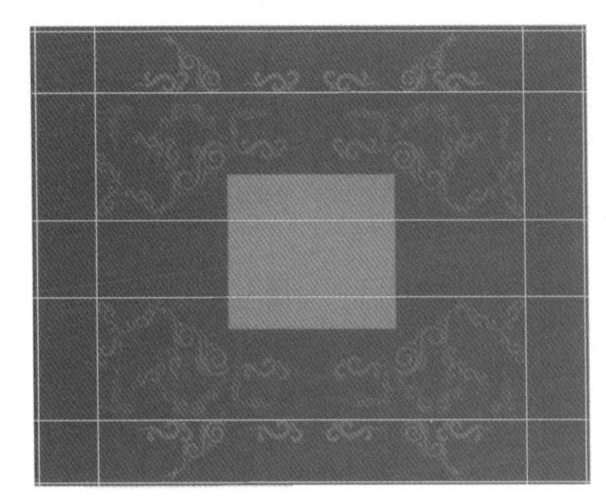

图7.209 绘制形状

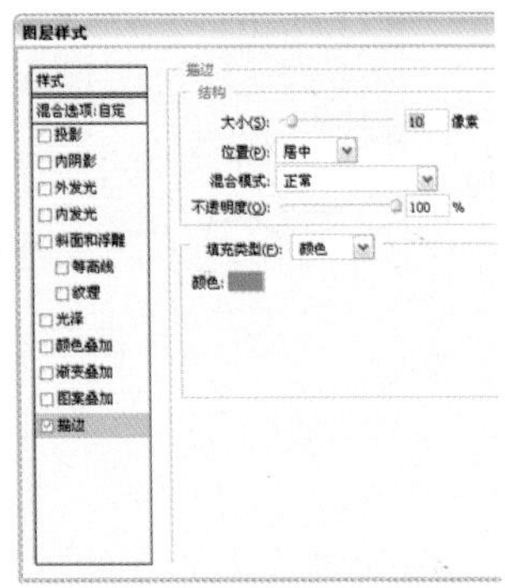

图7.210 “描边”对话框

图7.211 应用“描边”命令后的效果

⑨ 打开随书所附光盘中的文件“第 7 章 \7.6- 素材 3.psd”，按照第 4 ~ 5 步和第 8 步的操作方法，制作红色形状周围的花边图像，直至得到如图 7.212 所示的效果。此时的“图层”调板状态如图 7.213 所示。

图7.212 制作红色形状周围的花边图像　图7.213 “图层”调板

提示1

此步制作花边图像，设置的图层属性及图层样式，由于制作方法比较简单，所以此处不再重复解说操作过程，读者可以参照本例原文件中的相关图层，下面有类似的操作时，不再加以任何提示。其中形状左右两侧的花边图像添加的样式相同，上下两侧的花边图像添加的样式相同。

提示2

复制样式的方法为，在一个图层名称上单击鼠标右键，在弹出的菜单中选择“拷贝图层样式”命令；在另一个图层名称上单击鼠标右键，在弹出的菜单中选择“粘贴图层样式”命令，使二者具有相同的图层样式。

⑩ 按照前面的方法，结合矩形工具、复制及图层样式功能，设置不同的颜色值，在当前画布中间位置，制作多个矩形条形状，直至得到如图 7.214 所示的效果。此时的“图层”调板状态如图 7.215 所示。

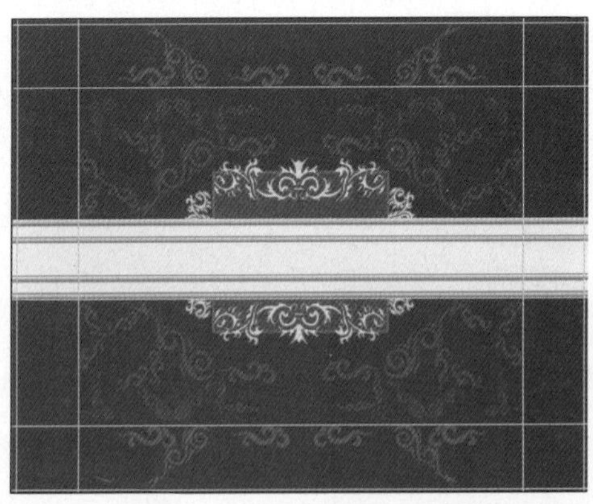

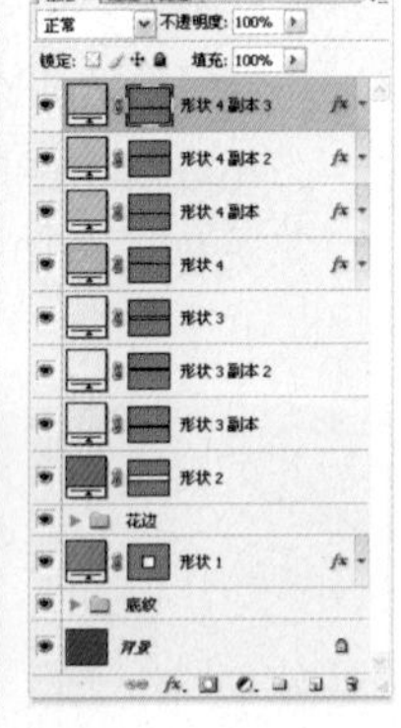

图7.214 制作多个矩形条形状　图7.215 “图层”调板

⑪ 选择“形状 3”，打开随书所附光盘中的文件“第 7 章 \7.6- 素材 4.psd”，制作中间矩形上的花纹图像，直至得到如图 7.216 所示的效果。此时的“图层”调板状态如图 7.217 所示。

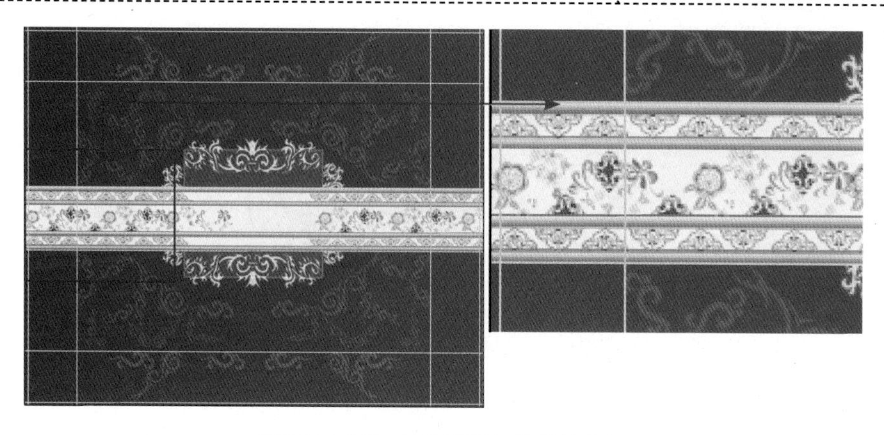

图7.216 制作中间矩形上的花纹图像

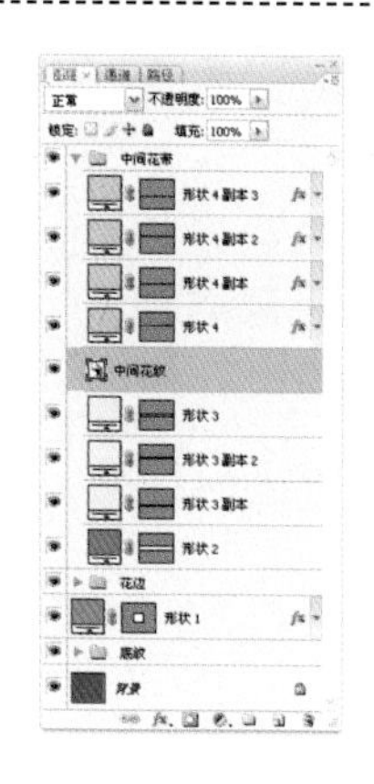

图7.217 “图层”调板

提示

制作花纹图像的素材是以智能对象的形式给出的，因为操作方法比较简单，故读者不再详细讲解其操作过程，读者若要查看具体的图层，可以双击智能对象缩览图，在弹出的对话框中单击“确定”按钮即可。具体的设置读者可以查看本例源文件相关图层。至此，中间长条花带已经制作完毕，下面开始制作外框图像。

⑫ 打开随书所附光盘中的文件“第7章\7.6-素材5.psd”，并结合图层样式，制作中间矩形上的外框图像，直至得到如图7.218 所示的效果。此时的“图层”调板状态如图7.219所示。

图7.218 制作中间矩形上的外框图像

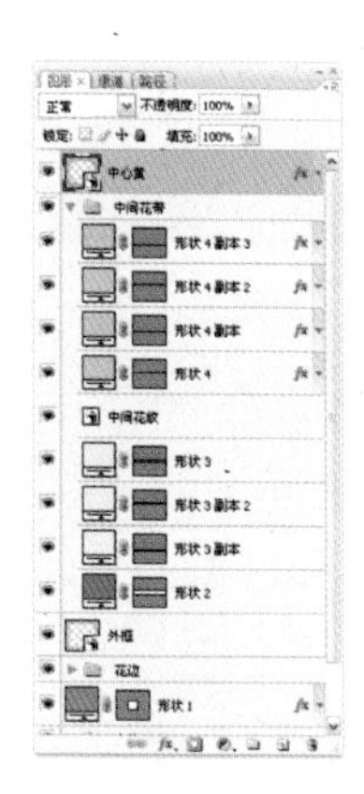

图7.219 “图层”调板

⑬ 在外框花纹上绘制白色矩形，得到“形状5”，设置其混合模式为“柔光”，直至得到如图7.220所示的效果。

⑭ 打开随书所附光盘中的文件“第7章\7.6-素材6.psd”，制作中间矩形上的主题文字及修饰图像，直至得到如图7.221所示的效果。此时的“图层”调板状态如图7.222所示。

提示

此步仍然是以智能对象的形式给出的素材。

图7.220 绘制白色透明矩形

图7.221 制作中间主题文字及修饰图像

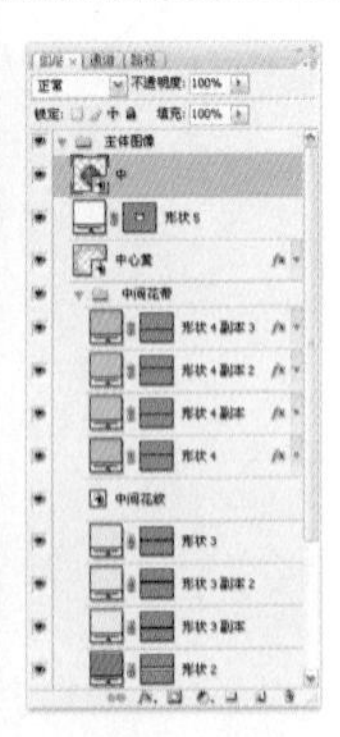

图7.222 "图层"调板

⑮ 打开随书所附光盘中的文件"第 7 章 \7.6- 素材 7.psd"，制作包装盒上的标志及文字信息图像，直至得到如图 7.223 所示的效果，图 7.224 所示为最终整体效果，此时的"图层"调板状态如图 7.225 所示。图 7.226 所示为包装盒的立体效果图，读者可以尝试制作。

图7.223 制作包装盒上的标志及文字信息图像

图7.224 最终整体效果

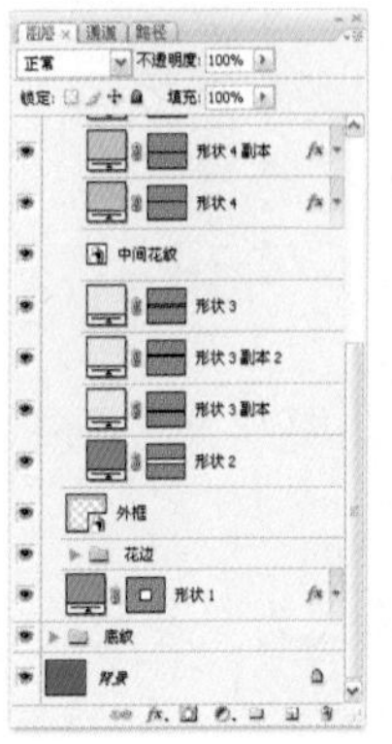

图7.225 "图层"调板

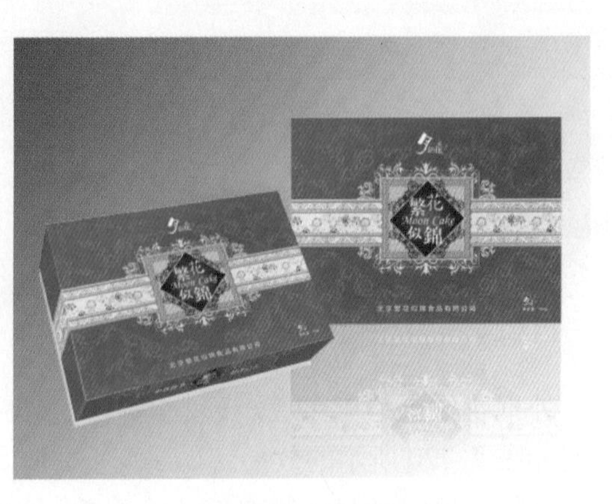

图7.226 包装盒的立体效果图

7.7 蜂王浆包装盒设计

7.7.1 案例概况

例前导读：

本案例制作的是蜂王浆包装盒设计作品。“蜂王浆”包装在设计风格上，以突出历史悠久为重点。在整体色彩上，采用红色和黄色为主体色调，表现出健康的特色；在整体画面上，将视觉焦点集中在包装盒盖面上的图形上，另外，在文字的编排上也体现出包装的精美。

核心技能：

- 利用辅助线以划分包装盒中的各个区域。
- 结合变换功能调整图像的大小、角度及位置。
- 利用形状工具及其运算功能绘制各种形状。
- 结合多种图层样式制作描边、发光、投影、渐变及浮雕等效果。
- 利用文字工具及复制功能制作主题文字及相关说明文字。
- 结合画笔工具制作柔边图像。
- 利用图层属性融合各部分图像内容。
- 结合图层蒙版隐藏不需要的图像内容。

效果文件：光盘 \ 第 7 章 \7.7.psd。

7.7.2 实现步骤

① 按 Ctrl+N 键新建一个文件，设置弹出的对话框，如图 7.227 所示，单击“确定”按钮退出对话框，以创建一个新的空白文件。

提示1

在“新建”对话框中，其宽度数值＝包装盒的宽度(330mm)＋左右内贴(各15mm)＝360mm，高度数值＝包装盒盖面（290mm）＋底面（290mm）＋包装盒两个正侧面（各 30mm）＋包装盒后侧面（80mm）＋上下内贴（各 15mm）＝750mm。

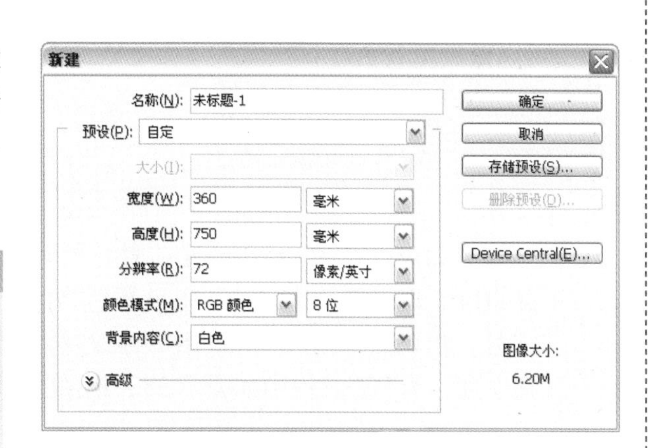

图7.227 “新建”对话框

提示2

因为包装盒材料有一定的厚度，所以展开图四周辅助线位置 15mm 的范围是用于包边、内贴和出血的范围。

② 按 Ctrl+R 键显示标尺，按照上面的提示内容在画布中添加辅助线以划分封面中的各个区域，如图 7.228 所示。再次按 Ctrl+R 键以隐藏标尺。在制作的过程中如有需要，可以随时调出标尺。

③ 设置前景色的颜色值为 e89014，按 Alt+Delete 键填充“背景”图层。下面制作盖面及底面上的渐变图像。

④ 设置前景色的颜色值为 cb6111，选择圆角矩形工具，在工具选项条上选择形状图层按钮，结合添加到形状区域按钮，沿辅助线在盖面及底面上绘制形状，如图 7.229 所示，得到“形状 1”。

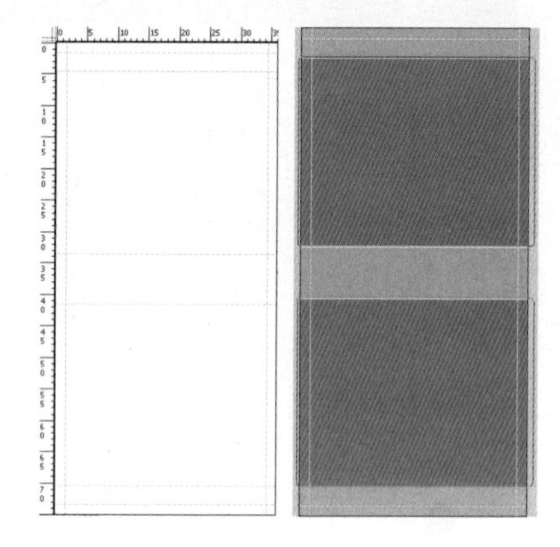

图7.228 添加辅助线　　图7.229 绘制形状

⑤ 单击添加图层样式按钮 fx，在弹出的菜单中选择“渐变叠加”命令，设置弹出的对话框，如图 7.230 所示，得到如图 7.231 所示的效果。

提示

在“渐变叠加”对话框中所使用的渐变类型各色标的颜色值从左至右分别为 c95f11、fca814 和 f49716。下面制作盖面上的底文字。

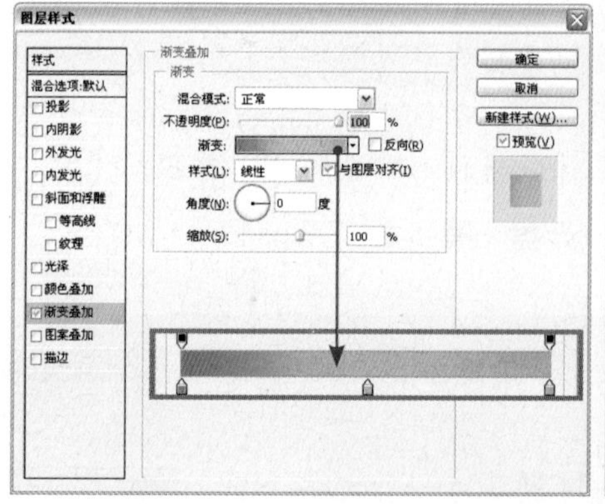

图7.230 “渐变叠加”对话框

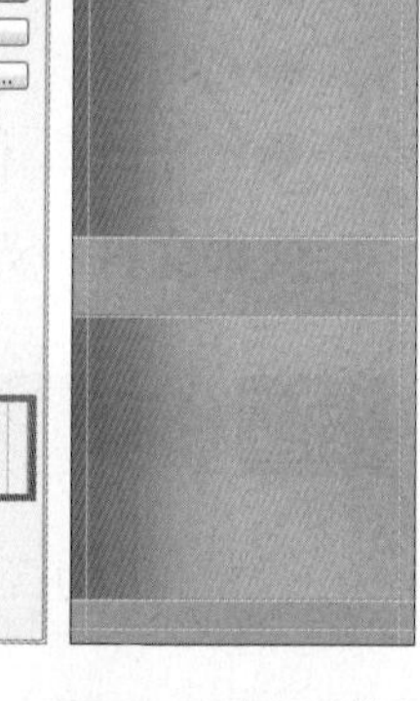

图7.231 应用“渐变叠加”命令后的效果

⑥ 选择直排文字工具，设置前景色的颜色值为 ffe014，并在其工具选项条上设置适当的字体和字号，在盖面上输入文字，并设置文字图层“不透明度”为 50%，得到如图 7.232 所示的效果。

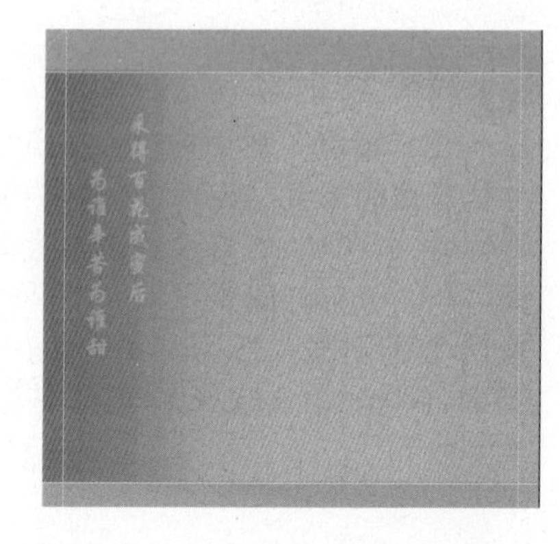

图7.232 输入文字并设置不透明度后的效果

⑦ 通过复制文字图层，结合自由变换控制框，分别调整图像大小及位置，并分别更改不透明度数值，以分布在盖面上不同的位置，直至得到如图 7.233 所示的效果。此时的“图层”调板状态如图 7.234 所示。

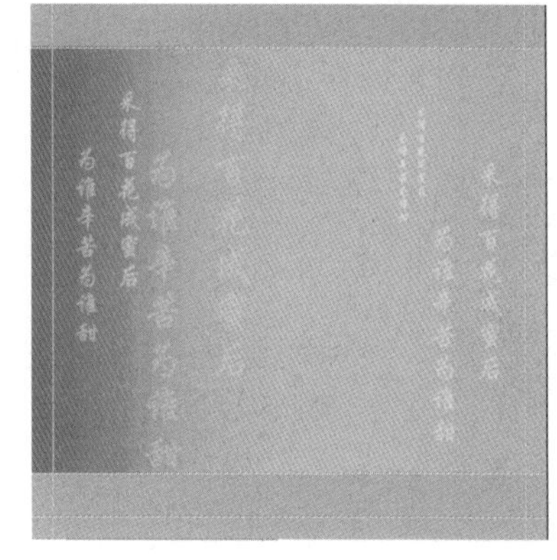

图7.233 复制文字并调整后的效果

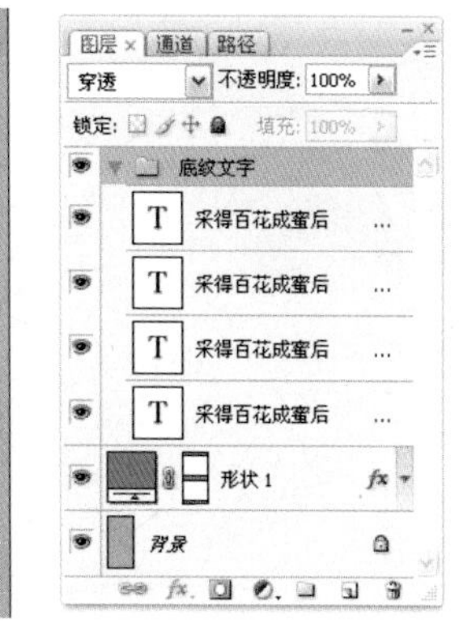

图7.234 “图层”调板

提示

为了方便读者管理图层，故将制作底纹文字的图层编组，选中要进行编组的图层，按 Ctrl+G 键执行“图层编组”操作，得到“组 1”，并将其重命名为“底纹文字”。下面在制作其他部分图像时，也进行编组操作，笔者不再重复讲解操作过程。

⑧ 按照前面讲解的方法，利用形状工具、复制图像及图层样式，制作盖面上的图像，直至得到如图 7.235 所示的效果。此时的“图层”调板状态如图 7.236 所示。

提示

提示：关于操作中用到的图层样式及颜色值等的具体的设置，读者可以查看本例源文件相关图层，由于制作方法比较简单，不再一一赘述，下面有类似的操作时，不再加以提示。

图7.235 制作盖面上的图像

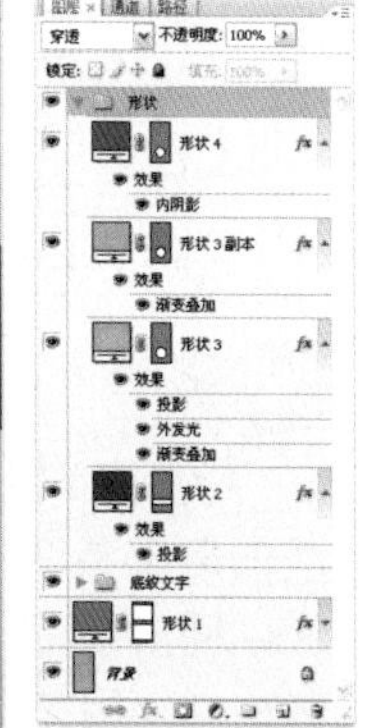

图7.236 “图层”调板

⑨ 接着按照前面讲解的方法，打开随书所附光盘中的文件“第 7 章 \7.7- 素材 1.psd”，同时使用形状工具、复制图像及图层样式、图层蒙版等功能，制作盖面上的图案及金属渐变图像，直至得到如图 7.237 ～图 7.239 所示的效果。

图7.237 制作盖面上的图像1

图7.238 制作盖面上的图像2

图7.239 制作盖面上的图像3

⑩ 通过形状工具、复制图像及图层样式、图层蒙版及画笔工具等功能制作盖面上的柔边图像，直至得到如图7.240～图7.242所示的效果。此时的“图层”调板状态如图7.243所示。

图7.240 制作盖面上的图像4

图7.241 制作盖面上的图像5

提示

“图层2”中的图像（黄色柔光图像）是使用柔角画笔进行制作的。个别图层添加了图层蒙版，蒙版的状态，可以查看本例源文件相关图层。

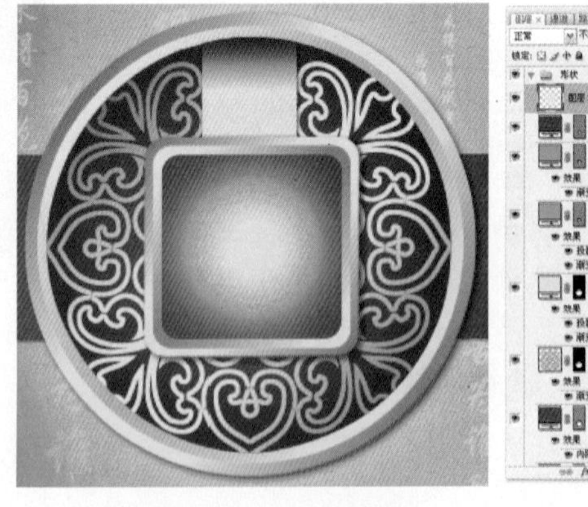

图7.242 制作盖面上的图像6

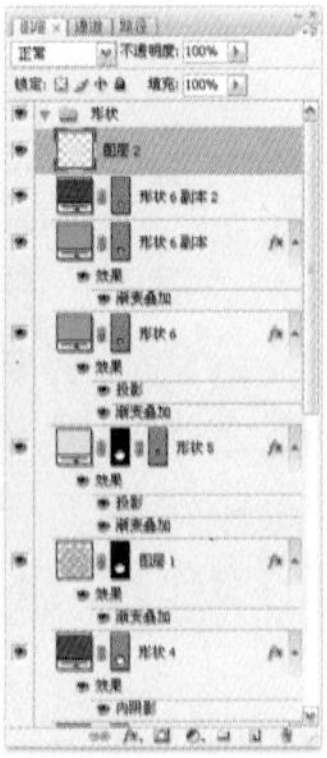

图7.243 “图层”调板

⑪ 打开随书所附光盘中的文件“第7章\7.7-素材2.psd”，制作盖面上的主体文字及相关信息，直至得到如图7.244所示的效果。此时的“图层”调板状态如图7.245所示，图7.246所示为单独显示“背景”、“形状1”及“主体文字及相关信息”的图像效果。

图7.244 制作盖面上的主体文字及相关信息

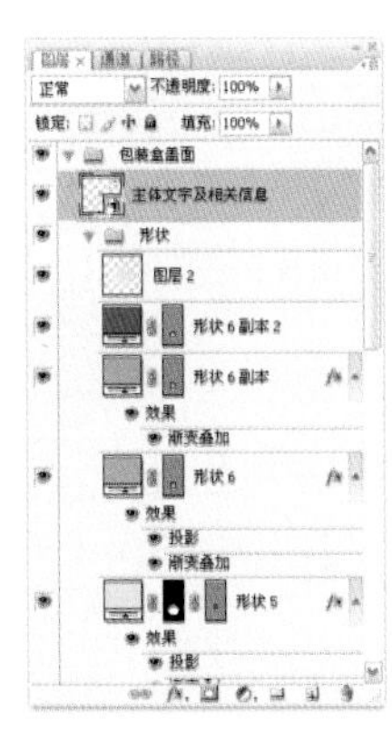

图7.245 “图层”调板

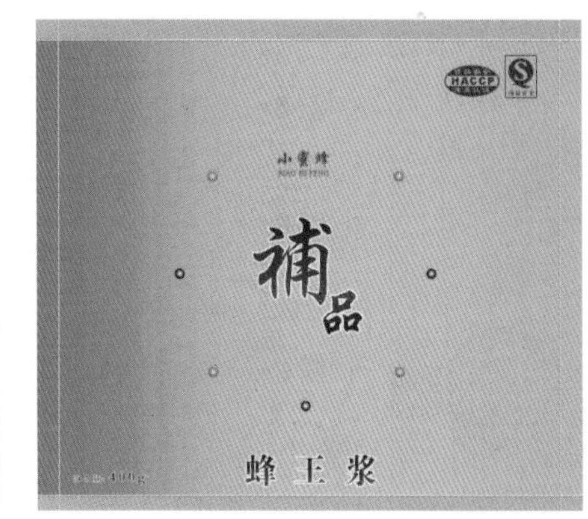

图7.246 单独显示本步图像效果

提示1

制作主体文字及相关信息的素材是以智能对象的形式给出的，因为操作方法比较简单，故此处不再详细讲解其操作过程，读者若要查看具体的图层，可以双击智能对象缩览图，在弹出的对话框中单击“确定”按钮即可。关于具体的设置，读者可以查看本例源文件相关图层。

提示2

至此，盖面上的图像已经制作完毕，下面开始制作包装盒底面及侧面上的图像内容。

⑫ 打开随书所附光盘中的文件“第7章\7.7-素材3.psd”，制作包装盒底面和侧面上的图像内容，直至得到如图7.247～图7.248所示的效果。图7.249所示为单独显示“背景”、“形状1”及“包装盒侧面”的图像效果，图7.250所示为最终整体效果，图7.251所示为此时的“图层”调板状态，图7.252所示为立体效果图。

图7.247 制作包装盒底面上的图像内容

图7.248 制作包装盒侧面上的图像内容

图7.249 单独显示包装盒侧面的图像效果

图7.250 最终整体效果

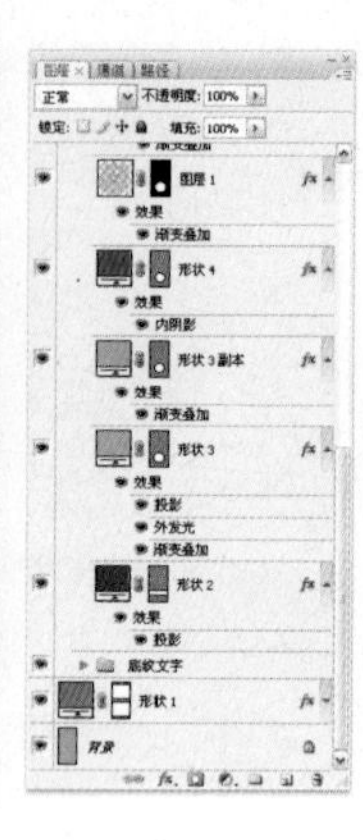

图7.251 “图层”调板

图7.252 立体效果图

提示

此步仍然是以智能对象的形式给出的素材。

7.8 国圆老汤弹面包装设计

7.8.1 案例概况

例前导读：

本案例制作的是国圆老汤弹面包装设计作品。主要制作的是弹面的平面展开图，在制作的过程中，需掌握弹面的平面展开图的结构。

核心技能：

- 利用辅助线划分平面展开图的主展面、背面及粘合处。
- 利用形状工具绘制各种形状。
- 结合各种图层样式制作描边、投影等效果。
- 利用“创建剪贴蒙板”命令调整图像的显示效果。
- 结合素材图像并通过变换操作制作多个不同位置、大小及角度的图案效果。
- 利用“USM锐化”命令使图像变得清晰。
- 结合路径工具绘制路径，并进行渐变、颜色填充图层及画笔描边路径操作，制作纯色、渐变及边缘线效果。
- 结合文字工具输入文字，并对文字进行变形操作，制作多种形态的文字。
- 结合通道中应用“喷溅”滤镜制作喷溅边缘的图像。
- 通过绘制路径并输入文字，以制作文字绕排路径。
- 结合图层蒙版隐藏不需要的图像内容。

效果文件：光盘\第7章\7.8.psd。

7.8.2 实现步骤

7.8.2.1 制作背景及主展面图像效果

① 按Ctrl+N键新建一个文件，设置弹出的对话框，如图7.253所示，单击“确定”按钮退出对话框，以创建一个新的空白文件。

提示

在“新建”对话框中，其宽度数值＝包装袋宽度（18cm）＋两边边缘各（1cm）＝20cm，高度数值＝包装袋的主展面高度（16.5cm）＋两个侧面各（8.5cm）＋两边边缘各（1cm）＝35.5cm。

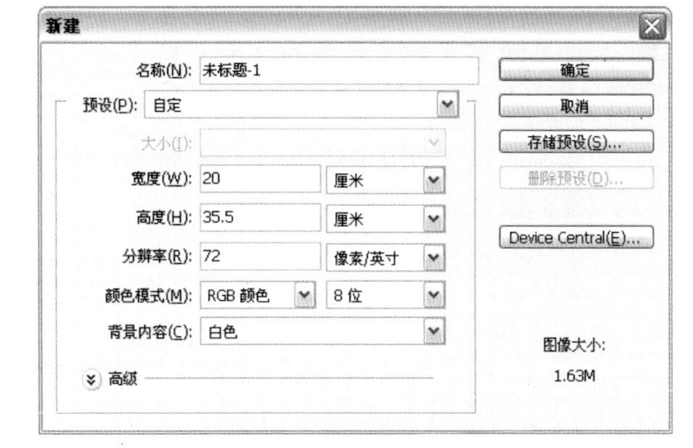

图7.253 “新建”对话框

② 按Ctrl+R键显示标尺，分别在垂直和水平标尺上分别拖出两和4条辅助线，如图7.254所示。再次按Ctrl+R键隐藏标尺，在制作的过程中如有需要，可以随时调出标尺。

③ 设置前景色的颜色值为6c2948，按Alt+Delete键填充“背景”图层，设置前景色的颜色值为501833，选择矩形工具，在工具选项条上选择形状图层按钮，沿着辅助线绘制矩形形状，得到“形状1”，如图7.255所示。

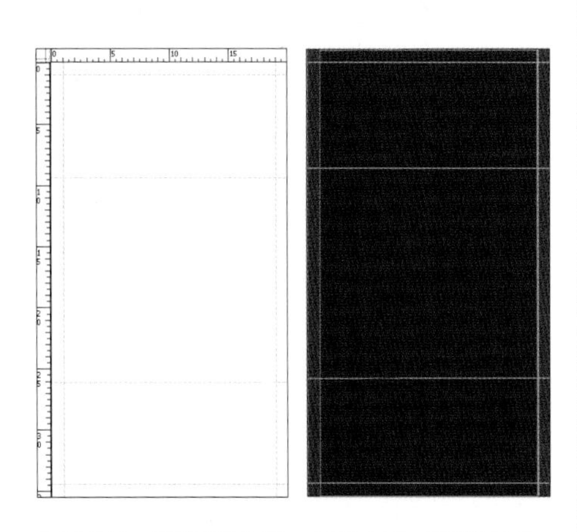

图7.254 拖出辅助线 图7.255 绘制矩形形状

④ 单击添加图层样式按钮 fx，在弹出的菜单中选择“描边”命令，设置弹出的对话框，如图7.256所示，设置描边颜色值为dfba6b，得到如图7.257所示的效果。

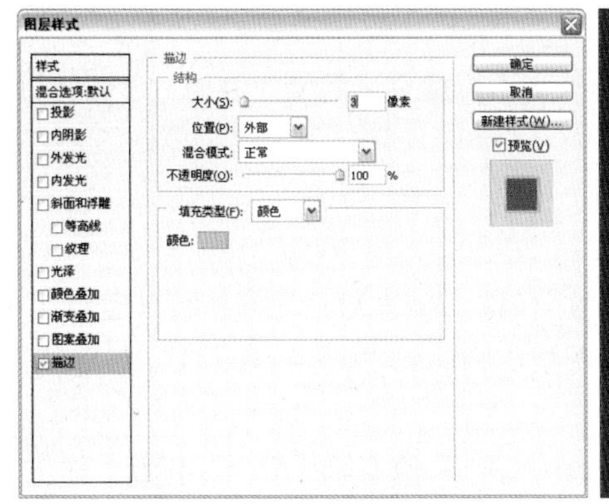

图7.256 “描边”对话框

图7.257 应用“描边”命令后的效果

提示

为了方便读者观看图像效果，可暂且将辅助线隐藏。在制作相关图像时，如有需要，可再次按 Ctrl+R 键隐藏标尺，在制作的过程中如有需要，也可以随时 Ctrl+; 键显示／隐藏辅助线。下面利用素材图像，并进行变换操作，制作背景上的图案效果。

⑤ 打开随书所附光盘中的文件“第 7 章 \7.8- 素材 1.psd”，使用移动工具将其移至当前画布上方位置，得到“图层 1”。按 Ctrl+T 键调出自由变换控制框，调整图像大小、角度及位置，按 Enter 键确认变换操作，得到如图 7.258 所示的效果。

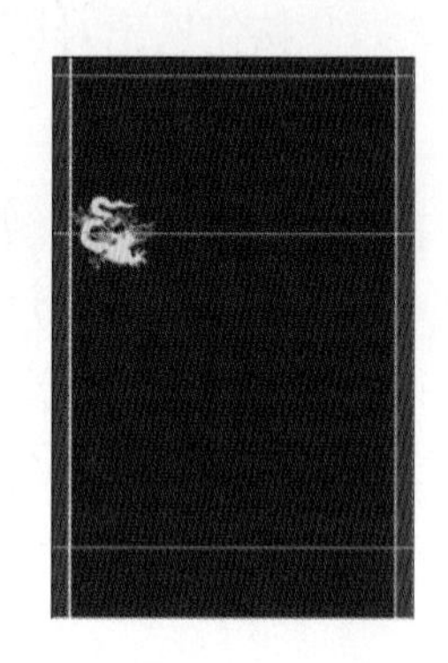

图7.258 调整图像

⑥ 通过复制“图层 1”7 次，得到相应的 7 个副本图层，“图层 1 副本”～“图层 1 副本 7”，结合自由变换控制框，分别调整图像大小、角度及位置，得到如图 7.259 所示的效果。此时的“图层”调板状态如图 7.260 所示。

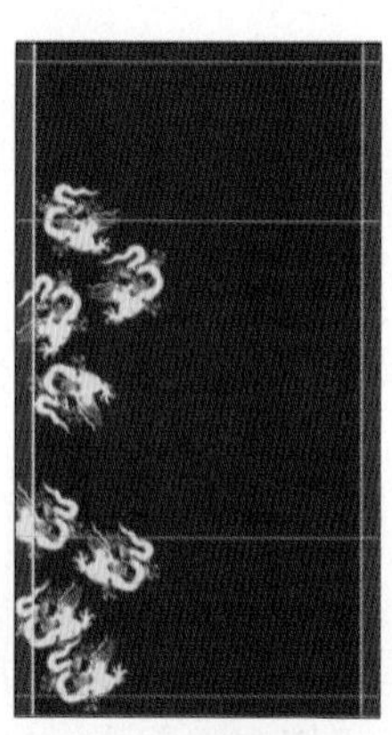

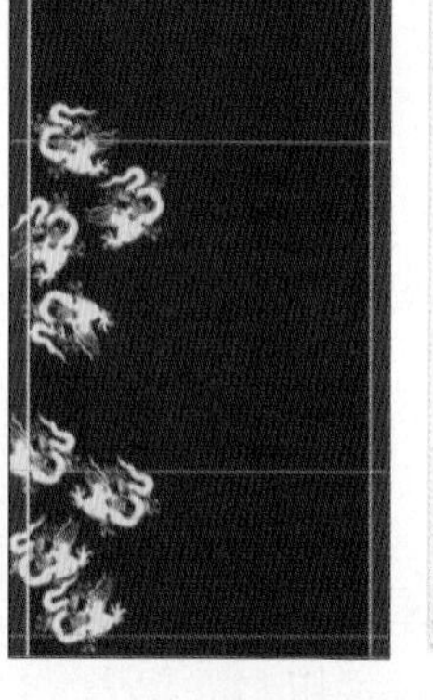

图7.259 复制并调整图像

图7.260 “图层”调板

提示

为了方便读者管理图层，故将制作龙纹的图层编组，选中要进行编组的图层，按 Ctrl+G 键执行“图层编组”操作，得到“组 1”，并将其重命名为“龙纹”。下面在制作其他部分图像时，也进行编组操作，笔者不再重复讲解操作过程。下面通过盖印图层、图层蒙版，制作渐隐的龙纹图像效果。

⑦ 选择组“龙纹”，按 Ctrl+Alt+E 键执行“盖印”操作，从而将选中图层中的图像合并至一个新图层中，得到“龙纹（合并）”，并将其移至“形状 1”的上方，隐藏组“龙纹”。

⑧ 选择组“龙纹（合并）”，按 Ctrl+Alt+G 键执行“创建剪贴蒙版”操作，得到如图 7.261 所示的效果。

⑨ 单击添加图层蒙版按钮 为“龙纹（合并）”添加蒙版，设置前景色为黑色，选择画笔工具，在其工具选项条中设置适当的画笔大小及不透明度，在图层蒙版中进行涂抹，以将龙纹制作渐隐效果，直至得到如图 7.262 所示的效果。此时蒙版中的状态及“图层”调板如图 7.263、图 7.264 所示。

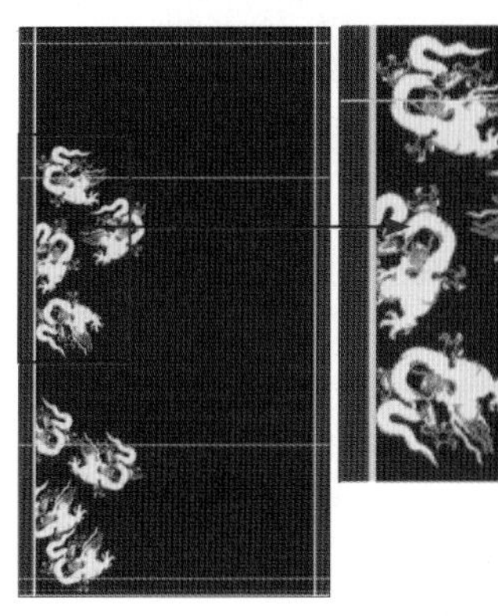
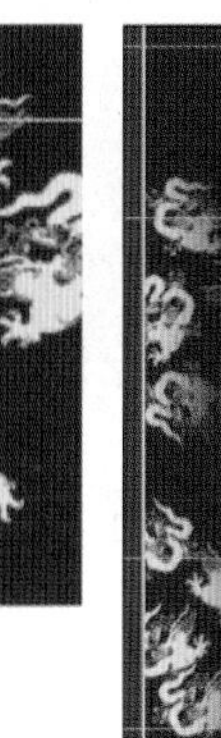

图7.261 执行“创建剪贴蒙版”操作后的效果

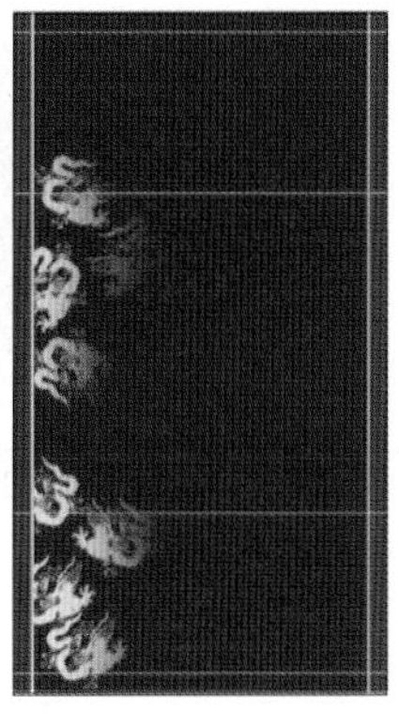

图7.262 添加图层蒙版

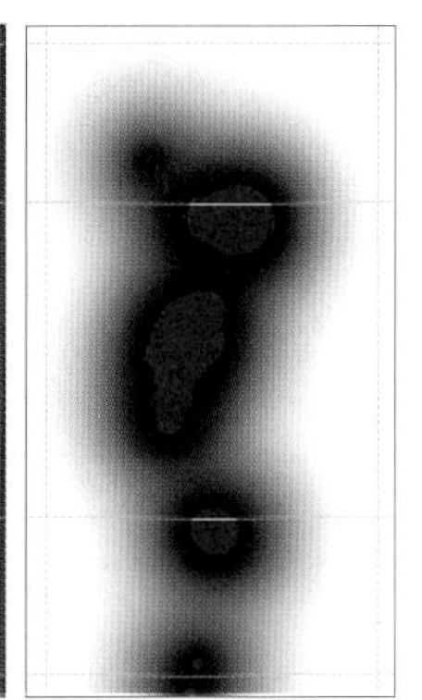

图7.263 蒙版中的状态

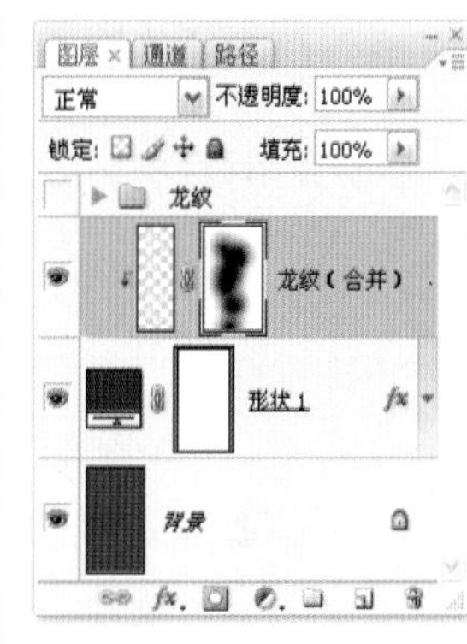

图7.264 “图层”调板

⑩ 选择组“龙纹”，下面按照第 3 步的操作方法，结合矩形工具，设置前景色的颜色值为 d3d3d5，在当前画布最上方边缘位置绘制矩形条，直至得到如图 7.265 所示的效果，得到“形状 2”。

⑪ 按 Ctrl+J 键复制“形状 2”得到“形状 2 副本”，结合 Shift 键垂直向下移动到最下边缘位置，直至得到如图 7.266 所示的效果。

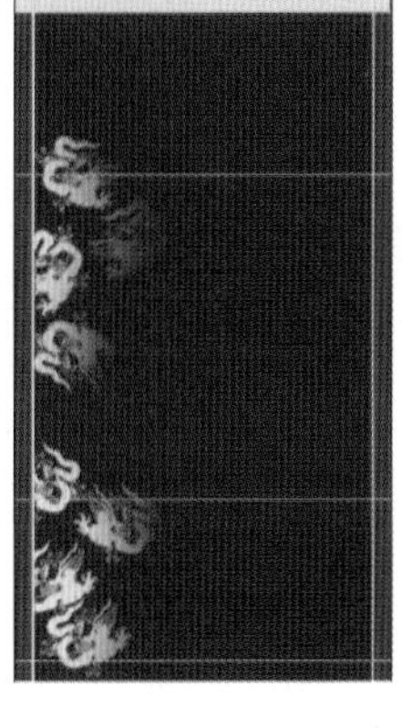

图7.265 绘制矩形条

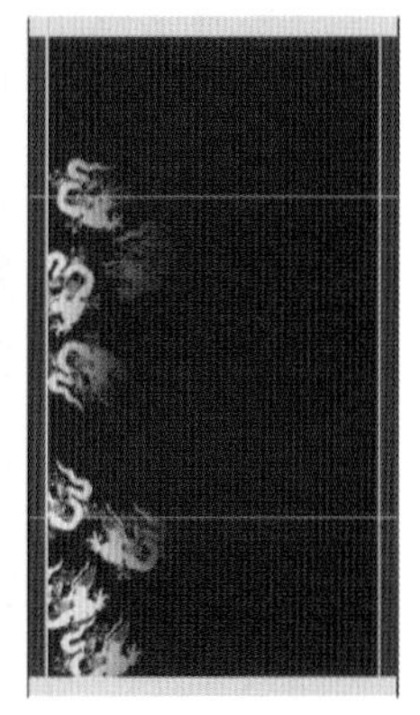

图7.266 复制并垂直向下移动图像

⑫ 同理，按照第 10 ~ 11 步的操作方法，再次绘制形状并通过复制命令，制作最上及最下边缘的黑色矩形块，直至得到如图 7.267 所示的效果。此时的“图层”调板状态如图 7.268 所示。

提示

下面制作包装上的主展面中心图像效果。

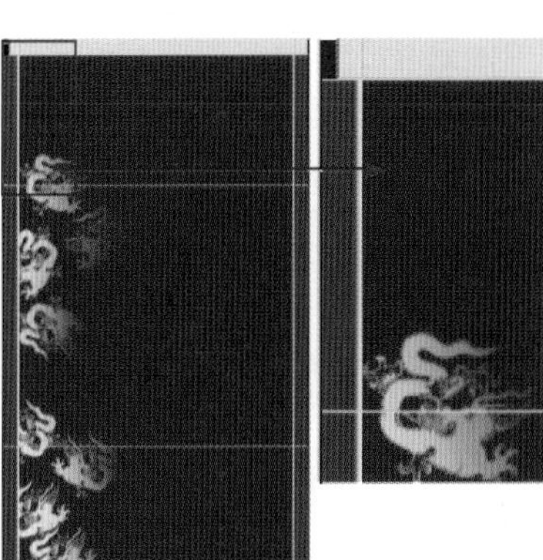
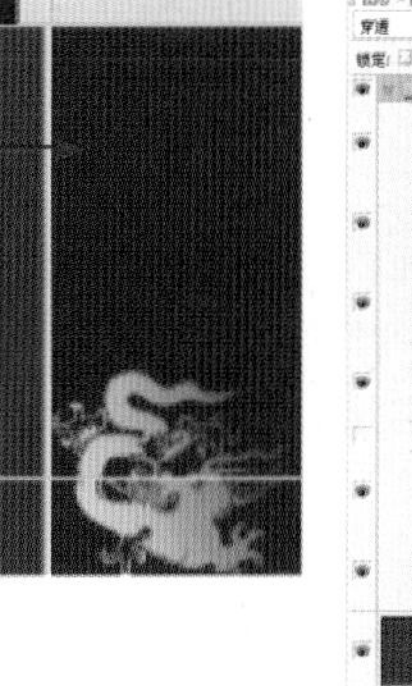

图7.267 制作最上及最下边缘的黑色矩形块

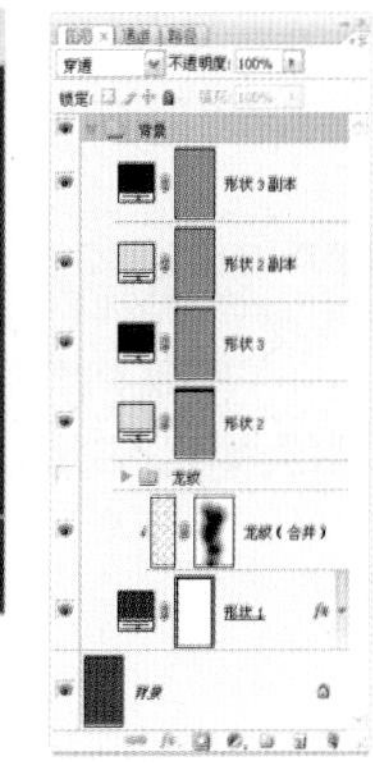

图7.268 “图层”调板

⑬ 接着打开随书所附光盘中的文件“第7章\7.8-素材2.psd”，使用移动工具将其调整到主展面上，得到“素材面”，如图7.269所示。下面来锐化图像，选择“滤镜”|“锐化”|“USM锐化”命令，设置弹出的对话框，如图7.270所示。

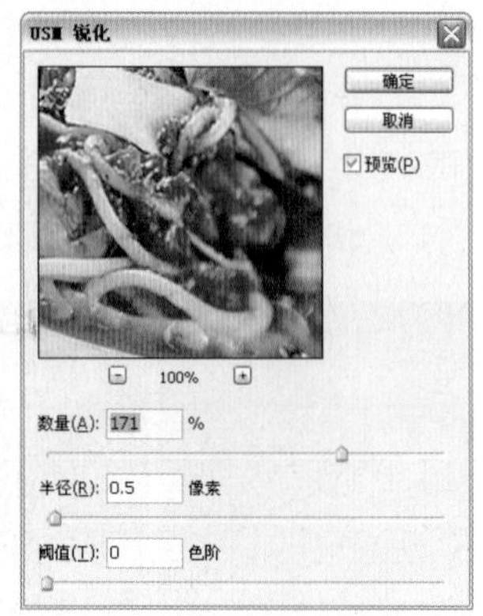

图7.269 调整图像位置 图7.270 “USM锐化”对话框

⑭ 下面通过绘制选区并进行添加图层蒙版，将“面”素材图像右侧覆盖边缘的图像隐藏起来，选择矩形选框工具，在“面”图像的右侧绘制矩形选区，如图7.271所示，按Ctrl+Shift+I键执行“反向”操作，以反向选择当前的选区。

⑮ 单击添加图层蒙版按钮为“素材面”添加蒙版，直至得到如图7.272所示的效果。此时的“图层”调板状态如图7.273所示。

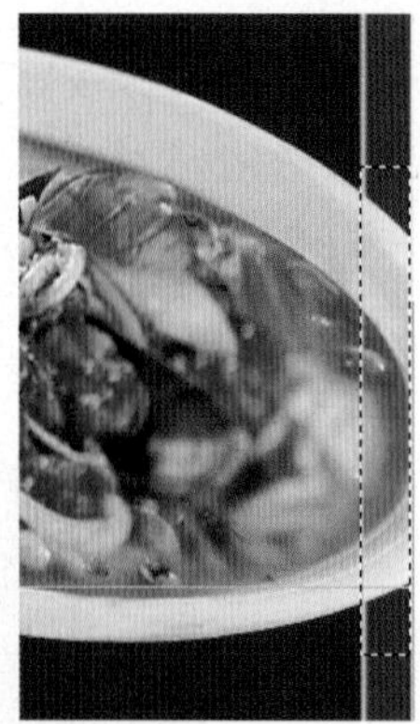

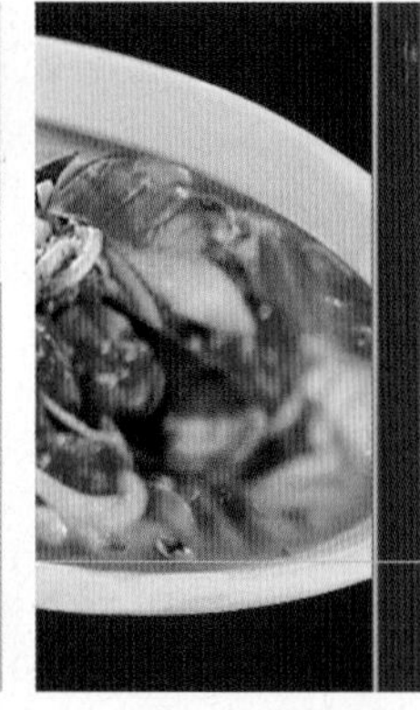

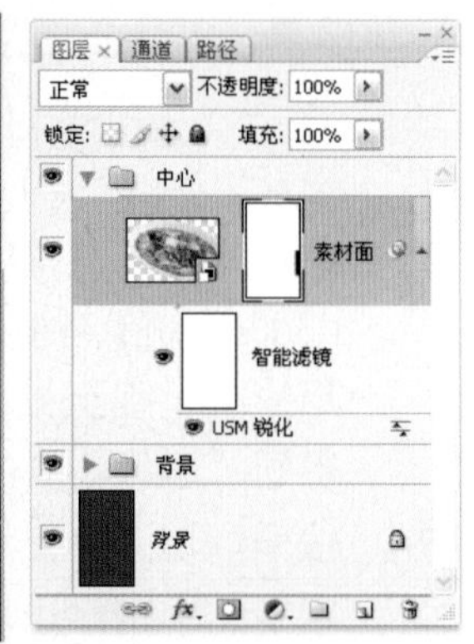

图7.271 绘制矩形选区 图7.272 添加图层蒙版 图7.273 “图层”调板状态

⑯ 接着打开随书所附光盘中的文件“第7章\7.8-素材3.psd”，按照第13～15步的操作方法，调整面筷图像，直至得到如图7.274所示的效果。

图7.274 调整面筷图像

提示

下面通过绘制路径并进行渐变填充、文字工具、图层样式等功能，在主展面上制作标志图像。

⑰ 选择“素材面”，选择钢笔工具，在工具选项条上选择路径按钮，在素材面上绘制路径，如图7.275所示。

⑱ 单击创建新的填充或调整图层按钮，在弹出的菜单中选择“纯色”命令，然后在弹出的“拾取实色”对话框中设置其颜色值为fdf456，得到如图7.276所示的效果，同时得到图层“颜色填充1”。

图7.275 绘制路径

图7.276 应用“纯色”命令后的效果

⑲ 单击添加图层样式按钮，在弹出的菜单中选择“描边”命令，设置弹出的对话框，如图7.277所示，设置描边颜色值为0e0b5c，得到如图7.278所示的效果。

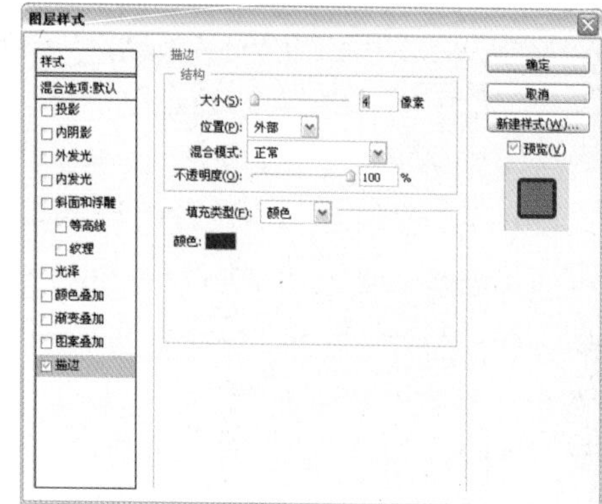

图7.277 “描边”对话框

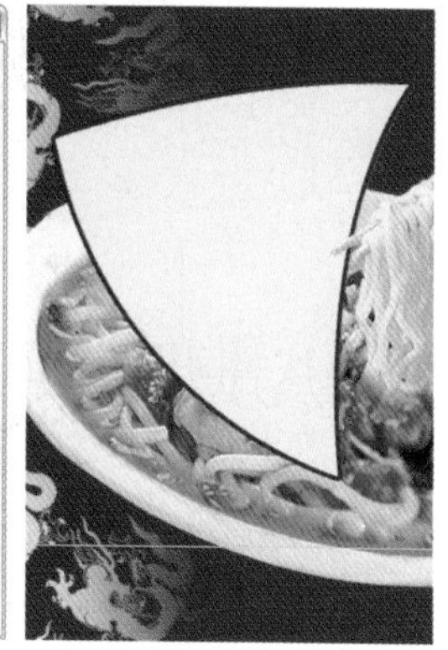

图7.278 应用“描边”命令后的效果

⑳ 按照第17～19步的操作方法，制作稍小且不同颜色的形状，得到如图7.279所示的效果。

图7.279 制作稍小且不同颜色的形状

提示

由于方法比较简单，前面都有所讲解，用到的颜色值及参数设置，具体的设置读者可以查看本例源文件相关图层。下面的制作过程中同样不再重复解说操作过程。

㉑ 单击创建新的填充或调整图层按钮 ，在弹出的菜单中选择“渐变”命令，设置弹出的对话框，如图 7.280 所示，得到如图 7.281 所示的效果，同时得到图层“渐变填充 1”。

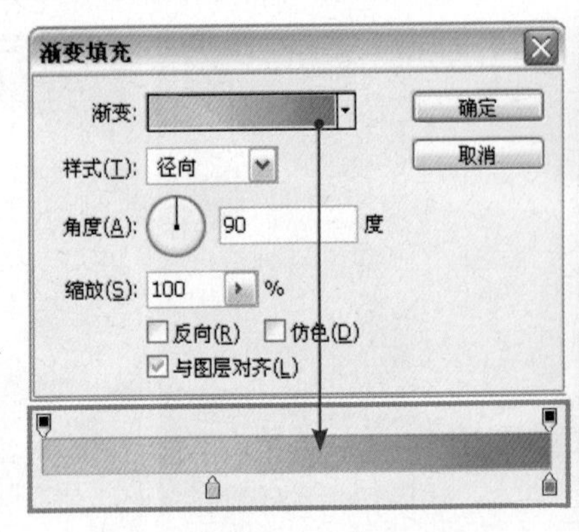

图7.280 “渐变填充”参数设置

图7.281 应用“渐变填充”后的效果

提示

在“渐变填充”对话框中，渐变类型的各色标颜色值从左至右分别为 ffc705 和 ff6000。

㉒ 按照同样的方法，结合椭圆工具 绘制路径并进行渐变填充，制作正圆渐变，得到如图 7.282 所示的效果，同时得到图层“渐变填充 2”。

㉓ 打开随书所附光盘中的文件“第 7 章\7.8－素材 4.psd”，并分别将其两个图层中的图像移至渐变圆上，结合自由变换控制框调整好位置，得到如图 7.283 所示的效果。此时的“图层”调板状态如图 7.284 所示。

提示

该步中还为两个文字图层添加了“投影”图层样式。

图7.282 制作正圆渐变

图7.283 调整图像

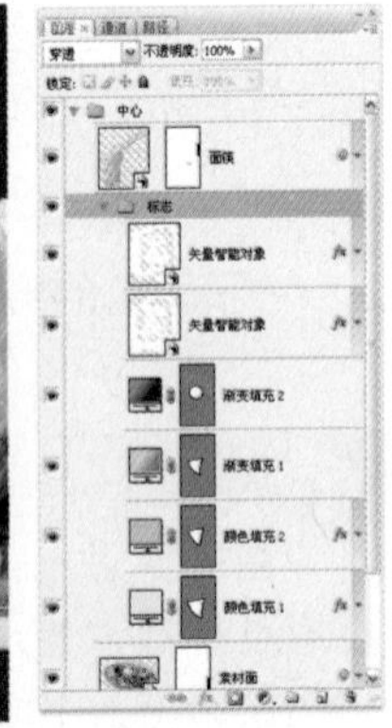

图7.284 “图层”调板

㉔ 下面结合椭圆工具 在蓝色渐变圆上绘制正圆路径，如图 7.285 所示，新建一个图层得到“图层 2”，设置前景色的颜色值为 e5c276，选择画笔工具 ，在其工具选项条中设置画笔大小为 3px。

㉕ 切换至“路径”调板，单击用画笔描边路径命令按钮，单击“路径”调板空白处以隐藏路径，得到如图7.286所示的效果，返回至“图层”调板。

图7.285 绘制正圆路径

图7.286 用画笔描边路径后的效果

㉖ 下面结合文字工具并设置适当的颜色值输入文字，并调整角度，如图7.287所示。选中“上 等 风 味”，在其图层名称上单击鼠标右键，在弹出的菜单中选择“文字变形”命令，在弹出的对话框中如图7.288所示进行设置，并对文字进行变形，得到如图7.289所示的效果。此时的“图层”调板状态如图7.290所示。

图7.287 输入文字

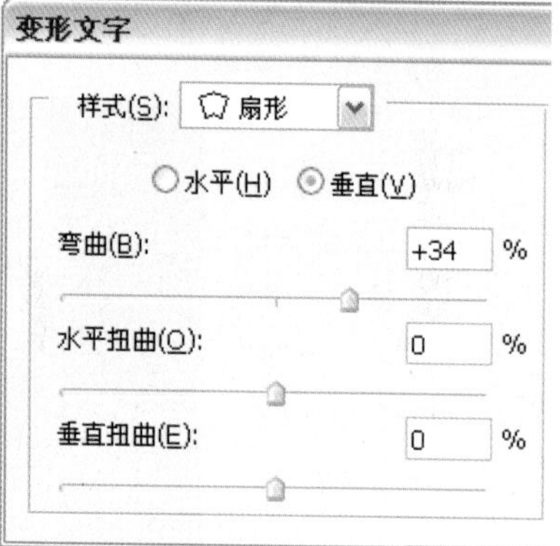

图7.288 “变形文字”对话框

提示

下面开始通过通道制作喷溅边缘的图像。

图7.289 变形文字后的效果

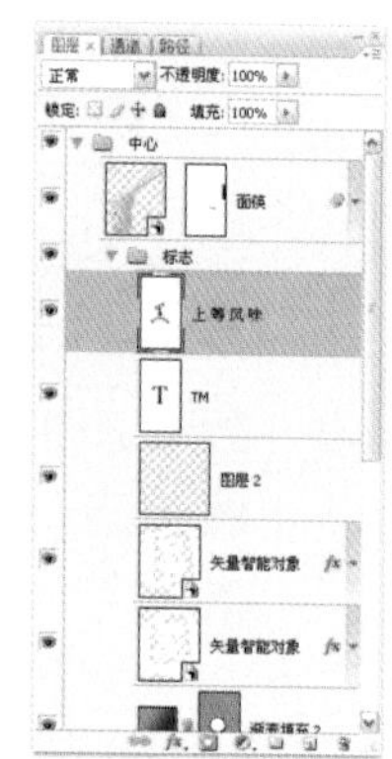

图7.290 “图层”调板

㉗ 新建一个图层得到“图层 3”，切换至“通道”调板，新建一个通道得到“Alpha 1”。选择椭圆工具，在工具选项条上选择填充像素按钮，在黑色通道中绘制椭圆，如图 7.291 所示。

提示

在绘制椭圆时，绘制的与需要的图像应大小相同，否则喷溅的效果将会改变。

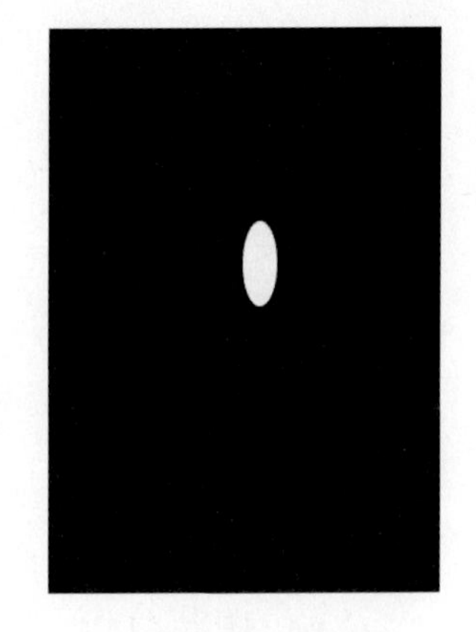

图7.291 绘制椭圆

㉘ 选择“滤镜”|“画笔描边”|“喷溅”命令，在弹出的对话框中设置参数，得到如图 7.292 所示的效果。按 Ctrl 键单击“Alpha 1”通道缩览图，以载入选区，切换至“图层”调板，选择“图层 3”。

㉙ 设置前景色的颜色值为 de291d，按 Alt+Delete 键填充前景色，按 Ctrl+D 键取消选区，结合自由变换控制框，调整图像角度及位置到标志文字的右上方，直至得到如图 7.293 所示的效果。同时结合文字工具及变换操作，在喷溅图像上输入文字，如图 7.294 所示。

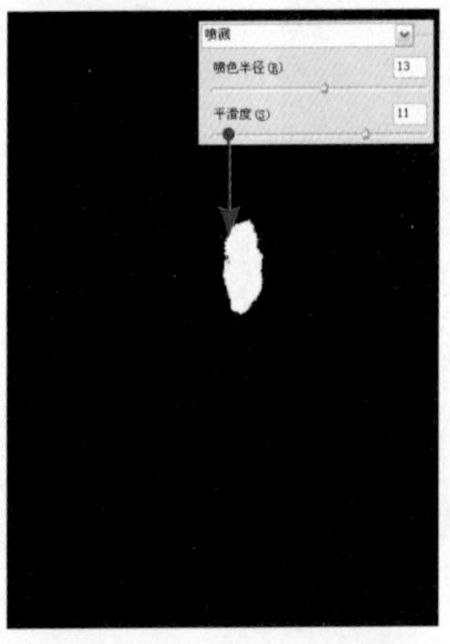

图7.292“喷溅”对话框及应用该命令后效果

图7.293 填充颜色后的效果

图7.294 输入文字

7.8.2.2 制作相关文字及背面图像效果

① 选择“面筷”图层，下面按照前面讲解过的方法，制作主展面上的相关内容，直至得到如图 7.295 所示的效果。图 7.296 所示为单独显示此步制作的图像效果。图 7.297 所示为此时的“图层”调板状态。

图7.295 制作主展面上的相关内容

提示1

此时用到的素材为随书所附光盘中的文件“第7章\7.8–素材5.psd”，此素材是以智能对象的形式给出的，由于制作方法比较简单，前面都有所讲解，故此处不再详细讲解其操作过程，读者若要查看具体的图层设置及参数讲解，可以双击智能对象缩览图，在弹出的对话框中单击“确定”按钮即可。

图7.296 单独显示此步制作的图像效果

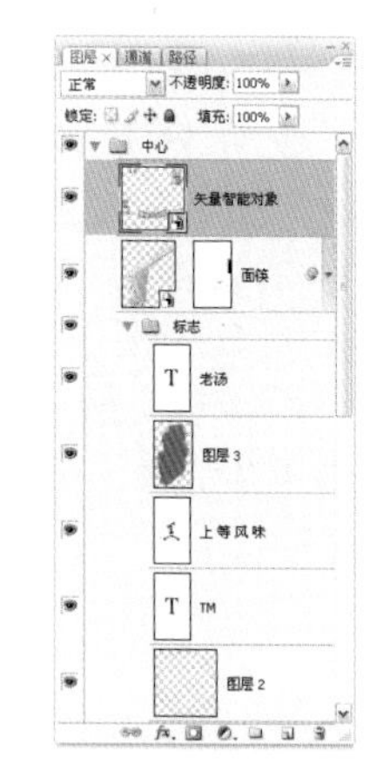

图7.297 “图层”调板

提示2

“酸辣肉丝面”的制作方法为：使用钢笔工具，绘制曲线路径，选择横排文字工具T，并在其工具选项条上设置适当的字体、字号，将光标置于路径上，当其变为状态时，单击鼠标左键以插入光标输入文字即可。

提示3

下面仍然用前面讲解的方法制作上框及下框内容，操作方法比较简单，操作过程比较繁琐，此处不再一一赘述。

② 下面制作背面上的上框及下框内容，直至得到图7.298～图7.299所示的效果，图7.300所示为最终效果图。此时的“图层”调板状态如图7.301所示。图7.302为立体效果图展示。

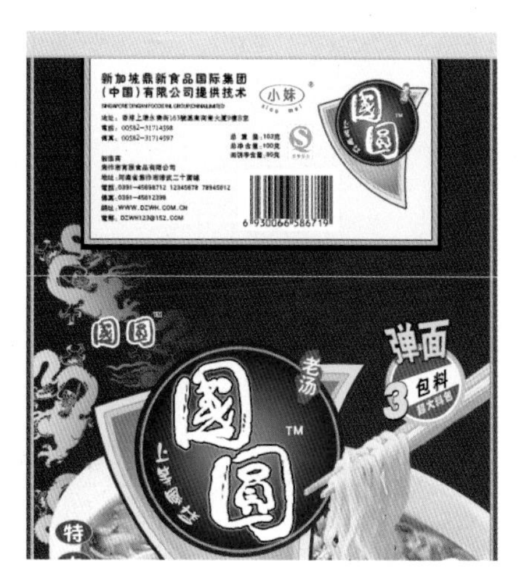

图7.298 制作背面上的上框内容

图7.299 制作背面上的下框内容

图7.300 最终效果

提示

此处用到的素材为随书所附光盘中的文件"第7章\7.8-素材6.psd"～"第7章\7.8-素材8.psd"。

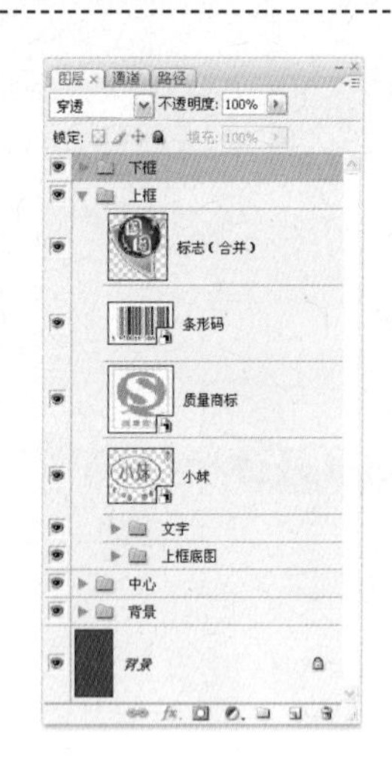

图7.301 "图层"调板

图7.302 立体效果图

7.9 相当饮料罐装设计

7.9.1 案例概况

例前导读：

本例是以"相当"饮料为主题的罐装设计。目前，铝饮料罐的开发生产应用类型主要为易拉盖、特型罐、自加热／自冷却饮料罐，并在此过程中不断地完善和创新。

核心技能：

- 应用渐变填充图层的功能制作图像的渐变效果。
- 应用形状工具及其运算功能绘制形状。
- 应用图层样式的功能制作图像的发光、描边等效果。
- 使用钢笔工具绘制路径。
- 结合变换功能变换图像。
- 应用文字工具输入文字。
- 应用路径结合文字工具制作文字绕排路径的效果。
- 应用画笔工具结合画笔素材制作特殊的图像效果。

效果文件：光盘\第7章\7.9.psd。

7.9.2 实现步骤

① 按Ctrl+N键新建一个文件，设置弹出的对话框，如图7.303所示。单击"确定"按钮退出对话框，以创建一个新的空白文件。

提示1

在“新建”对话框中，包装的正面宽度（125mm）+副正面的宽度（85mm）+边缘的宽度（各3mm）=216mm，包装的主展面高度（120mm）+边缘的宽度（上3mm）+边缘的宽度（下3mm）=126mm。

提示2

下面根据提示内容，对整个画面进行区域划分。应用路径结合渐变填充图层的功能制作正面中的基本内容。

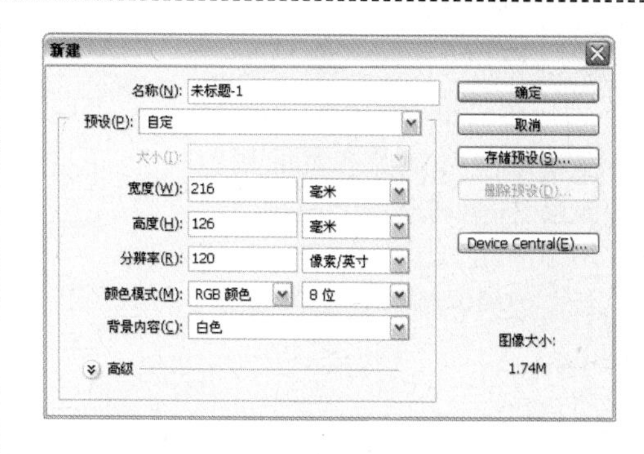

图7.303 “新建”对话框

② 按Ctrl+R键显示标尺，按Ctrl+；键调出辅助线，按照上面的提示内容在画布中添加辅助线以划分封面中的各个区域，如图7.304所示。按Ctrl+R键隐藏标尺。

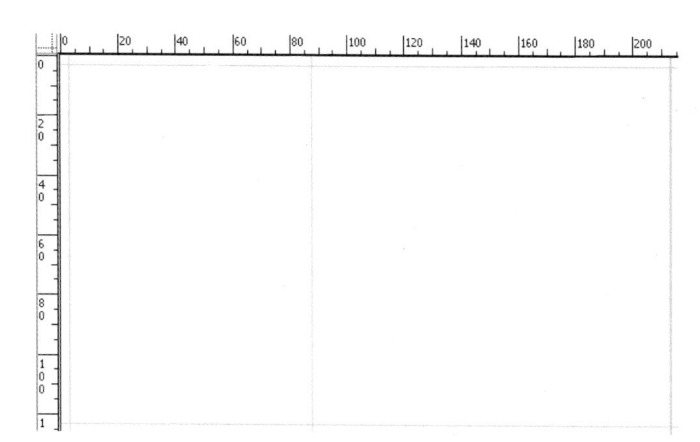

图7.304 划分区域状态

③ 选择钢笔工具，在工具选项条上选择路径按钮，在正面的左侧绘制如图7.305所示路径。单击创建新的填充或调整图层按钮，在弹出的菜单中选择“渐变”命令，设置弹出的对话框，如图7.306所示，隐藏路径后的效果如图7.307所示，同时得到图层“渐变填充1”。

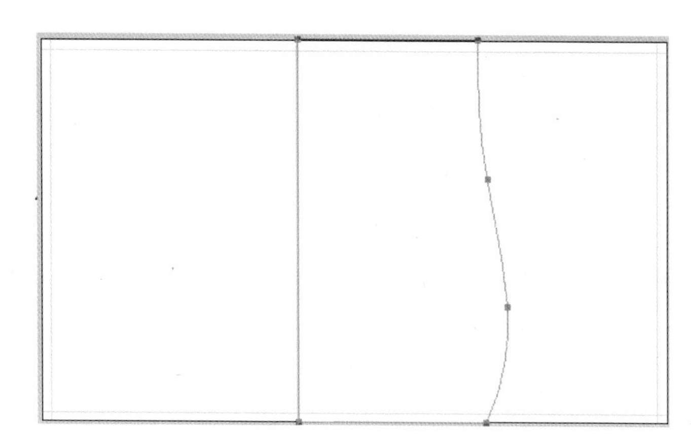

图7.305 所示路径

提示

在“渐变填充”对话框中渐变类型的各色标颜色值从左至右分别为f7eb42、70c02f和3aa71e。下面制作渐变效果右侧的线条图像。

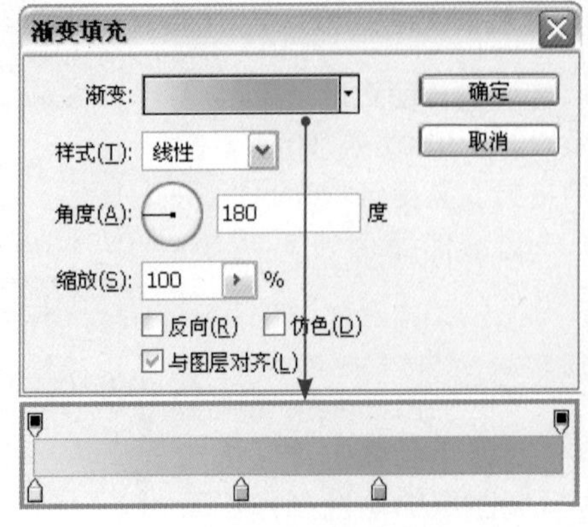

图7.306 “渐变填充”对话框

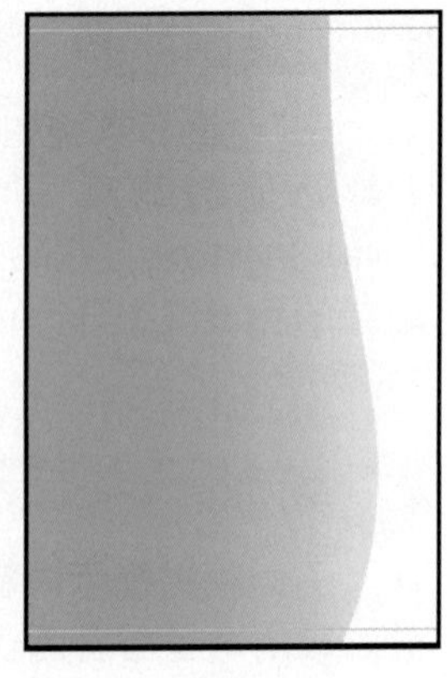

图7.307 应用“渐变填充”后的效果

④ 设置前景色的颜色值为009337，选择钢笔工具，在工具选项条上选择形状图层按钮及添加到形状区域按钮，在上一步得到的图像的右侧绘制如图7.308所示的形状，得到“形状1”。

⑤ 按照上一步的操作方法，通过更改前景色，应用钢笔工具，在渐变效果的右侧继续绘制如图7.309所示的形状，得到“形状2”及“形状3”。选择“形状1”同时按Shift键选择“形状3”以选中它们相连的图层，按Ctrl+G键执行“图层编组”操作，得到“组1”，并将其重命名为“线条”。

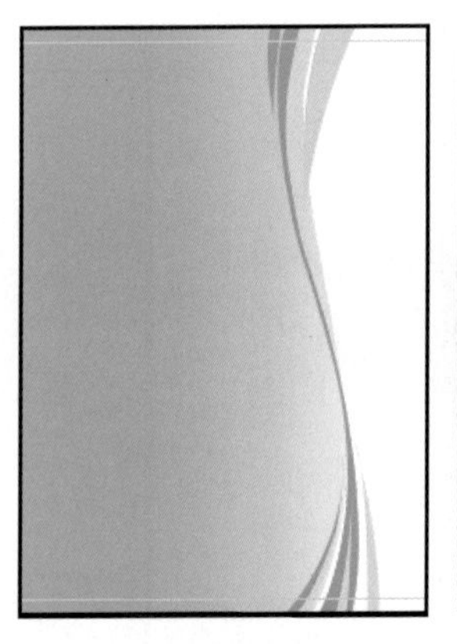

图7.308 绘制形状1

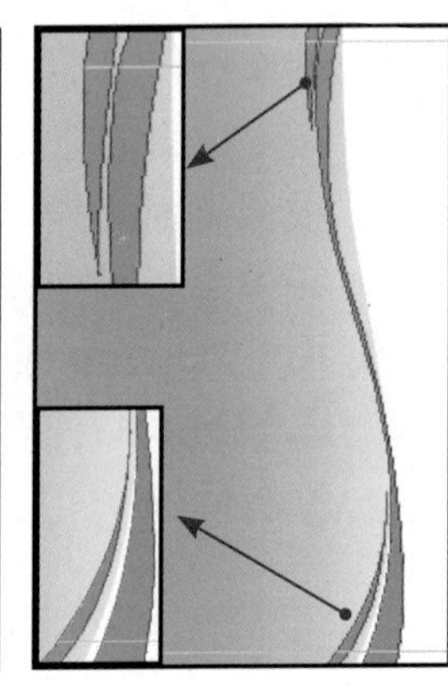

图7.309 绘制形状2

提示1

在这里需注意的是，绘制完成一个形状后，如果想继续绘制另外一个不同颜色的形状，在绘制前需按Esc键使先前绘制形状的矢量蒙版缩览图处于未选中的状态。

提示2

为了方便图层的管理，笔者在此对制作线条的图层进行编组操作，在下面的操作中，笔者也对各部分进行了编组的操作，在步骤中不再叙述。

提示3

在本步操作过程中，笔者没有给出图像的颜色值，读者可依自己的审美进行颜色搭配。在下面的操作中，笔者不再做颜色的提示。下面制作正面中的圆圈图像。

⑥ 选择椭圆工具，在工具选项条上选择路径按钮，在正面中绘制如图 7.310 所示的路径。按照第 3 步的操作方法创建渐变填充图层，得到的效果如图 7.311 所示。

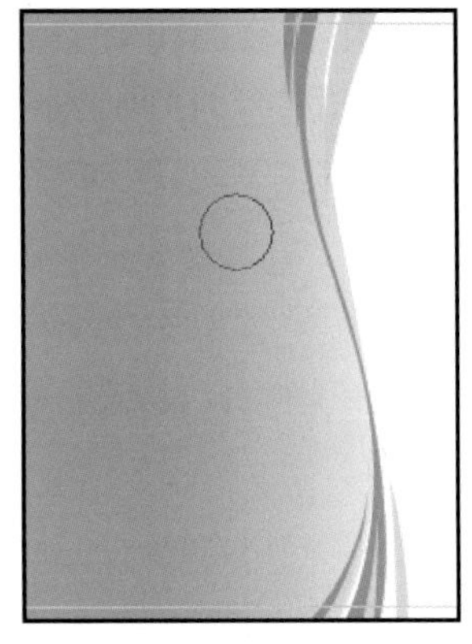

图7.310 绘制路径

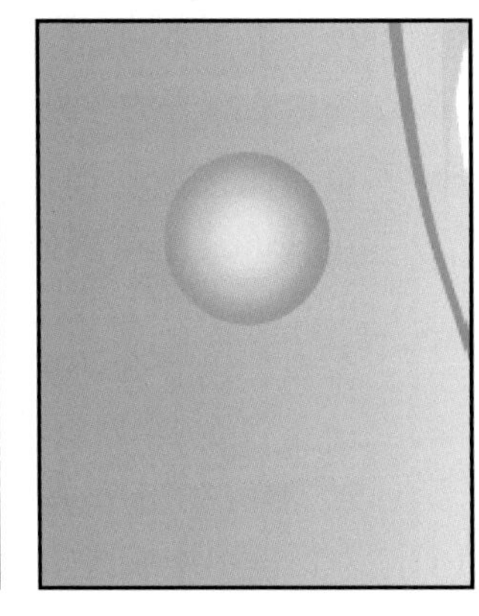

图7.311 应用“渐变填充”后的效果

提示

本步中关于“渐变填充”的参数设置可参考最终效果源文件。在下面的操作中，会多次使用到此命令，笔者不再做参数的提示。

⑦ 结合椭圆工具及其运算功能在上一步得到的渐变效果图像上绘制如图 7.312 所示的圆环形状，得到“形状 2”。复制“形状 2”得到“形状 2 副本”,双击图层缩览图，在弹出的对话框中设置颜色值为 99c83d。

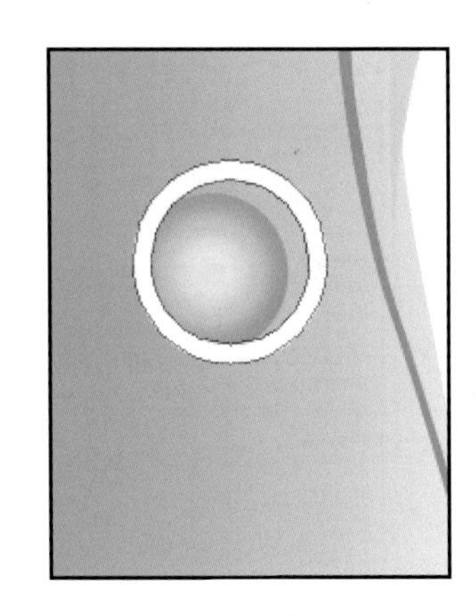

图7.312 绘制形状

提示

在绘制第 1 个图形后，将会得到一个对应的形状图层，为了保证后面所绘制的图形都是在该形状图层中进行，所以在绘制其他图形时，需要在工具选项条上选择适当的运算模式，例如添加到形状区域或从形状区域减去等。

⑧ 接着，按 Ctrl+T 键调出自由变换控制框，按 Shift 键向内拖动控制句柄以缩小图像，并向右下方稍微移动，按 Enter 键确认操作。得到的效果如图 7.313 所示。

图7.313 复制及调整图像

提示

至此，正面中的圆圈图像已制作完成。下面制作苹果图像。

⑨ 按照第 3 步的操作方法应用钢笔工具绘制路径，并创建渐变填充图层，制作圆圈图像右下方的苹果图像，如图 7.314 所示。下面为图像添加发光及描边效果。

⑩ 单击添加图层样式按钮 fx，在弹出的菜单中选择“外发光”命令，设置弹出的对话框，如图 7.315 所示，然后在“图层样式”对话框中继续选择“描边”选项，设置其对话框，如图 7.316 所示，得到如图 7.317 所示的效果。“图层”调板如图 7.318 所示。

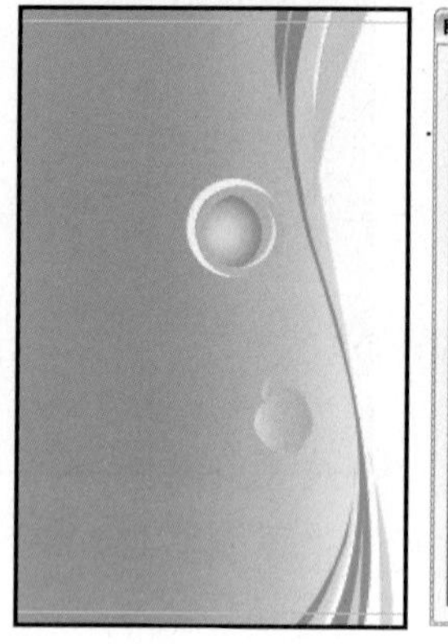

图7.314 应用“渐变填充”后的效果

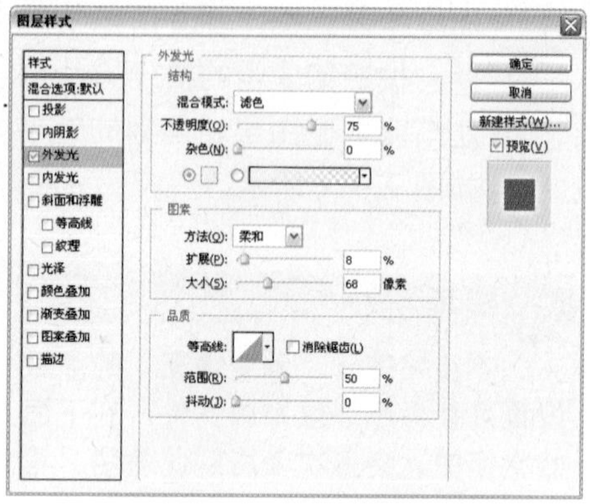

图7.315 “外发光”对话框

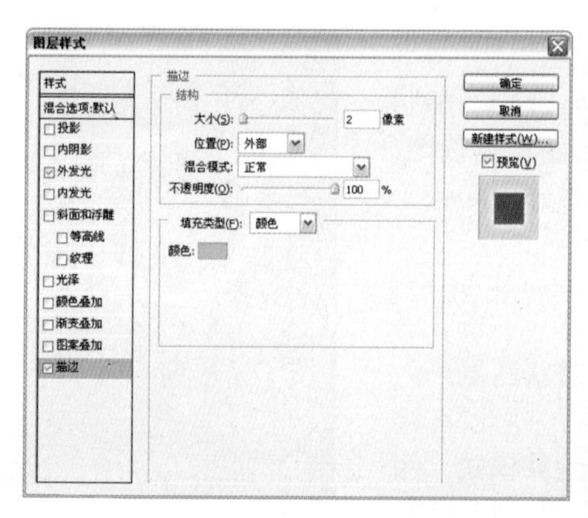

图7.316 “描边”对话框

图7.317 添加图层样式后的效果

图7.318 “图层”调板

提示

在“外发光”对话框中颜色块的颜色值为 ffffbe；在“描边”对话框中颜色块的颜色值为 79e2b4。

⑪ 结合形状工具，应用路径，并创建渐变填充图层，制作苹果图像上面的眼睛及嘴巴图像，如图 7.319 所示。将制作苹果图像的图层选中，进行编组并重命名为“苹果”。下面制作圆圈及苹果图像周围的气泡图像。

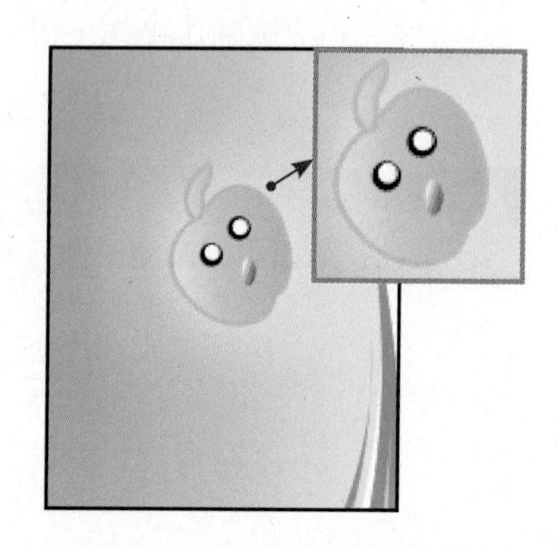

图7.319 制作眼睛及嘴巴图像

⑫ 选择画笔工具，按F5键调出“画笔”调板，单击其右上方的调板按钮，在弹出的菜单中选择“载入画笔”命令，在弹出的对话框中选择随书所附光盘中的画笔素材“第7章\7.9-素材1.abr”，单击“载入”按钮退出对话框。

⑬ 选择组“苹果”，新建“图层1”。设置前景色为8dae42，选择上一步载入的画笔，通过不断地改变画笔的大小，在苹果图像的右侧及下面多次单击，得到如图7.320所示的效果。

图7.320 涂抹效果

⑭ 然后再将前景色设置为e1edc3，重复上一步的操作，制作圆圈图像左侧的气泡效果，如图7.321所示。

提示

至此，气泡图像已制作完成。下面制作主题文字图像。

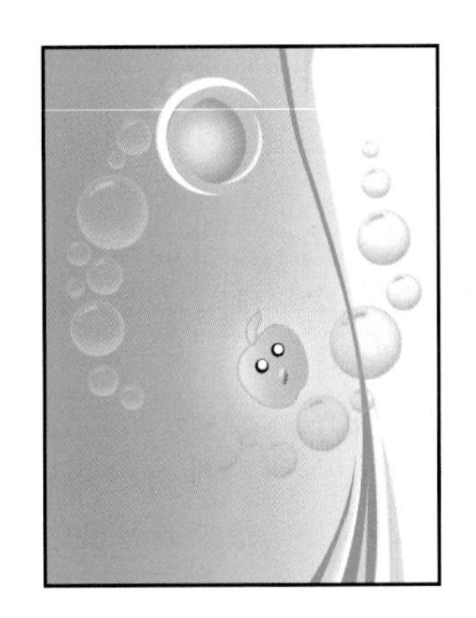

图7.321 涂抹效果

⑮ 结合形状工具及添加图层样式的功能制作正面中的主题文字图像，如图7.322所示。

提示1

在本步中关于“描边”图层样式的设置可参考最终效果源文件，主题文字的描边效果是相同的。我们可以先为一个图层添加图层样式，然后应用复制图层样式的方法为其他图层添加图层样式。

图7.322 制作主题文字

提示2

复制图层样式的方法为：比如，按住Alt键将“形状5”图层样式拖至“形状6”图层上以复制图层样式，以此类推。下面制作另外两个圆圈图像。

⑯ 复制组“圈”两次，并将得到的副本拖至所有图层上方。通过更改图像的颜色，并结合变换功能，制作“当”字右上方中的点及“相”字上方的圆圈图像，如图 7.323 所示。“图层”调板如图 7.324 所示。下面制作商标图像。

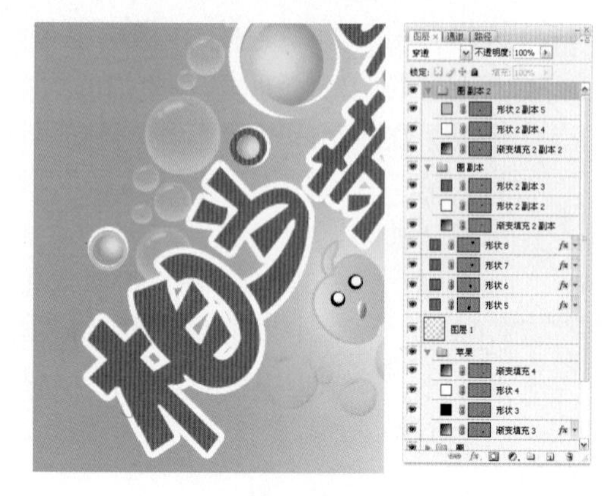

图7.323 制作圆圈图像　　图7.324 “图层”调板

⑰ 结合形状工具、其运算模式以及“描边”图层样式的功能制作主题文字下方的圆圈图像，如图 7.325 所示。下面来制作圆圈图像中文字绕排路径的效果。

提示

在本步中关于“描边”图层样式的设置可参考最终效果源文件。

图7.325 制作主题文字下方的圆圈图像

⑱ 结合椭圆工具，在圆圈内绘制如图 7.326 所示的路径。选择横排文字工具 T，将文字光标置于路径的左下方当变成状时，单击鼠标左键输入文字，如图 7.327 所示。结合椭圆工具及其运算功能，绘制环形文字下方的 4 个圆形形状，如图 7.328 所示。

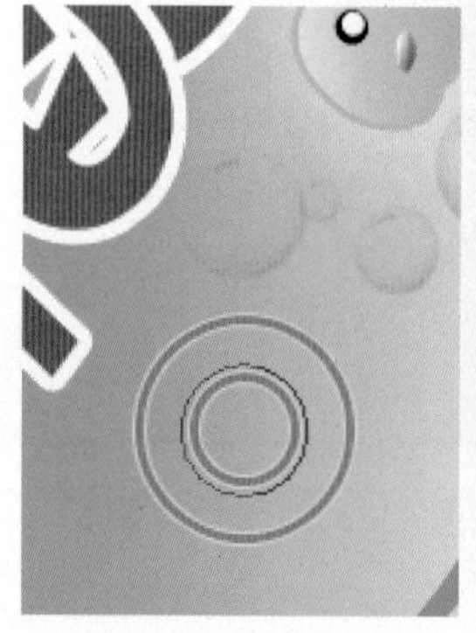

图7.326 绘制路径

图7.327 输入文字

图7.328 绘制形状

提示

至此，商标图像已制作完成。下面制作正面中的左上方标志图像及左下方的说明文字。

⑲ 利用形状素材，结合形状工具、文字工具以及“投影”图层样式完成正面中的标志及说明文字的绘制，如图 7.329 所示。“图层”调板如图 7.330 所示。

图7.329 制作正面中的标志及说明文字

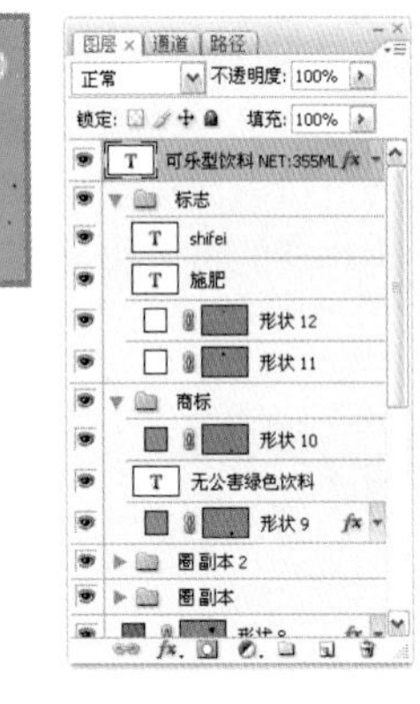

图7.330 “图层”调板

提示1

在本步中关于“投影”图层样式的设置可参考最终效果源文件。本步应用到的形状素材为素材 2，即为“形状 11”（标志）。

提示2

形状载入的方法为：选择自定形状工具，在画布中单击鼠标右键，在弹出的形状显示框中单击形状选择框右上角的三角按钮，同时在弹出的菜单中选择“载入形状”命令，在弹出的对话框中选择随书所附光盘中的形状素材“第 7 章 \7.9- 素材 2.csh”，单击“载入”按钮退出对话框。

提示3

“形状 12”（R）的绘制方法为：通过单击形状选择框右上角的三角按钮，在弹出的菜单中选择“全部”命令，然后在弹出的提示框中单击“确定”按钮，即可从形状显示框中找到所绘制的形状。下面制作副面中及正面右侧中的图像。

⑳ 选择文字图层“可乐型饮料 NET:355ML”，按 Ctrl+Alt+A 键选择除“背景”图层以外的所有图层，按 Ctrl+Alt+E 键执行“盖印”操作，从而将选中图层中的图像合并至一个新图层中，并将其重命名为“图层 2”。结合变换功能进行水平翻转，并移至副面中，如图 7.331 所示。

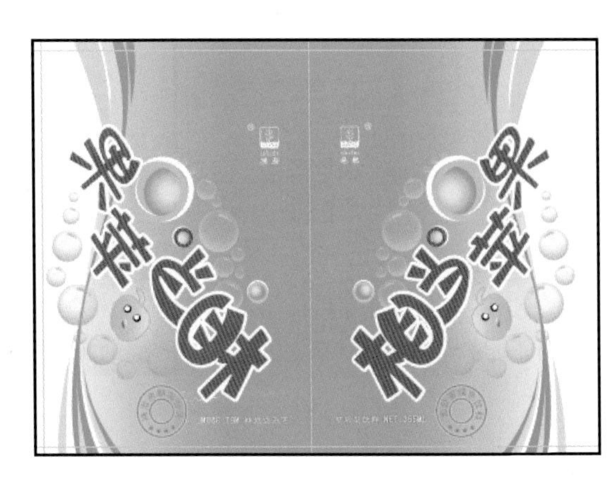

图7.331 盖印及调整图像

㉑ 打开随书所附光盘中的文件“第 7 章 \7.9- 素材 3.psd”，使用移动工具将其拖至刚制作的文件的正面右侧位置，如图 7.332 所示，同时得到“图层 3”。完成制作，按 Ctrl+; 键隐藏辅助线，最终效果如图 7.333 所示。“图层”调板如图 7.334 所示。图 7.335 为本例的尝试效果。

提示1

本步笔者是以智能对象的形式给的素材，由于其操作非常简单，在叙述上略显繁琐，读者可以参考最终效果源文件进行参数设置，双击智能对象缩览图即可观看到操作的过程。智能对象的控制框操作方法与普通的自由变换控制框雷同。

提示2

智能对象中所应用到的形状素材可参考随书所附光盘中的形状素材“第 7 章\7.9-素材4.csh”。

图7.332 摆放图像

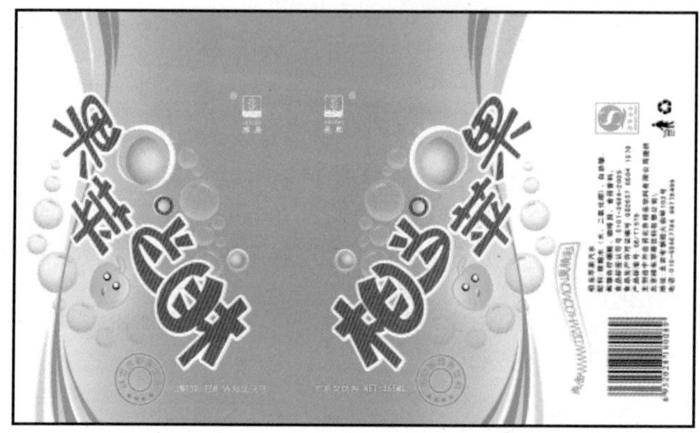

图7.333 最终效果

图7.334 “图层”调板

图7.335 尝试效果

7.10 点智啤酒瓶贴设计

7.10.1 案例概况

例前导读：

本例制作的是一款啤酒的标识设计。整体设计的色调以人们认可的传统啤酒标识色调为主，标识中间使用一条彩带将上下两部分融合在一起，并且通过彩带的立体感设计、文字的大小与字体编排以及颜色的分配等方面，使一个用平面软件做出来的标识看起来充满了立体感，层次也十分分明。

核心技能：

- 使用钢笔工具绘制路径。
- 结合钢笔工具与路径的运算实现特殊路径的制作。
- 使用“纯色”、“渐变”等命令制作纯色及渐变等图像。
- 使用“描边”、“投影”等图层样式为图像添加描边及投影等效果。
- 结合钢笔工具绘制路径和横排文字工具输入文字实现特殊文字绕排效果。
- 使用“盖印”命令实现选中图层的合并操作。
- 使用“添加杂色”滤镜实现为图像添加杂点的效果。
- 通过设置图层混合模式调整图像之间的混合关系。
- 结合变换并复制命令制作有相同属性的形状。
- 使用图层蒙版隐藏无须显示的图像。

效果文件：光盘\第 7 章\7.10.psd。

7.10.2 实现步骤

① 按 Ctrl+N 键新建一个文件，设置弹出的对话框，如图 7.336 所示。单击“确定”按钮退出对话框，以创建一个新的空白文件。

> **提示**
>
> 首先要制作的是绘制标识轮廓的色块，为后面的制作定下一个大体框架。

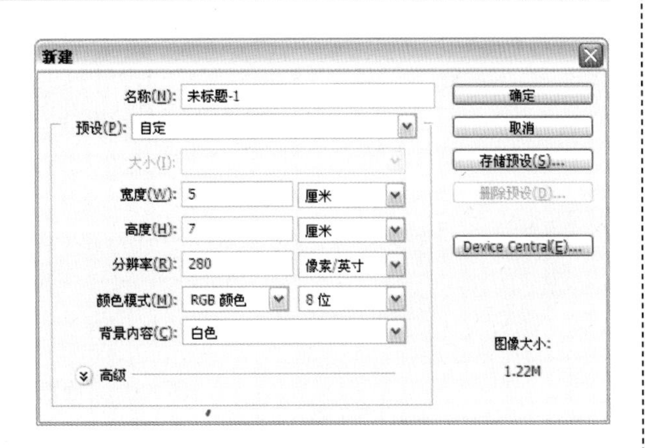

图7.336 “新建”对话框

② 选择椭圆工具，切换到“路径”调板，新建一个路径得到“路径 1”，在图像中绘制如图 7.337 所示的路径。

③ 切换到“图层”调板，单击创建新的填充或调整图层按钮 ，在弹出的菜单中选择“纯色”命令，然后在弹出的“拾取实色”对话框中设置其颜色值为 fbf7f6，得到如图 7.338 所示的效果，同时得到图层“颜色填充 1”。

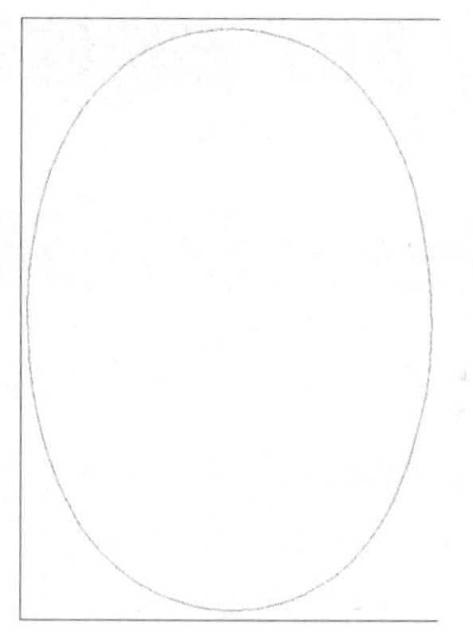

图7.337 绘制路径

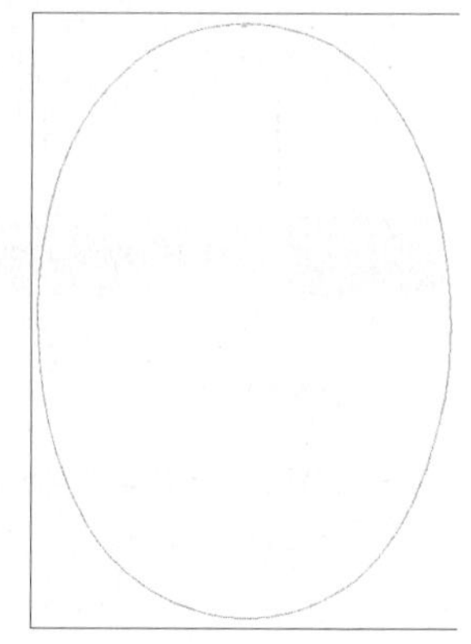

图7.338 执行“纯色”命令后的效果

④ 按下 Esc 键取消“颜色填充 1”的矢量蒙版缩览图的选中状态，按 Ctrl+Alt+T 键调出自由变换并复制控制框，按住 Alt+Shift 键向内拖动控制句柄，以向控制中心点等比缩小图像，直至调整到如图 7.339 所示的状态，按 Enter 键确认操作，同时得到“颜色填充 1 副本”。

⑤ 双击“颜色填充 1 副本”的图层缩览图，在弹出的“拾取实色”对话框中将颜色值重新设置为 d1d0ce，得到如图 7.340 所示的效果。选择“颜色填充 1”，单击添加图层样式按钮 ，在弹出的菜单中选择“描边”命令，设置弹出的对话框，如图 7.341 所示，得到如图 7.342 所示的效果。

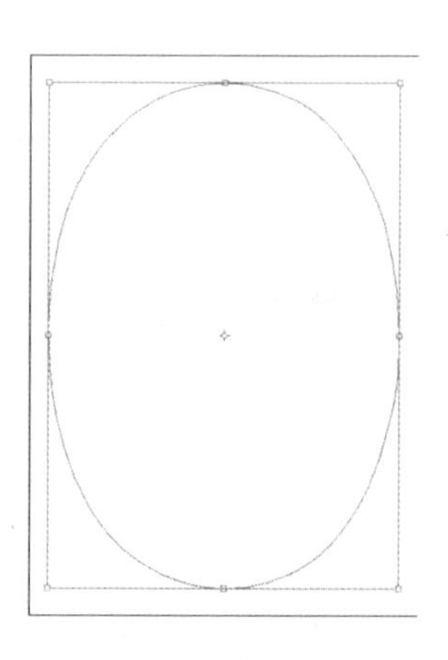

图7.339 变换图像

图7.340 重新设置颜色值后的效果

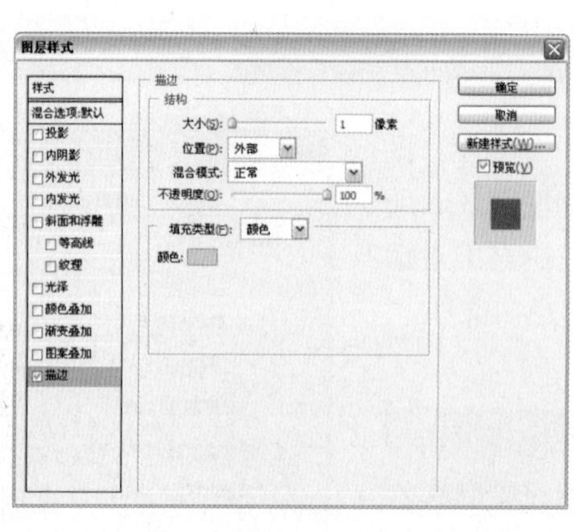

图7.341 “描边”对话框

图7.342 应用图层样式后的效果

提示

在“描边”对话框中，颜色值设置为 d1d0ce。

提示

接下来制作标识内部上半部图像中的色块。

⑥ 选择“颜色填充 1 副本”，确保其矢量蒙版缩览图是未选中状态，按 Ctrl+Alt+T 键调出自由变换控制框，按住 Alt 键向内拖动右下角的控制句柄，将图像调整到如图 7.343 所示的状态，按 Enter 键确认操作，同时得到“颜色填充 1 副本 2”。双击“颜色填充 1 副本 2”的图层缩览图，在弹出的“拾取实色”对话框中将颜色值重新设置为白色，得到如图 7.344 所示的效果。

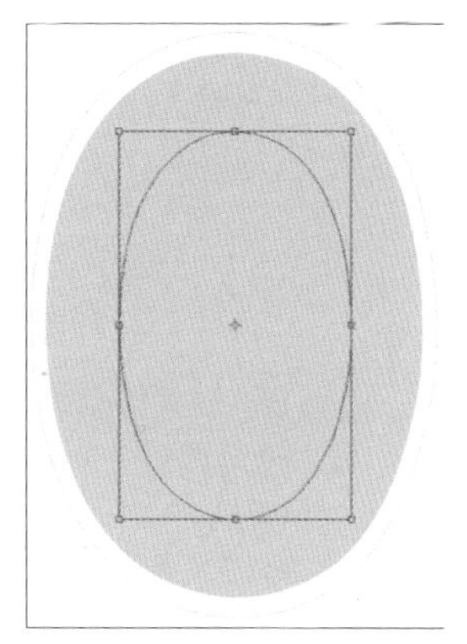

图7.343 变换并复制图像

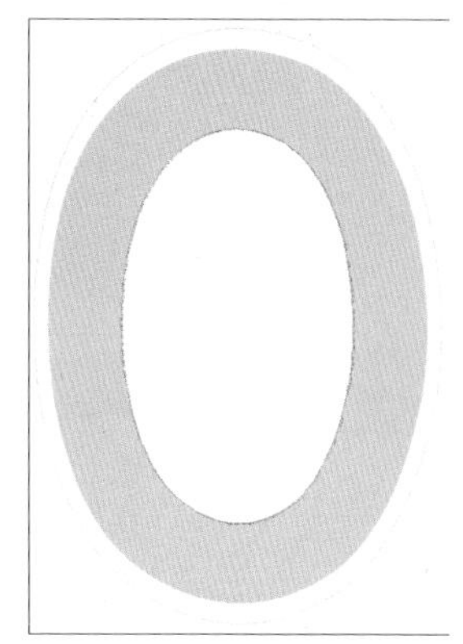

图7.344 重新设置颜色值后的效果

⑦ 选择路径选择工具，在“颜色填充 1 副本 2”的矢量路径上单击，将其置于选中状态，如图 7.345 所示。单击工具选项条上的交叉形状区域按钮，按 Ctrl+Alt+T 键调出自由变换并复制控制框，在图像中单击鼠标右键，选择弹出快捷菜单中“旋转 90°（顺时针）”命令，再向上移动路径，并向左右拉长路径，直至调整到如图 7.346 所示的效果，按 Enter 键确认操作。

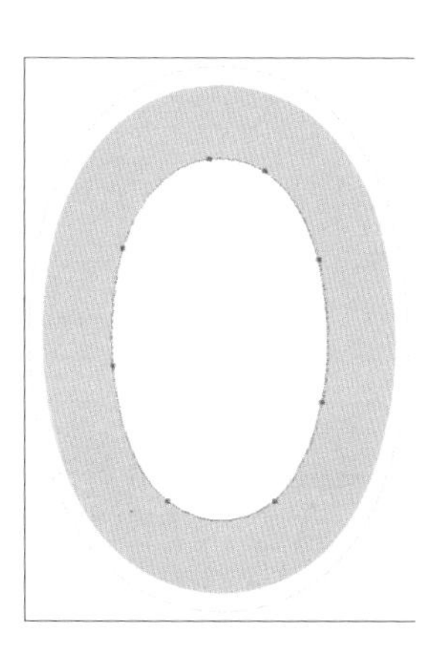

图7.345 选择路径

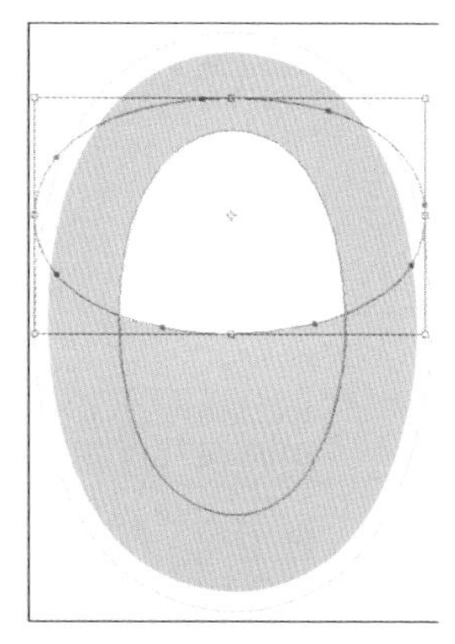

图7.346 变换路径并进行路径运算

⑧ 选择“颜色填充 1 副本”，按照步骤 6 的方法，复制并变换路径，确认后得到“颜色填充 1 副本 3”，并将图像的颜色重新设置为 7a706e，得到如图 7.347 所示的效果。选择钢笔工具，在工具选项条上选择形状图层按钮，并单击交叉形状区域按钮，在图像中绘制路径如图 7.348 所示。单击“颜色填充 1 副本 3”的矢量蒙版缩览图，得到如图 7.349 所示的效果。

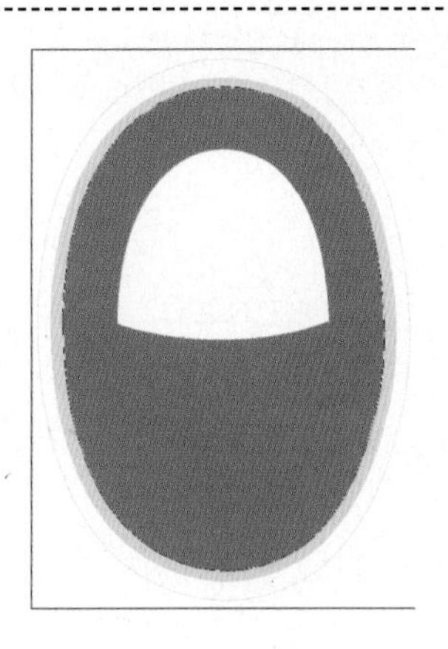

图7.347 重新设置颜色值后的效果

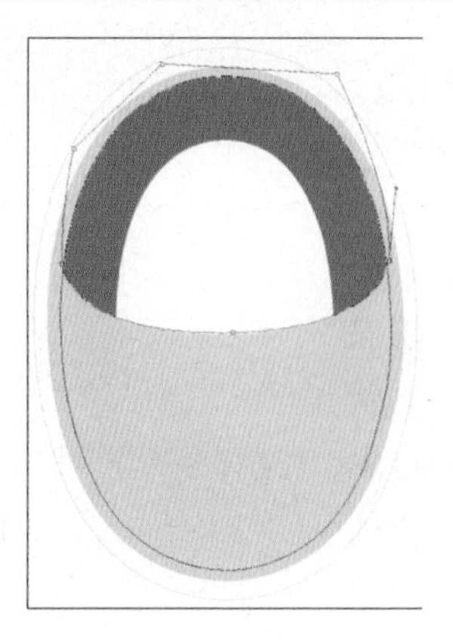

图7.348 绘制路径并进行路径运算

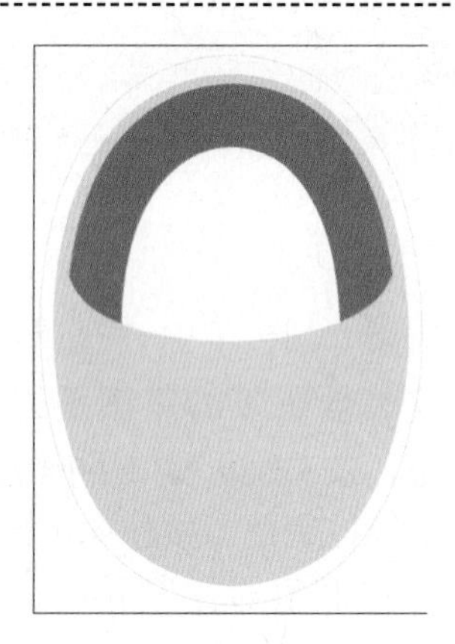

图7.349 取消矢量蒙版的选中状态后的效果

⑨ 选择钢笔工具，切换至“路径”调板，新建一个路径得到“路径 2”，在图像右部中间的位置绘制如图 7.350 所示的路径，单击工具选项条上的添加到路径区域按钮，在图像左部中间的位置继续绘制路径，如图 7.351 所示。

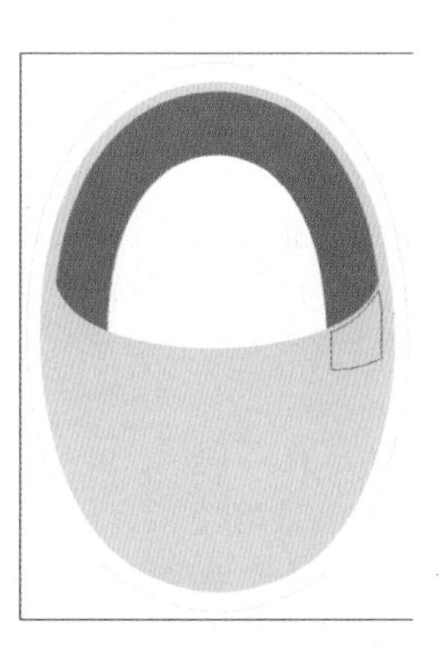

图7.350 绘制路径

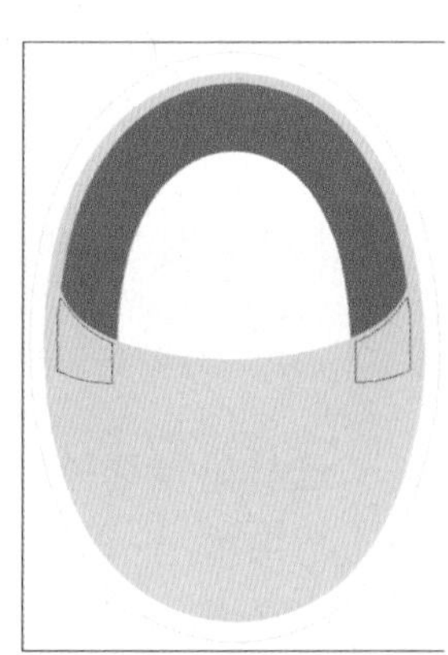

图7.351 继续绘制路径

⑩ 切换到“图层”调板，选择“颜色填充 1 副本 2”，按照步骤 3 的方法，利用“纯色”命令为“路径 2”填充颜色，其中“拾取实色”对话框中颜色值的设置为 837a7f，得到如图 7.352 所示的效果，同时得到“颜色填充 2”。

⑪ 按照步骤 9 ~ 10 的方法，使用钢笔工具绘制“路径 3”，并使用“纯色”命令为“路径 3”填充颜色。其中“拾取实色”对话框颜色值的设置为 db221d，得到如图 7.353 所示的效果，同时得到“颜色填充 3”。

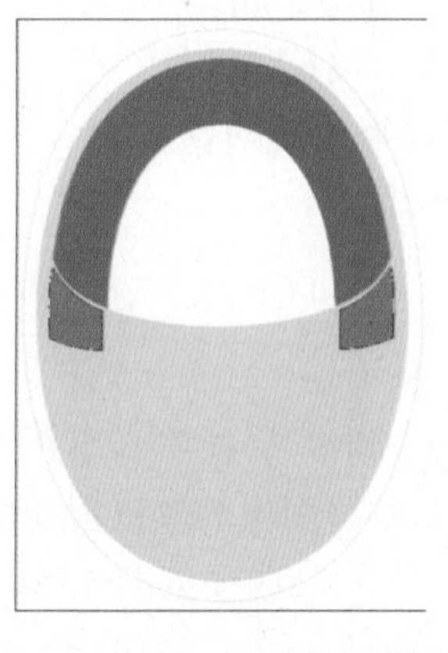

图7.352 执行“纯色”命令后的效果

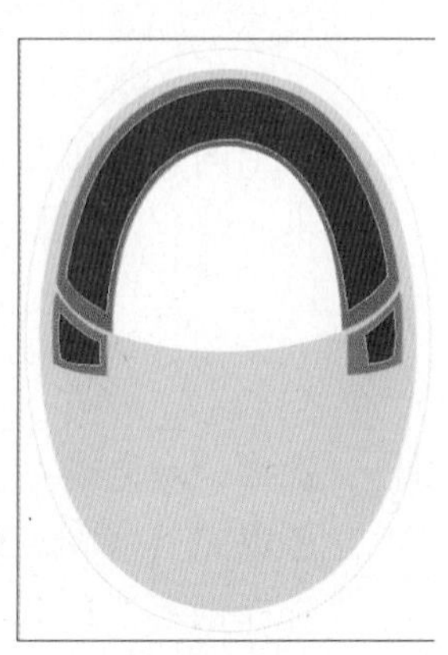

图7.353 绘制红色色块

⑫ 单击添加图层样式按钮 fx.，在弹出的菜单中选择“斜面和浮雕”命令，设置弹出的对话框，如图 7.354 所示，得到如图 7.355 所示的效果。

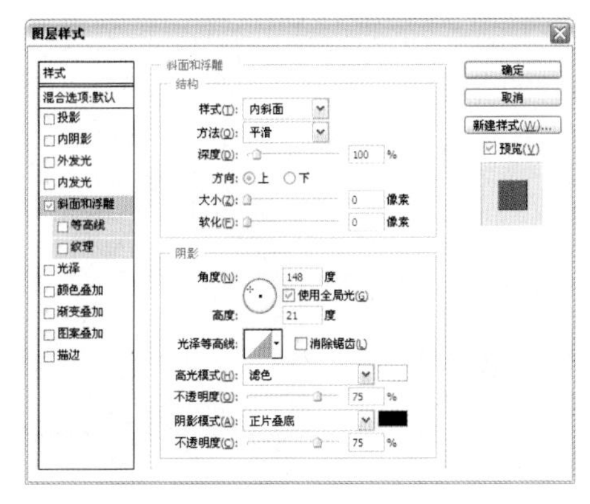

图7.354 “斜面和浮雕”对话框

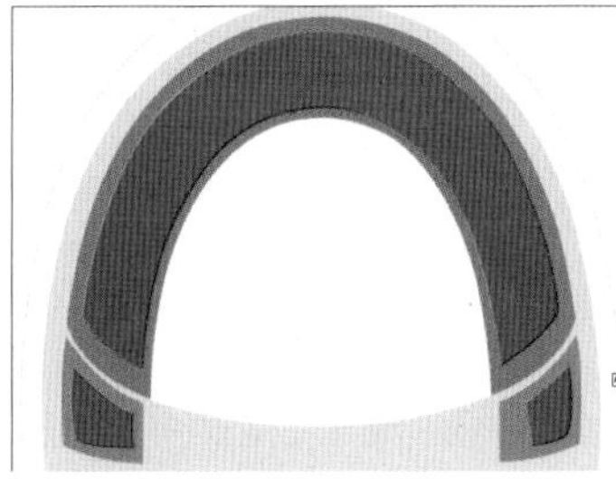

图7.355 应用图层样式后的效果

提示

下面要做的是绘制标识下半部分的渐变图像和中部的色带图像。

⑬ 选择钢笔工具 ，切换到“路径”调板，新建一个路径得到“路径 4”，在图像中绘制如图 7.356 所示的路径。切换到“图层”调板，单击创建新的填充或调整图层按钮 ，在弹出的菜单中选择“渐变”命令，设置弹出的对话框，如图 7.357 所示，得到如图 7.358 所示的效果，同时得到图层“渐变填充 1”。

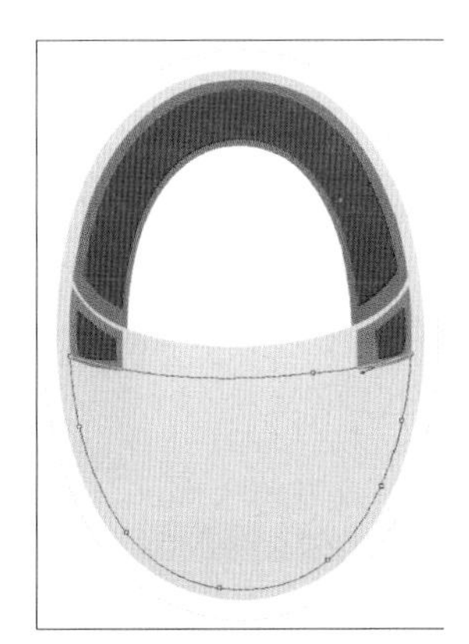

图7.356 绘制路径

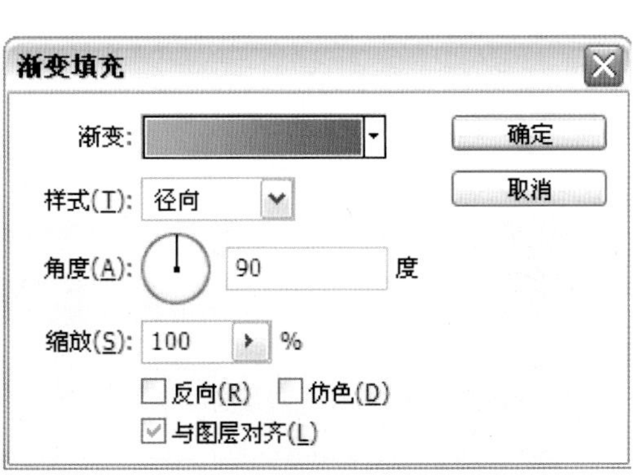

图7.357 “渐变填充”对话框

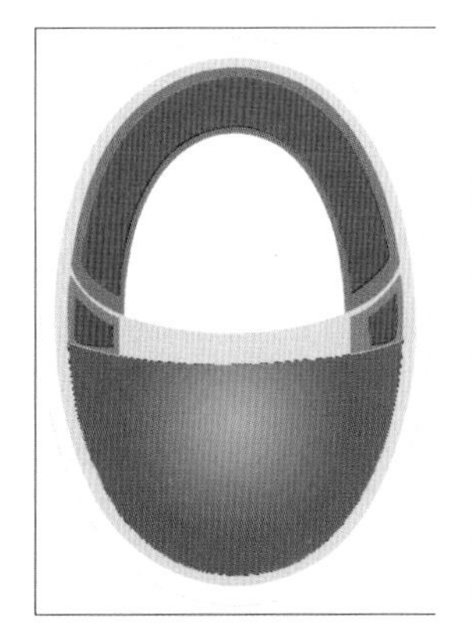

图7.358 执行“渐变”命令后的效果

提示

在“渐变填充”对话框中，渐变类型的各色标颜色值从左至右分别为 609e53 和 33623e。读者可以尝试通过复制“路径 1”，然后使用自由变换控制命令缩小路径，再通过添加和删除节点、调整路径等操作，得到与“路径 4”相同的路径。

⑭ 新建一个图层得到“图层 1”，切换到“路径”调板，复制“路径 1”得到“路径 1 副本”，按 Ctrl+T 键调出自由变换控制框，按住 Alt 键向内拖动控制句柄，将路径调整到如图 7.359 所示的状态，按 Enter 键确认操作。

⑮ 设置前景色的颜色值为 938f90，选择画笔工具，并在工具选项条上设置画笔大小为 3 像素，硬度为 100%，单击用画笔描边路径按钮，然后单击“路径”调板中的空白区域以隐藏路径，得到如图 7.360 所示的效果。

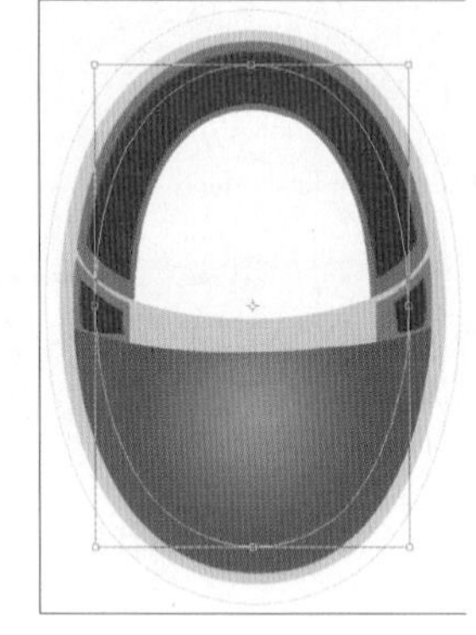

图7.359 变换路径

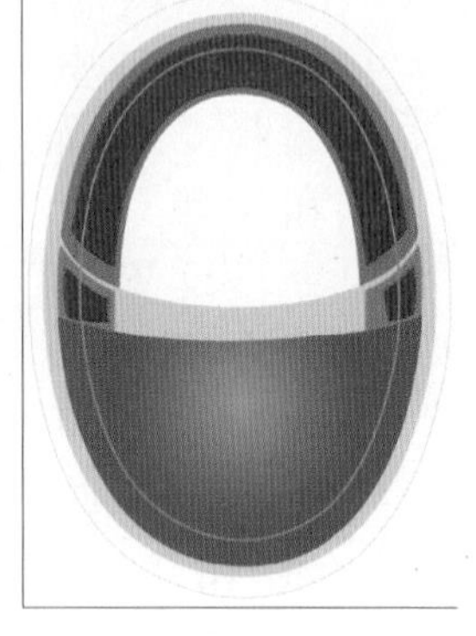

图7.360 用画笔描边路径

⑯ 切换回“图层”调板，单击添加图层蒙版按钮为“图层 1”添加蒙版，设置前景色为黑色，选择画笔工具，在其工具选项条中设置适当的画笔大小及硬度数值，在图层蒙版中进行涂抹，以将上下两端多余的线条图像隐藏起来，直至得到如图 7.361 所示的效果。此时蒙版中的状态如图 7.362 所示。

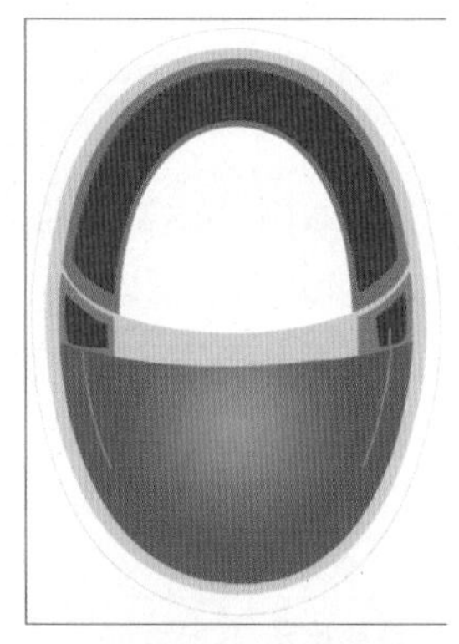

图7.361 添加图层蒙版后的效果

图7.362 图层蒙版的状态

⑰ 按照前面讲解过的方法，利用钢笔工具绘制路径，然后对路径进行纯色或者渐变的颜色填充操作，制作出中部的彩带图像，其步骤如图 7.363 所示，同时得到“路径 5”～“路径 8”、“颜色填充 4”～“颜色填充 6”和“渐变填充 2”。

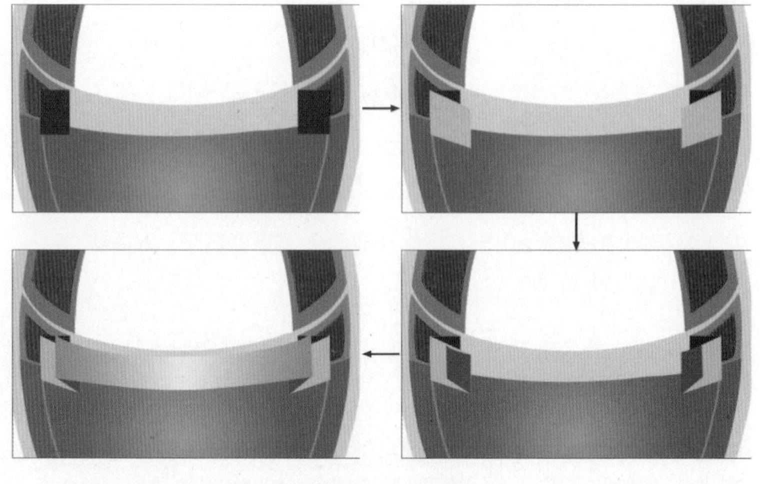

图7.363 制作中间彩条

提示1

其中“颜色填充 4”～“颜色填充 6”的“实色拾取”颜色值分别为 252120、b9bcc3 和 443e42。“渐变填充 2”的“渐变填充”对话框设置如图 7.364 所示，渐变类型的各色标颜色值从左至右分别为 ebe9ea 和 938f90。

提示2

接下来使用前面讲解过的方法制作标识中上位置的标志图像。

⑱ 按照步骤 13 的方法，利用钢笔工具绘制“路径 9”，然后对“路径 9”进行渐变填充。其中“渐变填充”命令对话框的设置如图 7.365 所示，得到的效果如图 7.366 所示，同时得到“渐变填充 3”。

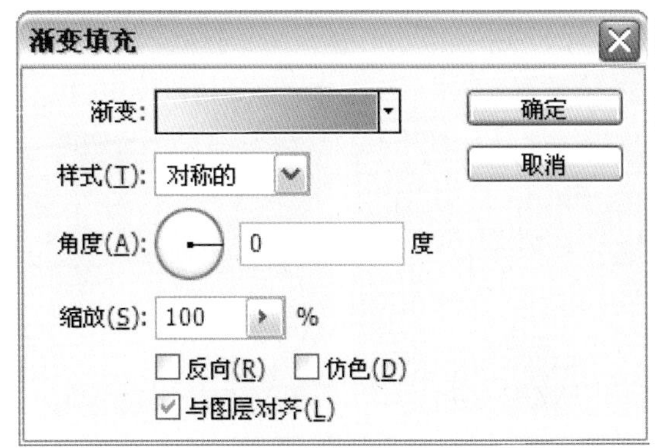

图7.364 制作彩条时的“渐变填充”对话框

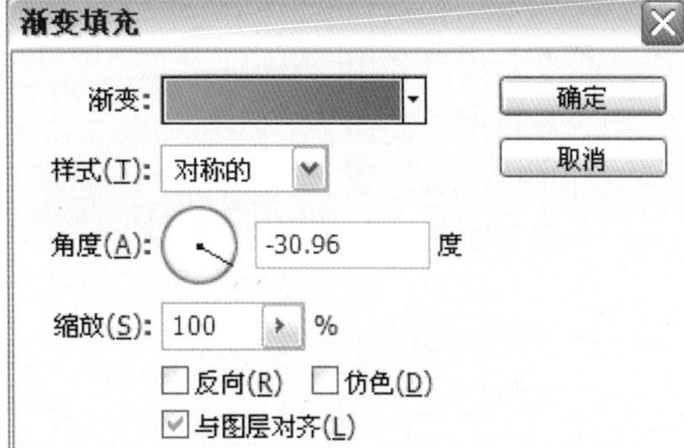

图7.365 制作标志时的“渐变填充”对话框

提示1

在“渐变填充”对话框中渐变类型的各色标颜色值从左至右分别为 609b2a 和 33623e。

提示2

下面对制作完成的标识图像进行盖印操作，并对盖印后的图层进行添加杂色处理。

⑲ 选择“渐变填充 3”，按住 Shift 键单击“颜色填充 1”的图层名称以将二者之间的图层选中，按 Ctrl+G 键将选中的图层编组，并将得到的图层组重新命名为“图形”。按 Ctrl+Alt+E 键执行“盖印”操作，将图层组中的图像合并至一个新图层中，得到“图形（合并）”。隐藏图层组“图形”，此时图像的整体效果如图 7.367 所示，“图层”调板的状态如图 7.368 所示。

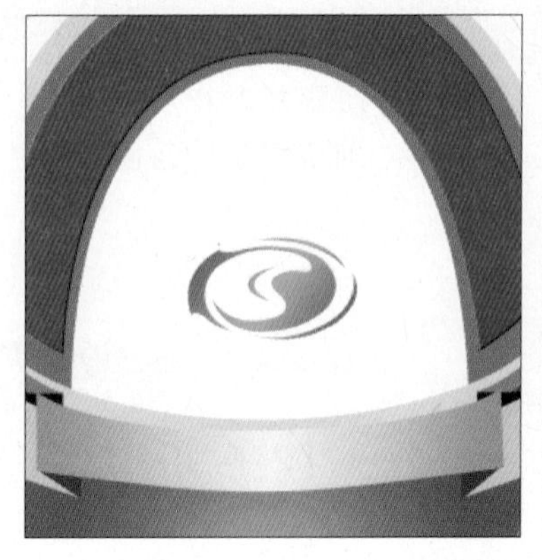

图7.366 执行“渐变”命令后的效果

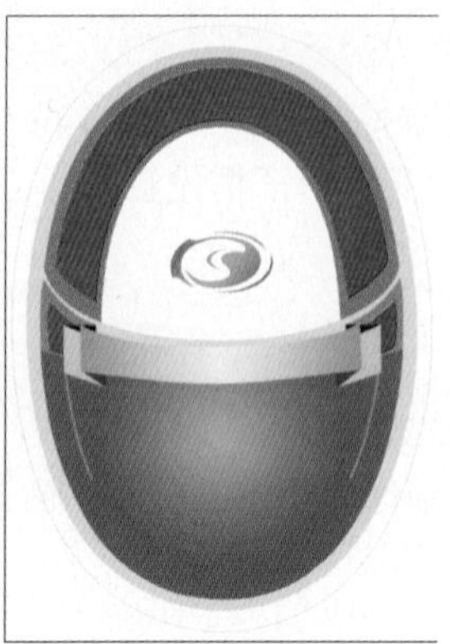

图7.367 整体效果

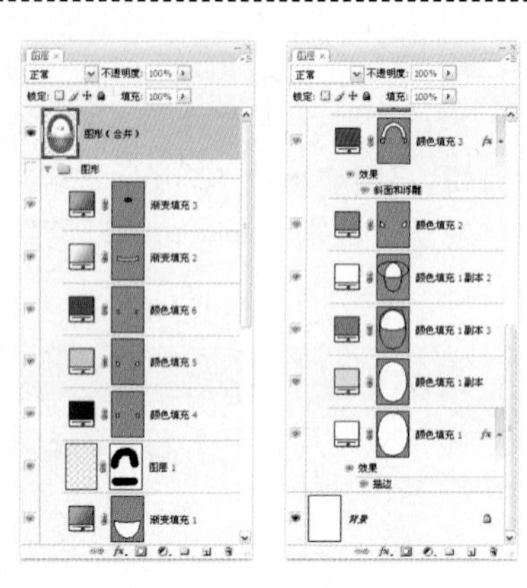

图7.368 “图层”调板

⑳ 选择“滤镜”|“杂色”|“添加杂色”命令，设置弹出的对话框，如图7.369所示。放大查看添加杂色前后的效果，如图7.370和图7.371所示。

图7.369 “添加杂色”对话框

图7.370 执行“添加杂色”前的效果

图7.371 执行“添加杂色”后的效果

提示

接下来在标识的上半部分位置添加文字及花边图像。首先利用素材添加花边的图像。

㉑ 打开随书所附光盘中的文件“第7章\7.10-素材.psd”，如图7.372所示，选择移动工具将其拖入正在制作的文件中，得到“图层 2”。按Ctrl+T键调出自由变换控制框，在图像中单击鼠标右键，选择弹出快捷菜单中的“垂直翻转”命令，再等比缩小并移动图像到如图7.373所示的状态，按Enter键确认操作。

图7.372 素材图像

图7.373 变换素材图像

㉒ 按Ctrl+Alt+T键调出自由变换并复制控制框，按照上一步的方法将图像水平翻转并移动到如图7.374所示的位置，按Enter键确认操作。

图7.374 再次变换素材图像

提示

添加完花边的图像后，接下来添加上半部分的文字。

㉓ 选择钢笔工具，切换到“路径”调板，新建一个路径得到“路径 10”，在图像中绘制如图7.375所示的路径。

㉔ 选择横排文字工具T，设置前景色为白色，并在其工具选项条上设置适当的字体和字号，将鼠标指针放到左边的路径上，如图7.376所示。当变为状态时，单击鼠标左键确定文字光标位置，沿着路径输入文字，如图7.377所示，同时得到相应的文字图层。

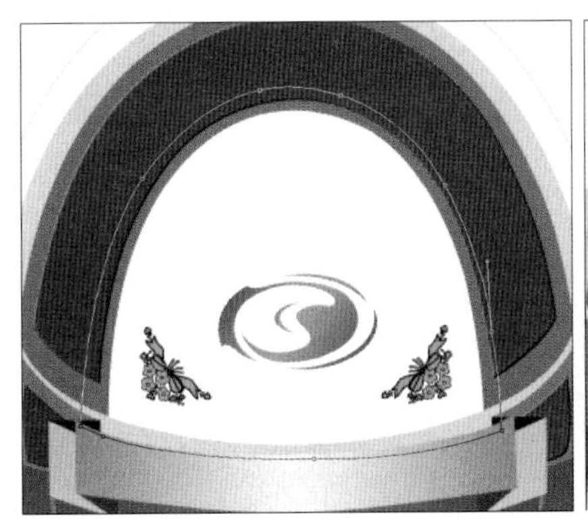

图7.375 绘制路径

图7.376 鼠标指针的位置

图7.377 输入文字

㉕ 切换到“图层”调板，单击添加图层样式按钮fx，在弹出的菜单中选择“描边”命令，设置弹出的对话框，如图7.378所示，得到如图7.379所示的效果。

提示

在“描边”对话框中，颜色值设置为706664。

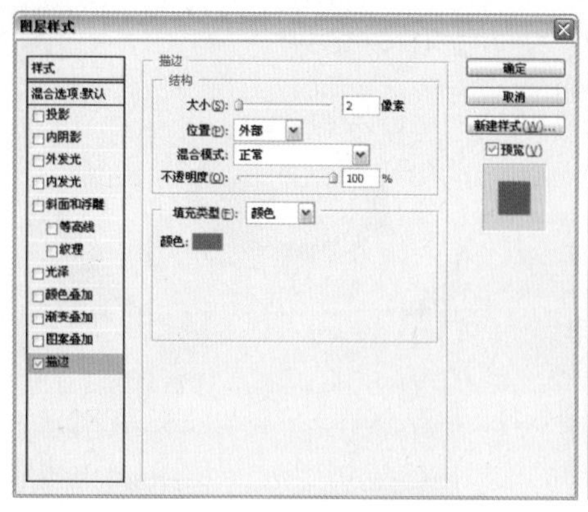

图7.378 “描边”对话框

图7.379 应用图层样式后的效果

㉖ 按照步骤 23 ～ 24 的方法，使用钢笔工具绘制路径，再设置适当前景色颜色值，使用文字工具并设置适当的字体和字号，对路径进行文本绕排，得到如图 7.380 所示的效果，同时得到“路径 11”、“路径 12”，并得到相应的文字图层。

图7.380 添加其他文字

提示1

其中“BEER”文字并没有进行路径的绕排操作。

提示2

下面按照类似的方法添加标识下半部分的文字。

㉗ 最后结合前面讲解过的方法，使用钢笔工具绘制路径，再使用文字工具进行文本绕排，或者直接输入文字，在标识的下半部分添加文字。其中有个别图层添加了图层样式，或根据视觉需要设置了图层不透明度，具体的参数设置可以参考随书所附源文件中的设置。

㉘ 添加完文字后的最终图像效果如图 7.381 所示，标识的应用效果图像如图 7.382 所示，最终“图层”调板的状态如图 7.383 所示。

图7.381 最终效果图像

图7.382 应用效果图像

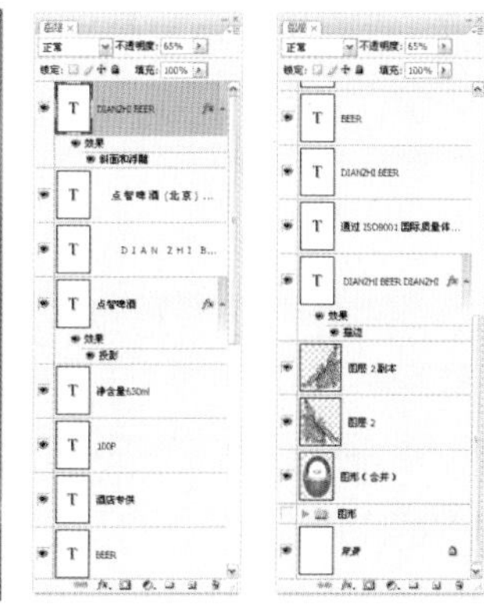

图7.383 “图层”调板

7.11 馨香卫生纸平面包装设计

7.11.1 案例概况

例前导读：

本案例制作的是馨香牌卫生纸的平面包装设计作品。主要是以纸具有柔软与洁白的特性作为核心要素，从图像的表现上来说，设计师以一个鲜艳的粉色调图像作为背景，同时背景中也配合用了大量的渐变，另外，相关的形状及文字的设计也是丰富画面不可缺少的。

核心技能：

- 结合路径工具绘制路径，并进行渐变填充等功能，制作背景上的渐变图像效果。
- 利用形状工具及运算功能制作各种形状。
- 结合文字工具输入文字，并对文字进行变形，制作多种形态的文字状态。
- 结合路径工具绘制路径并输入文字，制作文字绕排路径效果。
- 利用各种图层样式制作图像的描边及发光效果。
- 结合“盖印”操作将需要的图像合并到一个图层中。
- 利用混合模式融合各部分图像内容。

效果文件：光盘 \ 第 7 章 \7.11.psd。

7.11.2 实现步骤

7.11.2.1 制作背景及主体图像

① 按 Ctrl+N 键新建一个文件，设置弹出的对话框，如图 7.384 所示，单击“确定”

按钮退出对话框，以创建一个新的空白文件。

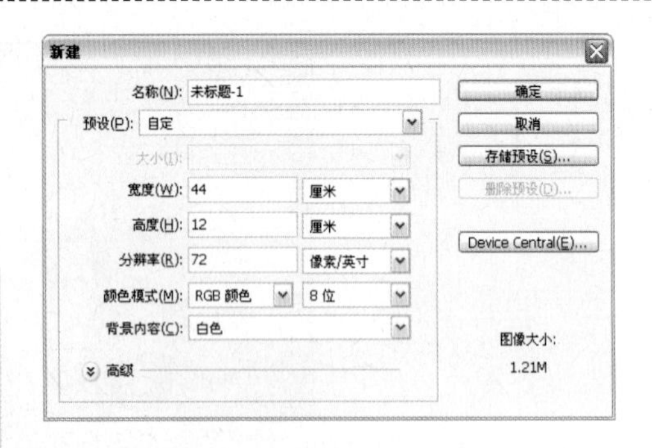

图7.384 “新建”对话框

提示

在“新建”对话框中，其宽度数值＝正面(17cm)＋侧面(5cm)＋正面(17cm)＋侧面(5cm)＝44cm，高度数值＝12cm。

② 按Ctrl+R键显示标尺，分别在垂直标尺上拖出4条辅助线，如图7.385所示。

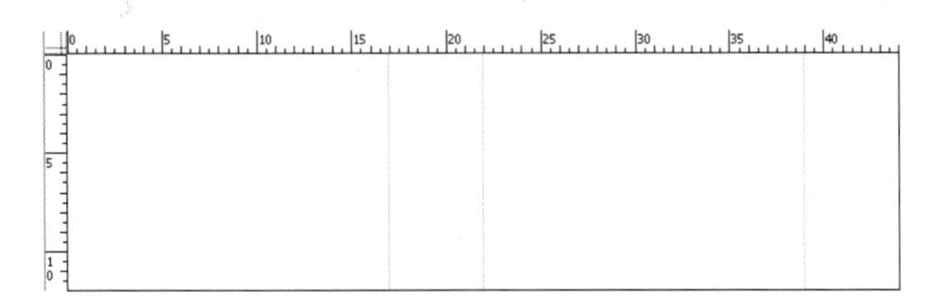

图7.385 拖出4条辅助线

③ 设置前景色的颜色值为d90bc5，选择矩形工具，在工具选项条上选择形状图层按钮，在当前画布右侧，依据辅助线绘制形状，得到“形状 1”，得到如图7.386所示的效果。

提示

下面通过绘制路径并进行渐变填充，设置混合模式，制作背景上的渐变图像效果。

图7.386 绘制形状

④ 选择椭圆工具，在工具选项条上选择路径按钮，在当前画布中绘制正圆路径，如图7.387所示。

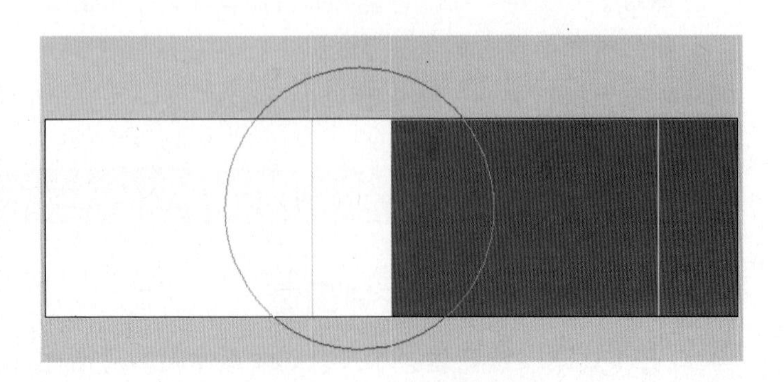

图7.387 绘制正圆路径

⑤ 单击创建新的填充或调整图层按钮 ，在弹出的菜单中选择“渐变”命令，然后在弹出的对话框中单击渐变选择框，设置颜色值为从白色到透明。单击“确定”按钮返回到“渐变填充”对话框，设置如图7.388所示，单击“确定”按钮确定设置，得到“渐变填充 1”，得到如图7.389所示的效果。

图7.388 “渐变填充”对话框

图7.389 应用“渐变填充”命令后的效果

⑥ 设置“渐变填充 1”的“不透明度”为50%，得到如图7.390所示的效果。按Ctrl+J键复制“渐变填充 1”得到“渐变填充 1 副本”，按Ctrl+T键调出自由变换控制框，调整图像的大小、位置，按Enter键确认变换操作，得到如图7.391所示的效果。

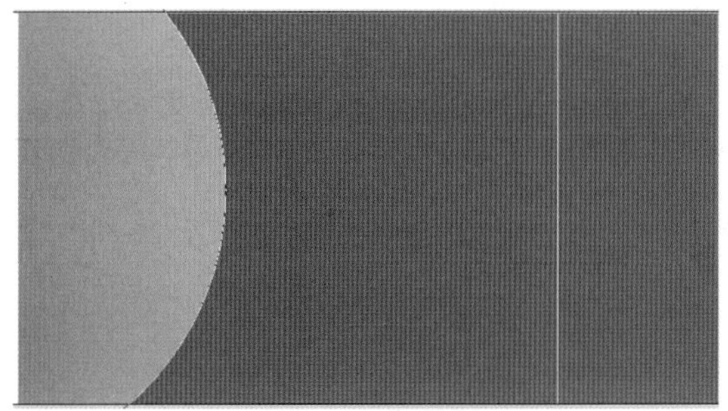

图7.390 设置不透明度后的效果

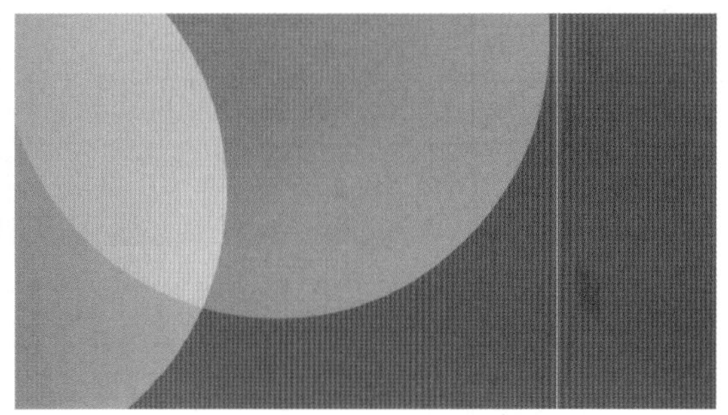

图7.391 复制并调整图像后的效果

⑦ 按照上面的方法复制“渐变填充 1 副本”两次，得到其两个副本图层，结合自由变换控制框，分别调整图像的大小、位置，直至得到如图7.392所示的效果。此时的“图层”调板状态如图7.393所示。

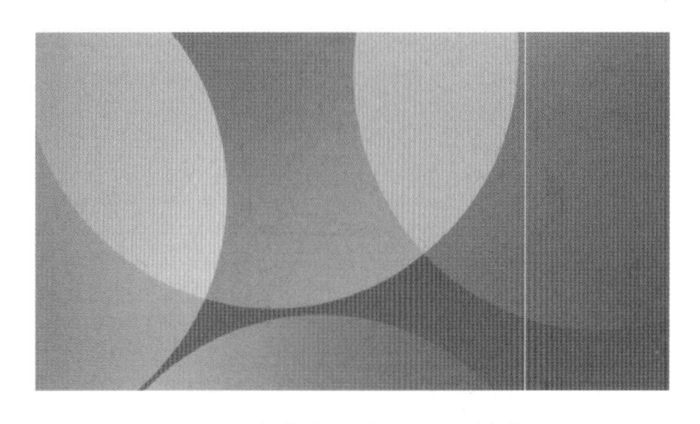

图7.392 复制并调整图像后的效果

提示

在制作背景上的渐变效果过程中，读者若对填充的渐变位置不满意，可以调出“渐变填充”对话框，在不关闭的情况下，拖动路径中的渐变，直至得到需要效果，单击“确定”按钮即可。下面将通过绘制形状及路径，并进行渐变填充，以及设置图层属性等功能，制作主体图像。

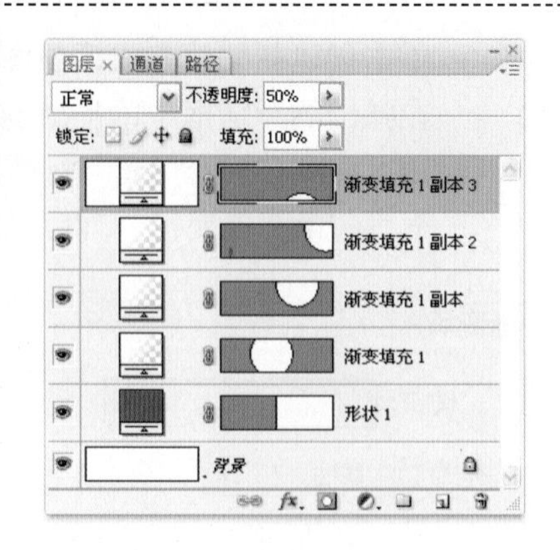

图7.393 “图层”调板

⑧ 选择钢笔工具，在工具选项条上选择形状图层按钮，在渐变背景上绘制形状，得到“形状 2”，如图 7.394 所示。

⑨ 单击添加图层样式按钮，在弹出的菜单中选择“外发光”命令，设置弹出的对话框，如图 7.395 所示，然后在“图层样式”对话框中继续选择“内发光”选项，设置其对话框如图 7.396 所示，得到如图 7.397 所示的效果。

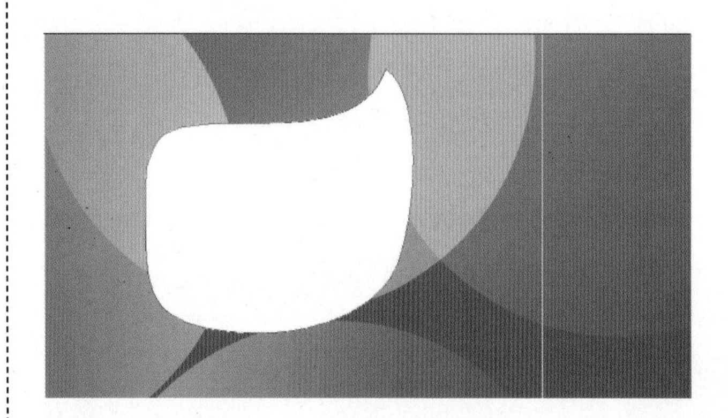

图7.394 绘制形状

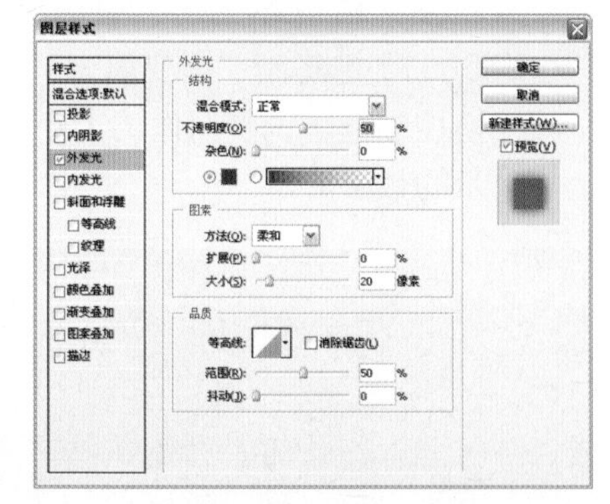

图7.395 “外发光”对话框

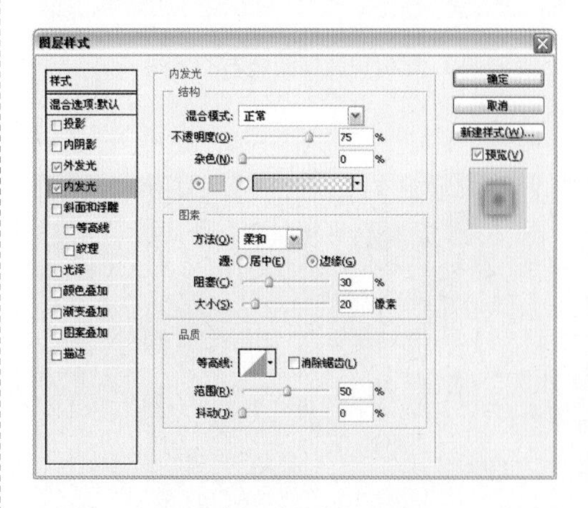

图7.396 “内发光”选项

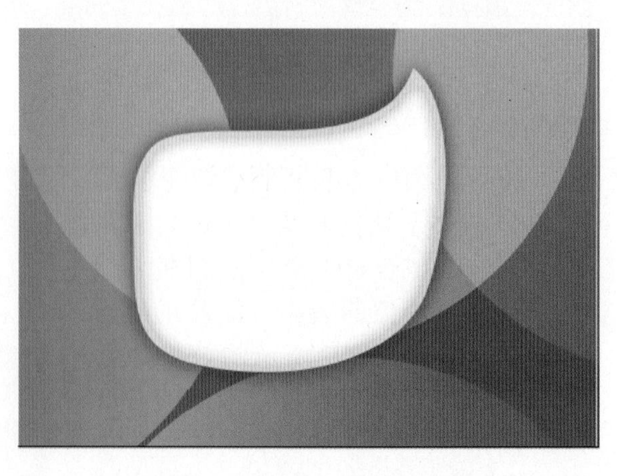

图7.397 添加图层样式后的效果

在“外发光”对话框中颜色块的颜色值为 ac0072；在“内发光”对话框中颜色块的颜色值为 ffc2eb。

⑩ 按 Ctrl+J 键复制“形状 2”得到“形状 2 副本”，使用鼠标右键单击其图层名称，在弹出的菜单中选择“清除图层样式”命令，双击其图层缩览图，在弹出的“拾取实色”对话框中更改颜色值为 ac0072，得到如图 7.398 所示的效果。

下面通过绘制路径并进行渐变填充，制作渐变条图像效果。

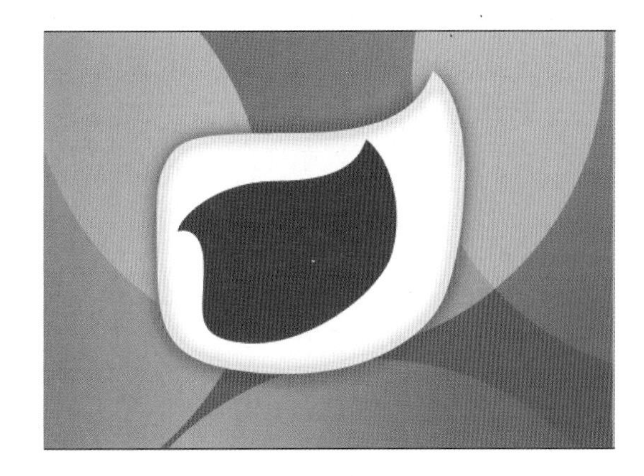

图7.398 复制形状并更改颜色后的效果

⑪ 选择钢笔工具，在工具选项条上选择路径按钮，在白色与红色结合处绘制路径，如图 7.399 所示。

⑫ 单击创建新的填充或调整图层按钮，在弹出的菜单中选择“渐变”命令，在弹出的对话框中单击渐变选择框，设置弹出的“渐变编辑器”对话框，如图 7.400 所示，单击“确定”按钮返回到“渐变填充”对话框，设置如图 7.401 所示，单击“确定”按钮确定设置，得到“渐变填充 2”，得到如图 7.402 所示的效果。

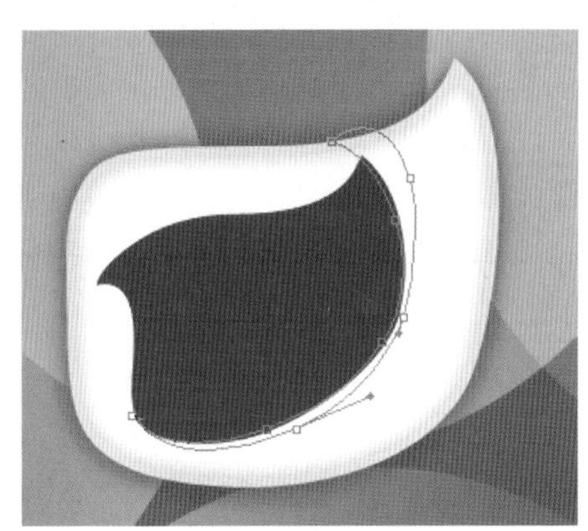

图7.399 绘制路径

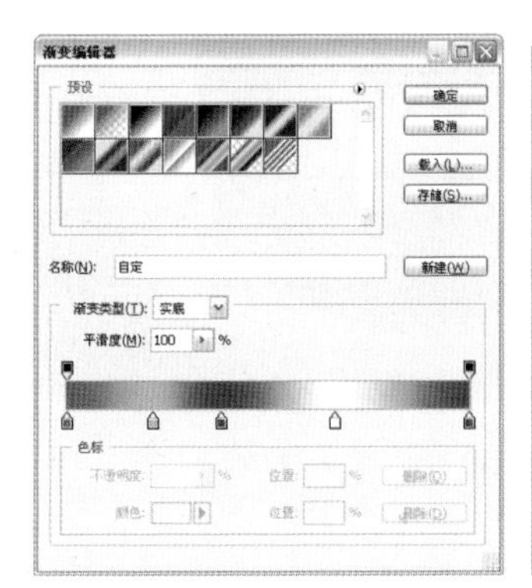

图7.400 “渐变编辑器”对话框

图7.401 “渐变填充”对话框

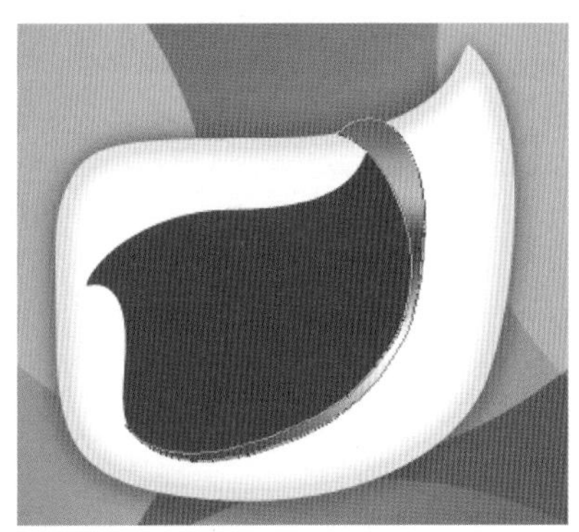

图7.402 应用“渐变填充”命令后的效果

提示

在“渐变编辑器”对话框中，各色标的颜色值从左至右分别为 f200d3、fca0f0、bc018b、白色和 bc008a。下面接着制作渐变条。

⑬ 下面按照第 11 ~ 12 步的操作方法，绘制路径进行渐变填充，制作渐变透明图像，直至得到如图 7.403 所示的效果。此时的“图层”调板状态如图 7.404 所示。

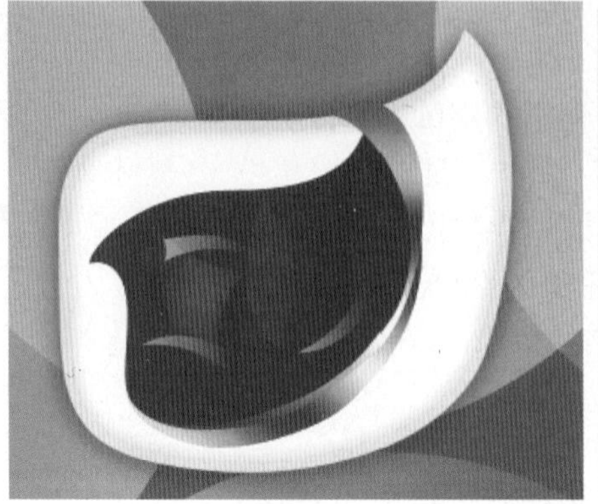

图7.403 制作渐变透明图像

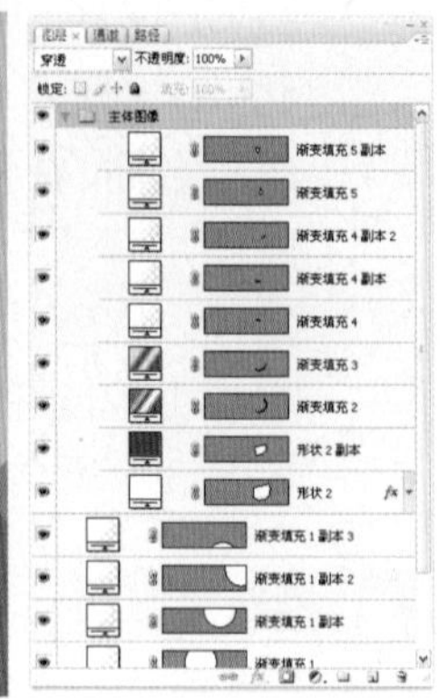

图7.404 “图层”调板

提示1

在制作渐变透明条时，还进行了复制图层的操作，用到的渐变填充参数的设置，读者可以参照本例源文件相关图层，在这里不再详细解说操作步骤。个别图层还设置了混合模式及不透明度。

提示2

为了方便读者管理图层，故将制作主体渐变透明条的图层编组，选中要进行编组的图层，按 Ctrl+G 键执行“图层编组”操作，得到“组 1”，并将其重命名为“主体图像”。下面在制作其他部分图像时，也进行编组操作，笔者不再重复讲解操作过程。

⑭ 下面开始制作变形文字效果，设置前景色为白色，选择横排文字工具 T，并在其工具选项条上设置适当的字体和字号，在主体图像上输入文字“xinxiang”，如图 7.405 所示。

图7.405 输入文字

⑮ 使用鼠标右键单击“xinxiang”图层名称，在弹出的菜单中选择“文字变形”命令，设置弹出对话框，如图 7.406 所示，得到如图 7.407 所示的效果。

图7.406 “变形文字”对话框

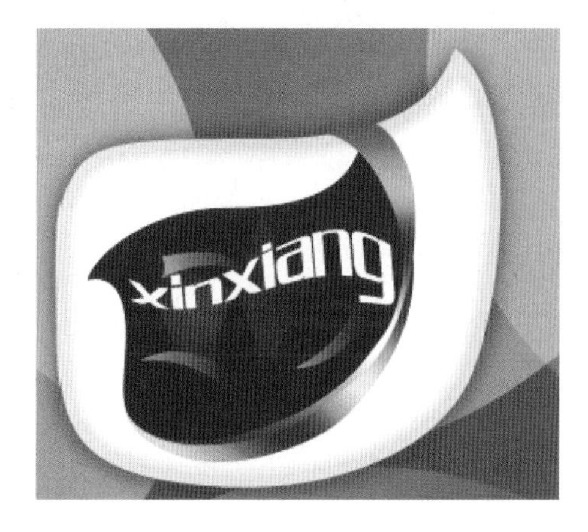

图7.407 应用“变形文字”命令后的效果

⑯ 按照同样的方法，制作变形文字“馨香”，直至得到如图7.408所示的效果。此时的“图层”调板状态如图7.409所示。

图7.408 制作变形文字“馨香”

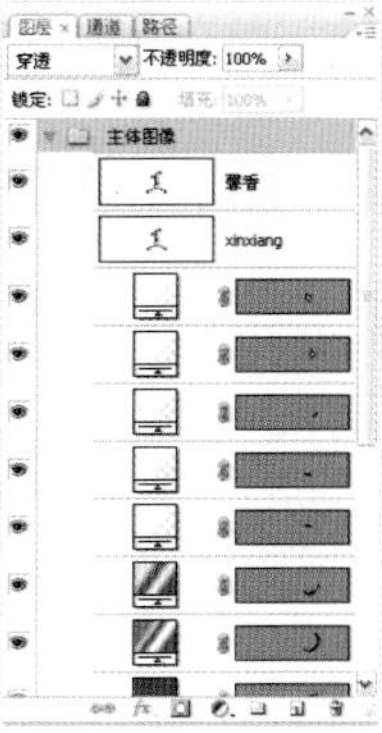

图7.409 “图层”调板

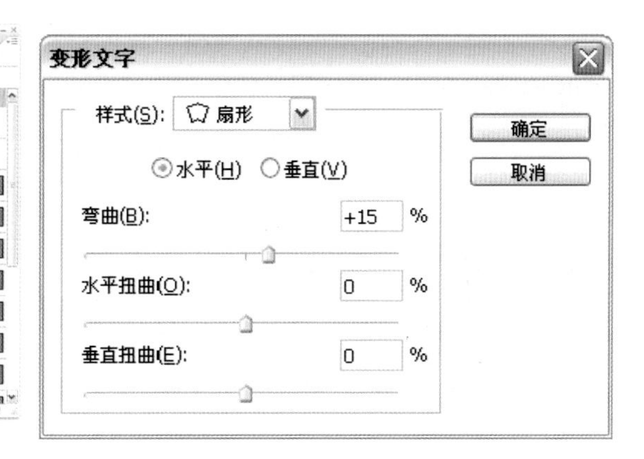

图7.410 “变形文字”对话框

提示

为“馨香”文字变形，设置的“变形文字”对话框如图7.410所示。下面制作主题文字及修饰形状。

7.11.2.2 制作文字信息及修饰形状

① 选择椭圆工具，并在其工具选项条上单击形状图层命令按钮，结合添加到形状区域命令按钮，在主体图像下方绘制如图7.411所示的形状，得到“形状 3”。

提示

绘制的圆点形状，可以先使用椭圆工具，绘制一个正圆，使用路径选择工具，选中路径，然后结合自由变换并复制控制框，复制多个正圆，并调整其图像大小及位置。

图7.411 绘制形状

② 选择钢笔工具，在工具选项条上选择形状图层按钮，在圆点周围绘制曲线形状，得到“形状 4”，如图 7.412 所示。

提示

下面通过绘制路径并输入文字，制作文字绕排路径效果。

图7.412 绘制曲线形状

③ 选择钢笔工具，在工具选项条上选择路径按钮，在曲线形状上绘制路径，如图 7.413 所示。

④ 选择横排文字工具T，设置前景色为 ac0072，并在其工具选项条上设置适当的字体和字号，将鼠标指针放到路径上，当变为状态时，单击鼠标左键确定文字光标位置，沿着路径输入文字，如图 7.414 所示，同时得到相应的文字图层。

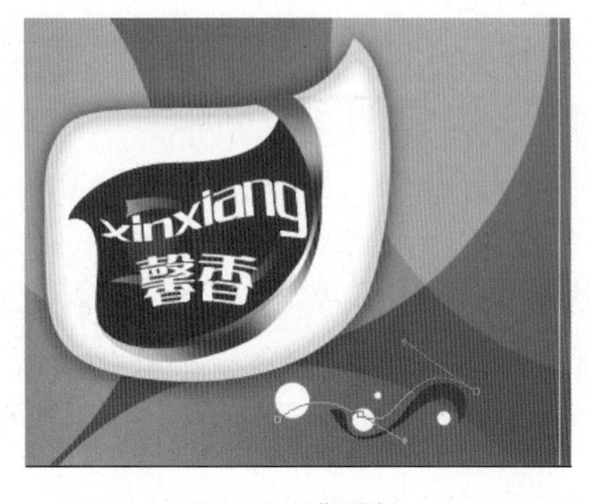

图7.413 绘制路径

图7.414 沿着路径输入文字

⑤ 下面通过绘制形状、运算功能，并结合文字工具，绘制形状及输入文字，制作相关信息，直至得到如图7.415所示的效果。此时的“图层”调板状态如图7.416所示，整体效果如图7.417所示。

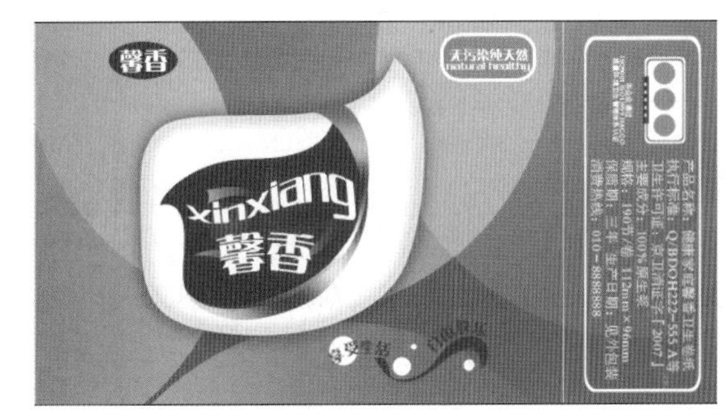

图7.415 绘制形状及输入文字

图7.416 “图层”调板

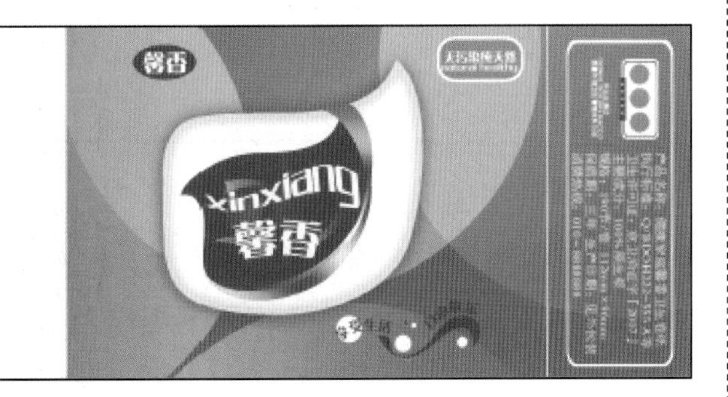

图7.417 整体效果

提示1

绘制形状及输入文字的颜色值及个别图层还添加图层样式的参数设置，读者可以参照本例源文件相关图层，在这里不再详细解说操作步骤。

提示2

“馨香 副本”图层的制作，是复制“馨香”文字图层得到的，双击“馨香 副本”的文字图层缩览图，单击创建文字变形按钮，在弹出的对话框中，将“样式”选项选择“无”。单击“确定”按钮确认设置，单击其图层名称，变形的文字就变为刚刚输入的状态，在将其转换为形状图层，结合直接选择工具，进行调整文字路径。

⑥ 下面选中除“背景”图层以外的所有图层，按Ctrl+Alt+E键执行“盖印”操作，从而将选中图层中的图像合并至一个新图层中，并将其重命名为“图层 1”。选择移动工具，按住Shift键水平向左移动图像，以制作余下的两面图像，直至得到如图7.418所示的最终效果。此时的“图层”调板状态如图7.419所示。

图7.418 最终效果

图 7.420 所示为卫生纸立体效果，读者可以尝试制作。

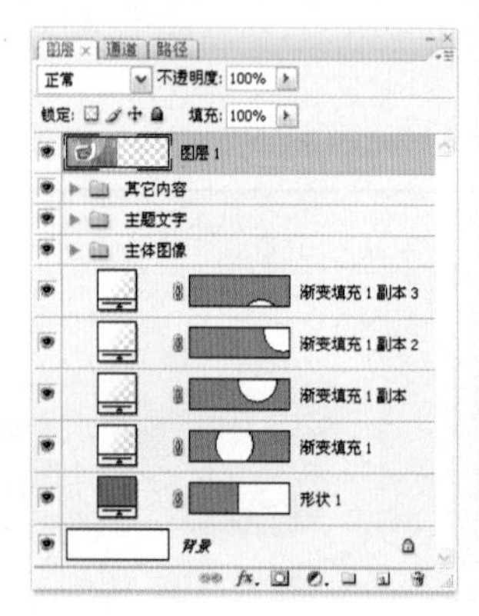

图7.419 “图层”调板

图7.420 卫生纸立体效果

7.12 松花花粉手提袋设计

7.12.1 案例概况

例前导读：

本案例制作的是手提袋包装设计作品。主要制作的是手提袋的平面展开图，在制作的过程中需掌握手提袋的结构。本例主要以正面的制作为主要内容，从图像的表现上来说，设计师以一个明亮的暖色调作为主色调，使整潘个作品色调明快。

核心技能：

- 利用辅助线划分手提袋的正面、背面、右侧面及左侧面。
- 结合路径工具绘制路径，并进行渐变填充图层，绘制手提袋平面展开图的正面。
- 利用输入文字及绘制形状制作标题文字及形状。
- 利用形状工具及变换并复制操作，制作多个形状。
- 结合素材图像并通过调整图层制作花组合图像。
- 利用“创建剪贴蒙板”命令调整图像的显示效果。
- 结合文字工具输入文字，并对文字进行变换操作，制作多种形态的文字。

●结合复制操作制作不同的手提袋展开面。
●利用填充融合各部分图像内容。
●结合图层蒙版隐藏不需要的图像内容。

效果文件：光盘\第7章\7.12.psd。

7.12.2 实现步骤

① 按Ctrl+N键新建一个文件，设置弹出的对话框，如图7.421所示。单击“确定”按钮退出对话框，以创建一个新的空白文件。

图7.421 “新建”对话框

提示

在“新建”对话框中，其宽度数值＝正面（26cm）＋背面（26cm）＋右侧面（9cm）＋左侧面（9cm）＋贴合口（2cm）＝72cm，高度数值＝手提袋的高度（36cm）＋遮盖（5cm）＋底部贴合口（7cm）＝48cm。

② 按Ctrl+R键显示标尺，分别在垂直和水平标尺上分别拖出4和3条辅助线，如图7.422所示。再次按Ctrl+R键隐藏标尺，在制作的过程中如有需要，可以随时调出标尺。

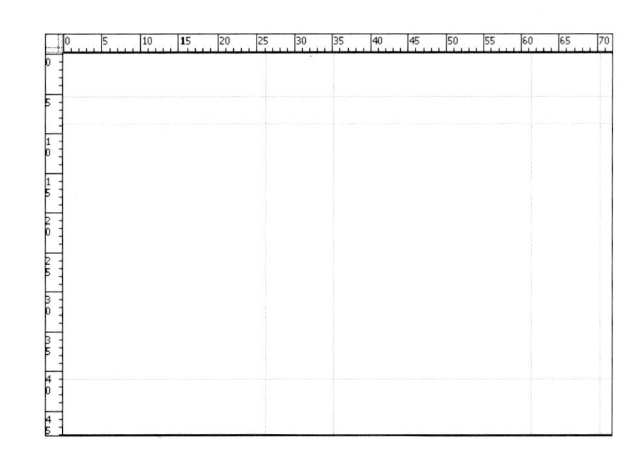

图7.422 指定辅助线位置

提示

下面通过路径工具绘制路径，并进行渐变填充图层，绘制手提袋平面展开图的正面。

③ 选择矩形工具，在工具选项条上选择路径按钮，在当前画布中沿着上一步拖出的正面辅助线边缘绘制路径，如图7.423所示。

④ 单击创建新的填充或调整图层按钮，在弹出的菜单中选择“渐变”命令，设置弹出的对话框，如图7.424所示，得到如图7.425所示的效果，同时得到图层“渐变填充1”。

图7.423 绘制路径

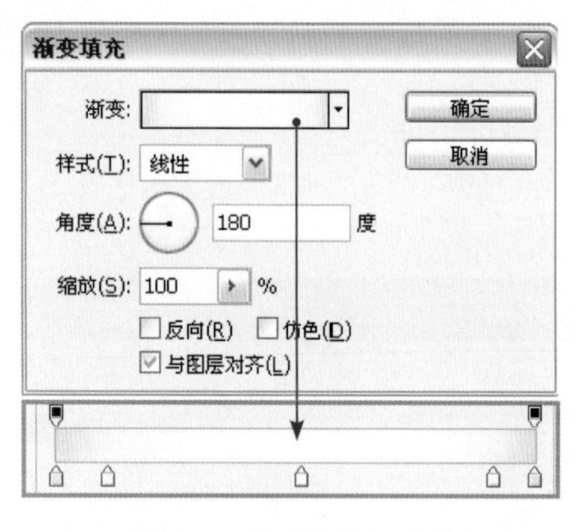

图7.424 “渐变填充”对话框

图7.425 应用“渐变填充”命令后的效果

提示

在“渐变填充”对话框中，渐变类型的各色标颜色值从左至右分别为 f2ddc2、fbf2e8、白色、fbf3e9 和 f2ddc2。下面在渐变图像的下方添加暗部图像效果。

⑤ 接着，按照第 3 ~ 4 步的操作方法，绘制路径进行渐变填充，在渐变图像的下方添加暗部图像效果，如图 7.426 所示。

提示

下面通过输入文字及绘制形状来制作手提袋的标题文字及形状。

图7.426 添加暗调图像

⑥ 选择横排文字工具T，设置前景色的颜色值为 ebcaa5，并在其工具选项条上设置适当的字体和字号，在正面上分别输入文字“花”和“粉”，如图 7.427 所示。

⑦ 为了文字与正面颜色相匹配，下面分别设置两个文字图层的“填充”数值为 60%，得到如图 7.428 所示的效果。

图7.427 输入文字

图7.428 设置“填充”数值后的效果

⑧ 下面来制作圆形形状，选择椭圆工具，在工具选项条上选择形状图层按钮，按住Shift键在两个文字之间，绘制正圆形状，得到“形状1”，如图7.429所示，按Ctrl+Alt+T键调出自由变换并复制控制框，按住Shift键缩小图像并调整位置，按Enter键确认变换操作，直至得到如图7.430所示的效果。

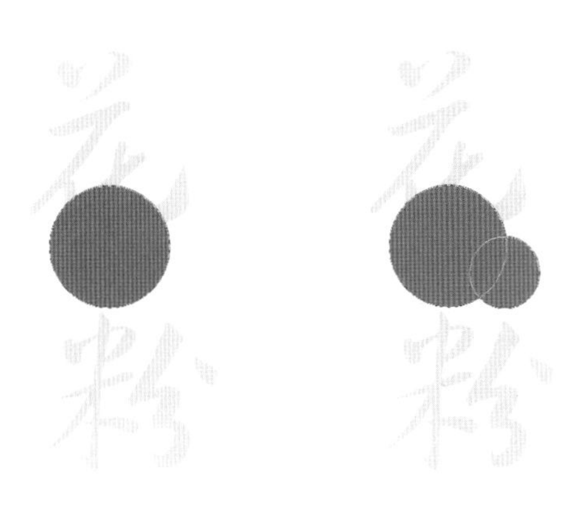

图7.429 绘制正圆形状　　图7.430 变换并复制后的效果

⑨ 下面在稍大的圆形上绘制直线，设置前景色为白色，选择直线工具，在工具选项条上选择形状图层按钮，并在其工具选项条上设置“粗细”为1 px，在圆形上绘制垂直直线，得到“形状2”，得到如图7.431所示的效果。

⑩ 接着结合横排文字工具和直排文字工具，并在其工具选项条上设置适当的字体、字号和字体颜色，在标题文字及形状上输入相关文字，直至得到如图7.432所示的效果。此时的“图层”调板状态如图7.433所示。

图7.431 绘制垂直直线　　图7.432 输入相关文字

提示1

为了方便读者管理图层，故将制作标题文字及形状的图层编组，选中要进行编组的图层，按Ctrl+G键执行“图层编组”操作，得到“组 1”，并将其重命名为“标题”。下面在制作其他部分图像时，也进行编组操作，笔者不再重复讲解操作过程。

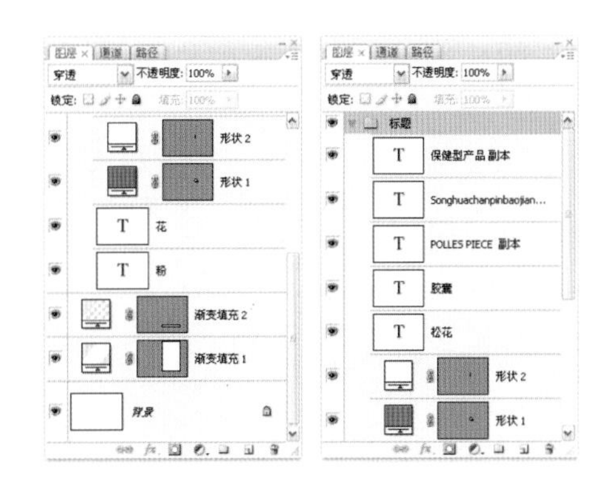

图7.433 “图层”调板

提示2

下面利用素材图像并通过调整图层进行调整，制作正面下边缘的花图像。

⑪ 打开随书所附光盘中的文件“第 7 章\7.12- 素材 1.psd”，使用移动工具将其移至正面下边缘位置，得到图层“y”。按 Ctrl+T 键调出自由变换控制框，调整图像大小、角度及位置，按 Enter 键确认变换操作，得到如图 7.434 所示的效果。

⑫ 接着打开随书所附光盘中的文件“第 7 章\7.12- 素材 2.psd”，使用移动工具将其调整到枝叶的上方位置，如图 7.435 所示。下面通过调整图层及图像的颜色，使其与整体融合。

图7.434 调整图像位置

图7.435 调整图像位置

⑬ 单击创建新的填充或调整图层按钮，在弹出的菜单中选择“色彩平衡”命令，设置弹出的对话框，如图 7.436 所示，单击“确定”按钮退出对话框，得到“色彩平衡 1”，按 Ctrl+Alt+G 键执行“创建剪贴蒙版”操作，同时得到如图 7.437 所示的效果。

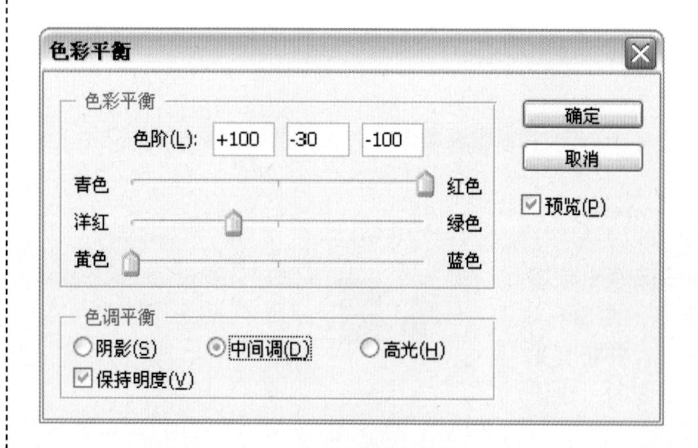

图7.436 “色彩平衡”对话框

图7.437 应用“色彩平衡”命令后的效果

提示

下面通过复制图层制作更多的花组合图像效果。

⑭ 按Ctrl+J键复制“y”得到“y 副本”，并将其移至“色彩平衡1”的上方位置，结合由变换控制框，调整图像大小、角度及位置，直至得到如图7.438所示的效果。此时的“图层”调板状态如图7.439所示。

图7.438 复制并调整图像位置

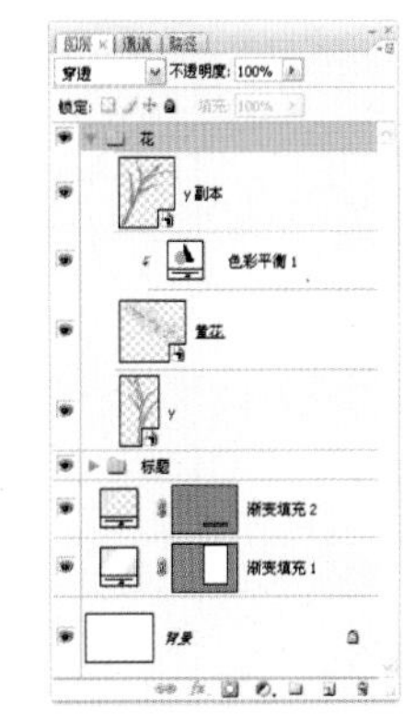

图7.439 “图层”调板状态

⑮ 接着利用素材图像，通过调整图层，制作其他花组合图像，直至得到如图7.440所示的效果，此时的“图层”调板状态如图7.441所示。

图7.440 制作其他花组合图像

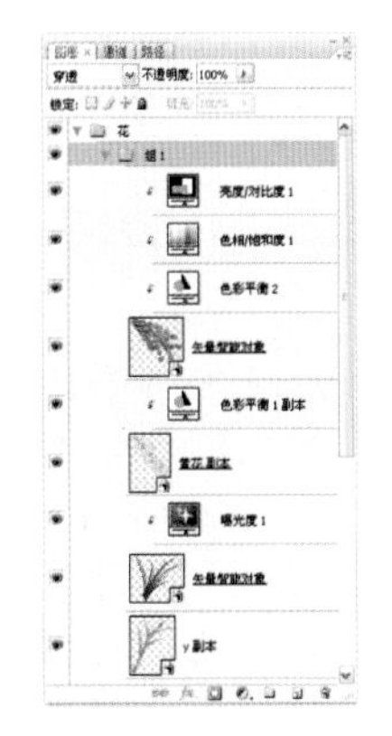

图7.441 “图层”调板状态

提示

操作中用到的素材为随书所附光盘中的文件“第7章\7.12–素材3.psd”和“第7章\7.12–素材4.psd”，分别为其图像添加了“曝光度”、“色彩平衡”、“色相/饱和度”和“亮度/对比度”调整图层，其中设置的各个参数，读者可以参照本例源文件相关图层，在这里不再详细解说操作步骤。另外，稍小的黄花图像可通过复制图层得到。

⑯ 选择“组1”，选择矩形选框工具，在花组合下方绘制矩形选区，如图7.442所示，按Ctrl+Shift+I键执行“反向”操作，以反向选择当前的选区。

⑰ 单击添加图层蒙版按钮为“组1”添加蒙版，直至得到如图7.443所示的效果，以将辅助线下方的组合花图像隐藏。

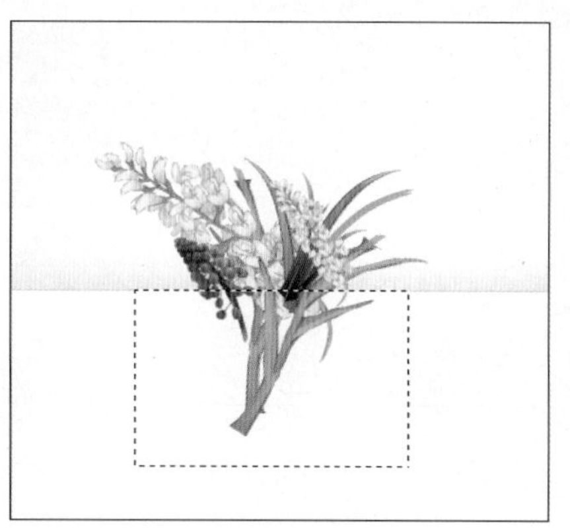

图7.442 绘制矩形选区

图7.443 添加图层蒙版

⑱ 按照第 11 ~ 17 步的操作方法，利用素材图像并通过复制、调整图层、添加图层蒙版等功能，制作另一组花图像，直至得到如图 7.444 所示的效果，此时的“图层”调板状态如图 7.445 所示。

图7.444 制作另一组花图像

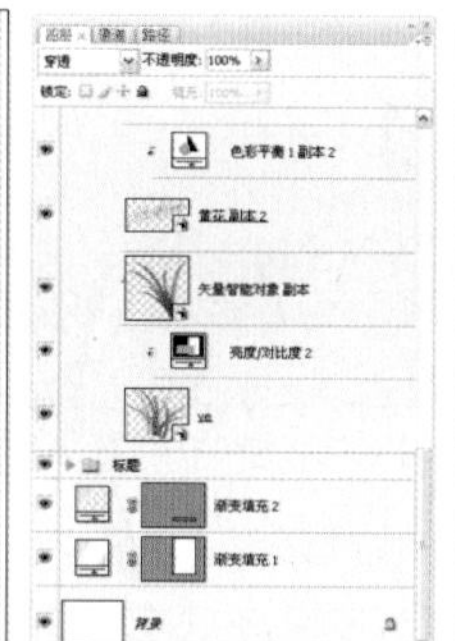

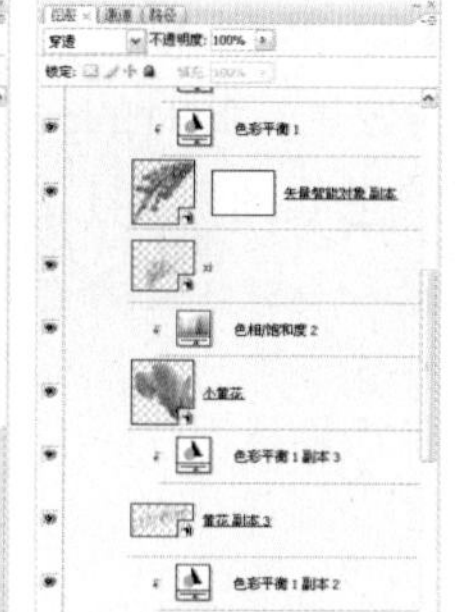

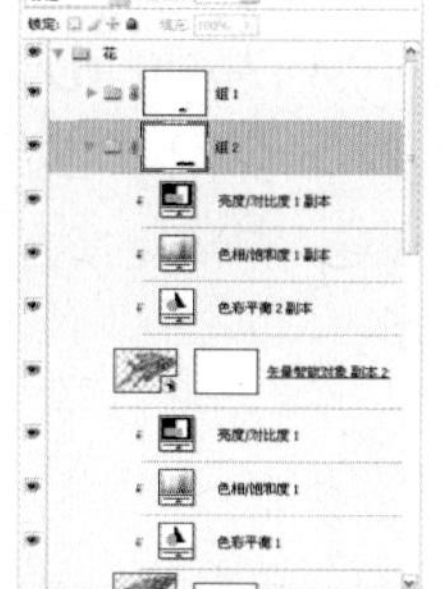

图7.445 “图层”调板状态

提示

上述操作中用到的素材为随书所附光盘中的文件“第 7 章 \7.12- 素材 5.psd” ~ “第 7 章 \7.12- 素材 7.psd”，由于制作方法比较简单，且与上面制作的组合花图像方法一样，因此此处仍然不再重复解说操作过程，读者可以参照本例原文件中的相关图层。另外个别图层还添加了图层蒙版。

⑲ 打开随书所附光盘中的文件“第 7 章 \7.12- 素材 8.psd”，使用移动工具将其调整到正面的上边缘位置，得到“图层 1”，如图 7.446 所示。下面通过复制图层，结合由变换控制框，垂直翻转图像，并调整位置，直至得到如图 7.447 所示的效果。此时的“图层”调板状态如图 7.448 所示。

提示

此时，手提袋的正面已经制作完毕，下面制作其右侧面。

图7.446 调整素材图像

图7.447 垂直翻转并调整图像

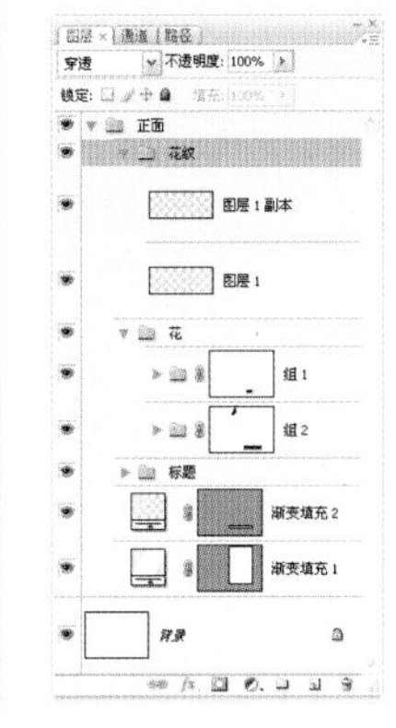

图7.448 “图层”调板状态

⑳ 结合形状工具、椭圆工具、文字工具及自由变换并复制控制框，制作手提袋的右侧面，直至得到如图 7.449 所示的效果。此时的“图层”调板状态如图 7.450 所示。

提示

若要绘制等距离的圆形状，可以先使用椭圆工具，绘制一个正圆形状，然后结合自由变换并复制控制框，垂直方向调整距离，接着执行再次变换并复制操作即可。

图7.449 制作手提袋的右侧面

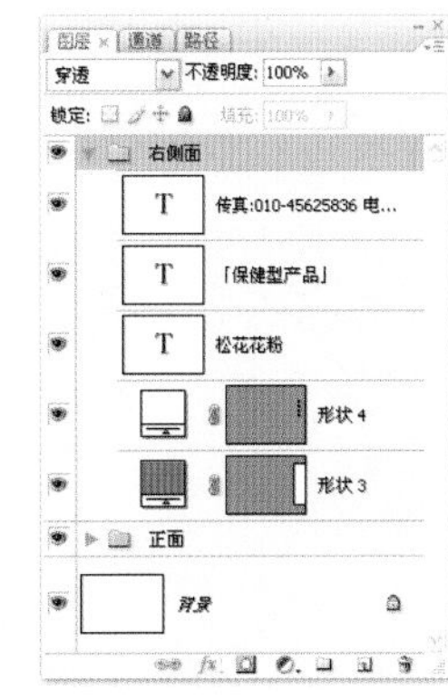

图7.450 “图层”调板

㉑ 通过复制组“正面”和“右侧面”，以制作背面和左侧面图像，直至得到如图 7.451 所示的效果。此时的“图层”调板状态如图 7.452 所示。

图7.451 制作背面和左侧面图像

图7.452 “图层”调板

㉒ 按照前面讲解的方法，结合直线工具，变换并复制操作，在左侧面和右侧面边缘上，制作 4 条垂直直线作为结构对折线，按 Ctrl+; 键隐藏辅助线，直至得到如图 7.453 所示的最终效果。此时的“图层”调板状态如图 7.454 所示。

图7.453 最终效果

图7.454 “图层”调板

图 7.455 所示为手提袋的立体效果图，读者可以尝试制作。

图7.455 手提袋的立体效果图

7.13 墨宜岩茶包装设计

7.13.1 案例概况

例前导读：

本案例制作的是墨宜岩茶包装设计作品。本例无论从素材图像的处理，还是文字的制作以及整体色调的处理，都表现了茶文化的历史悠久。

核心技能：

●利用辅助线划分包装中的各个区域。

●利用各种图层样式为图像添加颜色及立体浮雕效果。
●结合形状工具绘制各种不同的形状。
●利用“创建剪贴蒙版”操作调整图像的显示效果。
●结合“照片滤镜”制作不同冷暖色调的图像效果。
●结合文字工具输入文字，并对文字进行调整，制作多种形态的文字状态。
●利用复制命令制作不同位置的相同图像效果。
●结合路径工具及文字工具制作文字沿路径绕排的效果。
●利用混合模式及不透明度融合各部分图像内容。

效果文件：光盘 \ 第 7 章 \7.13.psd。

7.13.2 实现步骤

① 按 Ctrl+N 键新建一个文件，设置弹出的对话框，如图 7.456 所示，单击“确定”按钮退出对话框，以创建一个新的空白文件。

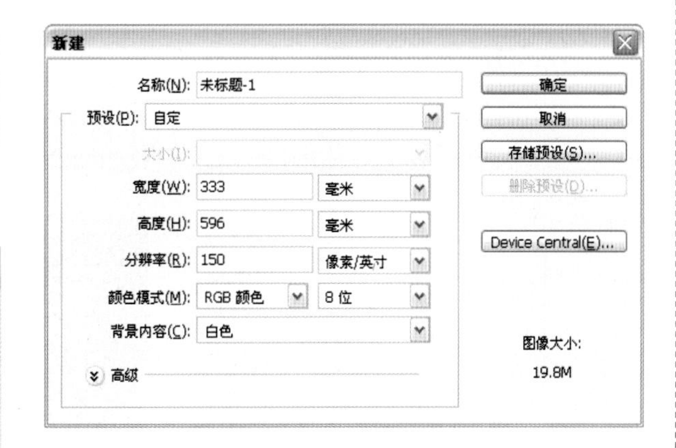

图7.456 “新建”对话框

提示

在“新建”对话框中，包装的宽度数值为包装宽度(327mm)+左右出血(各3mm)=333mm，包装的高度数值为上下出血（各 3mm）+正面（210mm）+底面（210mm）+前侧面（85mm）+后侧面（85mm）=596mm。

② 按 Ctrl+R 键显示标尺，按照上面的提示内容在画布中添加辅助线以划分包装中的各个区域，如图 7.457 所示。再次按 Ctrl+R 键以隐藏标尺。

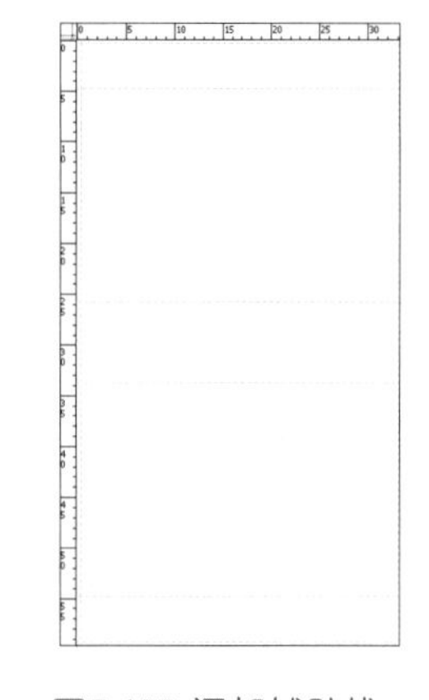

图7.457 添加辅助线

提示

下面利用素材图像制作背景上的图案效果。

③ 设置前景色的颜色值为 5e2311，按 Alt+Delete 键填充“背景”图层，打开随书所附光盘中的文件“第 7 章 \7.13- 素材 1.psd”，使用移动工具将其移至当前图像中，以覆盖当前画布，得到“图层 1”，如图 7.458 所示。同时设置其混合模式为“叠加”，“不透明度”为 50%，得到如图 7.459 所示的效果。

图7.458 调整图像

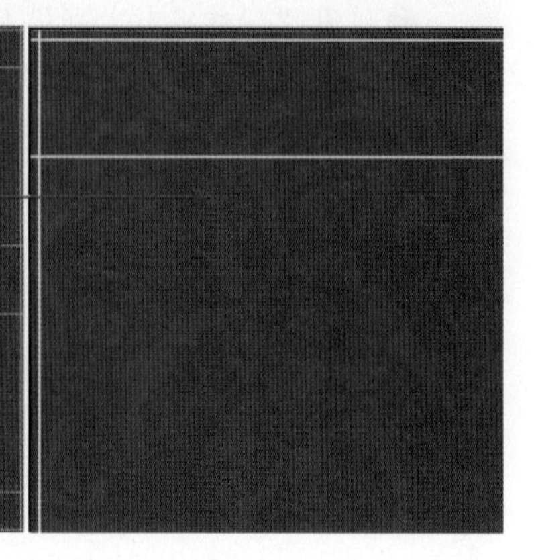

图7.459 设置混合模式及不透明度后的效果

④ 单击添加图层样式按钮 fx，在弹出的菜单中选择“斜面和浮雕”命令，设置弹出的对话框，如图 7.460 所示，得到如图 7.461 所示的效果。

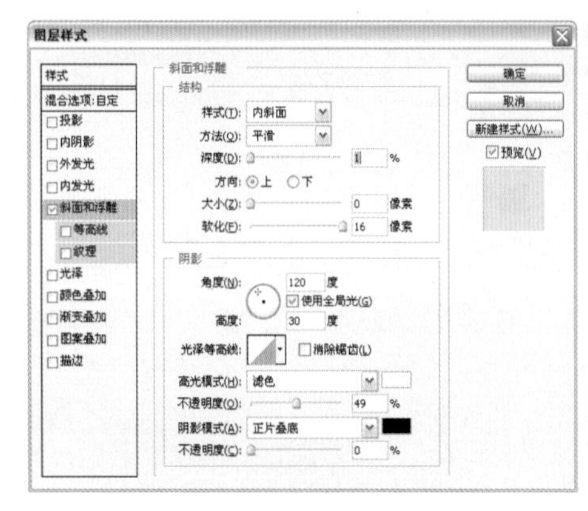

图7.460 “斜面和浮雕”对话框

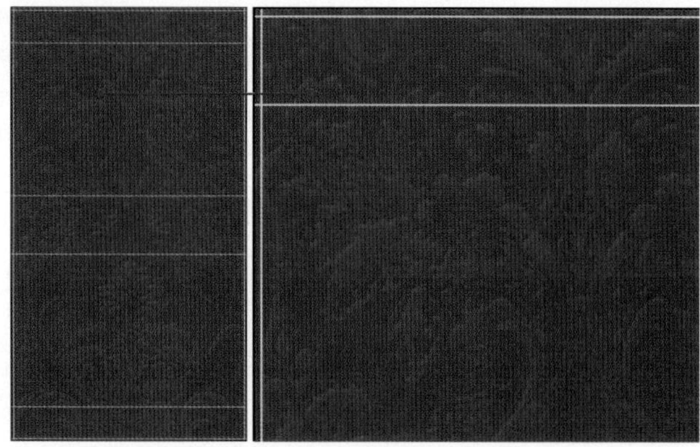

图7.461 应用“斜面和浮雕”命令后的效果

提示

下面通过钢笔工具、利用素材图像并应用滤镜，制作正面上的内容。

⑤ 设置前景色的颜色值为 fff3e0，选择钢笔工具，在工具选项条上选择形状图层按钮，在正面上绘制形状，得到“形状 1”，如图 7.462 所示。

⑥ 打开随书所附光盘中的文件“第 7 章 \7.13- 素材 2.psd”，如图 7.463 所示，使用移动工具将其移至刚绘制的形状位置，按 Ctrl+T 键调出自由变换控制框，按住 Shift 键等比例缩放图像的大小及位置，按 Enter 键确认变换操作，得到“图层 2”，如图 7.464 所示。

图7.462 绘制形状

图7.463 素材图像

图7.464 调整图像

⑦ 按 Ctrl+Alt+G 键执行“创建剪贴蒙版”操作，并设置其混合模式为“明度”，“不透明度”为 20%，得到如图 7.465 所示的效果。

⑧ 打开随书所附光盘中的文件“第 7 章 \7.13- 素材 3.psd”，如图 7.466 所示。将其移至绘制的形状上，按照第 6 ~ 7 步的操作方法，将图案印在形状上，并通过复制图层的方法，制作不同位置的图案，直至得到如图 7.467 所示的效果。

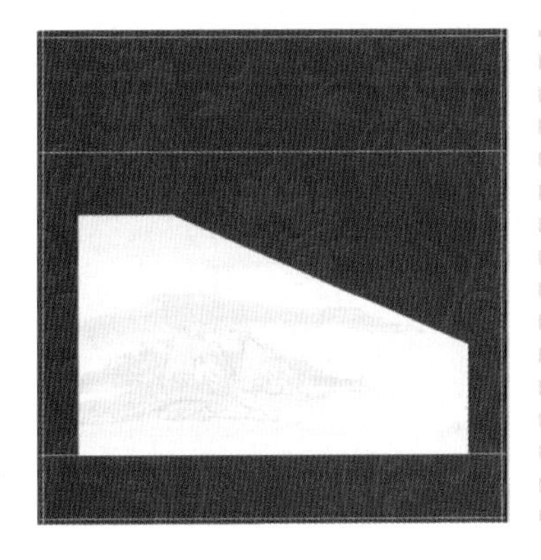

图7.465 设置混合模式及不透明度后的效果

图7.466 素材图像

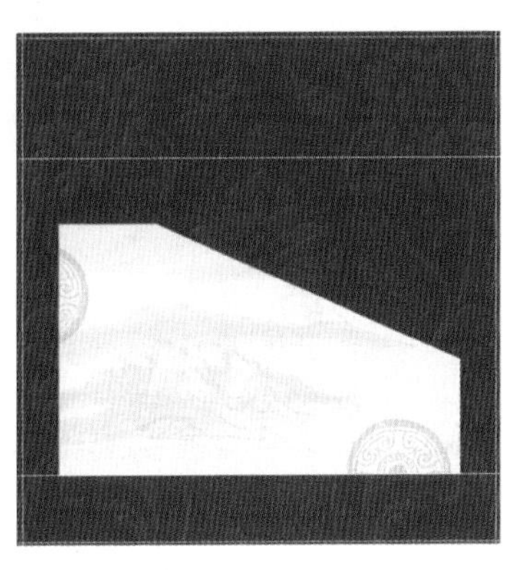

图7.467 制作不同位置的图案

提示

设置“矢量智能对象”的混合模式为“线性加深”，“不透明度”为 15%。

⑨ 单击创建新的填充或调整图层按钮 ，在弹出的菜单中选择“照片滤镜”命令，设置弹出的对话框，如图 7.468 所示。单击“确定”按钮退出对话框，按 Ctrl+Alt+G 键执行“创建剪贴蒙版”操作，得到如图 7.469 所示的效果，同时得到图层“照片滤镜 1”。此时的“图层”调板状态如图 7.470 所示。

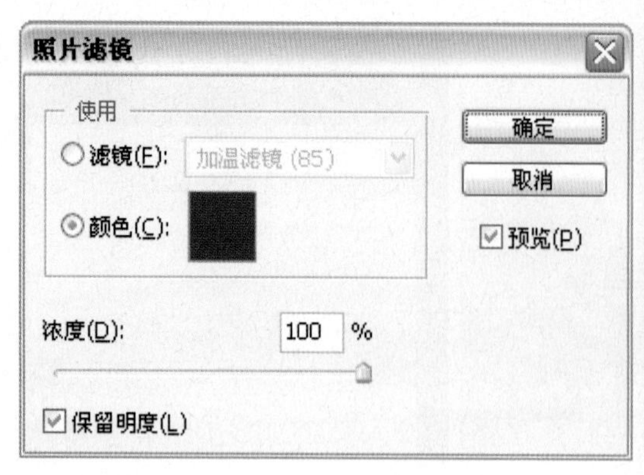

图7.468 “照片滤镜”对话框

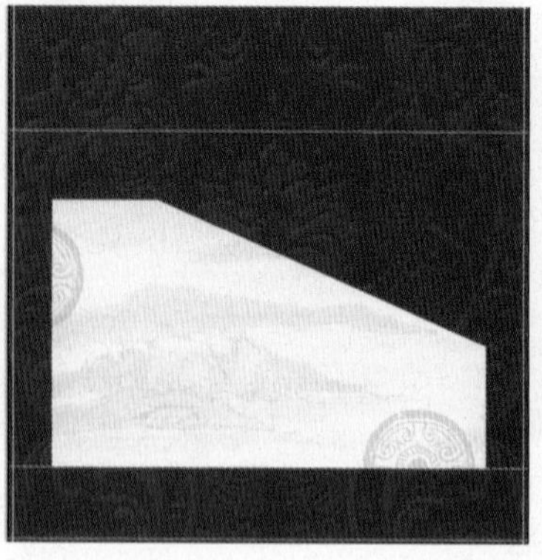
图7.469 应用“照片滤镜”命令后的效果

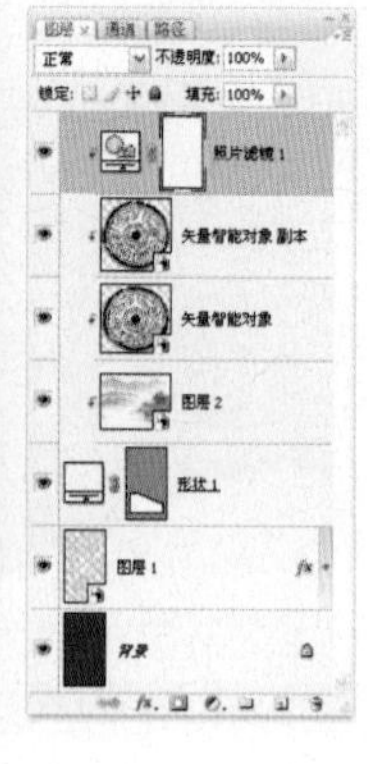
图7.470 “图层”调板

提示

在“照片滤镜”对话框中，颜色值为 482e0a。下面制作正面图像上的文字信息。

⑩ 结合横排文字工具 T，设置适当的前景色颜色值，并在其工具选项条上设置适当的字体和字号，在正面上输入文字信息，在结合素材图像摆放到文字周围，直至得到如图 7.471 所示的效果。此时的“图层”调板状态如图 7.472 所示。

图7.471 输入文字信息

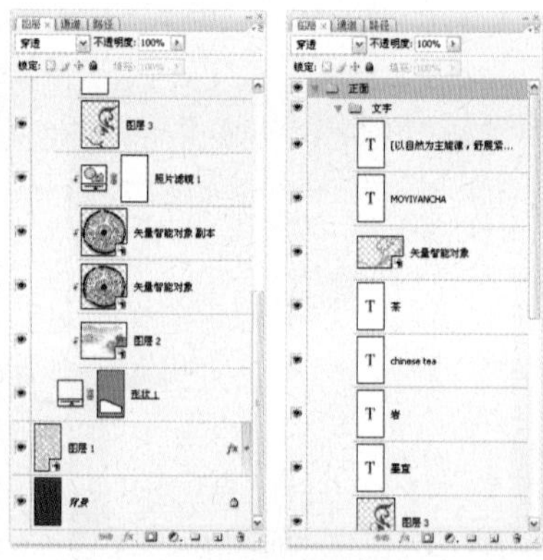
图7.472 “图层”调板

提示1

用到的素材为随书所附光盘中的文件“第 7 章\7.13– 素材 4.psd”和“第 7 章\7.13– 素材 5.psd”，至此，正面上的图像已经制作完毕，下面制作底面上的图像。

提示2

为了方便读者管理图层，故将制作正面上的图层编组，选中要进行编组的图层，按 Ctrl+G 键执行“图层编组”操作，得到“组 1”，并将其重命名为“正面”。下面在制作其他部分图像时，也进行编组操作，笔者不再重复讲解操作过程。

⑪ 按照制作正面上内容的方法，制作底面上的图像内容，直至得到如图 7.473 所示的效果。此时的“图层”调板状态如图 7.474 所示。

提示

此时用到的素材为随书所附光盘中的文件“第 7 章\7.13- 素材 6.psd”，应用滤镜的参数设置及颜色值，读者可以参照本例原文件中的相关图层，通过复制图层的方法，制作图案效果，“图层 5”（文字信息）中的图像即是通过盖印正面上的文字信息内容，再结合自由变换控制框进行调整得到的。由于制作方法比较简单，不再一一赘述。

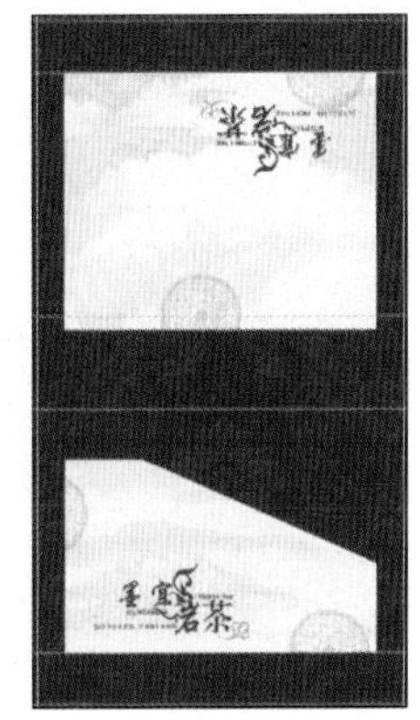

图7.473 制作底面上的图像内容

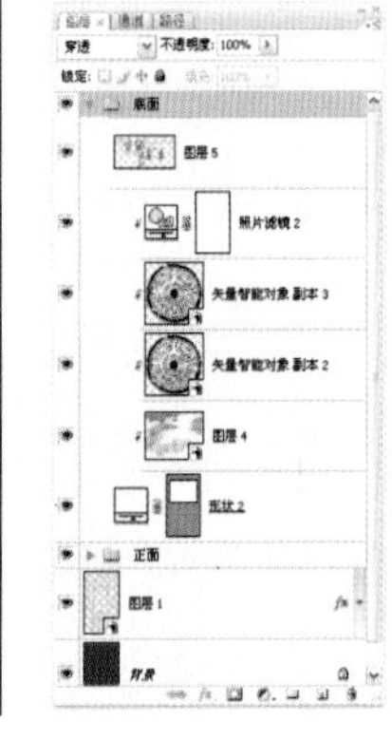

图7.474 “图层”调板

⑫ 下面通过绘制形状、利用素材图像、绘制路径并进行颜色填充、添加图层样式及文字工具等功能，制作中间衔接、正面装饰图案及相关文字，直至得到如图 7.475 ～图 7.476 所示的效果，图 7.477 所示为最终整体效果。此时的“图层”调板状态如图 7.488 所示。如图 7.479 所示为立体效果图展示。

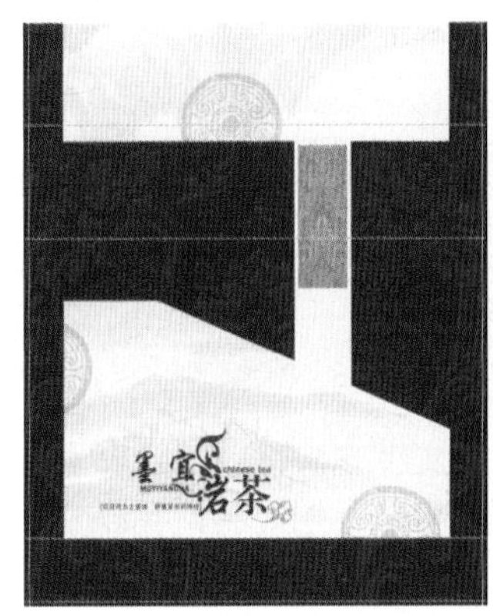

图7.475 制作中间衔接图像

图7.476 正面装饰图案及相关文字

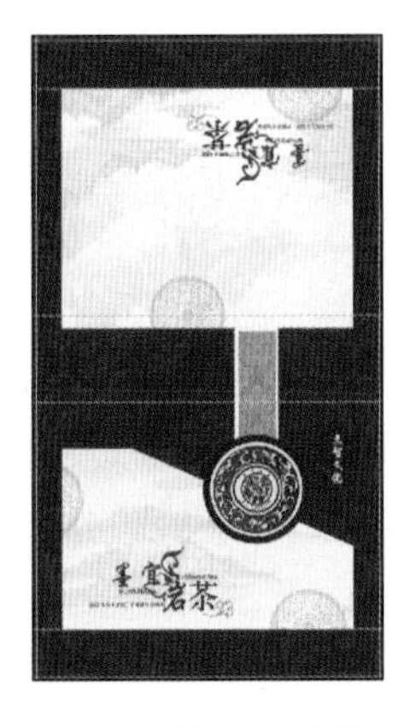

图7.477 最终整体效果

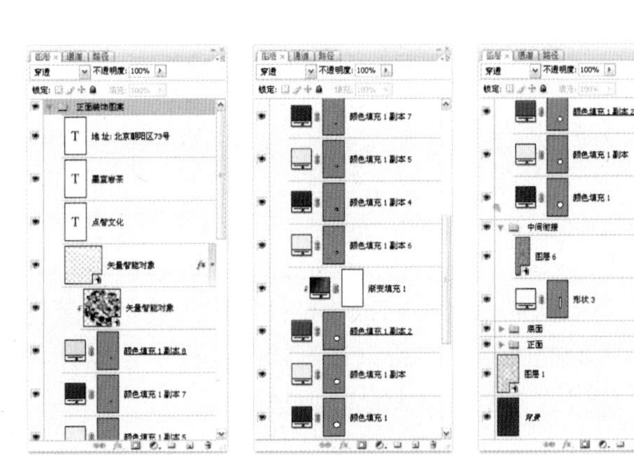

图7.478 “图层”调板

图7.479 立体图效果图

提示1

上述操作中用到的素材为随书所附光盘中的文件“第7章\7.13-素材7.psd”和“第7章\7.13-素材8.psd”，关于个别图层用到的颜色值、图层样式及混合模式的设置，读者可以参照本例原文件中的相关图层。

提示2

在正面圆形图案中输入的文字方法是：结合椭圆工具绘制正圆绘制路径，使用文字工具设置适当的前景色、字体和字号，同时将鼠标指针放到路径上，当其变为状态时，单击鼠标左键确定文字光标位置，沿着路径输入文字即可。

7.14 肾宝药品包装盒设计

7.14.1 案例概况

例前导读：

本例是以肾宝药品为主题的包装设计。因为药品包装本身的因素，特别是在价格方面要大众化，让人们能够接受。所以在制作的过程中，设计师以灰色作为包装的底色，加上简单的图形和花俏的文字吸引大众的眼球。

核心技能：

- 应用形状工具及其运算功能绘制形状。
- 结合变换功能变换图像。
- 应用图层样式的功能制作图像的投影、渐变效果。

●利用添加图层蒙版的功能隐藏不需要的图像。
●利用剪贴蒙版限制图像的显示范围。
●应用钢笔工具绘制路径。
●应用渐变填充图层的功能制作图像的渐变效果。
●通过设置图层属性融合图像。
●应用盖印的功能合并被选中的图层中的图像。

效果文件：光盘\第 7 章\7.14.psd。

7.14.2 实现步骤

① 按 Ctrl+N 键新建一个文件，设置弹出的对话框，如图 7.480 所示，单击“确定”按钮退出对话框，以创建一个新的空白文件。

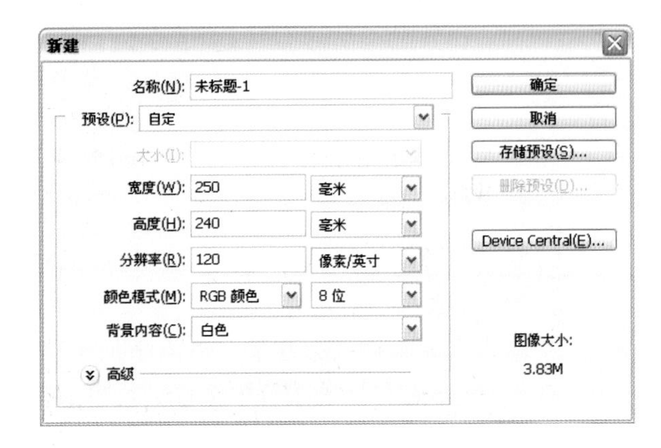

图7.480 “新建”对话框

提示1

在“新建”对话框中，包装的主展面宽度（180mm）＋两侧的宽度（各 20mm）＋边缘的宽度（各 15mm）=250mm，包装的主展面高度（各 90mm） ＋边缘的宽度（上 20mm）＋边缘的宽度（中侧 20mm）＋边缘的宽度（下 20mm）=240mm。

提示2

下面根据提示内容，对整个画面进行区域划分，并结合形状工具，制作画面中的基本内容。

② 按 Ctrl+R 键显示标尺，按 Ctrl+；键调出辅助线，按照上面的提示内容在画布中添加辅助线以划分封面中的各个区域，如图 7.481 所示。再次按 Ctrl+R 键隐藏标尺。

③ 设置前景色的颜色值为 e7e6e6，选择矩形工具，在工具选项条上选择形状图层按钮以及添加到形状区域按钮，在文件中绘制如图 7.482 所示的形状，得到“形状 1”。

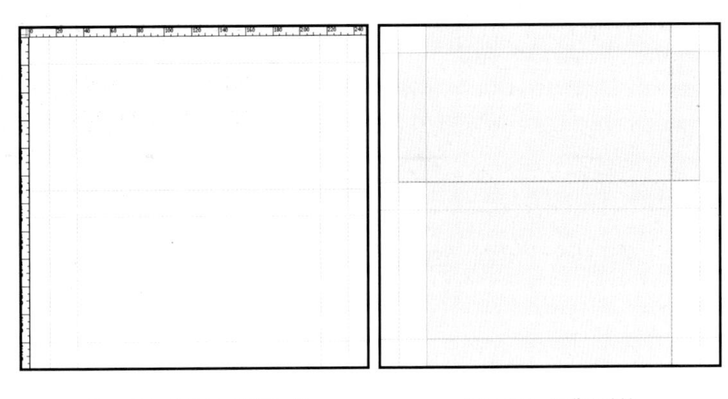

图7.481 划分区域状态　　图7.482 绘制形状

④ 选择路径选择工具 ，将文件中最下方的形状选中，按 Ctrl+T 键调出自由变换控制框，按 Ctrl+Shift+Alt 键将右下角的控制句柄向左移动，如图 7.483 所示。按 Enter 键确认操作。

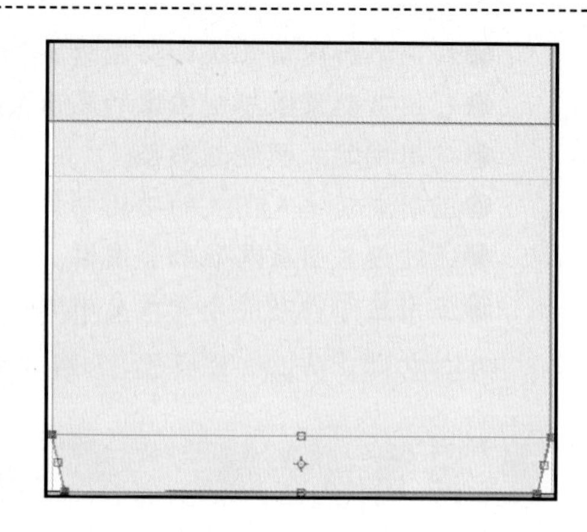
图7.483 变换状态

提示

下面结合形状工具及添加图层样式的功能制作白色折边效果。

⑤ 按照第 3 ~ 4 步的操作方法，应用矩形工具 ，结合变换功能制作文件上方主展面左侧边缘，白色折角形状，如图 7.484 所示，同时得到“形状 2”。

图7.484 制作白色折角形状

⑥ 下面为图像添加投影效果。单击添加图层样式按钮 ，在弹出的菜单中选择“投影”命令，设置弹出的对话框，如图 7.485 所示，得到如图 7.486 所示的效果。复制“形状 2”得到“形状2副本”，结合自由变换控制框进行水平翻转，并配合 Shift 键水平移向主展面右侧边缘，如图 7.487 所示。

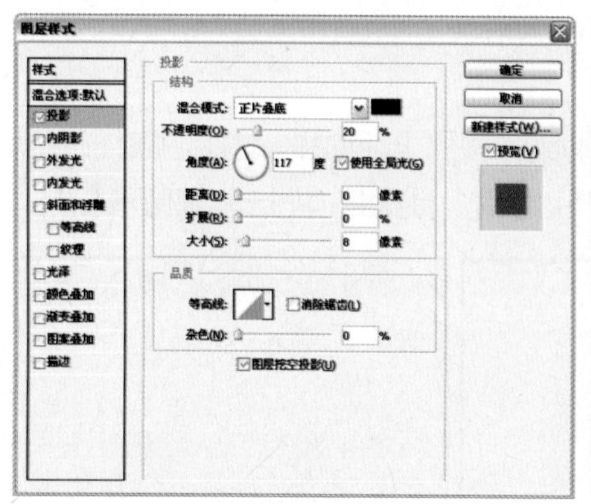

图7.485 “投影”对话框

图7.486 添加图层样式后的效果

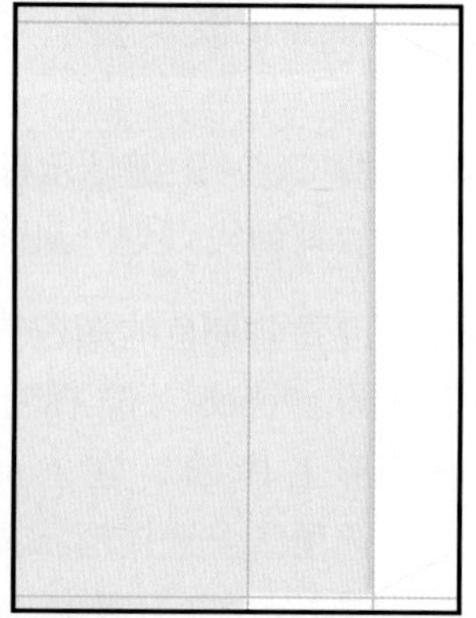
图7.487 复制及调整位置

⑦ 结合复制图层以及变换功能制作文件上方其他折角效果，如图7.488所示。选择“形状1”同时按Shift键选择“形状2副本5”以选中它们相连的图层，按Ctrl+G键执行“图层编组”操作，得到“组1”，并将其重命名为“基本图像”。“图层”调板如图7.489所示。

图7.488 制作其他折角效果

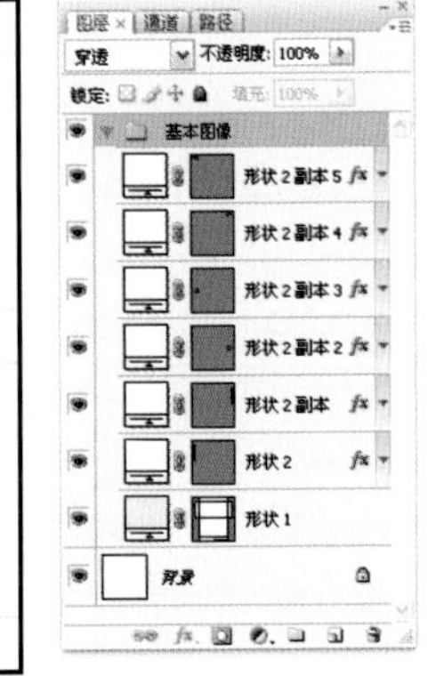

图7.489 “图层”调板

提示

为了方便对图层的管理，笔者在此对制作基本图像的图层进行编组操作，在下面的操作中，笔者也对各部分进行了编组的操作，在步骤中不再叙述。下面制作主展面中的花纹图像。

⑧ 打开随书所附光盘中的文件“第7章\7.14-素材1.psd”，使用移动工具将其拖至刚制作的文件中，并将其放置主展面的左侧位置，如图7.490所示，同时得到“图层1”。设置当前图层的不透明度为45%。复制“图层1”，得到“图层1副本”，结合变换功能将得到的副本图像进行垂直翻转，并将其移至主展面的右上方，如图7.491所示。

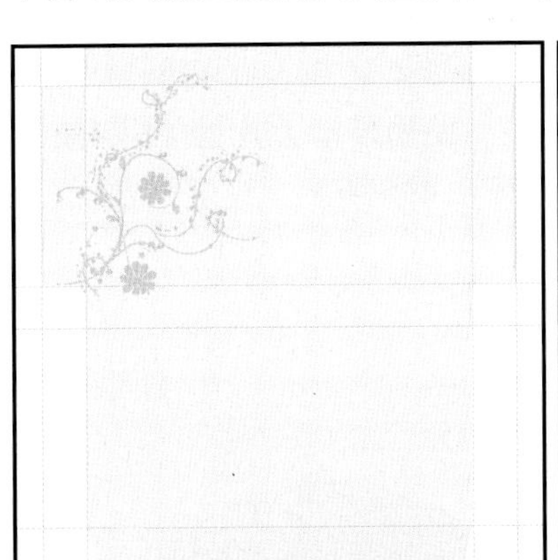

图7.490 摆放位置

图7.491 复制及调整图像

⑨ 选中“图层1”及其副本进行编组，并重命名为“印花”。选择矩形选框工具，将文件上方的主展面框选出来，如图7.492所示。单击添加图层蒙版按钮，得到的效果如图7.493所示。

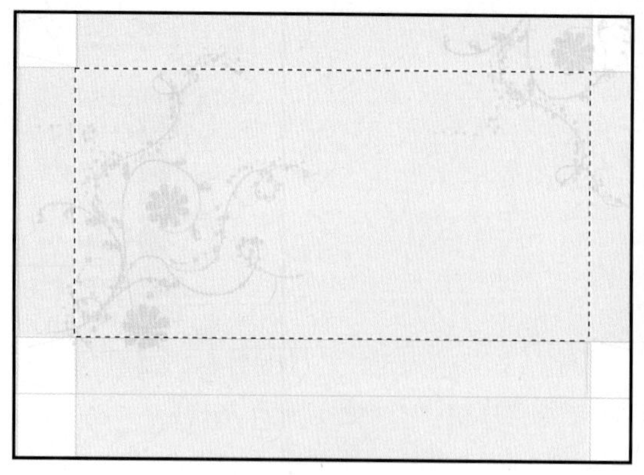

图7.492 绘制选区

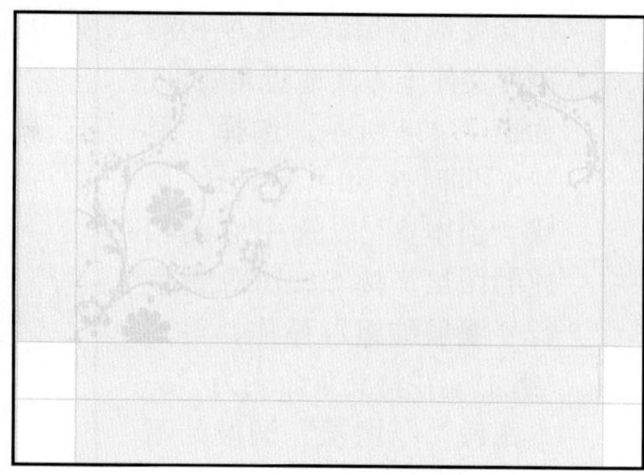

图7.493 添加图层蒙版后的效果

提示

至此，主展面中的花纹图像已制作完成。下面制作主展面其他装饰图像。

⑩ 设置前景色的颜色值为d2007f，选择椭圆工具，在工具选项条上选择形状图层按钮，配合Shift键在主展面的右侧绘制如图7.494所示的正圆，同时得到“形状3”。

⑪ 下面制作圆形中的花纹图像。打开随书所附光盘中的文件“第7章\7.14-素材2.psd”，使用移动工具将其拖至刚制作的文件中，得到“图层2”。按Ctrl+Alt+G键执行“创建剪贴蒙版”操作，使用移动工具将其拖至圆形图像的右侧位置，如图7.495所示。设置当前图层的不透明度为75%。

图7.494 绘制形状1

⑫ 设置前景色的颜色值为d2007f，选择钢笔工具，在工具选项条上选择形状图层按钮，在圆形图像的下方绘制如图7.496所示的形状，得到“形状4”。

图7.495 创建剪贴蒙版及调整位置后的效果

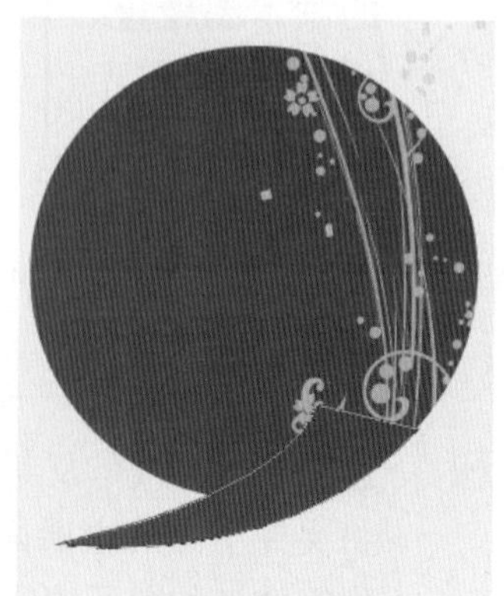

图7.496 绘制形状2

⑬ 下面制作圆形图像上方的装饰效果。选择钢笔工具，在工具选项条上选择路径按钮，在圆形图像上方绘制如图 7.497 所示的路径。单击创建新的填充或调整图层按钮，在弹出的菜单中选择“渐变”命令，设置弹出的对话框，如图 7.498 所示，隐藏路径后的效果如图 7.499 所示，同时得到图层“渐变填充 1”。

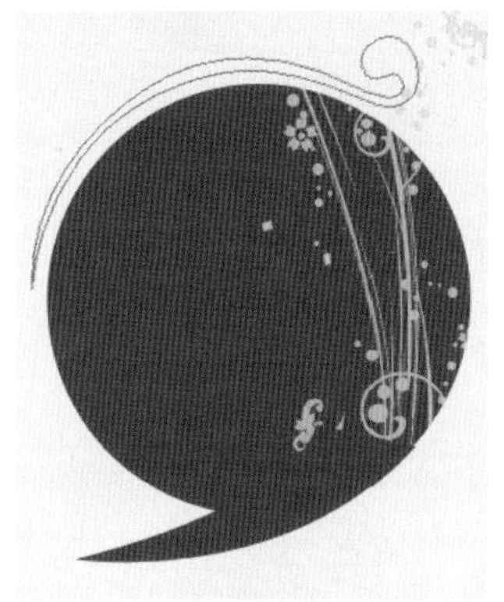

图7.497 绘制路径

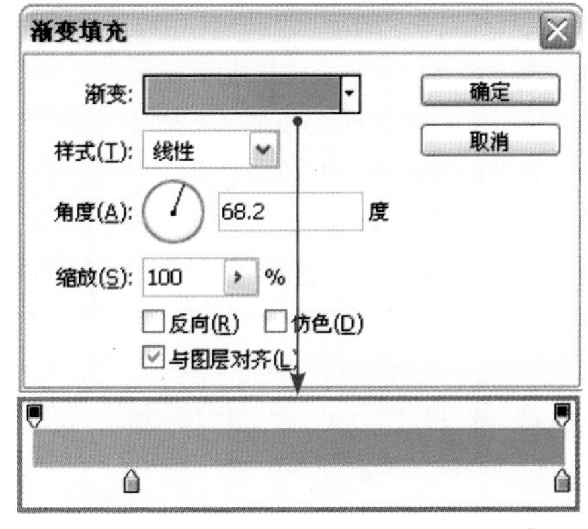

图7.498 “渐变填充”对话框

图7.499 应用“渐变填充”后的效果

提示

在“渐变填充”对话框中渐变类型为“从 7fa047 到 049997”。

⑭ 按照上一步的操作方法，应用钢笔工具绘制路径，结合渐变填充图层的功能制作另外两处渐变效果，同时得到“渐变填充 2”及“渐变填充 3”，如图 7.500 所示。

提示

本步中关于“渐变填充”对话框的参数设置可参考最终效果源文件。下面制作文字效果。

图7.500 制作渐变效果

⑮ 首先制作主题文字。打开随书所附光盘中的文件“第 7 章 \7.14- 素材 3.psd”，使用移动工具将其拖至刚制作的文件中主展面的中心位置，如图 7.501 所示，同时得到“图层 3”。

⑯ 下面制作其他文字效果。选择横排文字工具T，设置前景色的颜色值为 d2007f，并在其工具选项条上设置适当的字体和字号，在主题文字的下方输入如图 7.502 所示的文字，同时得到文字图层“GUIHUA”。然后分别设置不同的前景色，应用文字工具在文字“GUIHUA”两侧输入如图 7.503 所示的文字。

图7.501 摆放位置

图7.502 输入文字1

图7.503 输入文字2

提示

在本步操作过程中，笔者没有给出图像的颜色值，读者可依自己的审美进行颜色搭配。在下面的操作中，笔者不再做颜色的提示。

⑰ 下面来制作文字的渐变效果。选择文字图层“GUIHUA”，单击添加图层样式按钮 fx，在弹出的菜单中选择“渐变叠加”命令，设置弹出的对话框，如图 7.504 所示，得到如图 7.505 所示的效果。

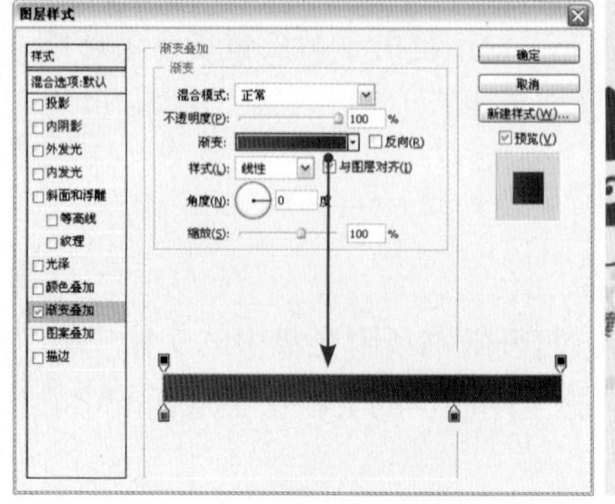

图7.504 “渐变叠加”对话框

图7.505 添加图层样式后的效果

提示

在“渐变叠加”对话框中渐变类型为“从 d2007f 到 890550”。

⑱ 结合形状工具及变换功能，制作文字“GUIHUA”左侧的方块图形，如图 7.506 所示。“图层”调板如图 7.507 所示。

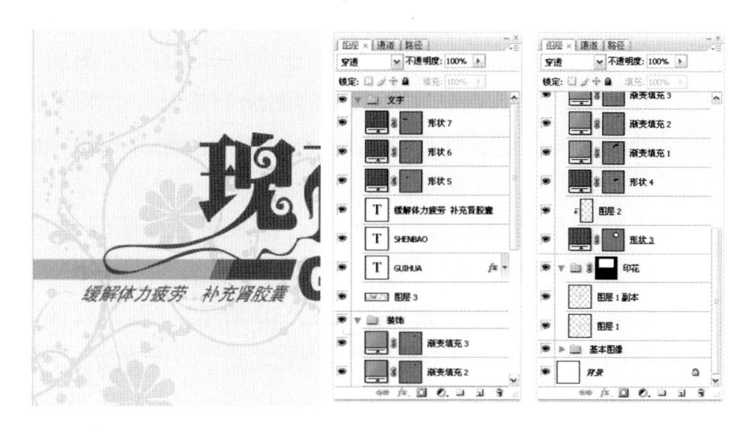

图7.506 制作方块图像　　图7.507 “图层”调板

提示1

在本步中，设置了“形状 6”的填充为 66%，设置“形状 7”的填充为 34%。在自由变换控制框下，按 Ctrl 键可暂时切换至扭曲工具，按 Ctrl+Alt 键可暂时切换至斜切工具，按 Ctrl+Alt+Shift 键可暂时切换至透视工具。

提示2

至此，主展面中的主题文字及装饰效果已制作完成。下面制作主展面的标志、商标等图像。

⑲ 打开随书所附光盘中的文件“第 7 章\7.14-素材 4.psd”，使用移动工具将其拖至刚制作的文件中，并分布在主展面的左上角及右侧位置，如图 7.508 所示，同时得到“图层 4”。

图7.508 摆放图像

提示1

本步是以智能对象的形式给的素材，由于其操作非常简单，在叙述上略显繁琐，读者可以参考最终效果源文件进行参数设置，双击智能对象缩览图即可观看到操作的过程。智能对象的控制框操作方法与普通的自由变换控制框雷同。

提示2

下面应用盖印命令制作背面及侧面中的图像效果。

⑳ 首先制作背面中的图像效果。选中组“印花”~“图层 4”。 按 Ctrl+Alt+E 键执行“盖印”操作,从而将选中图层中的图像合并至一个新图层中,并将其重命名为“图层 5”。结合变换功能进行水平翻转及垂直翻转,配合 Shift 键移至文件下方的主展面(背面)中,如图 7.509 所示。

㉑ 下面制作侧面中的图像效果。打开随书所附光盘中的文件“第 7 章 \7.14- 素材 5.psd”,使用移动工具将其拖至刚制作的文件中,并分布在主展面的上侧及左侧位置,得到的最终效果如图 7.510 所示。“图层”调板如图 7.511 所示。按 Ctrl+;键隐藏辅助线。本例的尝试效果如图 7.512 所示。

提示

本步的素材图像也是以智能对象的形式给的。

图7.509 盖印及调整图像

图7.510 最终效果

图7.511 “图层”调板

图7.512 尝试效果

《Photoshop CS3 中文版书装与包装设计技法精粹》读者交流区

尊敬的读者：

感谢您选择我们出版的图书，您的支持与信任是我们持续上升的动力。为了使您能通过本书更透彻地了解相关领域，更深入的学习相关技术，我们将特别为您提供一系列后续的服务，包括：

1. 提供本书的修订和升级内容、相关配套资料；
2. 本书作者的见面会信息或网络视频的沟通活动；
3. 相关领域的培训优惠等。

请您抽出宝贵的时间将您的个人信息和需求反馈给我们，以便我们及时与您取得联系。

您可以任意选择以下三种方式与我们联系，我们都将记录和保存您的信息，并给您提供不定期的信息反馈。

1. 短信

您只需编写如下短信：B07448+您的需求+您的建议

发送到1066 6666 789（本服务免费，短信资费按照相应电信运营商正常标准收取，无其他信息收费）

为保证我们对您的服务质量，如果您在发送短信24小时后，尚未收到我们的回复信息，请直接拨打电话（010）88254369。

2. 电子邮件

您可以发邮件至jsj@phei.com.cn或editor@broadview.com.cn。

3. 信件

您可以写信至如下地址：北京万寿路173信箱博文视点，邮编：100036。

如果您选择第2种或第3种方式，您还可以告诉我们更多有关您个人的情况，及您对本书的意见、评论等，内容可以包括：

（1）您的姓名、职业、您关注的领域、您的电话、E-mail地址或通信地址；

（2）您了解新书信息的途径、影响您购买图书的因素；

（3）您对本书的意见、您读过的同领域的图书、您还希望增加的图书、您希望参加的培训等。

如果您在后期想退出读者俱乐部，停止接收后续资讯，只需发送“B07448 +退订”至10666666789即可，或者编写邮件“B07448+退订+手机号码+需退订的邮箱地址”发送至邮箱：market@broadview.com.cn亦可取消该项服务。

同时，我们非常欢迎您为本书撰写书评，将您的切身感受变成文字与广大书友共享。我们将挑选特别优秀的作品转载在我们的网站（www.broadview.com.cn）上，或推荐至CSDN.NET等专业网站上发表，被发表的书评的作者将获得价值50元的博文视点图书奖励。

我们期待您的消息！

博文视点愿与所有爱书的人一起，共同学习，共同进步！

通信地址：北京万寿路173信箱　博文视点（100036）　　电话：010-51260888

E-mail：jsj@phei.com.cn，editor@broadview.com.cn

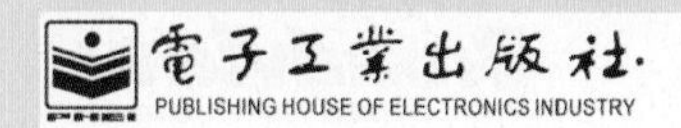

反侵权盗版声明

举报电话：（010）88254396；（010）88258888

传　　真：（010）88254397

E-mail：　dbqq@phei.com.cn

通信地址：北京市万寿路173信箱

　　　　　电子工业出版社总编办公室

邮　　编：100036